中国林业植物授权新品种
（2019）

国家林业和草原局科技发展中心
（国家林业和草原局植物新品种保护办公室） 编

中国林业出版社
·北京·

图书在版编目(CIP)数据

中国林业植物授权新品种 . 2019 / 国家林业和草原局科技发展中心（国家林业和草原局植物新品种保护办公室）编 . —北京：中国林业出版社，2021.2

ISBN 978-7-5219-1045-2

Ⅰ. ①中… Ⅱ. ①国… Ⅲ. ①森林植物—品种—汇编—中国— 2019 Ⅳ. ① S718.3

中国版本图书馆 CIP 数据核字 (2021) 第 034351 号

责任编辑：何增明　张华

出　版：中国林业出版社
电　话：（010）83143566
社　址：北京市西城区德内大街刘海胡同 7 号　邮编：100009
发　行：中国林业出版社
印　刷：北京博海升彩色印刷有限公司
开　本：787mm×1092mm　1/16
版　次：2021 年 3 月第 1 版
印　次：2021 年 3 月第 1 次
印　张：29.5
字　数：750 千字
印　数：1 ～ 1000 册
定　价：298.00 元

中国林业植物授权新品种
（2019）
编委会

主　任： 王永海

副主任： 龙三群

委　员： 陈　光　段经华　周建仁　马　梅
　　　　　张慕博　王忠明　马文君　付贺龙
　　　　　苏善江　张金晓　王一彭　刘诸頔

编　辑： 张慕博　陈　光　段经华

前　言

我国于1997年10月1日开始实施《中华人民共和国植物新品种保护条例》（以下称《条例》），1999年4月23日加入国际植物新品种保护联盟。根据《条例》的规定，国家林业局按照职责分工负责林业植物新品种权申请的受理和审查，并对符合《条例》规定的植物新品种授予植物新品种权。国家林业局负责林木、竹、木质藤本、木本观赏植物（包括木本花卉）、果树（干果部分）及木本油料、饮料、调料、木本药材等植物新品种权申请的受理、审查和授权工作。

国家林业局对植物新品种保护工作十分重视，早在1997年成立了植物新品种保护领导小组及植物新品种保护办公室；2001年批准成立了植物新品种测试中心及5个分中心、2个分子测定实验室；2002年成立了植物新品种复审委员会；2005年以来，陆续建设了月季、一品红、牡丹、杏、竹子5个专业测试站，基本形成了植物新品种保护机构体系框架。我国加入WTO以后，对植物新品种保护提出了更高的要求。为了适应新的形势需要，我们采取有效措施，加强林业植物新品种宣传，不断增强林业植物新品种保护意识，并制定有效的激励措施和扶持政策，推动了林业植物新品种权总量的快速增长。截至2019年底，共受理国内外林业植物新品种申请4519件，其中国内申请3701件，占总申请量的81.9%；国外申请818件，占总申请量的18.1%。共授予植物新品种权2202件，其中国内申请授权数量1880件，占85.4%，国外申请授权数量322件，占14.6%。授权的植物种类中，观赏植物1422件，占64.6%；林木383件，占17.4%；果树320件，占14.5%；木质藤本11件，占0.5%；竹子10件，占0.5%；其他56件，占2.5%。其中2019年共受理国内外林业植物新品种申请802件，授权439件。2019年林业植物新品种的年度授权量再次突破400件。这充分表明，林业植物新品种保护事业已经进入快速发展时期。

植物新品种保护制度的实施大幅提升了社会对品种权的保护意识，同时带来了林业植物新品种的大量涌现，这些新品种已在我国林业生产建设中发挥重要作用。为了方便生产单位和广大林农获取信息，更好地为生态林业、民生林业和美丽中国建设服务，在以往工作的基础上，我们将2019年授权的439个林业植物新品种汇编成书。希望该书的出版，能在生产单位、林农和品种权人之间架起沟通的桥梁，使生产者能够获得所需的新品种，在推广和应用中取得更大的经济效益，同时，品种权人的合法权益能够得到有效的保护，获得相应的经济回报，使林业植物新品种在发展现代林业、建设生态文明、推动科学发展中发挥更大作用。

在本书的编写整理过程中，承蒙品种权人、培育人鼎力协助，提供授权品种的相关资料及图片，使本书编写工作顺利完成，特此致谢。编写过程中虽然力求资料完整准确，但匆忙中难免有疏漏之处，请大家不吝指正。

编委会

2020年12月

目 录

前言

王妃	1
晨曦	2
绿羽	3
热恋	4
锦艳	5
岭南元宝	6
莱克思娜（Lexydnac）	7
玫弗莱明戈（MEIFLEMINGUE）	8
德瑞斯黑六（DrisBlackSix）	9
奥斯莱维缇（AUSLEVITY）	10
德瑞斯红八（DrisRaspEight）	11
德瑞斯黑十三（DrisBlackThirteen）	12
艾维驰 09（EVER CHI09）	13
艾维驰 14（EVER CHI14）	14
瑞普赫 0102a（Ruiph0102a）	15
斯普皮利（SPEPENNY）	16
坦 01642（Tan01642）	17
坦 06418（Tan06418）	18
坦 07413（Tan07413）	19
坦 08888（Tan08888）	20
坦 09112（Tan09112）	21
坦 10031（Tan10031）	22
宝普 058（POULPAR058）	23
宝缇 019（POULTY019）	24
金玉满堂	25
福株	26
竹叶富贵	27
瑞姆克 0037（RUIMCO0037）	28
瑞驰 2700H（RUICH2700H）	29
艾维驰 102（EVERCH102）	30
艾维驰 134（EVERCH134）	31
艾维驰 129（EVERCH129）	32
妙玉	33
粉蕴	34
玫卡德瑞（MEICAUDRY）	35
玫丽沃妮（MEILIVOINE）	36
热嘉 3 号	37
热嘉 13 号	38
热嘉 14 号	39
热嘉 17 号	40
热嘉 18 号	41
玫勒德文（MEILEODEVIN）	42
西昌 41710（SCH41710）	43
西昌 71560（SCH71560）	44
小璇	45
桂昌	46
紫韵	47
紫辰	48
廷栋	49
甬之梅	50
甬尚雪	51
甬尚玫	52
莱克苏 4（LEXU4）	53
西昌 51045（SCH51045）	54
莱克斯艾克来拉（LEXECNERALC）	55
瑞可吉 2004A（RUICJ2004A）	56
冰星	57

玫诺普鲁斯（MEINOPLIUS）	58	金公主 7 号	90
玉帝银丝	59	京仲 1 号	91
串银球	60	京仲 2 号	92
彩云香水 1 号	61	京仲 3 号	93
妍夏	62	京仲 4 号	94
妍希	63	德瑞斯蓝十二（DrisBlueTwelve）	95
秋苑国色	64	德瑞斯红五（DrisRaspFive）	96
秋苑新秀	65	冀榆 3 号	97
秋苑骄阳	66	奥斯米克斯如（AUSMIXTURE）	98
秋璟晓月	67	奥斯威尔（AUSWHIRL）	99
秋苑彩凤	68	德瑞斯黑十二（DrisBlackTwelve）	100
秋苑英姿	69	宁农杞 6 号	101
瑞维 7285A（RUIVI7285A）	70	惜春	102
瑞维 2230A（RUIVI2230A）	71	甬之雪	103
玫斯缇莉（MEISTILEY）	72	甬之韵	104
淑女槐	73	甬绵百合	105
宁农杞 7 号	74	甬绿神	106
彩虹	75	盐抗柳 1 号	107
橙之梦	76	黄皮柳 1 号	108
粉红霓裳	77	蛇矛柳 1 号	109
羊脂玉	78	桐林碧波	110
云想容	79	西昌 71680（SCH71680）	111
洛可可女士	80	素季	112
紫蝶儿	81	瑞克拉 1865A（RUICL1865A）	113
玫梵璐塔（MEIVOLUPTA）	82	瑞克拉 1309C（RUICL1309C）	114
蒙冠 1 号	83	桂月昌华	115
蒙冠 2 号	84	夏日台阁	116
蒙冠 3 号	85	夏梦岳婷	117
金太阳	86	瑰丽迎夏	118
金公主 1 号	87	园林之骄	119
金帝 5 号	88	瑞克拉 1101A（RUICL1101A）	120
金公主 3 号	89	可爱冰淇淋	121

永福金彩	122	胭脂绯	154
闽农桂冠	123	出色	155
永福粉彩	124	富丽	156
闽彩 10 号	125	金秀	157
闽彩 12 号	126	出彩	158
闽彩 13 号	127	玉映	159
闽彩 25 号	128	映紫	160
闽彩 28 号	129	金玉	161
润丰春锦	130	中杨 1 号	162
傲雪	131	吉德 3 号杨	163
棕林仙子	132	星源花歌	164
秋风送霞	133	星源晚秋	165
怀金拖紫	134	星源红霞	166
四季秀美	135	涟漪	167
帅哥领带	136	棱镜	168
曲院风荷	137	琉璃盏	169
小店佳粉	138	红与黑	170
冬红	139	影红秀	171
华盖	140	疏红妆	172
霞光	141	白羽扇	173
香雪	142	雪缘	174
百日春	143	罗彩 1 号	175
春之恋	144	罗彩 2 号	176
春之语	145	罗彩 16 号	177
丹玉	146	罗彩 17 号	178
富春	147	罗彩 18 号	179
乔柽 1 号	148	罗彩 19 号	180
抱朴 1 号	149	丽紫	181
华农游龙（华佳龙游）	150	丽玫	182
华农云龙（钻天型）	151	丽金	183
华农白龙（宿存型）	152	紫胭	184
元春	153	娇黄	185

京黄	186	丽云	218
京绿	187	云鲜 1 号	219
星火	188	德瑞斯黑五（DrisBlackFive）	220
闭月	189	奥斯维泽（AUSWEATHER）	221
蝶海	190	德瑞斯黑七（DrisBlackSeven）	222
名贵红	191	艾维驰 11（EVER CHI11）	223
龙韵	192	艾维驰 15（EVER CHI15）	224
大棠芳玫	193	艾维驰 24（EVER CHI24）	225
锦绣红	194	艾维驰 25（EVER CHI25）	226
白富美	195	艾维驰 28（EVER CHI28）	227
大棠婷靓	196	瑞普德 155B（RUIPD155B）	228
向麟	197	瑞普格 0187A（RUIPG0187A）	229
矮魁	198	红禧儿	230
粉伴	199	玫卡兰克（MEICALANQ）	231
科植 3 号	200	玫赛皮尔（MEISSELPIER）	232
科植 6 号	201	莱克斯尼帕（LEXKNIPAVA）	233
科植 9 号	202	格兰斯莫塔（Gracimota）	234
科植 18 号	203	艾维驰 136（EVERCH136）	235
龙橡 3 号	204	艾维驰 135（EVERCH135）	236
龙橡 7 号	205	玫蒙克尔（MEIMONKEUR）	237
龙橡 8 号	206	艾维驰 110（EVERCH110）	238
龙橡 10 号	207	漫天霓裳	239
赣彤 1 号	208	瑞可吉 0541A（RUICJ0541A）	240
赣彤 2 号	209	西昌 50033（SCH50033）	241
千纸飞鹤	210	西昌 51165（SCH51165）	242
丹霞似火	211	蓝星	243
红玉映天	212	红珊瑚	244
二月增春	213	晨曦	245
蒙树 3 号杨	214	绿满园	246
霞光	215	葱郁	247
怀念	216	金灿	248
鹅黄蜜	217	西昌 70684（SCH70684）	249

西吕纳音（SCHOLINE）	250	龙丰 1 号杨	282
西吕 73042（SCH73042）	251	龙丰 2 号杨	283
桃之夭夭	252	玫贝格姆（MEIBERGAMU）	284
玫迪斯科（MEIDYSOUK）	253	秦秀	285
瑞克拉 1632B（RUICL1632B）	254	紫凤	286
瑞可 1281A（RUIC1281A）	255	东水 1601 号	287
玫派珀瑞尔（MEIPEPORIA）	256	锦袍（金山女贞）	288
黄金甲	257	西吕 79012（SCH79012）	289
科鲜 0119（KORcut0119）	258	丰园 5 号	290
金须	259	丰园晚蜜	291
高槐 1 号	260	英特扎好品（Interzahopin）	292
天丁 1 号	261	英特组诗达尔（Interzusydal）	293
聊红椿	262	星语星愿	294
泰达粉钻	263	秦黑卜杨	295
紫遂	264	秦黑青杨 1 号	296
紫裙	265	秦黑杨 2 号	297
紫夜	266	金硕杏	298
英特赫克拉午（Intergeklawoom）	267	张仁一号	299
金凰	268	粉色梦幻	300
玫珀珂（MEIPIOKOU）	269	粉五月	301
玫科瑞拉（MEIKERIRA）	270	星语	302
青川 1 号	271	新时代	303
紫丰	272	鹤山榆	304
红丰	273	泓森榆	305
柳叶红	274	泓森楝	306
金幻	275	逍遥楝	307
盐丹	276	泓木楝	308
圆靥	277	红艳	309
深蓝	278	玫硕	310
万紫千红	279	紫金楝	311
花好月圆	280	紫玉楝	312
荷仙姑	281	闽台桂魁	313

永福幻彩	314	朝阳	346
永福绚彩	315	民玉 2 号	347
浑然厚壳	316	民玉 3 号	348
中硕 1 号	317	初晴	349
中良 1 号	318	晨露	350
天使之吻	319	霓虹	351
豆蔻年华	320	皂福 2 号	352
桃园结义	321	汾核 1 号	353
红天香云	322	泰富	354
大红灯笼	323	绿桐 2 号	355
粉浪迎秋	324	绿桐 3 号	356
川滇箐	325	绿桐 4 号	357
瑞克格 3047A（RUICG3047A）	326	西雄 1 号杨	358
瑞克夫 3005A（RUICF3005A）	327	西雄 2 号杨	359
红景	328	西雄 3 号杨	360
吉祥红	329	云卷云舒	361
洋洋	330	千层金	362
紫魁	331	卷珠帘	363
银边瑞紫	332	忆红莲	364
紫玲珑	333	依人	365
红玛瑙	334	烟雨江南	366
黑珍珠	335	红珊瑚	367
美赐	336	黄果桐	368
根源 1 号	337	瑞驰 3004A（RUICH3004A）	369
中大二号红豆杉	338	紫岫	370
绚丽和山	339	红宝石伊甸园	371
红紫佳人	340	罗衣	372
晚霞	341	鲁黑 1 号	373
晚黄	342	鲁黑 2 号	374
瑞克拉 1320A（RUICL1320A）	343	金凤	375
瑞克恩 1075A（RUICN1075A）	344	鑫叶栾	376
高油 1 号	345	朝霞 1 号	377

朝霞 2 号	378	初心	410
紫霞 1 号	379	蓝闺蜜	411
紫霞 2 号	380	金如意	412
蓝冠	381	宫矮台一号（MKR1）	413
蓝珠	382	中林 10 号	414
蓝月	383	醉金	415
蓝玲	384	雾灵紫肉	416
锦绣紫	385	先达 1 号	417
中林 7 号	386	紫婵	418
中林 8 号	387	饲构 2 号	419
中林 9 号	388	夜舞娘	420
百日华彩	389	篱红田园	421
夏红	390	红粉田园	422
云林紫枫	391	舞女	423
侠女	392	初恋香	424
相思蓝	393	红孔雀	425
晚香	394	英红田园	426
紫彩	395	舞精灵	427
紫梦	396	舞贵妃	428
紫琦	397	晚秋	429
紫妍	398	舞娘	430
紫婉	399	夏日飞雪	431
紫湘	400	昭贵妃	432
紫秀	401	雪贵妃	433
风铃	402	黛贵妃	434
海棠莓	403	米叶紫欣	435
云香	404	蟠枣	436
虞美蓝	405	福临门	437
海蓝	406	秦宝一号	438
北斗星	407	中泰 3 号	439
丰可来	408	**附表**	
晨雪	409		

王妃

（蔷薇属）

联系人：田连通
联系方式：13518743690　国家：中国

申请日：2012年12月1日
申请号：20120198
品种权号：20190001
授权日：2019年7月24日
授权公告号：国家林业和草原局公告（2019年第13号）
授权公告日：2019年9月6日
品种权人：云南锦苑花卉产业股份有限公司
培育人：倪功、曹荣根、田连通、白云评、乔丽婷、阳明祥

品种特征特性：'王妃'为蔷薇科蔷薇属植物，是云南锦苑花卉产业股份有限公司于2009年4月通过'白玉'（母本）×'橙汁'（父本）进行单交培育的实生株系经优选、反复扦插繁殖而得到。

'王妃'为常绿灌木，植株高度为70～90cm。皮刺密度大（1～2级），叶颜色深绿色，叶上表面光泽度中等。顶端小叶数35片，顶端小叶尖部锐尖形，基部为心形。花蕾为卵形，为高心翘脚、重瓣，中花型品种。侧枝生长中等每平方米年产量110～130枝，瓶插期10～12天。'王妃'与对照品种'大桃红'花色对照：'王妃'花瓣正面深粉红色（RHS：RED GROUP54-A），背面为红色（RHS：RED GROUP55-A），而对照品种'大桃红'深红色（花瓣正面RHS：RED-PURPLE GROUPS7-A，花瓣背面RHS：RED-PURPLE GROUPN57-B）。

'王妃'适宜于云南省滇中等亚热带地区栽培，也适合温室栽培。

晨曦

（润楠属）

联系人：范文峰
联系方式：0571-28931732　国家：中国

申请日：2014年10月30日
申请号：20140194
品种权号：20190002
授权日：2019年7月24日
授权公告号：国家林业和草原局公告（2019年第13号）
授权公告日：2019年9月6日
品种权人：浙江森禾集团股份有限公司
培育人：郑勇平、王春、余成龙

品种特征特性：'晨曦'为常绿乔木，喜光，稍耐阴；树皮灰褐色，有浅裂。小枝绿色，老枝褐色。叶长椭圆形，长10.5～13.3cm，宽2.5～3.9cm，叶柄长1.5～1.9cm，先端渐尖，基部窄楔形。顶芽球形至卵圆形。圆锥花序聚伞状；花被裂片卵状披针形。果球形，熟时黑色。

'晨曦'的新叶正面为橙色，新叶背面为橙黄色；对照品种'森禾红玉'刨花楠的新叶正面为红色，新叶背面为红色。

'晨曦'可种植于安徽、浙江、江西、福建、湖南、广东、广西等地，适应性强；在肥沃湿润的中性或微酸性土壤中生长良好，特别是疏松、湿润、肥沃、排水良好的山脚或者山沟生长更快；苗期和幼树耐阴，随着树龄增长，到中龄期时开始喜光，生长迅速。

'晨曦'刨花楠新梢，新叶为橙色　　　　对照品种'森禾红玉'刨花楠新梢，新叶为红色

绿羽

(润楠属)

联系人:范文峰
联系方式:0571-28931732 国家:中国

申请日:2014年10月30日
申请号:20140195
品种权号:20190003
授权日:2019年7月24日
授权公告号:国家林业和草原局公告(2019年第13号)
授权公告日:2019年9月6日
品种权人:浙江森禾集团股份有限公司
培育人:郑勇平、刘丹丹、陈慧芳

品种特征特性:'绿羽'为常绿乔木,喜光,稍耐阴;树皮灰褐色,有浅裂。小枝绿色,老枝褐色。叶长椭圆形,长10.5~13.3cm,宽2.5~3.9cm,叶柄长1.5~1.9cm,先端渐尖,基部窄楔形。顶芽球形至卵圆形。圆锥花序聚伞状;花被裂片卵状披针形。果球形,熟时黑色。

'绿羽'的新叶正面为绿色,新叶背面为绿色,春季时植株外观为绿色;对照品种'森禾红玉'刨花楠的新叶正面为红色,新叶背面为红色,春季时植株外观红色。

'绿羽'可种植于安徽、浙江、江西、福建、湖南、广东、广西等地,适应性强;在肥沃湿润的中性或微酸性土壤中生长良好,特别是疏松、肥沃、排水良好的山脚或者山沟生长更快;苗期和幼湿润、树耐阴,随着树龄增长,到中龄期时开始喜光,生长迅速。

上为'绿羽'刨花楠扦插苗,新叶为绿色,下为对照品种'森禾红玉'刨花楠扦插苗,新叶为红色

热恋

（蔷薇属）

联系人：田连通
联系方式：0871-65891176/13518743690　国家：中国

申请日：2014年12月6日
申请号：20140234
品种权号：20190004
授权日：2019年7月24日
授权公告号：国家林业和草原局公告（2019年第13号）
授权公告日：2019年9月6日
品种权人：云南锦苑花卉产业股份有限公司
培育人：倪功、曹荣根、田连通、白云评、乔丽婷、何琼、阳明祥

品种特征特性：'热恋'为蔷薇科蔷薇属植物，是云南锦苑花卉产业股份有限公司于2011年5月在青龙基地通过'凝视'（母本）בpen'大桃红'（父本）进行单交培育的实生株系经优选、反复扦插繁殖而得到。

'热恋'为常绿灌木，植株高度为70～90cm。皮刺密度（2～3级）中等，叶为绿色，叶上表面光泽度中等。顶端小叶数3～5片，顶端小叶尖部锐尖形，基部为椭圆形。花蕾为卵形，属重瓣，大花型品种。侧枝生长中等每平方米年产量100～120枝，瓶插期12～14天。'热恋'与对照品种'友谊'花色对照：'热恋'花瓣正面紫红（RHS：RED-PURPLE GROUPN57-C），花瓣背面紫红色（RHS：RED-PURPLE GROUPNS7-C）；而对照品种'友谊'花瓣正面红色（RHS：RED GROUP50-A），花瓣背面黄色（RHS：YELLOW GROUP12-D）。

'热恋'适宜于云南省滇中等亚热带地区栽培，也适合温室栽培。

锦艳
（蔷薇属）

联系人：田连通
联系方式：13518743690　国家：中国

申请日：2014年12月6日
申请号：20140236
品种权号：20190005
授权日：2019年7月24日
授权公告号：国家林业和草原局公告（2019年第13号）
授权公告日：2019年9月6日
品种权人：云南锦苑花卉产业股份有限公司
培育人：倪功、曹荣根、田连通、白云评、乔丽婷、何琼、阳明祥

品种特征特性：'锦艳'为蔷薇科蔷薇属植物，是云南锦苑花卉产业股份有限公司于2011年5月在青龙基地通过'牵手'（母本）×'倾心'（父本）进行杂交培育的实生株系经优选、反复扦插繁殖而得到。

'锦艳'为常绿灌木，植株高度为60～80cm。皮刺密度（3～4级）稀，叶为绿色，叶上表面光泽度中等。顶端小叶数3～5片，顶端小叶尖部渐尖形，基部为椭圆形。花蕾为卵形，属重瓣，中花型品种。侧枝生长中等，每平方米年产量100～120枝，瓶插期10～12天。'锦艳'与对照品种'召唤'花色对照：'锦艳'花瓣正面红色（RHS：RED GROUP43-C），花瓣背面红色（RHS：RED GROUP52-C）；而对照品种'召唤'花瓣正面红色（RHS：RED GROUP41-C），花瓣背面红色（RHS：RED GROUP49-C）。

'锦艳'适宜于云南省滇中等亚热带地区栽培，也适合温室栽培。

岭南元宝

（山茶属）

联系人：徐慧
联系方式：020-85189308　国家：中国

申请日：2015年3月27日
申请号：20150054
品种权号：20190006
授权日：2019年7月24日
授权公告号：国家林业和草原局公告（2019年第13号）
授权公告日：2019年9月6日
品种权人：棕榈生态城镇发展股份有限公司、广东省农业科学院环境园艺研究所、肇庆棕榈谷花园有限公司
培育人：高继银、孙映波、周明顺、于波、陈娜娟、黄丽丽、黎艳玲、张佩霞

品种特征特性：以'金盘荔枝'为母本、'杜鹃'红山茶为父本，利用杂交育种技术获得的目标新品种。

花芽腋生和顶生，萼片黄绿或绿色，覆瓦状排列。花单色，花瓣内侧主色的颜色红色，托桂重瓣型，很小到小型花，花径4～7.5cm，花瓣皱褶无或弱，顶端微凹或圆，边缘全缘，倒卵形，瓣脉有呈现，雄蕊完全瓣化，柱头3浅裂，雌蕊高，子房无茸毛。叶片稠密度中，近螺旋状排列，上斜，叶片厚度中，质地中，大小中，椭圆形，中光泽，叶面颜色绿色，叶横截面形状内折，无斑点，叶脉显现程度弱，叶背无茸毛，叶缘细齿状，叶基楔形，叶尖渐尖，叶柄短。顶芽单生，嫩芽黄绿色，嫩枝黄绿色。常绿灌木，植株直立，生长旺盛。年开花次数多次，花期中、晚或很晚，花期长，广东地区始花期6月，盛花期9～11月，末花期至翌年2月，浙江、陕西地区整体花期晚25～35天。

华东、华南、西南地区可栽培，夏季可无遮阴正常生长开花，冬季在浙江、陕西有遮顶的环境中可正常生长开花。

莱克思娜（Lexydnac）

(蔷薇属)

联系人：李光松
联系方式：010-68003963　国家：荷兰

申请日：2015年3月30日
申请号：20150060
品种权号：20190007
授权日：2019年7月24日
授权公告号：国家林业和草原局公告（2019年第13号）
授权公告日：2019年9月6日
品种权人：荷兰多盟集团公司（Dummen Group B.V.Holland）
培育人：西尔万·坎斯特拉（Silvan Kamstra）

品种特征特性：'莱克思娜'（Lexydnac）在植物分类学上属于蔷薇科蔷薇属。是发现的切花品种'勒克桑尼'（Lexani）芽变，花色为粉色和白色，花形优美、花色独特。

植株直立，植株高度和宽度为中等。幼枝花青苷显色弱，呈红棕色，枝条有刺、数量少，短刺数量无或极少。叶卵圆形，浅到中绿色，光泽度中，小叶叶缘锯齿中。花单生、花径为中，重瓣，花瓣数量多，50～55枚，俯视呈星形，侧观上部成平形、下部平凹形，香味弱。花色为粉混合色系，双色，花瓣内侧基部为白色、中部和边缘为粉红色，花瓣外侧为白色；花瓣边缘反卷强、波状弱，为适合温室种植床栽培的单花头切花品种。

'莱克思娜'适宜在温室条件下栽培生产。

'莱克思娜'花俯视图

近似品种'勒克桑尼'花俯视图

玫弗莱明戈（MEIFLEMINGUE）

（蔷薇属）

联系人：海伦娜·儒尔当
联系方式：+33494500325　国家：法国

申请日：2015年8月4日
申请号：20150137
品种权号：20190008
授权日：2019年7月24日
授权公告号：国家林业和草原局公告（2019年第13号）
授权公告日：2019年9月6日
品种权人：法国玫兰国际有限公司（MEILLAND INTERNATIONAL S.A）
培育人：阿兰·安东尼·玫兰（Alain Antoine MEILLAND）

品种特征特性：'玫弗莱明戈'（MEIFLEMINGUE）是'凯达格'（KEIDARGO）为母本、'坦卡吉克'（TANKALGIC）为父本，以培育花色丰富、花姿优美、综合性状优良的月季切花新品种为育种目标，进行杂交，经过扦插苗的不断选育后而得到的具有优良商品性状的切花月季品种。

'玫弗莱明戈'植株高度为矮到中；嫩枝有花青素着色、着色强度为中到强；皮刺数量为中、颜色为偏红色；叶片大小为中到大，第一次开花之时为绿色；叶片上表面光泽为中；小叶片叶缘波状曲线为弱；顶端小叶形状为中椭圆到卵形；小叶叶基部形状为圆形、叶肩部形状为尖；花形为重瓣；花瓣数量为多；花径为中；花形状为星形；花侧视上部为平凸、下部为平凸；花香为无或极弱；萼片伸展范围为强；花瓣长度及宽度为短至中；花瓣内侧、外侧主要颜色为1种，且均匀，颜色是RHS46A—46B；花瓣内侧基部无斑点，外部雄蕊花丝主要颜色为红色。

'玫弗莱明戈'适宜在温室条件下栽培生产。适于温室内光照充足的环境条件，冬季采用拟光灯延长光照时间；突出的特点是适合在高海拔地区种植和繁殖，优秀性状保持稳定。

'玫弗莱明戈'植株器官典型标本

近似品种'玫克丽丝'植株器官典型标本

德瑞斯黑六（DrisBlackSix）

（悬钩子属）

联系人：高峰
联系方式：010-62357029　国家：美国

申请日：2015年8月4日
申请号：20150140
品种权号：20190009
授权日：2019年7月24日
授权公告号：国家林业和草原局公告（2019年第13号）
授权公告日：2019年9月6日
品种权人：德瑞斯克公司（Driscoll's, Inc.）
培育人：加文·R.西尔斯（Gavin R.Sills）、安德烈M.加彭（Andrea M.Pabon）、史蒂芬·B.莫伊尔（Stephen B.Moyles）

品种特征特性：'德瑞斯黑六'（Dris BlackSix）以编号为BF785-1的黑莓为母本，以黑莓品种'德瑞斯考尔斯'（Driscoll Cowles）为父本进行控制授粉杂交选育而成。

'德瑞斯黑六'植株直立至半直立生长，当年生枝条数量为少，休眠枝长度为长、直径为中，休眠枝花青素显色为强，休眠枝分枝数量为中，分枝分布在整个休眠枝上，休眠枝横截面形状为圆形到有角的，休眠枝上无刺，快速生长嫩枝花青素显色为强、绿色强度为中，嫩枝茸毛数量在主枝上为无或极少、侧枝上为中，顶端小叶长度为短、宽度为中，小叶叶缘为双锯齿、浅锯齿，小叶主要数量为3小叶、5小叶、7小叶各占1/3，为掌状叶，叶片上表面绿色为中、光泽度为中，叶柄托叶大小为中，花直径为中、花颜色为白色带蓝紫色丝，果实宽度为中、长度为中或长，果实长宽比为中，果实小核果数量为多、小核果大小为中，果实纵切面形状为窄卵形，果实颜色为黑色，叶芽萌发时间为早或中，去年生枝条上开花始期为早、果实成熟期为中。

'德瑞斯黑六'适宜栽植于6~27℃海洋性气候条件生态区域。

奥斯莱维缇（AUSLEVITY）

（蔷薇属）

联系人：罗斯玛丽 威尔柯克斯
联系方式：+44-1902-376319 国家：英国

申请日：2015年8月18日
申请号：20150149
品种权号：20190010
授权日：2019年7月24日
授权公告号：国家林业和草原局公告（2019年第13号）
授权公告日：2019年9月6日
品种权人：大卫·奥斯汀月季公司（David Austin Roses Limited）
培育人：大卫·奥斯汀（David Austin）

品种特征特性：'奥斯莱维缇'（AUSLEVITY）是由未知品种的切花月季亲本杂交选育而来的新品种。

该品种植株高度中等；茎有皮刺，数量少；叶片大小中等；花色组为混合黄色，花朵大，重瓣，花瓣数量多，顶端呈皱褶状。与对照品种'奥斯詹姆士'（AUSJAMESON）相比，'奥斯莱维缇'的花瓣为倒卵形，部分为倒心形，顶部呈皱褶状，而'奥斯詹姆士'花瓣较圆，边缘完整；'奥斯莱维缇'的花苞1/4开放时为黄色（RHS12A），而'奥斯詹姆士'为橙色（RHS28C）；'奥斯莱维缇'的花朵完全开放时颜色偏黄，且外侧花瓣渐变为近奶油色，而'奥斯詹姆士'偏杏色。

该品种喜温湿、光照和肥沃的微酸性土壤，不耐遮阴、瘠薄、干旱和水涝，生长适温为15~25℃；可利用"T"形芽接进行无性繁殖；适于在温室夜间温度较低的条件下进行商业切花生产栽培。

'奥斯莱维缇'植物器官典型标本

对照品种'奥斯詹姆士'植物器官典型标本

德瑞斯红八（DrisRaspEight）

（悬钩子属）

联系人：高峰
联系方式：010-62357029　国家：美国

申请日：2015年8月28日
申请号：20150161
品种权号：20190011
授权日：2019年7月24日
授权公告号：国家林业和草原局公告（2019年第13号）
授权公告日：2019年9月6日
品种权人：德瑞斯克公司（Driscoll's, Inc.）
培育人：布莱恩·K.汉密尔顿（Brian K.Hamilton）、马提亚·维腾（Matthias Vitten）、玛塔·K.巴蒂斯塔（Marta C. Baptista）

品种特征特性：'德瑞斯红八'（DrisRaspEight）是以覆盆子品种'德瑞斯埃斯特雷亚'（Driscoll Estrella）为母本，以覆盆子品种'德瑞斯红四'（Dris Rasp Four）为父本进行人工定向杂交选育而成。

'德瑞斯红八'植株半直立生长，当年生枝条数量为中，极嫩枝快速生长时无花青素显色，当年生枝条表面粉状程度为强、花青素显色程度为无或极弱、节间长度为中，当年生枝条上叶芽长度为极短，结果类型为夏季去年生枝条上坐果、秋季在当年生枝条坐果，休眠枝长度为中，中灰橙色，当年生枝条长度为中；枝条刺密度为中，刺基部小，刺短，深灰紫色，叶片为深绿色，叶片主要为3小叶，叶片皱褶程度为强，两侧小叶相对位置为相离，顶端小叶长度为中、宽度为中，花梗刺数量为少，花梗无花青素显色，花大小为中，坐果枝方向为直立、长度为中，果实长度为中、宽度为中，果实长宽比为中，果实侧面形状为宽圆锥形，单个核果大小为中，果实颜色为深灰紫色，果实光泽度为强，果实紧实程度为中，与果梗附着程度为弱；去年生枝叶芽萌发时间为早、开花时间为早、果实成熟期为早、果实结果期长度为中，当年生枝抽出时间为早、开花时间为早、果实成熟时间为早、果实结果期长度为中。

德瑞斯黑十三（DrisBlackThirteen）

（悬钩子属）

联系人：高峰
联系方式：010-62357029 国家：美国

申请日：2015年8月28日
申请号：20150162
品种权号：20190012
授权日：2019年7月24日
授权公告号：国家林业和草原局公告（2019年第13号）
授权公告日：2019年9月6日
品种权人：德瑞斯克公司（Driscoll's, Inc.）
培育人：加文·R.西尔斯（Gavin R.Sills）、安德烈·M.加彭（Andrea M.Pabon）、马克·柯露莎（Mark Crusha）

品种特征特性：'德瑞斯黑十三'（DrisBlackThirteen）是以编号为BP571（259L4）为母本，以编号为BP554（252I5）为父本进行控制授粉杂交选育而成。

'德瑞斯黑十三'植株半直立生长，当年生枝条数量为中或多，休眠枝长度为中或长、直径为中，休眠枝花青素显色为中，休眠枝分枝数量为多，分枝分布在整个休眠枝上，休眠枝横截面形状为有角且有槽的，休眠枝无刺，快速生长嫩枝花青素显色为弱、绿色强度为中，嫩枝茸毛数量为无或极少，顶端小叶长度为中或长、宽度为中，小叶叶缘为双锯齿、中锯齿，小叶主要数量为5，为掌状叶，叶片上表面绿色为中、光泽度为中，叶柄托叶大小为中，花直径为中，花颜色为白中带淡紫，结果侧枝长度为中，果实长度为短或中、宽度为中，果实长宽比为中，果实小核果数量为中、小核果大小为中或大，果实纵切面形状为中卵形，果实颜色为黑色，叶芽萌发时间为晚，果实在当年生枝结果，当年生枝条开花始期为晚、果实成熟期为晚。

'德瑞斯黑十三'适宜栽植于6～27℃海洋性气候条件生态区域。

艾维驰09（EVER CHI09）

（蔷薇属）

联系人：哈雷·艾克路德（Harley Eskelund）
联系方式：+45-51571990　国家：丹麦

申请日：2015年10月12日
申请号：20150203
品种权号：20190013
授权日：2019年7月24日
授权公告号：国家林业和草原局公告（2019年第13号）
授权公告日：2019年9月6日
品种权人：丹麦永恒玫瑰公司（ROSES FOREVER ApS）
培育人：哈雷·艾克路德（Harley Eskelund）

品种特征特性：'艾维驰09'是2010年春季培育人以未知品种为母本，与未知品种为父本，进行杂交而得。

该品种属开张型矮生品种，植株高度很矮；嫩枝花青苷显色程度为很弱；皮刺的数量少，刺的颜色为黄色；叶片大小中等，叶上表面绿色程度为中，叶上表面光泽程度为中至强，小叶边缘波状为很弱，顶端小叶形状为卵圆形，顶端小叶叶尖呈渐尖，顶端小叶基部形状为钝形；无侧花枝，开花侧枝花数量为很少，花蕾纵切面形状为椭圆。花型为重瓣花型，花瓣数30～45瓣，花色为黄色（皇家园艺比色卡读数11A），花朵紧密程度中等，花直径4～5cm，花萼边缘延伸程度为强；花瓣无边缘缺裂，花瓣呈宽椭圆形，花瓣无基部色斑；花丝主色为黄色。

该品种经过多次繁殖方式测试，证明该性状组合通过连续的无性繁殖，其有性繁殖或营养繁殖的特性一致，且基本性状包括颜色、花形、生长习性等均稳定。

该品种适宜在温室条件下栽培生产。适于温室内光线充足的环境条件，冬季需采用拟光灯延长光照时间。

'艾维驰09'植株形态典型标本

近似品种'艾维驰20'植株形态典型标本

艾维驰14（EVER CHI14）

（蔷薇属）

联系人：哈雷·艾克路德（Harley Eskelund）
联系方式：+31 206436516　国家：丹麦

申请日：2015年10月12日
申请号：20150206
品种权号：20190014
授权日：2019年7月24日
授权公告号：国家林业和草原局公告（2019年第13号）
授权公告日：2019年9月6日
品种权人：丹麦永恒玫瑰公司（ROSES FOREVER ApS）
培育人：哈雷·艾克路德（Harley Eskelund）

品种特征特性：'艾维驰14'是2010年春季培育人以未知品种为母本，与未知品种为父本，进行杂交而得。

该品种属开张型矮生品种，植株高度很矮；嫩枝花青苷显色程度为很弱；皮刺的数量少，刺的颜色为黄色；叶片大小中等，叶上表面绿色程度为中，叶上表面光泽程度为很强，小叶边缘波状为很弱，顶端小叶形状为卵圆形，顶端小叶叶尖呈渐尖，顶端小叶基部形状为钝形；无侧花枝，开花侧枝花数量为很少，花蕾纵切面形状为椭圆。花型为重瓣花型，花瓣数50~65瓣，花色为红色（皇家园艺比色卡读数41B），花朵紧密程度中等，花直径6~8cm，花萼边缘延伸程度为很弱；花瓣无边缘缺裂，花瓣呈宽椭圆形，花瓣无基部色斑；花丝主色为黄色。

该品种经过多次繁殖方式测试，证明该性状组合通过连续的无性繁殖，其有性繁殖或营养繁殖的特性一致，且基本性状包括颜色、花形、生长习性等均稳定。

该品种适宜在温室条件下栽培生产。适于温室内光线充足的环境条件，冬季需采用拟光灯延长光照时间。

'艾维驰14'植株形态典型标本

近似品种'艾维驰12'植株形态典型标本

瑞普赫0102a（Ruiph0102a）

（蔷薇属）

联系人：汉克·德·格罗特
联系方式：+31 206436516　国家：荷兰

申请日：2015年10月14日
申请号：20150222
品种权号：20190015
授权日：2019年7月24日
授权公告号：国家林业和草原局公告（2019年第13号）
授权公告日：2019年9月6日
品种权人：迪瑞特知识产权公司（De Ruiter Intellectual Property B.V.）
培育人：汉克·德·格罗特（H.C.A. de Groot）

品种特征特性：'瑞普赫0102a'（Ruiph0102a）是以编号p-99-0146为母本、'瑞艺0461'（Ruiy0461）为父本杂交得到的优良单株为母本，与'波尔库斯'（Poulracos）为父本，进行杂交，经过扦插苗的不断选育后而得到的具有优良商品性状的盆栽月季品种。

'瑞普赫0102a'生长类型为矮化型、生长习性为半直立；嫩枝有花青素有着色，嫩枝无花青苷显色。皮刺数量为少、颜色为偏紫色；叶片大小为中，第一次开花之时上表面颜色为绿色、光泽为中到强；小叶片叶缘波状曲线为极弱到弱；顶端小叶形状为卵圆形，顶端小叶尖为尖；无开花侧枝，开花侧枝花数量为中，花蕾纵切面形状为宽椭圆。花型为重瓣；花瓣数量为中到多；花径为中；花无香味，花萼边缘延伸程度为弱，花瓣无边缘缺裂，花瓣呈宽椭圆形；花瓣内侧主要颜色为1种，主要颜色是RHS45A，花瓣内侧基部有斑点、斑点大小为中、颜色为白色；外部雄蕊花丝主要颜色为红色。

'瑞普赫0102a'适宜在温室条件下栽培生产。适于温室内光照充足的环境条件，冬季采用拟光灯延长光照时间。

'瑞普赫0102a'植株器官典型标本

近似品种'瑞普赫0173a'植株器官典型标本

斯普皮利（SPEPENNY）

（蔷薇属）

联系人：霍尔曼·肖滕（Herman Scholten）
联系方式：+31-172-212120　国家：荷兰

申请日：2016年2月1日
申请号：20160027
品种权号：20190016
授权日：2019年7月24日
授权公告号：国家林业和草原局公告（2019年第13号）
授权公告日：2019年9月6日
品种权人：荷兰斯普克国际月季育种公司（Spek Rose Breeding International B.V.）
培育人：艾瑞克·罗纳德·斯普克（Erik Ronald Spek）

品种特征特性：'斯普皮利'（SPEPENNY）花蕾纵剖面圆柱形，花的类型为重瓣，单头花，花朵直径大，俯视呈圆形，侧观上部与下部均呈平凸形，香味无到弱；花瓣伸出度中，长度长、宽度中，卵圆形，花瓣数中，单色品种，内外瓣均呈金黄色，内瓣基部无斑点；花瓣边缘反卷中、瓣缘波状弱，花丝主色为橙色。

近似品种选择'斯普克纳'（Speknal），其与授权品种的特异性如下表。

品种	花瓣颜色	叶表光泽度	叶片大小
'斯普皮利'	金黄	中	大
'斯普克纳'	橙黄	强	极大

该品种适宜一般温室条件下栽培生产。

'斯普皮利'

近似品种'斯普克纳'

坦01642（Tan01642）

（蔷薇属）

联系人：托马斯·洛夫乐（Thomas L?ffler）
联系方式：+49-4122-7084 国家：德国

申请日：2016年2月1日
申请号：20160028
品种权号：20190017
授权日：2019年7月24日
授权公告号：国家林业和草原局公告（2019年第13号）
授权公告日：2019年9月6日
品种权人：德国坦涛月季育种公司（Rosen Tantau KG, Germany）
培育人：克里斯汀安·埃维尔斯（Christian Evers）

品种特征特性：'坦01642'的花蕾纵剖面宽卵形，花的类型为重瓣，单头花，花朵直径中、俯视呈星形、侧观上部与下部均呈平凸形，香味无到弱；花瓣伸出度强，长度中、宽度中，花瓣数中，单色品种，外花瓣的主要颜色橘黄，内瓣基部无斑点；外瓣中部为橘黄色；花瓣边缘反卷强、瓣缘波状弱。

近似品种选择'坦02451'，其与授权品种的特异性见下表：

品种	花瓣颜色	叶片颜色	花朵形状
'坦01642'	橘黄	亮暗绿	俯视星形
'坦02451'	橘红	中绿	俯视圆形

该品种适宜一般温室条件下栽培生产。

'坦01642'

近似品种'坦02451'

坦06418（Tan06418）

（蔷薇属）

联系人：托马斯·洛夫乐（Thomas L?ffler）
联系方式：+49-4122-7084　国家：德国

申请日：2016年2月1日
申请号：20160029
品种权号：20190018
授权日：2019年7月24日
授权公告号：国家林业和草原局公告（2019年第13号）
授权公告日：2019年9月6日
品种权人：德国坦涛月季育种公司（Rosen Tantau KG, Germany）
培育人：克里斯汀安·埃维尔斯（Christian Evers）

品种特征特性：'坦06418'的花蕾纵剖面圆柱形，花的类型为重瓣，单头花，花朵直径中到大、俯视呈圆形、侧观上部与下部均呈平凸形，香味无到弱；花瓣伸出度中，长度中到长、宽度宽，花瓣数中到多，单色品种，内、外花瓣的主要颜色暗紫红，内瓣基部无斑点；花瓣边缘反卷弱、瓣缘波状弱，花丝主色为白色至浅黄色。

近似品种选择'坦04353'，其与授权品种的特异性见下表：

品种	花瓣颜色	叶表皱缩度	花朵形状
'坦06418'	暗紫	强	中到大
'坦04353'	紫红	中	中

该品种适宜一般温室条件下栽培生产。

'坦06418'

近似品种'坦04353'

坦07413（Tan07413）

（蔷薇属）

联系人：托马斯·洛夫乐（Thomas L?ffler）
联系方式：+49-4122-7084 国家：德国

申请日：2016年2月1日
申请号：20160030
品种权号：20190019
授权日：2019年7月24日
授权公告号：国家林业和草原局公告（2019年第13号）
授权公告日：2019年9月6日
品种权人：德国坦涛月季育种公司（Rosen Tantau KG, Germany）
培育人：克里斯汀安·埃维尔斯（Christian Evers）

品种特征特性：'坦07413'的花蕾纵剖面圆柱形，花的类型为重瓣，多头花，花朵直径中到小、俯视呈圆形、侧观上部与下部均呈平凸形，香味无到弱；花瓣伸出度中，长度中、宽度中，花瓣数中，单色品种，内、外花瓣的主要颜色堇紫粉，内瓣基部无斑点；花瓣边缘反卷中、瓣缘波状弱，花丝主色为白色至浅黄色。

近似品种选择'坦09112'，其与授权品种的特异性见下表：

品种	花瓣颜色	叶片颜色	花朵直径
'坦07413'	堇紫粉	中绿	中
'坦09112'	堇粉	暗绿	大

该品种适宜一般温室条件下栽培生产。

'坦07413'

近似品种'坦09112'

坦08888（Tan08888）

（蔷薇属）

联系人：托马斯·洛夫乐（Thomas L?ffler）
联系方式：+49-4122-7084　国家：德国

申请日：2016年2月1日
申请号：20160031
品种权号：20190020
授权日：2019年7月24日
授权公告号：国家林业和草原局公告（2019年第13号）
授权公告日：2019年9月6日
品种权人：德国坦涛月季育种公司（Rosen Tantau KG, Germany）
培育人：克里斯汀安·埃维尔斯（Christian Evers）

品种特征特性：'坦08888'的花蕾纵剖面圆柱形，花的类型为重瓣，单头花花朵直径中、俯视呈圆形、侧观上部与下部均呈平凸形，香味无到弱；花瓣伸出度中、长度中、宽度中，花瓣数中，单色品种，内瓣淡粉色、外花瓣的主要颜色粉白，内瓣基部无斑点；花瓣边缘反卷弱、瓣缘波状极弱，花丝主色为白色至浅黄色。

近似品种选择'坦07304'，其与授权品种的特异性见下表：

品种	内花瓣颜色	外花瓣颜色	花朵直径
'坦08888'	淡粉	粉白	中
'坦07304'	浅粉	粉红	中到大

该品种适宜一般温室条件下栽培生产。

'坦08888'

近似品种'坦07304'

坦09112（Tan09112）

（蔷薇属）

联系人：托马斯·洛夫乐（Thomas L?ffler）
联系方式：+49-4122-7084　国家：德国

申请日： 2016年2月1日
申请号： 20160032
品种权号： 20190021
授权日： 2019年7月24日
授权公告号： 国家林业和草原局公告（2019年第13号）
授权公告日： 2019年9月6日
品种权人： 德国坦涛月季育种公司（Rosen Tantau KG, Germany）
培育人： 克里斯汀安·埃维尔斯（Christian Evers）

品种特征特性： '坦09112'的花蕾纵剖面圆柱形，花的类型为重瓣，单头花，花朵直径中到大、俯视呈圆形、侧观上部与下部均呈平凸形，香味无到弱；花瓣伸出度中，长度中、宽度中，花瓣数中，单色品种，内、外花瓣的主要颜色堇粉，内瓣基部无斑点；花瓣边缘反卷中、瓣缘波状弱，瓣数多，花丝主色为白色至浅黄色。

近似品种选择'坦06464'，其与授权品种的特异性见下表：

品种	花瓣颜色	花朵瓣数	叶片颜色
'坦09112'	堇粉	多	暗绿
'坦06464'	暗红粉	中	中绿

该品种适宜一般温室条件下栽培生产。

'坦09112'

近似品种'坦06464'

坦10031（Tan10031）

（蔷薇属）

联系人：托马斯·洛夫乐（Thomas L?ffler）
联系方式：+49-4122-7084　国家：德国

申请日：2016年2月1日
申请号：20160033
品种权号：20190022
授权日：2019年7月24日
授权公告号：国家林业和草原局公告（2019年第13号）
授权公告日：2019年9月6日
品种权人：德国坦涛月季育种公司（Rosen Tantau KG, Germany）
培育人：克里斯汀安·埃维尔斯（Christian Evers）

品种特征特性：'坦10031'的花蕾纵剖面圆柱形，花的类型为重瓣、单头花，花朵直径中，俯视呈圆形、侧观上部与下部均呈平凸形，香味无到弱；花瓣伸出度中，长度中、宽度中，花瓣数中，单色品种，内外瓣均呈黄绿色，内瓣基部无斑点；花瓣边缘反卷弱、瓣缘波状极弱，花丝主色为白色至浅黄色。

近似品种选择'坦07358'，其与授权品种的特异性见下表：

品种	花瓣颜色	花瓣边缘反卷	叶片大小
'坦10031'	黄绿	弱	偏小
'坦07358'	黄	中到强	偏大

该品种适宜一般温室条件下栽培生产。

'坦10031'

近似品种'坦07358'

宝普058（POULPAR058）

（蔷薇属）

联系人：芒斯·奈格特·奥乐森（Mogens N.Olesen）
联系方式：+45 48483028　国家：丹麦

申请日：2016年2月16日
申请号：20160053
品种权号：20190023
授权日：2019年7月24日
授权公告号：国家林业和草原局公告（2019年第13号）
授权公告日：2019年9月6日
品种权人：丹麦宝森玫瑰有限公司（Poulsen Roser A/S）
培育人：芒斯·奈格特·奥乐森（Mogens N.Olesen）

品种特征特性：'宝普058'（POULPAR058）是以无名月季品种为母本、无名月季品种为父本，进行杂交，经过扦插苗的不断选育后而得到的具有优良商品性状的盆栽月季品种。

'宝普058'嫩枝有花青素无着色；皮刺数量为少、颜色为偏黄色；叶片大小为中到大，第一次开花之时为淡到中绿色；叶片上表面光泽为弱；小叶片叶缘波状曲线为无或极弱，顶端小叶形状为卵形，小叶叶尖部形状为尖；具有开花侧枝，开花侧枝数量为中到多，每个侧枝花数量为中，花形为重瓣；花瓣数量为中到多；花径为中；花形状为圆形；花香为无或极弱；花瓣形状为倒卵形，花瓣缺刻为弱，萼片伸展范围为弱；花瓣大小为小到中；花瓣内侧、外侧主要颜色为1种，且均匀，颜色是淡蓝紫到紫（RHS76B到78D）；花瓣内侧基部有斑点，极小、为白色；外部雄蕊花丝主要颜色为淡黄。

适宜在温室条件下栽培生产。适于温室内光照充足的环境条件，冬季采用拟光灯延长光照时间；突出的特点是适合在高海拔地区种植和繁殖，优秀性状保持稳定。

'宝普058'

近似品种'宝普034'

宝缇019（POULTY019）

（蔷薇属）

联系人：芒斯·奈格特·奥乐森（Mogens N.Olesen）
联系方式：+45 48483028　国家：丹麦

申请日：2016年2月16日
申请号：20160055
品种权号：20190024
授权日：2019年7月24日
授权公告号：国家林业和草原局公告（2019年第13号）
授权公告日：2019年9月6日
品种权人：丹麦宝森玫瑰有限公司（Poulsen Roser A/S）
培育人：芒斯·奈格特·奥乐森（Mogens N.Olesen）

品种特征特性：'宝缇019'（POULTY019）是以无名月季品种为母本、无名月季品种为父本，进行杂交，经过扦插苗的不断选育后而得到的具有优良商品性状的盆栽月季品种。

'宝缇019'植株生长习性为半直立；嫩枝有花青素有着色、着色程度为弱；皮刺数量为中到多、颜色为偏红色；叶片大小为小，第一次开花之时为深绿色，有花青素着色，上表面光泽为弱；小叶片叶缘波状曲线为弱；顶端小叶形状为中椭圆形；小叶尖部形状为尖；无开花侧枝；花形为重瓣；花瓣数量为少；花径为小；花形状为圆形；花香为无或极弱；萼片伸展范围为无或极弱；花瓣形状为倒卵形、缺刻程度为弱，大小为小到中；花瓣内侧、外侧主要颜色为2种，且均匀，颜色是紫到深粉红（RHS61B到53C），次要颜色为白色，第三种颜色为粉红，次色的分布为片状或条状；花瓣内侧基部有斑点、大小为小到中、颜色为白色，外部雄蕊花丝主要颜色为黄色。

'宝缇019'适宜在温室条件下栽培生产。适于温室内光照充足的环境条件，冬季采用拟光灯延长光照时间；突出的特点是适合在高海拔地区种植和繁殖，优秀性状保持稳定。

'宝缇019'

近似品种'宝帕024'

金玉满堂

（紫金牛属）

联系人：吴沙沙
联系方式：15280430239　国家：中国

申请日：2016年5月1日
申请号：20160096
品种权号：20190025
授权日：2019年7月24日
授权公告号：国家林业和草原局公告（2019年第13号）
授权公告日：2019年9月6日
品种权人：福建农林大学、福建省武平县盛金花场
培育人：刘梓富、彭东辉、廖柏林、罗盛金、兰思仁、吴沙沙、翟俊文、谢亮秀

品种特征特性：于2005年在江西省赣州市会昌县筠门岭山上发现朱砂根的乳黄色果变异单株。同年，将此单株选留采种，随之进行第一次播种繁育。后经连续数代单株优选、栽培观测，至2010年，最终确定育成该品种。

该品种株形矮到中，株高平均87.5cm，长度长，叶长11.8cm，宽度窄到中，叶宽3.2cm；叶片厚度中，叶厚0.014cm，成熟叶片正面暗绿，颜色N137A，叶背面颜色138A；果实成熟的形状球形，纵轴长度中到长，9.8mm，横轴长度中，8.2mm，果实乳黄色，颜色4C；单穗果实数量少，平均20个，挂果距离大，75cm；冠幅中，平均54cm，地径14.2mm，果穗数极少，14个，果穗长度短，长度为10.5cm。

'金玉满堂'果柄黄绿、果实大小中等，呈乳黄色

近似品种'大富贵'果柄红色，果实较大，呈红色

福株
(紫金牛属)

联系人：吴沙沙
联系方式：15280430239　国家：中国

申请日：2016年5月1日
申请号：20160097
品种权号：20190026
授权日：2019年7月24日
授权公告号：国家林业和草原局公告（2019年第13号）
授权公告日：2019年9月6日
品种权人：福建农林大学、福建省武平县盛金花场
培育人：兰思仁、刘梓富、彭东辉、廖柏林、罗盛金、吴沙沙、翟俊文、谢亮秀

品种特征特性：于2004年在福建省龙岩市东留镇大联村后山上发现红凉伞的变异单株，同年，将此单株选留采种，随之进行第一次播种繁育。后经连续数代单株优选、栽培观测，至2010年，最终确定育成该品种。

　　该品种的株形高大，株高平均146cm，茎秆粗度中，颜色黄绿；分枝较为紧密，节间长度中；叶片形状椭圆，顶端形状渐尖，基部形状锐尖，叶缘锯齿数少，表面波状极弱，长度中到长，叶长10.2cm，宽度窄到中，叶宽2.7cm；叶片厚度中，叶厚0.019cm，成熟叶片正面暗绿中带紫红色，颜色147A，叶背面紫红色，颜色N77C；叶片变色，叶柄长度短；果实成熟的形状球形，纵轴长度中到长，8.7mm，横轴长度中，8.3mm，果色鲜红亮丽，色泽为42A；果实数量中，单穗果实数量55个，挂果距离中到大，54.9cm；冠幅较小，平均46.9cm，地径16.1mm，果穗数29个，果穗长度中，长度为12.7cm。

'福株'（下）果色鲜红亮丽，色泽为42A；近似品种青叶青枝'富贵'（上）果色淡红，色泽为45B

竹叶富贵

（紫金牛属）

联系人：吴沙沙
联系方式：15280430239　国家：中国

申请日：2016年5月1日
申请号：20160098
品种权号：20190027
授权日：2019年7月24日
授权公告号：国家林业和草原局公告（2019年第13号）
授权公告日：2019年9月6日
品种权人：福建农林大学、福建省武平县盛金花场
培育人：王星孚、刘梓富、廖柏林、罗盛金、兰思仁、彭东辉、翟俊文、吴沙沙

品种特征特性：于2009年在福建省漳平市永福镇发现朱砂根播种苗中的变异单株，同年，将此单株选留采种，随之进行第一次播种繁育。后经连续数代单株优选、栽培观测，至2014年，最终确定育成该品种。

该品种株形矮小、舒展，株高平均38.8cm，茎秆粗度粗；节间长度中；叶片倒披针形，顶端形状锐尖，基部形状锐尖，叶缘锯齿数少到中，表面波状弱到中，长度中到长，平均叶长10.8cm，宽度窄，叶宽平均1.9cm；叶片厚度中，平均叶厚0.019cm，成熟叶片正面深绿发亮，颜色N137A，叶背面颜色138B；叶柄长度中；果实成熟的形状球形，纵轴长度中到长，平均9.2mm，横轴长度长，平均9.9mm，果色鲜红亮丽，色泽为45B；单穗果实数量少，平均26个，冠幅较小，平均32cm，地径小，平均8.9mm，果穗数平均9个，果穗长度短，长度平均为8.5cm。

'竹叶富贵'（左）果实纵横长度中；近似品种'大富贵'（右）果实纵横长度大

瑞姆克0037（RUIMCO0037）

（蔷薇属）

联系人：汉克·德·格罗特（H.C.A. de Groot）
联系方式：+31 206436516　国家：荷兰

申请日：2016年6月20日
申请号：20160121
品种权号：20190028
授权日：2019年7月24日
授权公告号：国家林业和草原局公告（2019年第13号）
授权公告日：2019年9月6日
品种权人：迪瑞特知识产权公司（De Ruiter Intellectual Property B.V.）
培育人：汉克·德·格罗特（H.C.A. de Groot）

品种特征特性：'瑞姆克0037'（RUIMCO0037）是2014年在荷兰哈泽斯沃德-卓普镇，荷兰迪瑞特知识产权公司苗圃发现'瑞驰0731a'（Ruici0731a）的芽变品种。

'瑞姆克0037'属于多头切花月季；植株高度为中；嫩枝有花青素无着色；皮刺数量为中、颜色为偏绿色；叶片大小为大，第一次开花之时上表面颜色为浅到中绿色、光泽为弱；小叶片叶缘波状曲线为弱；顶端小叶形状为卵圆形，叶基形状为圆形，叶尖为尖。花型为重瓣；花瓣数量为极多；花径为中；形状为圆形，花侧视上部形状为平、侧视下部形状为平凸；花无香味，花萼边缘延伸程度为无或极弱；花瓣边缘缺裂为无或极弱，花瓣呈倒卵形；花瓣边缘反卷程度为中、波状为弱、花瓣长度和宽度为中；花瓣内侧主要颜色为1种，是RHS75C到RHS84C，花瓣内侧基部有斑点、斑点大小为极大、颜色为白色；花瓣外侧主要颜色为RHS76D至更浅；外部雄蕊花丝主要颜色为浅黄。

'瑞姆克0037'适宜在温室条件下栽培生产。适于温室内光照充足的环境条件，冬季采用拟光灯延长光照时间；突出的特点是适合在高海拔地区种植和繁殖，优秀性状保持稳定。

'瑞姆克0037'植株器官典型标本

近似品种'瑞驰0731a'植株器官典型标本

瑞驰2700H（RUICH2700H）

（蔷薇属）

联系人：汉克·德·格罗特（H.C.A. de Groot）
联系方式：+31 206436516　国家：荷兰

申请日：2016年6月20日
申请号：20160123
品种权号：20190029
授权日：2019年7月24日
授权公告号：国家林业和草原局公告（2019年第13号）
授权公告日：2019年9月6日
品种权人：迪瑞特知识产权公司（De Ruiter Intellectual Property B.V.）
培育人：汉克·德·格罗特（H.C.A. de Groot）

品种特征特性：'瑞驰2700H'（RUICH2700H）是2007年春季培育人以'瑞艺4325'（RUIY4325）为母本，无名植株与'瑞兹文'（RUIZWIN）杂交得到的后代为父本，进行杂交。

'瑞驰2700H'属于多头切花季；植株高度为极高；嫩枝有花青素有着色、着色程度为弱到中；皮刺数量为中、颜色为偏黄色；叶片大小为中到大，第一次开花之时上表面颜色为中绿色、光泽为弱；小叶片叶缘波状曲线为强；顶端小叶形状为卵圆形，叶基形状为圆形，叶尖为尖。花型为重瓣；花瓣数量为中；花径为小；形状为不规则圆形，花侧视上部形状为平、侧视下部形状为平凸；花无香味，花萼边缘延伸程度为无或极弱；花瓣边缘缺裂为无或极弱，花瓣呈圆形；花瓣边缘反卷程度为强、波状为强、花瓣长度和宽度为小；花瓣内侧主要颜色为1种，是RHS 56D，花瓣内侧基部有斑点、斑点大小为极小；外部雄蕊花丝主要颜色为白色。

'瑞驰2700H'适宜在温室条件下栽培生产。适于温室内光照充足的环境条件，冬季采用拟光灯延长光照时间；突出的特点是适合在高海拔地区种植和繁殖。优秀性状保持稳定。

'瑞驰2700H'植株器官典型标本

近似品种'瑞驰2700C'植株器官典型标本

艾维驰102（EVERCH102）

（蔷薇属）

联系人：哈雷（Harley Eskelund）
联系方式：+45-5157-1980　国家：丹麦

申请日：2016年7月21日
申请号：20160177
品种权号：20190030
授权日：2019年7月24日
授权公告号：国家林业和草原局公告（2019年第13号）
授权公告日：2019年9月6日
品种权人：丹麦永恒月季公司（ROSES FOREVER ApS, Denmark）
培育人：洛萨·艾斯克伦德（Rosa Eskelund）

品种特征特性：'艾维驰102'的花蕾纵剖面圆柱形，花的类型为重瓣，多头花，花朵直径中到小、俯视呈圆形、侧观上部与下部均呈平凸形，香味中到弱；花瓣伸出度中，长度中到短、宽度宽，花瓣数中到多，双色品种，内、外花瓣的主要颜色红+橙红，内瓣基部无斑点；花瓣边缘反卷弱、瓣缘波状弱，花丝主色为白色至浅黄色。

近似品种选择'艾维驰103'，其与授权品种的特异性见下表：

品种	花瓣颜色	萼片形状	花朵直径
'艾维驰102'	红+橙	狭长具齿	中
'艾维驰103'	红	卵形	中到大

该品种适宜一般温室条件下栽培生产。

艾维驰134(EVERCH134)

(蔷薇属)

联系人:哈雷(Harley Eskelund)
联系方式:+45-5157-1980 国家:丹麦

申请日:2016年7月24日
申请号:20160181
品种权号:20190031
授权日:2019年7月24日
授权公告号:国家林业和草原局公告(2019年第13号)
授权公告日:2019年9月6日
品种权人:丹麦永恒月季公司(ROSES FOREVER ApS, Denmark)
培育人:洛萨·艾斯克伦德(Rosa Eskelund)

品种特征特性:'艾维驰134'的花蕾纵剖面圆锥形,花的类型为重瓣,多头花,花朵直径中到大、俯视呈圆形、侧观上部与下部均呈平凸形,香味中到弱;萼片形状阔卵状披针形,花瓣伸出度中,长度中到短、宽度宽,花瓣数中到多,内、外花瓣的主要颜色珊瑚红,内瓣基部无斑点;花瓣边缘反卷极弱、瓣缘波状无,花丝主色为淡橙。

近似品种选择'艾维驰133',其与授权品种的特异性见下表:

品种	叶片形状	花瓣颜色	花瓣瓣缘反卷
'艾维驰134'	阔卵形	紫红	无
'艾维驰133'	卵圆形	红	有

该品种适宜一般温室条件下栽培生产。

艾维驰129（EVERCH129）

（蔷薇属）

联系人：哈雷（Harley Eskelund）
联系方式：+45-5157-1980　国家：丹麦

申请日：2016年7月24日
申请号：20160183
品种权号：20190032
授权日：2019年7月24日
授权公告号：国家林业和草原局公告（2019年第13号）
授权公告日：2019年9月6日
品种权人：丹麦永恒月季公司（ROSES FOREVER ApS, Denmark）
培育人：洛萨·艾斯克伦德（Rosa Eskelund）

品种特征特性：'艾维驰129'的花蕾纵剖面圆柱形，花的类型为重瓣，多头花，花朵直径中、俯视呈圆形、侧观上部与下部均呈平凸形，香味中到弱；萼片形状卵状披针形，花瓣伸出度中，长度中到短、宽度中，花瓣数中到多，内、外花瓣的主要颜色珊瑚红，内瓣基部无斑点；花瓣边缘反卷弱，瓣缘波状弱，花丝主色为白色至浅黄色。

近似品种选择'艾维驰103'，其与授权品种的特异性见下表：

品种	花瓣颜色	叶片形状	花瓣宽度
'艾维驰129'	珊瑚红	卵形	中
'艾维驰103'	红	近椭圆	宽

该品种适宜一般温室条件下栽培生产。

'艾维驰129'

近似品种'艾维驰103'

妙玉
（蔷薇属）

联系人：徐宗大
联系方式：15666935932　国家：中国

申请日：2016年7月25日
申请号：20160185
品种权号：20190033
授权日：2019年7月24日
授权公告号：国家林业和草原局公告（2019年第13号）
授权公告日：2019年9月6日
品种权人：山东农业大学
培育人：赵兰勇、于晓艳、徐宗大、邢树堂、赵明远

品种特征特性：2005年5月，品种权人以本课题组从吉林珲春收集的野生玫瑰为母本，单瓣黄刺玫为父本进行种间杂交。2006年3月播种，播种苗经过初选、复选、扩繁和性状稳定性观察，于2015年确定'妙玉'新品种。

'妙玉'为丛生灌木，生长旺盛，植株高度140～60cm；枝条稍紫红色，枝刺数量较多、紫红色，有刚毛；复叶长10～12cm，小叶11～13枚，中等大小（长2～3cm）、长椭圆形、尖端稍尖、叶缘稍具宽单锯齿，叶面深绿色、稍皱褶；花期早（4月中旬盛开）；开花量大，花单瓣、浅盘状、单生于茎顶，具清香；花瓣扇形、边缘中部有缺刻；花色随开放程度而变化，初开为浅香槟色（RHS 36D），后逐渐变为乳白色（RHS NN155A）；花径中等（5.5～6.5cm）。

该品种与近似品种单瓣黄刺玫比较，性状差异如下表：

品种性状	'妙玉'	单瓣黄刺玫
花色	花色随开放变化，初开浅香槟色（RHS 36D），后逐渐变为乳白色（RHS NN155A）	不变，黄色（RHS 3B）
叶片颜色	深绿	墨绿
枝条颜色	稍紫红色	红褐色
枝刺数量	较多，有刚毛	较少，无刚毛

本品种与玫瑰、黄刺玫对气候、土壤立地环境的要求基本相同。其对环境要求不严，耐粗放管理。在我国南北方均可种植，尤其适宜于冬季无严寒（-20℃）的地区。

粉蕴

(含笑属)

联系人：邢文
联系方式：18229737095　国家：中国

申请日：2016年8月3日
申请号：20160203
品种权号：20190034
授权日：2019年7月24日
授权公告号：国家林业和草原局公告（2019年第13号）
授权公告日：2019年9月6日
品种权人：中南林业科技大学、广州市绿化公司
培育人：胡希军、金晓玲、邢文、张旻桓、孙凌霄、罗峰、金海湘、黄颂谊、丰盈、张哲、刘彩贤

品种特征特性：'粉蕴'于2013年2月发现于湖南省林业科学研究院木兰园。该植株树高约6m，胸径约8cm。连续观察3年，发现其花色稳定，每年都开同样颜色的花。2015年3月开始第一代嫁接繁殖，以玉兰为砧木，嫁接繁殖在中南林业科技大学进行。2016年3月开始第二代嫁接繁殖。本品种通过嫁接繁殖，经过6年的观察，花色性状表现出较好的稳定性；以玉兰作砧木嫁接繁殖，幼苗同样表现出与母本一致的性状。

'粉蕴'阔瓣含笑为常绿乔木。其主要特点是花被片外表面颜色上部白色，下部1/3淡红色。花被片内表面白色，基部或具淡红色晕。

长江以南地区均可栽培。喜阳光，亦颇耐阴，喜温暖、湿润气候，有一定的耐寒力，对各种自然灾害均有较强的抵抗力。

玫卡德瑞（MEICAUDRY）

（蔷薇属）

联系人：海伦娜·儒尔当
联系方式：+33 4 94 50 03 25　国家：法国

申请日：2016年8月9日
申请号：20160204
品种权号：20190035
授权日：2019年7月24日
授权公告号：国家林业和草原局公告（2019年第13号）
授权公告日：2019年9月6日
品种权人：法国玫兰国际有限公司（MEILLAND INTERNATIONAL S.A）
培育人：阿兰·安东尼·玫兰（Alain Antoine MEILLAND）

品种特征特性：'玫卡德瑞'（MEICAUDRY）是以'德斯垂克拉'（DELSTRICYCLA）为母本，以'玫碧高德'（MEIBIGOUD）与'玫布拖'（MEIBUITO）的杂交后代为父本，进行杂交，选育获得的为多色系的切花月季品种，花瓣内侧颜色为3种，主要颜色是紫RHS58B；次要颜色为红色RHS46A和46B，分布类型为条状着色；第三种颜色为白色，分布类型是背景颜色。

'玫卡德瑞'植株器官的典型标本

近似品种'玫斯特默'植株器官的典型标本

玫丽沃妮（MEILIVOINE）

（蔷薇属）

联系人：海伦娜·儒尔当
联系方式：+33 4 94 50 03 25　国家：法国

申请日：2016年8月9日
申请号：20160205
品种权号：20190036
授权日：2019年7月24日
授权公告号：国家林业和草原局公告（2019年第13号）
授权公告日：2019年9月6日
品种权人：法国玫兰国际有限公司（MEILAND INTERNATIONAL S.A）
培育人：阿兰·安东尼·玫兰（Alain Antoine MEILLAND）

品种特征特性：'玫丽沃妮'（MEILIVOINE）是以'玫朵莫纳克'（MEIDOMONAC）为母本，以'玫诺亚'（MEINOIRAL）与'玫克拉多'（MEICRADO）的杂交后代为父本，进行杂交、选育获得的为橙混合色系的庭院月季品种。

　　'玫丽沃妮'生长习性为直立；植株高度为高；嫩枝有花青素着色、着色强度为极弱；皮刺数量为多、颜色为偏黄色；叶片大小为小到中，第一次开花之时为绿色；叶片上表面光泽为无或极弱；小叶片叶缘波状曲线为弱到中；顶端小叶形状为圆形；小叶叶尖部形状为锐尖；具有开花侧枝，开花侧枝数量为少到中，每个开花侧枝花数量为少；花苞侧视形状为阔卵形；花型为重瓣，花瓣数量为多到极多；花径为中到大；花形状为圆形；花侧视上部为平、下部为平；花香为无或弱；萼片伸展范围为无或极弱；花瓣形状为倒卵形，缺刻程度为弱、花瓣边缘反卷程度为弱到中、花瓣波状曲线为强、花瓣大小为小到中；花瓣内侧颜色为1种，颜色分布为从尖部到基部渐浅，主要颜色是紫红RHS58B到58D；花瓣内侧基部有斑点，斑点大小为中、颜色为黄；花瓣外侧颜色为淡黄RHS13D；为外部雄蕊花丝主要颜色为黄色。

'玫丽沃妮'植株器官的典型标本

近似品种'玫帕尼尔'植株器官的典型标本

热嘉3号

（金合欢属）

联系人：曾炳山
联系方式：020-87032851　国家：中国

申请日：2016年9月3日
申请号：20160232
品种权号：20190037
授权日：2019年7月24日
授权公告号：国家林业和草原局公告（2019年第13号）
授权公告日：2019年9月6日
品种权人：中国林业科学研究院热带林业研究所、嘉汉林业（河源）有限公司
培育人：曾炳山、裘珍飞、陈考科、陈祖旭、范春节、康汉华、刘英、李湘阳、罗锐

品种特征特性： 本品种是黑木相思优良无性系。

该品种主干较通直，横切面圆形，枝痕圆形。主枝粗细中等，分枝角度35°～45°。主干中下部树皮纵裂，皮孔单个散生。幼嫩树皮有倾斜弯曲的花纹，弯曲幅度较小的花纹呈现波浪形，弯曲幅度较大的花纹显现S形。小枝斜展，有密集的黄色皮孔。当年生枝直立，上部被少量毛被。叶状柄顶端圆钝，多数长椭圆形，部分一侧略凹曲，呈轻微镰刀形。叶状柄长度中等，宽度较小，长宽比中等，平均6.0。叶状柄有纵向柄脉5～7条，平均5.5条，其中1条较为突出和明显。

本品种适合于华南地区北纬25.5°以南地区栽培。在回归线附近种植，海拔应在150～450m。纬度较高时，应选择海拔较低的南坡种植。降水量应大于1200mm，地形应开阔通风，土层应较厚，土壤肥力中等以上。

热嘉13号

（金合欢属）

联系人：曾炳山
联系方式：020-87032851　国家：中国

申请日：2016年9月3日
申请号：20160233
品种权号：20190038
授权日：2019年7月24日
授权公告号：国家林业和草原局公告（2019年第13号）
授权公告日：2019年9月6日
品种权人：中国林业科学研究院热带林业研究所、嘉汉林业（河源）有限公司
培育人：曾炳山、裘珍飞、陈考科、陈祖旭、范春节、康汉华、刘英、李湘阳、罗锐

品种特征特性：本品种是黑木相思优良无性系。

本品种主干较通直，横切面圆形，枝痕三角形。主枝粗细中等，分枝角度30°~45°。树皮纵裂，皮孔单个散生或2~5个横向连接成短线。树皮有较明显的花纹，多数花纹倾斜微曲成波浪形，少数较直。小枝斜展，有黄色皮孔，当年生枝上部被少量毛被，基部有少量皮孔或光滑。叶状柄长椭圆形，顶端圆钝。叶状柄长度中等，宽度较小，长宽比中等，平均6.2。叶状柄有纵向柄脉4~6条，平均5.1条，其中2~3条柄脉较为突出明显。

本品种适合于华南地区北纬25°以南地区栽培。在回归线附近种植，海拔应在150~450m。纬度较高时，应选择海拔较低的南坡种植。降水量应大于1200mm，地形应开阔通风，土层应较厚，土壤肥力中等以上。

热嘉14号

（金合欢属）

联系人：曾炳山
联系方式：020-87032851 国家：中国

申请日：2016年9月3日
申请号：20160234
品种权号：20190039
授权日：2019年7月24日
授权公告号：国家林业和草原局公告（2019年第13号）
授权公告日：2019年9月6日
品种权人：中国林业科学研究院热带林业研究所、嘉汉林业（河源）有限公司
培育人：曾炳山、裘珍飞、陈考科、陈祖旭、范春节、康汉华、刘英、李湘阳、罗锐

品种特征特性：本品种是黑木相思优良无性系。

本品种主干较通直，横切面圆形，枝痕八字形。主枝粗细中等，直立，分枝角度25°～35°。树皮花纹弯曲摆动，摆动幅度小的花纹呈现波浪形，摆动幅度较大的呈现S形。树皮的皮孔单个不规则散生，较稀疏。当年生枝直立，上部被少量毛被。叶状柄披针形，顶端渐尖。叶状柄长度中等，宽度小，长宽比大，平均9.1。叶状柄有纵向柄脉2～5条，平均4.0条，其中2～3条柄脉较为突出明显。

本品种适合于华南地区北纬25°以南地区栽培。在回归线附近种植，海拔应在150～450m。纬度较高时，应选择海拔较低的南坡种植。降水量应大于1200mm，地形应开阔通风，土层应较厚，土壤肥力中等以上。

'热嘉14号'

F代

热嘉17号

(金合欢属)

联系人：曾炳山
联系方式：020-87032851 国家：中国

申请日：2016年9月3日
申请号：20160235
品种权号：20190040
授权日：2019年7月24日
授权公告号：国家林业和草原局公告（2019年第13号）
授权公告日：2019年9月6日
品种权人：中国林业科学研究院热带林业研究所、嘉汉林业（河源）有限公司
培育人：曾炳山、裘珍飞、陈考科、陈祖旭、范春节、康汉华、刘英、李湘阳、罗锐

品种特征特性：本品种是黑木相思优良无性系。

本品种主干较通直，横切面圆形，枝痕三角形。主枝粗细中等，直立，分枝角度25°~35°。树皮有较明显的花纹，多数花纹倾斜微曲成波浪形，少数较直。树皮皮孔单个散生。小枝斜展，有黄色皮孔。当年生枝直立，基部有少量皮孔或光滑，上部被少量毛被。叶状柄披针形，顶端渐尖。叶状柄长度中等，宽度小，长宽比大，平均9.7。叶状柄有纵向柄脉2~5条，平均3.3条，其中2~4条柄脉较为突出和明显。

本品种适合于华南地区北纬25°以南地区栽培。在回归线附近种植，海拔应在150~450m。纬度较高时，应选择海拔较低的南坡种植。降水量应大于1200mm，地形应开阔通风，土层应较厚，土壤肥力中等以上。

热嘉18号

（金合欢属）

联系人：曾炳山
联系方式：020-87032851　国家：中国

申请日：2016年9月3日
申请号：20160236
品种权号：20190041
授权日：2019年7月24日
授权公告号：国家林业和草原局公告（2019年第13号）
授权公告日：2019年9月6日
品种权人：中国林业科学研究院热带林业研究所、嘉汉林业（河源）有限公司
培育人：曾炳山、裘珍飞、陈考科、陈祖旭、范春节、康汉华、刘英、李湘阳、罗锐

品种特征特性：本品种是黑木相思优良无性系。

本品种主干较通直，横切面圆形，枝痕三角形。主枝粗细中等，直立，分枝角度30°~40°。主干中上部树皮有明显的花纹。花纹弯曲幅度很小，接近直线形。树皮的皮孔单个散生，密度中等。小枝斜展，有黄色皮孔。当年生枝直立，上部被少量毛被，基部有少量皮孔或光滑。叶状柄披针形，顶端渐尖。叶状柄长度中等，宽度小，长宽比大，平均9.4。叶状柄有纵向柄脉4~6条，平均4.7条，其中2~3条柄脉较突出和明显。

本品种适用于华南地区北纬25°以南地区栽培。在回归线附近种植，海拔应在150~450m。纬度较高时，应选择海拔较低的南坡种植。降水量应大于1200mm，地形应开阔通风，土层应较厚，土壤肥力中等以上。

玫勒德文（MEILEODEVIN）

（蔷薇属）

联系人：海伦娜·儒尔当
联系方式：+33 4 94 50 03 25　国家：法国

申请日：2016年10月11日
申请号：20160276
品种权号：20190042
授权日：2019年7月24日
授权公告号：国家林业和草原局公告（2019年第13号）
授权公告日：2019年9月6日
品种权人：法国玫兰国际有限公司（MEILLAND INTERNATIONAL S.A）
培育人：阿兰·安东尼·玫兰（Alain Antoine MEILLAND）

品种特征特性：'玫勒德文'（MEILEODEVIN）是以'宝杜夫'（POULDUF）与'玫朵莫娜科'（MEIDOMONAC）的杂交后代为母本、'玫诺然'（MEINOIRAL）为父本，以培育花色丰富、花姿优美、综合性状优良的庭院月季新品种为育种目标，进行杂交，经过扦插苗的不断选育后而得到的具有优良商品性状的庭院月季品种。

　　该品种生长习性为中度开张；植株高度为中；嫩枝有花青素着色、着色强度为弱；皮刺数量为中、颜色为偏紫色；叶片大小为中到大，第一次开花之时绿色中到深；叶片上表面光泽为弱；小叶片叶缘波状曲线为弱到中；顶端小叶形状为圆形；小叶尖部形状为尖；花形为重瓣；花瓣数量为多；花径为中到大；花形状为圆形；花侧视上部为平、下部为凹；花香为无或极弱；萼片伸展范围为弱；花瓣形状为倒卵形、缺刻程度为弱，花瓣反卷程度为弱、边缘波状曲线为强，花瓣大小为小到中；花瓣内侧、外侧主要颜色为1种，分布均匀，颜色是RHS0068B；花瓣内侧基部有斑点，斑点大小为极小到小、颜色为白；外部雄蕊花丝主要颜色为白色。

　　'玫勒德文'适宜在露地条件下栽培生产。栽植土壤应以排水良好的中壤为宜，pH为6.5～7.2。

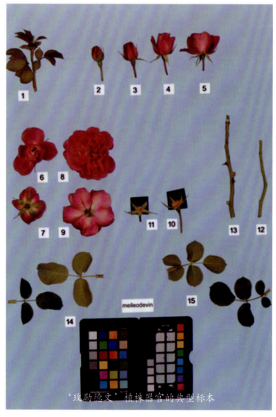

'玫勒德文'植株器官的典型标本

近似品种'玫德拉森'植株器官的典型标本

西吕41710（SCH41710）

（蔷薇属）

联系人：霍尔曼（Herman）
联系方式：31297383444　国家：荷兰

申请日：2016年10月12日
申请号：20160282
品种权号：20190043
授权日：2019年7月24日
授权公告号：国家林业和草原局公告（2019年第13号）
授权公告日：2019年9月6日
品种权人：荷兰彼得·西吕厄斯控股公司（Piet Schreurs Holding B.V）
培育人：P.N.J.西吕厄斯（Petrus Nicolaas Johannes Schreurs）

品种特征特性：'西吕41710'是品种权人于2008年1月在温室内采用自有的育种材料PSR5793为母本，用代号为S1698的自有材料做父本经控制授粉杂交育成。

'西吕41710'花瓣数多，花朵直径中到大，花型俯视呈星形、花的类型为重瓣、单头花，主色为红粉色，双色品种，花朵侧观上部近平形、下部平形，香味无到弱；花瓣形状为阔椭圆形，伸出度弱；内花瓣主要颜色粉，外花瓣主要颜色红粉，花瓣边缘波状弱，反卷极弱、瓣缘波状弱，花丝主色为浅黄色。

近似品种'西吕泰克'（Scholtec），其与授权品种的特异性见下表：

品种	枝刺数目	花瓣紧密度	花瓣颜色
'西吕41710'	中	紧密	红粉（73B）
'西吕泰克'	很少到少	松散开张	粉（70C 和 75A）

本品种适宜在一般温室条件下的栽培生产，采用常规的工厂化生产管理方式栽培即可。

'西吕41710'

近似品种'西吕泰克'

西吕71560（SCH71560）

（蔷薇属）

联系人：霍尔曼（Herman）
联系方式：31297383444　国家：荷兰

申请日：2016年10月12日
申请号：20160285
品种权号：20190044
授权日：2019年7月24日
授权公告号：国家林业和草原局公告（2019年第13号）
授权公告日：2019年9月6日
品种权人：荷兰彼得·西吕厄斯控股公司（Piet Schreurs Holding B.V）
培育人：P.N.J.西吕厄斯（Petrus Nicolaas Johannes Schreurs）

品种特征特性：'西吕71560'是品种权人于2007年12月在温室内采用自有的育种材料PSR938为母本，用代号为PSR1073的自有材料做父本经控制授粉杂交育成。

'西吕71560'花瓣数少，花朵直径中，花型俯视呈星形、花的类型为重瓣，单头花，主色为粉色，单色品种，花朵侧观上部近平形、下部平形，香味无到弱；花瓣形状为阔椭圆形，伸出度中；内花瓣的主要颜色粉，外花瓣主要颜色粉，花瓣边缘波状极弱，反卷弱、瓣缘波状弱，花丝主色为浅黄色。

近似品种'西吕伦迪'（Scherendee），其与授权品种的特异性见下表：

品种	叶片大小	花瓣数目	花瓣颜色
'西吕71560'	中到大	少	粉
'西吕伦迪'	很大	中	粉色间深粉边缘

本品种适宜一般温室条件栽培生产，采用常规的工厂化生产管理方式栽培即可。

'西吕71560'

近似品种'西吕伦迪'

小璇

(木兰属)

联系人：白晶晶
联系方式：13570563393　国家：中国

申请日：2016年11月4日
申请号：20160298
品种权号：20190045
授权日：2019年7月24日
授权公告号：国家林业和草原局公告（2019年第13号）
授权公告日：2019年9月6日
品种权人：棕榈生态城镇发展股份有限公司、陕西省西安植物园
培育人：王亚玲、赵珊珊、赵强民、吴建军、王晶、严丹峰、叶卫

品种特征特性： 以星花玉兰'Waterlily'为母本，阔瓣含笑'新含笑'为父本，2008年通过人工杂交获得杂交实生苗。

半常绿小灌木。株形紧凑，枝叶密集。1~3年生小枝细弱，绿色，疏被褐色皮孔，老枝灰色。叶倒卵状长椭圆形，先端渐尖、短尾尖，小叶上面深绿色，沿脉具白色短柔毛；叶背绿色，密被白色平伏短柔毛；叶柄密被白色平伏短毛，长0.4~0.7cm，托叶痕细小，长0.1~0.2cm，叶长6~9cm，叶宽2.5~3.5cm，叶片基部略下沿。花顶生；杯状，花被片直立，盛开时，花被片外张但不平展，径8~9cm；花被片倒卵状条形，质地厚，纵向略内卷，长5.5~7cm，宽2cm，内外几同形、近等长；背面红色至粉红色，先端色略浅，向基部色深，腹面浅粉红色；花被片9~10，雄蕊药隔紫红色，雌蕊群绿色，柱头紫绿色。花期4月初至6月初，6月下旬第二次开花，零星开花至8月下旬。未见结实。

本品种适应种植范围为陕西西安、深圳、浙江德清及气候相近地区。喜光线充足、温暖湿润的环境，可耐半阴条件，荫蔽环境下花少或无花。

桂昌
（木兰属）

联系人：白晶晶
联系方式：13570563393　国家：中国

申请日：2016年11月4日
申请号：20160299
品种权号：20190046
授权日：2019年7月24日
授权公告号：国家林业和草原局公告（2019年第13号）
授权公告日：2019年9月6日
品种权人：棕榈生态城镇发展股份有限公司、陕西省西安植物园
培育人：王亚玲、吴建军、赵珊珊、王晶、严丹峰、赵强民、叶卫

品种特征特性： '桂昌'是以渐叶木兰为母本，凹叶木兰为父本，2003年通过人工杂交获得杂交实生苗。

落叶乔木到大乔木。小枝粗壮，1～3年生小枝光滑，褐色，或具黄绿色晕斑，疏被白色皮孔，老枝灰褐色。叶纸质，长圆形、卵状长圆形、倒卵状长圆形，先端尖、钝圆、圆，基部圆形或阔楔形，叶肉在叶上面沿中脉和侧脉略下陷；叶上面绿色，疏被白色短茸毛，叶背灰绿色，密被短茸毛；叶柄密被白色短茸毛，叶长9～17cm，宽6～12cm，叶柄长1.3～3.7cm，托叶痕长0.3～1cm，约占叶柄长的1/5～1/3。花蕾顶生卵圆形，佛焰苞密被白色短茸毛；花近盏状，下垂，径15.19cm；花被片肉质，17～24片，5～8轮，外轮3片萼片状或花瓣状，条形至倒卵状椭圆形，黄绿色或橘黄色，长8.5～12.5cm，宽1.8～3.0cm，第2轮3片，橘红色，倒卵状椭圆形、椭圆形，内几轮11～18片，倒卵状椭圆形，内外几同形，长7.0～12.5cm，宽2.0～3.0cm，背面粉红色，基部略深，呈桃红色，腹面白色或浅红色；雄蕊黄色，药隔桃红色，雌蕊群绿色，柱头黄红色。花期4月上旬至4月下旬。果实未见。

本品种的适应种植范围为西安、杭州及气候相近的7～9区气候区域。喜光线充足、温暖湿润的环境。

紫韵
(木兰属)

联系人：王亚玲
联系方式：15109297897　国家：中国

申请日：2016年11月4日
申请号：20160301
品种权号：20190047
授权日：2019年7月24日
授权公告号：国家林业和草原局公告（2019年第13号）
授权公告日：2019年9月6日
品种权人：陕西省西安植物园、棕榈生态城镇发展股份有限公司
培育人：王亚玲、马延康、叶卫、刘立成、樊璐、吴建军、赵强民、赵珊珊、王晶

品种特征特性：'紫韵'是以'绿星'黄山木兰为母本，多瓣紫玉兰为父本，2008年通过人工杂交获得杂交实生苗。

落叶灌木到小乔木，株形紧凑。小枝褐色，疏被白色皮孔，老枝灰色。叶椭圆形、倒卵状椭圆形，先端渐尖，小叶腹面绿色，背面浅绿色，被白色平伏短柔毛；叶长7～13cm，叶宽3.5～5cm，叶柄长1～2cm，托叶痕占叶柄长的1/4～1/3。花顶生；杯状，花被片9（～10），直立，盛开时，花被片外张略平展，径9～10cm；外轮花被片3，萼片状舌型，绿色，长1～1.5cm，中内轮花被片倒卵状椭圆形，纵向略内凹，长7.5～8cm，宽3～4cm，几同形、近等长；背面1/2～2/3为紫红色，较粗紫红色中脉直至瓣顶，腹面白色，基部有时略带黄色。成熟蓇葖果紫红色，圆柱形，长8～9cm，径3cm。花期3月下旬至4月上旬，果熟期8月。

本品种适应种植范围为陕西西安、深圳、杭州及气候相近地区。

喜光线充足、温暖湿润的环境，可耐半阴条件，荫蔽环境下花少或无花。

紫辰

(木兰属)

联系人：王亚玲
联系方式：15109297897　国家：中国

申请日：2016年11月4日
申请号：20160302
品种权号：20190048
授权日：2019年7月24日
授权公告号：国家林业和草原局公告（2019年第13号）
授权公告日：2019年9月6日
品种权人：陕西省西安植物园、棕榈生态城镇发展股份有限公司
培育人：王亚玲、叶卫、刘立成、樊璐、吴建军、赵强民、赵珊珊、王晶

品种特征特性：2008年8月采自湖北五峰甘沟抱崖山的武当木兰自然个体，采集接穗后带回圃地嫁接繁殖，2012年春季第一次开花。选择保持野外优良观赏特征，且花量明显增多的优良单株进行嫁接繁殖，砧木为玉兰 *Magnolia denudata*、望春玉兰 *Magnolia biondii*、武当木兰等其他木兰科植物。

落叶乔木，植株卵形，高可达15m。树皮灰色，1～3年生小枝绿色，多少具褐色晕斑，具白色皮孔。叶长倒卵形、倒卵形，长9～14cm，宽4～8cm，叶柄长2～4cm，托叶痕为叶柄长的1/4～1/3；新叶红褐色。花大芳香，径15～20cm；花被片肉质，桃红色，内面色略淡；12～18片，3～4轮；狭长条形，内外几同形，向内渐小，略皱；外两轮长8～9cm，宽2.5cm，内两轮长6.5～7.5cm，宽1.5cm。因不同年份早春气温的变化，花期从3月上旬到下旬有变化，果熟期8月。

本品种适应种植范围为西安、浙江德清及气候相近的7～9个地区。喜光线充足、温暖湿润的环境，栽培以疏松肥沃、排水良好的土壤为宜。

廷栋

(木兰属)

联系人：王亚玲
联系方式：15109297897　国家：中国

申请日：2016年11月4日
申请号：20160303
品种权号：20190049
授权日：2019年7月24日
授权公告号：国家林业和草原局公告（2019年第13号）
授权公告日：2019年9月6日
品种权人：陕西省西安植物园、棕榈生态城镇发展股份有限公司
培育人：王亚玲、樊璐、叶卫、刘立成、吴建军、赵强民、赵珊珊、王晶

品种特征特性： '廷栋'是以'绿星'黄山木兰为母木，'玉灯'玉兰为父本，2008年通过人工杂交获得杂交实生苗，2014年4月上旬第一次开花，花量逐渐增大。通过嫁接进行繁殖。

落叶小乔木，株形紧凑。小枝灰褐色，疏被白色皮孔，老枝灰色。叶倒卵状圆形、倒卵形、倒卵状椭圆形，先端渐尖、小凸尖或钝圆，小叶上面绿色，叶背浅绿色，被白色短柔毛；叶长7～14.5cm，宽3～8cm，叶柄长1～1.5cm，托叶痕长0.6～1.2cm，占叶柄长的1/2～5/6。花蕾卵圆形，顶生；杯状，花被片（18～）20～26，盛开时，花被片开张，径11～12cm；花被片4～5轮，外轮花被片4，倒卵状长圆形，中内轮14～22片，倒卵状长椭圆形，上半部边缘多少外卷；白色，基部红色；长8～9cm，几同形。聚合蓇葖果绿色，成熟后呈紫红色。花期3月下旬至4月上旬，果熟期9月。

本品种适应种植范围为陕西西安、杭州及气候相近的7～9区。喜光线充足、温暖湿润的环境，可耐半阴条件，荫蔽环境下花少或无花。

甬之梅

（杜鹃花属）

联系人：谢晓鸿
联系方式：13957878585　国家：中国

申请日：2016年11月4日
申请号：20160304
品种权号：20190050
授权日：2019年7月24日
授权公告号：国家林业和草原局公告（2019年第13号）
授权公告日：2019年9月6日
品种权人：浙江万里学院、宁波北仑亿润花卉有限公司
培育人：谢晓鸿、吴月燕、沃科军、沃绵康

品种特征特性： 2009年3月以'肯特'杜鹃花为母本，收集'西德1号'花粉，进行人工授粉，套袋，以防其他花粉污染；2009年11月25日收集F_1代种子，于2010年4月10日播种于塑料大棚内。2013年3月上旬始见其花色为淡艳红色，明显不同于父、母本的花色，花色亮艳，适合于盆栽，具重要商业开发价值。

本品种属常绿杜鹃花，灌木状。花淡艳红色，2～3朵簇生，花柄长1.5～1.7cm，花冠冠幅7.5cm，单轮合瓣花。花冠筒高2.5cm；花瓣单轮5裂，深裂，裂片长2.8cm，平展且微有反卷，瓣缘光滑，瓣尖微凹，呈覆瓦状排列；花瓣内侧有大红色斑点；花柱红色，花丝粉色，柱头和花药均为黑色，子房深绿色，密被白色茸毛；雄蕊5～8枚。

本品种适宜于长江以南地区栽培。

在全光照及半遮阴栽培环境中均能正常生长。生长适温为12～25℃。喜湿润环境。空气湿度以70%～90%为宜。pH在5～6.5，浇水宜采用偏酸性或中性水质。追肥的氮磷钾比例为3∶1∶1，并适当补施Fe^{2+}，以利于生长发育。修剪在5月底至6月上旬进行。

甬尚雪

（杜鹃花属）

联系人：谢晓鸿
联系方式：13957878585　国家：中国

申请日：2016年11月4日
申请号：20160305
品种权号：20190051
授权日：2019年7月24日
授权公告号：国家林业和草原局公告（2019年第13号）
授权公告日：2019年9月6日
品种权人：浙江万里学院、宁波北仑亿润花卉有限公司
培育人：谢晓鸿、吴月燕、沃科军、沃绵康

品种特征特性：2009年3月以'肯特'杜鹃花为母本，收集'杨玫红'花粉，进行人工授粉，套袋，以防其他花粉污染；2009年11月25日收集F_1代种子，于2010年4月10日播种于塑料大棚内。2013年3月上旬始见其花为白色，略带粉色，明显不同于父、母本的花色，适合于盆栽，具有重要商业开发价值。

本品种属常绿杜鹃花，灌木状。花白色，略带粉红色；花冠冠幅7.5cm，花冠筒高3cm，合瓣花，花单轮5深裂，花瓣裂片开展，呈覆瓦状排列；花冠筒内壁上有淡黄绿色斑块；花柱粉红色，长4～5cm，柱头膨大，雄蕊5枚，部分退化成白色不规则花瓣，花丝淡粉红色，花药橙黄色，子房深绿色，密被白色茸毛。在宁波的盛花期为3月中旬。

本品种适宜于长江以南地区栽培。

在全光照及半遮阴栽培环境中均能正常生长。生长适温为12～25℃。喜湿润环境。空气湿度以70%～90%为宜。pH在5～6.5，浇水宜采用偏酸性或中性水质。追肥的氮磷钾比例为3∶1∶1，并适当补施Fe^{2+}，利于生长发育。修剪在5月底至6月上旬进行。

甬尚玫

(杜鹃花属)

联系人:谢晓鸿
联系方式:13957878585　国家:中国

申请日: 2016年11月4日
申请号: 20160306
品种权号: 20190052
授权日: 2019年7月24日
授权公告号: 国家林业和草原局公告(2019年第13号)
授权公告日: 2019年9月6日
品种权人: 浙江万里学院、宁波北仑亿润花卉有限公司
培育人: 吴月燕、谢晓鸿、沃科军、沃绵康

品种特征特性: 2009年3月以'肯特'杜鹃花为母本,收集'杨玫红'花粉,进行人工授粉,套袋,以防其他花粉污染;2009年11月25日收集F_1代种子,于2010年4月10日播种于塑料大棚内。2013年3月上旬始见其花色为紫色,明显不同于父、母本的花色,花色亮艳,适合于盆栽,具重要商业开发价值。

本品种属半常绿灌木,枝条中等密集。当年生枝表皮绿色,且有浅红色毛;叶片倒卵形,叶表有灰白色毛,叶端突尖,叶基楔形,叶缘光滑;花簇顶生成伞形,有绿色萼片,花冠开阔状漏斗形,单瓣花,花径很大,瓣形卵形平展,花瓣紫色,花瓣内饰红色斑点;雄蕊短于雌蕊,花药棕色,柱头紫红色。在宁波的盛花期为3月中旬。

本品种适宜于长江以南地区栽培。

在全光照及半遮阴栽培环境中均能正常生长。生长适温为12~25℃。喜湿润环境。空气湿度以70%~90%为宜。pH在5~6.5,浇水宜采用偏酸性或中性水质。追肥的氮磷钾比例为3:1:1,并适当补施Fe^{2+},以利于生长发育。修剪在5月底至6月上旬进行。

莱克苏4（LEXU4）

（蔷薇属）

联系人：厄尔斯特（Ernst）
联系方式：+31-297-361422　国家：荷兰

申请日：2016年11月6日
申请号：20160312
品种权号：20190053
授权日：2019年7月24日
授权公告号：国家林业和草原局公告（2019年第13号）
授权公告日：2019年9月6日
品种权人：荷兰多盟集团公司（Dummen Group B.V.Holland）
培育人：斯儿万·卡姆斯特拉（Silvan Kamstra）

品种特征特性：'莱克苏4'的花茎茸毛或刺的数量中；花蕾纵剖面圆柱形，花的类型为半重瓣、单头花，花朵直径中到大、俯视呈圆形、侧观上部与下部均呈平凸形，香味无到弱；花瓣伸出度中、长度长、宽度中，卵圆形，花瓣数中，双色品种，内外瓣均呈粉色带有白色条纹（粉白相间），内瓣基部无斑点；花瓣边缘反卷中、瓣缘波状弱。

近似品种选择'勒克斯伊凯夫'（LEXYKAERF），其与授权品种的特异性见下表：

品种	花瓣颜色	瓣缘波状	萼片姿态
'莱克苏4'	粉白相间	弱	下垂
'勒克斯伊凯夫'	红色带白色条纹（红白相间）	强	斜上

该品种适宜一般温室条件下栽培生产。

西吕51045（SCH51045）

（蔷薇属）

联系人：霍尔曼（Herman）
联系方式：31297383444 国家：荷兰

申请日：2016年12月2日
申请号：20160388
品种权号：20190054
授权日：2019年7月24日
授权公告号：国家林业和草原局公告（2019年第13号）
授权公告日：2019年9月6日
品种权人：荷兰彼得·西吕厄斯控股公司（Piet Schreurs Holding B.V）
培育人：P.N.J.西吕厄斯（Petrus Nicolaas Johannes Schreurs）

品种特征特性：'西吕51045'是品种权人于2007年1月在温室内采用自有的育种材料PSR3205为母本，用代号为S1121的自有材料做父本经控制授粉杂交育成。

'西吕51045'花瓣数多，花朵直径中到大，花型俯视呈圆形、花的类型为重瓣，单头花，主色为大红，单色品种，花朵侧观上部近平形、下部平形，香味无到弱；花瓣形状为阔椭圆形，伸出度中到弱；内花瓣的主要颜色大红，外花瓣主要颜色红，花瓣边缘波状弱，反卷弱、瓣缘波状弱，花丝主色为浅黄色。

近似品种选择'西吕塔格'（Schotoga），其与授权品种的特异性见下表：

品种	枝刺	花瓣紧密度	花瓣颜色
'西吕51045'	多	紧密	大红
'西吕塔格'	少	中	红粉

本品种适宜一般温室条件下的栽培生产，采用常规的工厂化生产管理方式栽培即可。

'西吕51045'

近似品种'西吕塔格'

莱克斯艾克来拉（LEXECNERALC）

（蔷薇属）

联系人：厄尔斯特（Ernst）
联系方式：+31-297-361422　国家：荷兰

申请日：2016年12月16日
申请号：20170020
品种权号：20190055
授权日：2019年7月24日
授权公告号：国家林业和草原局公告（2019年第13号）
授权公告日：2019年9月6日
品种权人：荷兰多盟集团公司（Dummen Group B.V.Holland）
培育人：斯儿万·卡姆斯特拉（Silvan Kamstra）

品种特征特性：'莱克斯艾克来拉'（LEXECNERALC）的花茎茸毛或刺的数量中；花蕾纵剖面圆柱形，花的类型为半重瓣、单头花，花朵直径中、俯视呈圆形、侧观上部与下部均呈平凸形，香味无到弱；花瓣伸出度中，长度长、宽度中，卵圆形，花瓣数中，单色品种，内外瓣均呈灰橙，内瓣基部无斑点；花瓣边缘反卷弱、瓣缘波状弱。

近似品种选择'哇呜'（WOW），其与授权品种的特异性见下表：

品种	花瓣颜色	花形	花瓣长度
'莱克斯艾克来拉'	灰橙	杯状	中
'哇呜'	橙红	碗形	长

该品种适宜一般温室条件下栽培生产。

'莱克斯艾克来拉'

近似品种'哇呜'

瑞可吉2004A（RUICJ2004A）

（蔷薇属）

联系人：汉克·德·格罗特（H.C.A. de Groot）
联系方式：+31 206436516　国家：荷兰

申请日：2017年1月10日
申请号：20170051
品种权号：20190056
授权日：2019年7月24日
授权公告号：国家林业和草原局公告（2019年第13号）
授权公告日：2019年9月6日
品种权人：迪瑞特知识产权公司（De Ruiter Intellectual Property B.V.）
培育人：汉克·德·格罗特（H.C.A. de Groot）

品种特征特性：'瑞可吉2004A'（RUICJ2004A）是以'英特德瑞格'（INTERDEREG）为母本、'斯皮德韦'（SPEDAPPY）为父本，进行杂交，经过扦插苗的不断选育后而得到的具有优良商品性状的盆栽月季品种。

'瑞可吉2004A'属于切花月季；植株高度为中；嫩枝有花青素着色、着色强度为中到强；皮刺数量为无或极少；叶片大小为大，第一次开花之时为中到暗绿色；叶片上表面光泽为中；小叶片叶缘波状曲线为弱；顶端小叶形状为卵形，小叶叶基部形状为圆形、叶尖部形状为尖；花形为重瓣；花瓣数量为多；花径为大；花形状为不规则圆形；花侧视上部为凸、下部为凸；花香为无或极弱；萼片伸展范围为中；花瓣形状为倒卵形，花瓣缺刻为弱，花瓣边缘反卷程度为中、波状为强、长度为中到长、宽度为中到宽；花瓣内侧、内侧主要颜色为1种，且均匀，主要颜色是RHS53C；花瓣内侧基部有斑点，斑点大小为小、颜色为淡黄，外部雄蕊花丝主要颜色为红色。

'瑞可吉2004A'适宜在温室条件下栽培生产。适于温室内光照充足的环境条件，冬季采用拟光灯延长光照时间；突出的特点是适合在高海拔地区种植和繁殖，优秀性状保持稳定。

'瑞可吉2004A'植株器官典型标本

近似品种'瑞克1632A'植株器官典型标本

冰星

（蔷薇属）

联系人：邱显钦
联系方式：15912404660　国家：中国

申请日：2017年1月16日
申请号：20170076
品种权号：20190057
授权日：2019年7月24日
授权公告号：国家林业和草原局公告（2019年第13号）
授权公告日：2019年9月6日
品种权人：云南省农业科学院花卉研究所
培育人：邱显钦、王其刚、唐开学、陈敏、蹇洪英、李淑斌、张颢、周宁宁

品种特征特性：2012年4月在云南省农业科学院花卉研究所的月季育种基地——昆明市盘龙区龙泉镇雨树村，采用月季品种'香淡粉'与'金玛丽'杂交；2012年12月采收杂交种子，种子筛选后经低温冷藏至2013年4月播种；2013年7月第1次开花，移栽后同年10月第2次开花，采用扦插繁殖5株；2014年4月第3次开花，性状优良，确定为优良单株；2014年5月扦插扩繁20株，同年两次开花，经开花观察记录，各性状稳定；2015年5月开花后扦插扩繁60株，同年两次开花，各性状稳定一致；2015年5月至2016年5月与近似品种进行品种比较试验，各性状较优良。

'冰星'为直立宽灌木，多头庭院月季，单枝花苞数5～10个，植株高度50～70cm；花白色，花径5～6cm，花瓣数50～60枚，重瓣小花型，无香味，花瓣小，长阔瓣，边缘微反卷；萼片边缘延伸程度弱，花梗长度短（3～4cm），有茸毛少刺毛；叶片5～7小叶，大小中等，叶脉清晰、深绿色、叶表面光泽度强；顶端小叶卵圆形，叶尖渐尖，基部钝形，叶缘单锯齿，嫩枝微红棕色，嫩叶浅绿色；茎秆绿色，植株茎秆上端刺少，下端为平直刺和弯刺，数量中等，无小密刺；植株生长势中等，抗病性中等，可用作庭院或者盆栽种植。

'冰星'　　　　　　　　　　　　近似品种'冰山'

玫诺普鲁斯（MEINOPLIUS）

（蔷薇属）

联系人：李光松
联系方式：010-68003963　国家：法国

申请日：2017年2月8日
申请号：20170098
品种权号：20190058
授权日：2019年7月24日
授权公告号：国家林业和草原局公告（2019年第13号）
授权公告日：2019年9月6日
品种权人：法国玫兰国际有限公司（MEILLAND INTERNATIONAL S.A）
培育人：阿兰·安东尼·玫兰（Alain Antoine MEILLAND）

品种特征特性：'玫诺普鲁斯'（MEINOPLIUS）是以'玫哈托尔'（MEIHAITOIL）与'科瑞姆若'（KORIMRO）为父本，以培育花色丰富、花姿优美、综合性状优良的庭院月季新品种为育种目标，进行杂交，经过扦插苗的不断选育后而得到的具有优良商品性状的庭院月季品种。

'玫诺普鲁斯'生长习性为中度开张；植株高度为极矮到矮；嫩枝有花青素着色、着色强度为弱到中；皮刺数量为中、颜色为偏红色；叶片大小为小到中，第一次开花之时绿色中到深；叶片上表面光泽为中到强；小叶片叶缘波状曲线为中到强；顶端小叶形状为卵形；小叶尖部形状为尖；具有开花侧枝，开花侧枝数量为中到多，每个开花侧枝花数量为少到中；花形为重瓣；花瓣数量为中到多；花径为极小到小；花形状为倒卵形；花侧视上部为平、下部为凹；花香为无或极弱；萼片伸展范围为弱；花瓣形状为倒卵形；缺刻程度为无或极弱，花瓣反卷程度为弱、边缘波状曲线为中，花瓣大小为小到中花瓣内侧主要颜色为1种，分布均匀，颜色是RHS 0067C；花瓣内侧基部有斑点，斑点大小为大、颜色为白，外侧主要颜色为RHS 0069D；外部雄蕊花丝主要颜色为橙色。

'玫诺普鲁斯'植株器官典型标本

近似品种'玫玛苏拉'植株器官典型标本

玉帘银丝

（桂花）

联系人：沈柏春
联系方式：13588461088　国家：中国

申请日：2017年3月2日
申请号：20170123
品种权号：20190059
授权日：2019年7月24日
授权公告号：国家林业和草原局公告（2019年第13号）
授权公告日：2019年9月6日
品种权人：杭州市园林绿化股份有限公司、浙江理工大学
培育人：吴光洪、胡绍庆、沈柏春、陈徐平、邱帅、郭娟、魏建芬

品种特征特性：2004年6月，在浙江省杭州市西湖风景区满陇桂雨发现一株桂花，经观察发现其为银桂，小乔木，开花时花梗细长下垂，且花冠较大，与其他银桂品种具有较明显区别，定名为'玉帘银丝'。研究人员采用扦插繁育的方式将该品种保存至浙江省杭州市青山镇，并对该桂花种质适应性及生物学特性等进行了详细观察、记录。

'玉帘银丝'叶椭圆状披针形；花梗长，长达12～19mm；花径大，直径9～11mm。对照品种'玉玲珑'叶椭圆形；花梗长度中等，10～12mm；花径中等，7～9mm。

'玉帘银丝'适合种植于中亚热带地区，品种夏季可耐40℃高温，冬季可耐-10℃低温，对环境适应性强，具有较大的潜在适应范围。种植区域为秦岭淮河流域以南、南岭以北各地。喜光照通风的环境，不耐阴，有一定的耐盐碱能力。

'玉帘银丝'

'玉玲珑'

串银球

（桂花）

联系人：沈柏春
联系方式：13588461088　国家：中国

申请日：2017年3月2日
申请号：20170124
品种权号：20190060
授权日：2019年7月24日
授权公告号：国家林业和草原局公告（2019年第13号）
授权公告日：2019年9月6日
品种权人：杭州市园林绿化股份有限公司、浙江理工大学
培育人：沈柏春、胡绍庆、陈徐平、魏建芬、卢山、杨浩

品种特征特性：'串银球'是2006年9月于浙江省杭州市浙江宾馆附近发现，经观察，发现该株桂花为银桂，花与叶等部位与其他桂花品种有明显区别，尤其是开花时，花朵围绕枝条形成一串串小花球，花感强。随即采集枝条在浙江省临安市青山镇进行扦插繁殖，2007年得到第一代优良植株10株，2011年获得第二代'串银球'100株，2015年得到第三代'串银球'扦插苗200株，2017年得到第四代'串银球'扦插苗100株。

与对照品种相比，'串银球'花梗短，5～6mm，每花序花朵数多，8～11朵。对照品种'玉玲珑'花梗长度中等，10～12mm，每花序花朵数中等，7～9朵。

该品种适合种植于中亚热带地区，品种夏季可耐40℃高温，冬季可耐-10℃低温，对环境适应性强，具有较大的潜在适应范围。种植区域为秦岭淮河流域以南、南岭以北各地。该品种喜光照通风的环境，耐旱、耐阴能力较强。

'串银球'，每花序花朵数多，8～11朵

近似品种'玉玲珑'，每花序花朵数中等，7～9朵

彩云香水1号
(蔷薇属)

联系人：王其刚
联系方式：13577044553　国家：中国

申请日：2017年3月1日
申请号：20170142
品种权号：20190061
授权日：2019年7月24日
授权公告号：国家林业和草原局公告（2019年第13号）
授权公告日：2019年9月6日
品种权人：云南省农业科学院花卉研究所
培育人：王其刚、唐开学、张颢、李淑斌、陈敏、晏慧君、张婷、邱显钦、周宁宁、蹇洪英

'彩云香水1号'　　　　　　近似品种'大花香水月季'

品种特征特性：2008年4月下旬在云南省昆明市盘龙区小河乡野外蔷薇资源分布区，采用野生蔷薇种'大花香水月季'为母本、'粉红香水月季'为父本进行杂交；2008年9月下旬采收杂交果实，12月剥离杂交种子，种子筛选后经低温冷藏至2009年4月播种；2009年6月种子出苗，年底种子苗移栽至花盆在温室生长；温室生长至2010年5月未见开花，8月移栽至露地栽培。2010年9月至2012年在露地栽培管理，植株高度达15m，仍不见开花。2013年4月第一次开花，花单季，粉色单瓣，与父母本均有显著差异，确定为优良株系；同时，嫁接繁殖10株，露地栽培2014年4月少量开花，6月继续扦插繁殖30株；2015年4月植株开花与母本'大花香水月季'进行比较，植株性状、花期等相似，确定为新品种。

　　'彩云香水1号'为直立宽灌木，植株高度达250cm，花枝长10~15cm。花单生于侧枝顶部，花粉色、单瓣，花瓣5枚，花径7~10cm，花瓣倒卵圆形，花瓣边缘无刻缺，边缘波形强；萼片延伸程度弱，花梗较短，表面无刺毛；叶片小叶数量7枚，叶片大小较小，浅绿色，叶片光泽度较弱，尖端小叶卵圆形、叶尖形态渐尖型、边缘锯齿为宽单锯齿、基部钝形；茎秆皮刺数量较多，刺形态为弯刺形，茎秆棕红色。植株生长势强，萌枝能力强，抗病性较强，'彩云香水1号'适合于庭院种植。

妍夏

(文冠果)

联系人：敖妍
联系方式：13811085921　国家：中国

申请日：2017年4月5日
申请号：20170148
品种权号：20190062
授权日：2019年7月24日
授权公告号：国家林业和草原局公告（2019年第13号）
授权公告日：2019年9月6日
品种权人：北京林业大学、胜利油田胜大生态林场（东营市试验林场）
培育人：敖妍、马履一、刘金凤、贾黎明、苏淑钗、张行杰、朱照明

品种特征特性：2015年，以敖妍为首的科研课题组人员通过嫁接方法在山东省东营市进行品种选育区域试验。砧木为一年生文冠果，接穗为原生母树枝条，于2015年7月从母树上采集枝条至东营试验地进行嫁接，2016年7月从第一代嫁接成活植株取材进行第二次嫁接，两次嫁接方法均为芽接。连续两次嫁接成活率均在95%以上。

2016年嫁接苗木均已经开花，根据开花情况来看，新品种性状特征与原生母树基本一致，花瓣20片左右。花瓣基部紫红色，上部白色，呈卷合状，密集、扭曲不规则。雌、雄蕊全部瓣化，内轮的花瓣状物上可见到黄色花药的残迹。

该品种耐寒，耐旱，喜光，喜肥沃、排水良好的中性至微碱性土壤。忌低湿，栽植地渍水易烂根。在我国西至新疆，东北至辽宁，北至内蒙古，南至河南地区适宜推广种植。

妍希
（文冠果）

联系人：敖妍
联系方式：13811085921　　国家：中国

申请日：2017年4月5日
申请号：20170149
品种权号：20190063
授权日：2019年7月24日
授权公告号：国家林业和草原局公告（2019年第13号）
授权公告日：2019年9月6日
品种权人：北京林业大学、胜利油田胜大生态林场（东营市试验林场）
培育人：敖妍、马履一、刘金凤、贾黎明、苏淑钗、张行杰、朱照明

品种特征特性： 2015年，以敖妍为首的科研课题组人员通过嫁接方法在山东省东营市进行品种选育区域试验。砧木为一年生文冠果，接穗为原生母树枝条，于2015年7月从母树上采集枝条至东营试验地进行嫁接，2016年7月从第一代嫁接成活植株取材进行第二次嫁接，两次嫁接方法均为芽接。连续两次嫁接成活率均在95%以上。

2016年嫁接苗木均已经开花，根据开花情况来看，新品种性状特征与原生母树基本一致，花瓣16～20片。花瓣基部黄色，上部白色，呈卷合状，密集、扭曲不规则。雌、雄蕊全部瓣化，内轮的花瓣状物上可见到黄色花药的残迹。

该品种耐寒，耐旱，喜光，喜肥沃、排水良好的中性至微碱性土壤。忌低湿，栽植地渍水易烂根。在我国西至新疆，东北至辽宁，北至内蒙古，南至河南地区适宜推广种植。

秾苑国色
(芍药属)

联系人：张秀新
联系方式：010-82105944　国家：中国

申请日：2017年4月6日
申请号：20170154
品种权号：20190064
授权日：2019年7月24日
授权公告号：国家林业和草原局公告（2019年第13号）
授权公告日：2019年9月6日
品种权人：中国农业科学院蔬菜花卉研究所
培育人：张秀新、薛璟祺、王顺利、薛玉前、朱富勇、房桂霞

品种特征特性：2007年5月，育种人以中原牡丹栽培品种'迎日红'为母本（花中红色，菊花至蔷薇型，丰花，花期早，叶色中绿，中型圆叶，小叶微卷，花与叶丛平齐，株形半开展），以日本品种'花王'为父本（花色深红，菊花至蔷薇型，花期较晚，叶色深绿有紫色晕，中型圆叶，枝条粗硬，花朵直上，高于叶丛，株形紧凑）杂交，2011年春季开花，从数个开花杂种苗中选出。随后每年秋季嫁接繁殖（砧木为'凤丹'），观察其稳定性和一致性。

这一新品种具有以下特征：株形紧凑；二回三出复叶，叶色中绿；荷花型，花形圆整；花色正红，RHSCC N57-A；花瓣有轻微皱褶，无雄蕊瓣化瓣；花枝硬，花朵直上开放；抗寒、抗旱性强。

秋苑新秀

(芍药属)

联系人：张秀新
联系方式：010-82105944 国家：中国

申请日：2017年4月6日
申请号：20170155
品种权号：20190065
授权日：2019年7月24日
授权公告号：国家林业和草原局公告（2019年第13号）
授权公告日：2019年9月6日
品种权人：中国农业科学院蔬菜花卉研究所
培育人：张秀新、薛璟祺、王顺利、吴蕊、张萍、薛玉前

品种特征特性：2007年5月，中原牡丹栽培品种'迎日红'为母本（花深粉色，蔷薇型，具雄蕊瓣化瓣，花期早，花枝软，株形半开展），以日本牡丹栽培品种'花王'为父本（花紫红色，菊花型，花期较晚，花枝直立，叶色较深，株形直立）杂交，当年秋季播种。2011年春季开花，从数个开花杂种苗中选出。随后每年秋季嫁接繁殖（砧木为'凤丹'），观察其稳定性和一致性。

这一新品种具有以下特征：株形直立；二回三出复叶，叶片斜伸；菊花型；花形圆整，花瓣颜色均匀；花中粉色，RHSCC N57-B；花枝硬，花朵直开；抗性强。

秋苑骄阳

（芍药属）

联系人：张秀新
联系方式：010-82105944　国家：中国

申请日：2017年4月6日
申请号：20170156
品种权号：20190066
授权日：2019年7月24日
授权公告号：国家林业和草原局公告（2019年第13号）
授权公告日：2019年9月6日
品种权人：中国农业科学院蔬菜花卉研究所
培育人：张秀新、王顺利、薛璟祺、张萍、吴蕊

品种特征特性：2007年5月，育种人以紫斑牡丹中间材料19-1（花中粉色，荷花型，花瓣基部有中型黑斑，花枝中硬，株形半开展）为母本，以从云南中甸采集的紫牡丹为父本，进行杂交。2011年春季开花，从数个开花杂种苗中选出。2012年秋季嫁接繁殖，次年观察其稳定性和一致性。

这一新品种具有以下特征：株形半开张；二回三出复叶，叶片斜伸，微内卷，叶片边缘具红晕；菊花型；花瓣具皱褶；花色艳丽，RHSCC N57-A；花期中；叶型、叶色遗传了黄牡丹的特性，叶片可赏；抗性强。

秾璟晓月

（芍药属）

联系人：张秀新
联系方式：010-82105944　国家：中国

申请日：2017年4月6日
申请号：20170157
品种权号：20190067
授权日：2019年7月24日
授权公告号：国家林业和草原局公告（2019年第13号）
授权公告日：2019年9月6日
品种权人：中国农业科学院蔬菜花卉研究所
培育人：张秀新、薛璟祺、王顺利、朱富勇、任秀霞

品种特征特性：2007年5月，育种人以中原牡丹栽培品种'百园红霞'为母本（花深紫红色，蔷薇型，丰花，叶色绿，中型圆叶，花枝硬，株形紧凑），以野生牡丹四川牡丹为父本（花浅粉色，荷花型，叶色浅绿，大型长叶，枝条软，株形开展）杂交。当年播种，2011年春季开花，从数个开花杂种苗中选出。随后每年秋季嫁接繁殖（砧木为'凤丹'），观察其稳定性和一致性。

这一新品种具有以下特征：株形紧凑；二回三出复叶，叶色中绿；菊花型，花形圆整；花紫色，RHSCC 72C；花枝硬，花朵侧开；抗寒、抗旱性强。

秾苑彩凤

(芍药属)

联系人:张秀新
联系方式:010-82105944 国家:中国

申请日:2017年4月6日
申请号:20170158
品种权号:20190068
授权日:2019年7月24日
授权公告号:国家林业和草原局公告(2019年第13号)
授权公告日:2019年9月6日
品种权人:中国农业科学院蔬菜花卉研究所
培育人:张秀新、薛璟祺、王顺利、任秀霞、杨若雯

品种特征特性:2007年5月,育种人以'凤丹'为母本(花白色,单瓣型,花枝直立,株形直立),以日本牡丹栽培品种'花王'为父本(花深紫红色,菊花型,花枝直立,叶色较深,株形直立)杂交,当年播种。2011年春季开花,从数个开花杂种苗中选出。随后每年秋季嫁接繁殖(砧木为凤丹),观察其稳定性和一致性。

这一新品种具有以下特征:株形直立;二回三出复叶,叶片斜伸荷花型;花瓣皱褶,花粉色,RHSCC 73B;花枝硬,花朵直开;当年生枝紫红色;结实性强,抗性强。

秾苑英姿

（芍药属）

联系人：张秀新
联系方式：010-82105944　国家：中国

申请日：2017年4月6日
申请号：20170159
品种权号：20190069
授权日：2019年7月24日
授权公告号：国家林业和草原局公告（2019年第13号）
授权公告日：2019年9月6日
品种权人：中国农业科学院蔬菜花卉研究所
培育人：张秀新、王顺利、薛璟祺、薛玉前、吴蕊、张萍

品种特征特性：2007年5月，育种人以紫斑牡丹ZB20-1（中国农业科学院自育中间材料，花浅粉色，花瓣基部有紫斑，荷花型，无雄蕊瓣化，株形开展）为母本，以日本牡丹'旭港'（花色艳红，菊花或菊花台阁型，花枝直上，株形直立）为父本杂交，当年得到杂交种子，9月中旬进行温室穴盘播种。2011年春季第一次开花，从数个开花杂种苗中选出，其后三年观察其开花稳定性。2014年秋季嫁接繁殖，植株间没有变异。

这一新品种具有以下特征：株形直立；二回三出复叶，中型圆叶，叶色翠绿，叶片斜伸；荷花型；基部有深黑色斑，花瓣微皱褶，瓣质厚，无瓣化瓣；花深红色，RHSCC60-B；成花率强，花梗直，花枝高于叶丛；抗寒，耐旱，耐日晒，病虫害少。

瑞维7285A（RUIVI7285A）

（蔷薇属）

联系人：汉克·德·格罗特（H.C.A. de Groot）
联系方式：+31 206436516　国家：荷兰

申请日：2017年4月12日
申请号：20170178
品种权号：20190070
授权日：2019年7月24日
授权公告号：国家林业和草原局公告（2019年第13号）
授权公告日：2019年9月6日
品种权人：迪瑞特知识产权公司（De Ruiter Intellectual Property B.V.）
培育人：汉克·德·格罗特（H.C.A. de Groot）

品种特征特性：'瑞维7285A'（RUIVI7285A）是以'比瑞耶'（BRIYELL）为母本、'科哈贝布'（KORHABIB）为父本，进行杂交，经过扦插苗的不断选育后而得到的具有优良商品性状的切花月季品种。

'瑞维7285A'植株高度为高；嫩枝有花青素着色、着色强度为强到极强；皮刺数量为中、皮刺颜色为偏红色；叶片大小为中到大，第一次开花之时颜色为中到深绿色；叶片上表面光泽为弱；小叶片叶缘波状曲线为弱，顶端小叶形状为卵形；小叶叶基部形状为圆形、叶尖部形状为尖；花形为重瓣；花瓣数量为中；花径为大；花形状为星形；花侧视上部为平凸、下部为平凸；花香为无或极弱；萼片伸展范围为中到强；花瓣形状为倒椭圆形，花瓣缺刻为弱，花瓣边缘反卷程度为中、波状为弱、长度为短到中、宽度为中；花瓣内侧主要颜色为1种，颜色分布均匀，主要颜色是RHS46A到46B；花瓣内侧基部有斑点，斑点大小为中，颜色为白色，花瓣外侧颜色为RHS45A，花瓣外部雄蕊花丝主要颜色为淡黄色。

'瑞维7285A'适宜在温室条件下栽培生产。适于温室内光照充足的环境条件，冬季采用拟光灯延长光照时间。

'瑞维7285A'植株器官典型标本

近似品种'瑞克1632A'植株器官典型标本

瑞维2230A（RUIVI2230A）

（蔷薇属）

联系人：汉克·德·格罗特（H.C.A. de Groot）
联系方式：+31 206436516 国家：荷兰

申请日：2017年4月12日
申请号：20170179
品种权号：20190071
授权日：2019年7月24日
授权公告号：国家林业和草原局公告（2019年第13号）
授权公告日：2019年9月6日
品种权人：迪瑞特知识产权公司（De Ruiter Intellectual Property B.V.）
培育人：汉克·德·格罗特（H.C.A. de Groot）

品种特征特性：'瑞维2230A'（RUIVI2230A）是以SPECOI为母本、不知名品种为父本进行杂交，经过扦插苗的不断选育后而得到的具有优良商品性状的橙色混合色系切花月季品种。

'瑞维2230A'植株高度为极矮到矮；嫩枝无花青素着色；皮刺数量为无或极少、颜色为偏红色；叶片大小为小，第一次开花之时为浅到中绿色；叶片上表面光泽为中到强；小叶片叶缘波状曲线为弱；顶端小叶形状为卵形；小叶叶基部形状为圆形、叶尖部形状为尖；花形为重瓣；花瓣数量为中；花径为小；花形状为不规则圆形；花侧视上部为平凸、下部为平凸；花香为无；萼片伸展范围为弱；花瓣形状为圆形、缺刻程度为弱到中、花瓣边缘反卷程度为中、波状为弱、长度为短、宽度为窄；花瓣内侧主要颜色为1种，且均匀，主要颜色是RHS33A；花瓣内侧基部有斑点，斑点大小为大到极大、颜色为白色，花瓣外侧主要颜色为RHS36C，外部雄蕊花丝主要颜色为绿色。

'瑞维2230A'适宜在温室条件下栽培生产。适于温室内光照充足的环境条件，冬季采用拟光灯延长光照时间；突出的特点是适合在高海拔地区种植和繁殖，优秀性状保持稳定。

'瑞维2230A'植株器官形态特异

玫斯缇莉（MEISTILEY）

（蔷薇属）

联系人：海伦娜·儒尔当
联系方式：+33494500325　国家：法国

申请日：2017年4月12日
申请号：20170180
品种权号：20190072
授权日：2019年7月24日
授权公告号：国家林业和草原局公告（2019年第13号）
授权公告日：2019年9月6日
品种权人：法国玫兰国际有限公司（MEILLAND INTERNATIONAL S.A）
培育人：阿兰·安东尼·玫兰（Alain Antoine MEILLAND）

品种特征特性：'玫斯缇莉'（MEISTILEY）是以'玫芙塔'（MEIFOTA）为母本、以'维纳莫'（VERAMAL）的杂交后代中选育的株系为母本，以'玫布托'（MEIBUITO）为母本、以'玫比古德'（MEIBIGOUD）的杂交后代中选育的株系为父本，以培育花色丰富、花姿优美、综合性状优良的切花月季新品种为育种目标，进行杂交，经过扦插苗的不断选育后而得到的具有优良商品性状的红色月季品种。

'玫斯缇莉'属于切花月季；植株高度为矮到中；嫩枝有花青素着色、着色强度为弱到中；皮刺数量为中到多、颜色为偏绿色；叶片大小为大到极大，第一次开花之时绿色为中；叶片上表面光泽为中；小叶片叶缘波状曲线为中；顶端小叶形状为卵形；小叶基部形状为圆形，小叶尖部形状为尖；花瓣数量为极多；花色分组为红色系，花径为中；花形状为不规则圆形；花侧视上部为平凸、下部为平凸；花香为无或极弱；萼片伸展范围为强；花瓣形状为倒椭圆形、缺刻程度为弱，花瓣反卷程度为弱、边缘波状曲线为中，花瓣长度为中、宽度为中；花瓣内侧主要颜色为1种，分布均匀，主要颜色为红色，RHS46B；花瓣内侧基部无斑点，花瓣外侧主要颜色为RHS53C；外部雄蕊花丝主要颜色为红色。

'玫斯缇莉'适宜在露地条件下栽培生产。栽植土壤应以排水良好的中壤为宜，pH应在6.5~7.2。

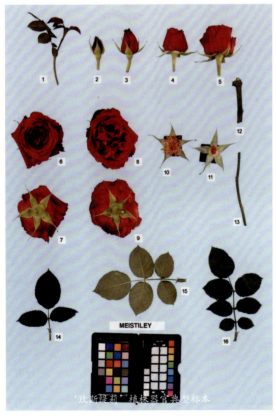

'玫斯缇莉'植株器官典型标本

近似品种'美卡塔娜'植株器官典型标本

淑女槐

（槐属）

联系人：王化堂
联系方式：13639440944　国家：中国

申请日：2017年5月15日
申请号：20170237
品种权号：20190073
授权日：2019年7月24日
授权公告号：国家林业和草原局公告（2019年第13号）
授权公告日：2019年9月6日
品种权人：王化堂
培育人：王化堂

品种特征特性：'淑女槐'为阔叶乔木；主干通直，顶端优势强，主干明显，直达树冠顶端，分枝较密集，斜上伸展，枝角45°左右；树冠长卵形，干皮灰褐色，小枝绿色，复叶长20cm左右，小叶7～15枚；小叶椭圆形至长椭圆形，叶色绿。圆锥花序顶生；花冠白色至淡黄绿色，旗瓣阔心形，有短爪，并有紫脉，翼瓣和龙骨瓣边缘稍带紫色；雄蕊10。荚果肉质，串珠状，长2.5～20cm，不裂；种子肾形。花果期6～11月。生长速度快，当年嫁接苗高3m，根茎达2cm。

'淑女槐'与近似品种'青云1号'比较性状差异如下表：

品种	当年生枝皮孔	幼龄树皮	主干
'淑女槐'	菱形，边缘黄褐色	裂纹宽	明显，直达冠顶
'青云1号'	椭圆形至圆形，白色	裂纹窄	主干不明显，竞争枝多

适生区域及环境与普通国槐相同，在我国南北均可种植。

'淑女槐'　　　　　　近似品种'青云1号'

宁农杞7号

（枸杞属）

联系人：戴国礼
联系方式：13995203004　国家：中国

申请日：2017年8月3日
申请号：20170424
品种权号：20190074
授权日：2019年7月24日
授权公告号：国家林业和草原局公告（2019年第13号）
授权公告日：2019年9月6日
品种权人：宁夏农林科学院枸杞工程技术研究所
培育人：焦恩宁、秦垦、戴国礼、曹有龙、石志刚、何军、李彦龙、李云翔、闫亚美、黄婷、张波、周旋、何昕儒、米佳

品种特征特性：'宁农杞7号'是从母本（♀）'宁农杞1号'×父本（♂）"09-03"人工杂交获得F_1代群体中优选的无性系。

'宁农杞7号'植株直立，株高中，均值为94±12cm；冠幅中，均值为123±19cm。一年生枝长度高，均值为58.4±0.28cm；节间长度中，均值为1.26±0.36cm；棘刺数量中，果枝数量多，均值为87±5条；颜色为灰褐，硬度软，短枝簇生小花最大数量为3，末端无条纹。多年生枝条颜色为褐。叶片长度中，均值为4.38±0.60cm；宽度中，均值为1.01±0.11cm；厚度中，均值为0.08±0.01cm；叶柄长中，均值为0.31±0.04cm；绿色强度深，形状为宽披针形，叶尖形态为渐尖。花冠颜色为紫色，花冠形状漏斗状，花冠裂片缘毛无或极少；花冠筒长度长，均值为0.86±0.06cm；萼片形状卵形，长度长，均值为0.63±0.07cm；萼片数量为2。果形状为长椭圆形，表面无凸起，果肉颜色为红色；鲜果纵径长，均值为3.41±0.17cm；鲜果横径中，均值为1.24±0.08cm。

'宁农杞7号'　　　　　　　　　　'宁农杞1号'

彩虹
(栾树属)

联系人：董筱昀
联系方式：025-52745040 国家：中国

申请日：2017年6月6日
申请号：20170297
品种权号：20190075
授权日：2019年7月24日
授权公告号：国家林业和草原局公告（2019年第13号）
授权公告日：2019年9月6日
品种权人：江苏省林业科学研究院
培育人：吕运舟、黄利斌、董筱昀、梁珍海、孙海楠

品种特征特性：本品种是从'金焰彩栾'自由授粉子代中选育的无性系。2012年采集'金焰彩栾'自由授粉种子进行播种育苗，发现其后代产生明显的性状分离，70%以上的植株表现出普通黄山栾树性状特征，20%～30%的植株保持母本性状特征，极少部分植株出现新的变异，即春季叶色呈粉红色，叶面有粉色斑纹。经过连续几年观测，其性状表现稳定。选择一个春叶呈粉红色、生长表现较好的变异母株上采集枝条，用普通黄山栾树实生苗做砧木进行嫁接繁殖，培育无性系苗木。据观测，获得的无性系苗木生长适应性良好，其春季新梢、叶片呈粉红色、叶面有粉色斑纹的特异性状与母株一致。

落叶乔木，1～3年生枝条黄色，二回羽状复叶，小叶全缘或带锯齿。春季萌发的新梢、新叶（包括叶柄和小叶）呈粉红色，后逐渐转淡呈黄绿色，叶面上有粉色斑纹，变色期持续60天左右；夏季转变为浅绿色；秋叶黄绿色，叶面有粉色斑点。本品种与母本的主要区别：春季新叶呈粉红色，叶面有花叶状粉色斑纹；而母本春叶呈橘黄色，无斑纹。

我国长江、淮河流域及以南地区均可栽培。

彩虹：嫁接春季叶色特征

对照春季叶色性状

橙之梦

(苹果属(除水果外))

联系人:张往祥
联系方式:025-85427686/13151081062　国家:中国

申请日: 2017年6月12日
申请号: 20170310
品种权号: 20190076
授权日: 2019年7月24日
授权公告号: 国家林业和草原局公告(2019年第13号)
授权公告日: 2019年9月6日
品种权人: 南京林业大学
培育人: 张往祥、周婷、彭冶、范俊俊、时可心、浦静、杨祎凡、曹福亮

品种特征特性: '橙之梦'以果量大、果色橘红、光泽度强且观果期长等为主要观赏特性。植株树势中,树形开张,枝条棕红色。伞状花序,花苞浅粉色,花单瓣,压平后直径小(3.8~4.0cm),花型浅杯型,花瓣圆形,排列方式重叠,脉纹突出。花瓣正面边缘、中心、基部以及背面颜色均为白色(NN155D)。开展叶片绿色,叶长中(8.0~8.5cm),叶宽中(4.5~5.0cm),长宽比中(约1.8),叶柄中,无叶耳。叶缘锯齿状,叶面光泽中,叶面绿色中,有微弱的花青素着色。始花期中(4月7日左右)。

该品种喜光照充沛,以地势平坦、土层深厚、疏松、肥沃、排水良好的砂壤土生长最佳,主要繁殖方法为嫁接繁殖,适宜在内蒙古中部以南至福建省中部以北地区种植。

粉红霓裳
（苹果属（除水果外））

联系人：张往祥
联系方式：025-85427686/13151081062　国家：中国

申请日：2017年6月12日
申请号：20170311
品种权号：20190077
授权日：2019年7月24日
授权公告号：国家林业和草原局公告（2019年第13号）
授权公告日：2019年9月6日
品种权人：南京林业大学
培育人：张往祥、范俊俊、周婷、李千惠、姜文龙、张丹丹、徐立安、曹福亮

品种特征特性： 该品种以高重瓣、褶皱深杯型粉花为主要观赏特性。植株树势中，树形开张，枝条棕红色。伞形花序，花苞粉色，花单瓣，压平后直径中，花型深杯型，花瓣椭圆形，排列方式重叠，脉纹突出。花瓣正面边缘颜色为红紫（N74C）、正面中心颜色为紫（75C）、基部颜色为红紫（62D）、背面颜色为红紫（67B）。开展叶片绿色，叶长短，叶宽中，长宽比中，叶柄短，无叶耳。叶缘锯齿状，叶面光泽强，叶面绿色中，花青素着色程度弱。始花期中。

该品种喜光照充沛，以地势平坦、土层深厚、疏松、肥沃、排水良好的砂壤土生长最佳，主要繁殖方法为嫁接繁殖，适宜在内蒙古中部以南至福建省中部以北地区种植。

羊脂玉

(苹果属(除水果外))

联系人:张往祥
联系方式:025-85427686/13151081062　国家:中国

申请日:2017年6月12日
申请号:20170312
品种权号:20190078
授权日:2019年7月24日
授权公告号:国家林业和草原局公告(2019年第13号)
授权公告日:2019年9月6日
品种权人:南京林业大学
培育人:仲磊、周道建、张往祥、谢寅峰、储吴樾、沈星诚、陈永霞、曹福亮

品种特征特性:该品种以高重瓣、深杯型白花为主要观赏特性。植株树势中,树形直立,枝条灰绿色。伞形花序,花苞浅粉色,花重瓣,压平后直径中,花型深杯型,花瓣阔椭圆形,排列方式重叠,脉纹不突出。花瓣正面边缘颜色为白(N155D)、正面中心颜色为白(NN155D)、基部颜色为白(NN155D)和背面颜色为红紫(62C)。开展叶片绿色,叶长中,叶宽中,长宽比中,叶柄中,无叶耳。叶缘锯齿状,叶面光泽中,叶面绿色中,花青素着色程度无,始花期中。果实为小果,果实为球形,无果萼,果柄长,果粉无,果实光泽度强,果实主色为浅红,果肉色为黄色,挂果期长。

该品种喜光照充沛,以地势平坦、土层深厚、疏松、肥沃、排水良好的砂壤土生长最佳,主要繁殖方法为嫁接繁殖,适宜在内蒙古中部以南至福建省中部以北地区种植。

云想容

(苹果属(除水果外))

联系人:张往祥
联系方式:025-85427686/13151081062　　国家:中国

申请日:2017年6月12日
申请号:20170313
品种权号:20190079
授权日:2019年7月24日
授权公告号:国家林业和草原局公告(2019年第13号)
授权公告日:2019年9月6日
品种权人:南京林业大学
培育人:张往祥、周婷、范俊俊、时可心、沈星诚、穆茜、彭冶、曹福亮

品种特征特性: 该品种以重瓣、浅杯型粉白花为主要观赏特性。植株树势中,树形直立,枝条棕红色。伞形花序,花苞浅粉色,花重瓣,压平后直径中,花型浅杯型,花瓣椭圆形,排列方式重叠,脉纹突出。花瓣正面边缘颜色为白(NN155C)、正面中心颜色为白(NN155C)、基部颜色为白(N155C)和背面颜色为红紫(73C)。开展叶片绿色,叶长中,叶宽中,长宽比中,叶柄短,无叶耳。叶缘锯齿状,叶面光泽中,叶面绿色中,无花青素着色程度,叶片长短中,叶片宽中。始花期中。

该品种喜光照充足,以地势平坦、土层深厚、疏松、肥沃、排水良好的砂壤土生长最佳,主要繁殖方法为嫁接繁殖,适宜在内蒙古中部以南至福建省中部以北地区种植。

洛可可女士

（苹果属（除水果外））

联系人：张往祥

联系方式：025-85427686/13151081062　　国家：中国

申请日：2017年6月12日

申请号：20170314

品种权号：20190080

授权日：2019年7月24日

授权公告号：国家林业和草原局公告（2019年第13号）

授权公告日：2019年9月6日

品种权人：南京林业大学

培育人：张往祥、浦静、武启飞、王希、时可心、赵聪、张晶、曹福亮

品种特征特性：该品种以红紫色重瓣大花、棕红叶为主要观赏特性。植株树势中，树形开张，枝条棕红色。伞形花序，花苞紫色，花重瓣，压平后直径大，花型深杯型，花瓣椭圆形，排列方式重叠，脉纹突出。花瓣正面边缘颜色为红紫（64D）、正面中心颜色为红紫（N66D）、基部颜色为白（N155D）、背面颜色为红紫（68B）。开展叶片棕红，叶长中，叶宽中，长宽比中，叶柄短，无叶耳。叶缘圆锯齿状，叶面光泽中，叶面绿色深，有花青素着色，程度中，着果量中，果实小，果实锥形，有时有果萼，果梗长，无果粉，果实光泽强，主色红，果肉色白，挂果期中。始花期早。

该品种喜光照充足，以地势平坦、土层深厚、疏松、肥沃、排水良好的砂壤土生长最佳，主要繁殖方法为嫁接繁殖，适宜在内蒙古中部以南至福建省中部以北地区种植。

紫蝶儿

(苹果属（除水果外）)

联系人：张往祥
联系方式：025-85427686/13151081062　国家：中国

申请日：2017年6月12日
申请号：20170316
品种权号：20190081
授权日：2019年7月24日
授权公告号：国家林业和草原局公告（2019年第13号）
授权公告日：2019年9月6日
品种权人：南京林业大学
培育人：张往祥、张晶、王希、储吴樾、武启飞、浦静、赵聪、曹福亮

品种特征特性： 该品种以重瓣紫红色花、花色亮丽稳定为主要观赏特性。植株树势中，树形直立，枝条棕红色。伞形花序，花苞红色，花重瓣，压平后直径中，花型深杯型，花瓣椭圆形，排列方式重叠，脉纹不突出。花瓣正面边缘颜色为红紫（70B）、正面中心颜色为红紫（N75C）、基部颜色为白（N155D）、背面颜色为红紫（70A）。开展叶片红绿色，叶长中，叶宽中，长宽比中，叶柄短，无叶耳。叶缘锯齿状，叶面光泽中，叶面绿色中，花青素着色程度弱。着果量少，果实小，果实球形，有时有果萼，果梗长，无果粉，果实光泽度弱，果实主色黄，果肉浅黄色，挂果期短，始花期早。

该品种喜光照充足，以地势平坦、土层深厚、疏松、肥沃、排水良好的砂壤土生长最佳，主要繁殖方法为嫁接繁殖，适宜在内蒙古中部以南至福建省中部以北地区种植。

玫梵璐塔（MEIVOLUPTA）

（蔷薇属）

联系人：海伦娜·儒尔当
联系方式：+33494500325　国家：法国

申请日：2017年6月21日
申请号：20170328
品种权号：20190082
授权日：2019年7月24日
授权公告号：国家林业和草原局公告（2019年第13号）
授权公告日：2019年9月6日
品种权人：法国玫兰国际有限公司（MEILLAND INTERNATIONAL S.A）
培育人：阿兰·安东尼·玫兰（Alain Antoine MEILLAND）

品种特征特性：'玫梵璐塔'（MEIVOLUPTA）是以'科达巴'（KORDABA）为母本、以'科弗拉佩'（KORFLAPEI）与不知名植株的杂交后代中选育的株系为父本，以培育花色丰富、花姿优美、综合性状优良的切花月季新品种为育种目标，进行杂交，经过扦插苗的不断选育后而得到的具有优良商品性状的橙色月季品种。

　　'玫梵璐塔'植株高度为矮；嫩枝有花青素着色、着色强度为中到强；皮刺数量为中到多、颜色为偏红色；叶片大小为中到大，第一次开花之时为绿色；叶片上表面光泽为中；小叶片叶缘波状曲线为弱；顶端小叶形状为卵形；小叶基部形状为圆形、尖部形状为尖；花瓣数量为极多；花色分组为橙色系，花径为中；花形状为圆形；花侧视上部为平凸、下部为凹；花香为无或极弱；萼片伸展范围为弱到中；花瓣形状为椭圆形、缺刻程度为极弱到弱，花瓣反卷程度为弱、边缘波状曲线为弱，花瓣长度为短、宽度为极窄到窄；花瓣内侧主要颜色为1种，分布均匀，主要颜色为橙粉色，RHS32C到32D，靠近尖端有红粉色晕，RH48C到48D；花瓣内侧基部有斑点、斑点大小为大到极大、颜色为黄色；外部雄蕊花丝主要颜色为橙色。

'玫梵璐塔'植株器官典型标本

近似品种

蒙冠1号
(文冠果)

联系人：段磊
联系方式：13848899685　国家：中国

申请日：2017年6月27日
申请号：20170334
品种权号：20190083
授权日：2019年7月24日
授权公告号：国家林业和草原局公告（2019年第13号）
授权公告日：2019年9月6日
品种权人：赤峰市林业科学研究院、内蒙古文冠庄园农业科技发展有限公司
培育人：段磊、乌志颜、杨素芝、张丽、李显玉、冯昭辉、白玉茹、苗迎春、郭庆、李晓宇

品种特征特性：'蒙冠1号'是2008年在内蒙古自治区赤峰市翁牛特旗经济林场文冠果人工林内发现。2011—2013年对母株进行了连续的观察测定。2014年开始在敖汉旗黄羊洼采用无性繁殖嫁接的方式进行繁殖试验，经检验结果表明，其形态特征和生长特性表现与母株相同，优良特性表现稳定。

'蒙冠1号'物候期比同一物候地区其他文冠果晚7～10天；当年生枝粗壮紫色；总状花序，顶花序长20～25cm，顶生花序可孕花比例高，侧生花序可孕花少；花瓣褶皱，呈倒卵形，排列分离，花瓣上部流苏状浅裂；果实柱型，3心皮，单果鲜重76.6g，横、纵径平均为51.65mm×56.85mm，种子球形，褐色，无光泽，种子粒中等，直径13.62mm左右；单果种子粒数20.8粒，千粒重1123g。

'蒙冠1号'文冠果适应性强，适宜于内蒙古、陕西、甘肃、河北、陕西、宁夏等主要栽植地，适宜种植区域年平均气温3.3～15.5℃，1月平均气温-19.4～0.2℃，7月平均气温13.6～32.4℃，无霜期120～233天。

蒙冠2号
（文冠果）

联系人：张丽
联系方式：15947168253　国家：中国

申请日：2017年6月27日
申请号：20170335
品种权号：20190084
授权日：2019年7月24日
授权公告号：国家林业和草原局公告（2019年第13号）
授权公告日：2019年9月6日
品种权人：赤峰市林业科学研究院、内蒙古文冠庄园农业科技发展有限公司
培育人：张丽、乌志颜、杨素芝、段磊、李显玉、郭庆、阿拉坦图雅、韩立华、杨旭亮、于海蛟

品种特征特性：2008年在内蒙古自治区赤峰市翁牛特旗经济林场文冠果人工林内发现'蒙冠2号'母株，2011—2013年对'蒙冠2号'母株进行连续的观察测定，证实其特异性均稳定。2014年用嫁接的方式在赤峰市敖汉旗黄羊洼文冠庄园进行繁殖，经检验育出的蒙冠2号生长、开花、结果等习性均与亲本相同，证实该品系果期物候略晚，花瓣离生，花柄长，以顶生花序为主，可孕花比例高；当年生枝条颜色为绿具紫红；结果期物候略晚，果实为柱形果，结果数量较多，果个大，种子粒数较多，单粒种子较大等优良特性且表现稳定。

'蒙冠2号'花柄长度长。果实为柱形果，果实为3心皮，单果鲜重104.08g，果实成熟后浅裂，纵径为71.31mm，横径为61.21mm，每个花序均能坐果，坐果率高，单个花序结果数平均1~3个。花瓣分离。新生枝条颜色绿具紫红。果期物候中。

'蒙冠2号'文冠果适应性强，适宜于内蒙古、陕西、甘肃、河北、陕西、宁夏等文冠果主要栽植地，适宜种植区域年平均气温3.3~15.5℃，1月平均气温-19.4~0.2℃，7月平均气温13.6~32.4℃，无霜期120~233天。

蒙冠3号

(文冠果)

联系人：杨素芝
联系方式：13754060402　国家：中国

申请日：2017年6月27日
申请号：20170336
品种权号：20190085
授权日：2019年7月24日
授权公告号：国家林业和草原局公告（2019年第13号）
授权公告日：2019年9月6日
品种权人：赤峰市林业科学研究院、内蒙古文冠庄园农业科技发展有限公司
培育人：杨素芝、乌志颜、段磊、张丽、李显玉、郭庆、韩立华、陆昕、冯绍辉

品种特征特性：'蒙冠3号'文冠果比同一栽培地其他文冠果花期早3~5天。总状花序，花序短，花梗长度中，花径小，可孕花数中，花瓣倒卵形，初花期花瓣上部颜色为白色、基部为黄色，盛花期花瓣上部颜色为白具红色条纹、基部浅红色，末花期花瓣上部颜色为白具红紫条纹、基部紫红色，花期可持续15天左右。新梢紫色无茸毛；叶互生，奇数羽状复叶，披针形，边缘具锯齿，叶片小微卷；树皮粗糙，扭曲状纵裂，呈灰褐色。果实均单序，结果数中等，果实形状为柱形，果实大小为中等，单果鲜重137.56g，由3个心皮组成，纵径值约81.90mm，横径值约66.29mm，果实绿色，成熟时变为褐色。种子千粒干重1284g。

'蒙冠3号'适宜于内蒙古、陕西、宁夏、吉林、辽宁、新疆等文冠果主要种植区域。适宜种植区年均气温3.5~14℃，1月平均气温-18~-0.3℃，7月平均气温17.2~28℃，无霜期140~220天，年降水量75~800mm，年日照时数1900~3100小时。

金太阳

(卫矛属)

联系人：翟慎学
联系方式：13505335361　国家：中国

申请日：2017年6月29日
申请号：20170337
品种权号：20190086
授权日：2019年7月24日
授权公告号：国家林业和草原局公告（2019年第13号）
授权公告日：2019年9月6日
品种权人：淄博市川林彩叶卫矛新品种研究所、威海市园林建设集团有限公司、山东农业大学
培育人：翟慎学、梁中贵、王华田

品种特征特性： '金太阳'为落叶小乔木，高达6～8m，分枝多，干性弱；春、夏、秋三季叶片和枝条均为亮丽黄色，黄色叶片内含有明显的绿色斑点，冬季霜后叶片仍为黄色，枝条颜色由黄色渐变鲜红色；叶片对生，椭圆状披针形，长5～7cm，宽2～4cm，先端长锐尖，基部近圆形，边缘具细锯齿聚伞花序，花期5月上旬，果熟期8月下旬～9月下旬，果实为蒴果，圆球形，橘红色；种子淡黄色，有红色假种皮，近圆球形；果实成熟时，果皮自动裂开，带有橙红色假种皮的种子暴露出来，格外红艳美丽。

'金太阳'与近似品种'金枝玉叶'比较的不同点见下表：

品种	生长季节叶片颜色	黄色叶中有无绿色斑点	霜后叶片颜色	叶片大小	干性强弱	冬季枝条颜色
'金太阳'	新叶黄色，老叶黄绿色	有	黄色	小	弱	鲜红色
'金枝玉叶'	新叶金黄色，老叶绿色	无	红色	大	强	暗红色

适宜在我国东北、华北、华中、华南、西北、西南地区栽培。

'金太阳'春末夏初叶片

'金枝玉叶'春季叶片

金公主1号

（文冠果）

联系人：李耀明
联系方式：010-62337088　国家：中国

申请日：2017年6月30日
申请号：20170339
品种权号：20190087
授权日：2019年7月24日
授权公告号：国家林业和草原局公告（2019年第13号）
授权公告日：2019年9月6日
品种权人：北京林业大学、辽宁思路文冠果业科技开发有限公司、北京思路文冠果科技开发有限公司
培育人：王青、向秋虹、王馨蕊、李国军、刘会军、汪舟、王俊杰、周祎鸣、关文彬

品种特征特性：落叶乔木，生长势强，斜上立枝，枝密度疏，一年生枝条中等粗细，幼枝无毛，当年生枝颜色绿具紫红色；小叶形状披针形，中等大小，小叶无卷曲，幼叶颜色绿具紫红，成熟叶深绿色；多为顶生花序，侧生花序数量少，花序轴绿色无毛，中等长度；花蕾白色，花梗中等长度，花径小，花萼黄绿色被毛初花期花瓣上部白色，基部黄色，盛花期花瓣上部颜色白，基部橙黄色，末花期花瓣上部颜色白，基部红紫色；均单序结果数中，果实形状棱柱形，中等大小，果皮厚度中，单果种子数量中等，种子平均单粒重大；物候期中。

多为顶生花序，侧生花序极少，果皮厚度中，当年生枝粗度中。

适于整个文冠果分布与栽培区域。

金帝5号

（文冠果）

联系人：李耀明
联系方式：010-62337088　国家：中国

申请日：2017年6月30日
申请号：20170340
品种权号：20190088
授权日：2019年7月24日
授权公告号：国家林业和草原局公告（2019年第13号）
授权公告日：2019年9月6日
品种权人：北京林业大学、辽宁思路文冠果业科技开发有限公司、北京思路文冠果科技开发有限公司
培育人：王青、向秋虹、王馨蕊、汪舟、于震、周祎鸣、王俊杰、关文彬

品种特征特性：落叶乔木；枝斜上立，生长势强，一年生枝中等粗细，幼枝无毛，当年生枝绿具紫红；小叶披针形，幼叶绿具紫红，大小中等；花序轴无毛，中等长度，花序轴绿具紫红；花蕾白色，花梗长度中等，花瓣单瓣型；花径中等，花萼黄绿色，花萼被毛，花瓣披针形，接触排列；初花期花瓣上部白色基部浅黄盛花期花瓣上部白色基部粉红色，末花期花瓣上部白色基部红色；均单序结果数少，果实卵形，大小大或中等，果壳厚度中等；种子黑褐色，单果种子数中等，种子平均单粒重中等；物候期中。

金公主3号
(文冠果)

联系人：李耀明
联系方式：010-62337088 国家：中国

申请日：2017年6月30日
申请号：20170341
品种权号：20190089
授权日：2019年7月24日
授权公告号：国家林业和草原局公告（2019年第13号）
授权公告日：2019年9月6日
品种权人：内蒙古文冠庄园农业科技发展有限公司、北京林业大学、赤峰市林业科学研究院
培育人：郭庆、郭强、段利明、李国军、王俊杰、周祎鸣、向秋虹、王馨蕊、乌志颜、段磊、李显玉、杨素芝、关文彬

品种特征特性：落叶乔木，枝条斜上立，生长势中；当年生新枝绿具紫红，冬季木质化后无毛，灰褐色；叶片中等大小，小叶披针形，幼叶无毛，颜色绿具紫红，成熟叶片平展；顶生花序长，花序轴颜色绿具紫红，花蕾白色，花梗短无毛，花瓣单瓣型；花径小，花萼黄绿色，花萼被毛，花瓣披针形，接触排列；初花期花瓣上部白色基部浅黄，盛花期花瓣上部白色基部橙黄色，末花期花瓣上部白色基部紫红色；均单序结果数少，果实短柱形，果小；种子黑褐色，单果种子数量中，种子颜色黑褐色，种子平均单粒重中；物候期中。

适于整个文冠果分布与栽培区域。

金公主7号

（文冠果）

联系人：李耀明
联系方式：010-62337088　国家：中国

申请日：2017年6月30日
申请号：20170345
品种权号：20190090
授权日：2019年7月24日
授权公告号：国家林业和草原局公告（2019年第13号）
授权公告日：2019年9月6日
品种权人：北京林业大学、赤峰市林业科学研究院、北京思路文冠果科技开发有限公司
培育人：向秋虹、王青、王馨蕊、王俊杰、于震、周祎鸣、乌志颜、段磊、李显玉、杨素芝、关文彬

品种特征特性：落叶乔木，生长势中；枝条斜上立，幼枝无毛，当年生新枝紫色，中等粗度；小叶披针形，叶片小，无卷曲，幼叶绿具紫红；顶生花序较少，花序轴无毛，绿具紫红；花蕾白色，单瓣花，花萼呈黄绿色，被毛，花梗长，被毛，花径中等，花瓣倒卵形；花瓣初花期接触排列，盛花期离散；初花期花瓣上部颜色白色、下部黄色，盛花期花瓣上部白色、下部红色，末花期花瓣上部颜色白色、下部紫红色，花梗被毛；均单序结果数中，果型柱形，果实大，果瓣3，果壳厚度中等；种子黑褐色，果种子数量中，种子平均单粒重大；物候期中。

适于整个文冠果分布与栽培区域。

京仲1号

（杜仲）

联系人：康向阳
联系方式：010-62336168　国家：中国

申请日：2017年7月11日
申请号：20170353
品种权号：20190091
授权日：2019年7月24日
授权公告号：国家林业和草原局公告（2019年第13号）
授权公告日：2019年9月6日
品种权人：北京林业大学
培育人：康向阳、李赟、高鹏、张平冬、宋连君、李金忠、程武

品种特征特性：'京仲1号'是通过高温处理诱导大孢子染色体加倍选育成功的杜仲三倍体新品种，其染色体数为$2n=3x=51$。品种性状稳定，苗期时初生叶呈绿色且具有白茸毛；叶片大，长卵形，边缘锯齿状，向上翘起，尾尖；叶面积是二倍体的2.11倍，厚度是二倍体的1.77倍，叶片主脉长与最宽处比值1.43；叶基阔直楔形，幼叶基部的叶缘与叶柄有2～6个浅紫色腺点，其中叶柄上偶见1～2个；叶表面屋脊形，叶片中脉与第二条一级侧脉之间的夹角50°～60°；叶柄与茎夹角60°～70°，叶片斜下；皮孔椭圆形；成年树树皮灰白，皮孔椭圆形或圆形，大而散生，偶有连生。营养生长速度快，一年生苗平均株高2.54m；年均胸径生长1.6cm；叶片的京尼平苷、京尼平苷酸、桃叶珊瑚苷和绿原酸药用成分含量高，分别为26.01ng/mg、320.25ng/mg、1028.37ng/mg和24525.28ng/mg。适宜栽植区与传统适生区无差异，如北京、天津、河北、河南、山西、陕西、山东、湖南、四川、湖北、贵州等地。

母本　　　　　　'京仲1号'

京仲2号

(杜仲)

联系人：康向阳
联系方式：010-62336168　国家：中国

申请日：2017年7月11日
申请号：20170354
品种权号：20190092
授权日：2019年7月24日
授权公告号：国家林业和草原局公告（2019年第13号）
授权公告日：2019年9月6日
品种权人：北京林业大学
培育人：康向阳、李赟、高鹏、王君、宋连君、李金忠、程武

品种特征特性：'京仲2号'是通过高温处理诱导大孢子染色体加倍选育成功的杜仲三倍体新品种，其染色体数为$2n=3x=51$。品种性状稳定，苗期时，初生叶呈绿色且具有白茸毛；叶片大，长卵形，边缘锯齿状，向上翘起，尾尖；叶面积是二倍体的2.03倍，厚度是二倍体的1.64倍，叶片主脉长与叶片最宽处比值为1.33；叶基阔直楔形，幼叶基部的叶缘与叶柄有4～8个紫色或黑紫色腺点，其中叶柄上偶见2～4个；叶表面屋脊形，叶片中脉与第二条一级侧脉之间的夹角50°～60°；叶柄与茎夹角70°～80°，叶片斜下；皮孔稀疏卵圆形；营养生长速度快，一年生苗平均株高2.49m；年均胸径生长1.6cm；叶片的京尼平苷、京尼平苷酸、桃叶珊瑚苷和绿原酸药用成分含量高，分别为21.86ng/mg、4595.93ng/mg、865.68ng/mg和24766.73ng/mg.适宜栽植区与传统适生区无差异，如北京、天津、河北、河南、山西、陕西、山东、湖南、四川、湖北、贵州等地。

母本　　　　　'京仲2号'

京仲3号

（杜仲）

联系人：康向阳
联系方式：010-62336168　国家：中国

申请日：2017年7月11日
申请号：20170355
品种权号：20190093
授权日：2019年7月24日
授权公告号：国家林业和草原局公告（2019年第13号）
授权公告日：2019年9月6日
品种权人：北京林业大学
培育人：康向阳、李赟、高鹏、张平冬、宋连君、李金忠

品种特征特性：'京仲3号'是通过高温处理诱导大孢子染色体加倍选育成功的杜仲三倍体新品种，其染色体数为2n=3x=51。品种性状稳定，苗期初生叶呈绿色且具有白茸毛；叶片大，卵形，边缘锯齿状，向上翘起，尾尖；叶面积是二倍体的1.37倍，厚度是二倍体的1.20倍，叶片主脉长与叶片最宽处比值为1.45；叶基阔直楔形，幼叶基部的叶缘与叶柄有2~4个浅紫色或紫色腺点，其中叶柄上1~2个；叶表面浅屋脊形，叶片中脉与第二条一级侧脉之间的夹角60°~70°；叶柄与茎夹角50°~60°，叶片斜下；皮孔椭圆形或圆形；成年树树皮灰褐色，皮孔圆形，偶有连生。年均胸径生长1.2cm；叶片的京尼平苷、京尼平苷酸、桃叶珊瑚苷和绿原酸药用成分含量高，分别为36.67ng/mg、4872.26ng/mg、781.18ng/mg和47754.34ng/mg。适宜栽植区与传统适生区无差异，如北京、天津、河北、河南、山西、陕西、山东、湖南、四川、湖北、贵州等地。

母本　　　　　'京仲3号'

京仲4号

(杜仲)

联系人:康向阳
联系方式:010-62336168　国家:中国

申请日: 2017年7月11日
申请号: 20170356
品种权号: 20190094
授权日: 2019年7月24日
授权公告号: 国家林业和草原局公告(2019年第13号)
授权公告日: 2019年9月6日
品种权人: 北京林业大学
培育人: 康向阳、李赟、高鹏、王君、宋连君、李金忠

品种特征特性: '京仲4号'是通过高温处理诱导大孢子染色体加倍选育成功的杜仲三倍体新品种,其染色体数为$2n=3x=51$。品种性状稳定,苗期初生叶呈绿色且具有浓密白茸毛;叶片长卵形,边缘锯齿状,向上翘起,尾尖;叶面积是二倍体的1.15倍,厚度是二倍体的1.09倍,叶片主脉长与叶片最宽处比值为1.89;叶基阔直楔形,叶基部的叶缘与叶柄有2~6个绿色或浅紫色腺点,其中叶柄上偶见1~4个;叶表面屋脊形,叶片中脉与第二条一级侧脉之间的夹角50°~60°;叶柄与茎夹角60°~70°,叶片斜下;成年树树皮灰褐色,皮孔大,呈圆形或椭圆形,多连生。营养生长速度快,一年生苗平均株高为2.99m,年均胸径生长1.7cm;叶片的京尼平苷、京尼平苷酸、桃叶珊瑚苷和绿原酸药用成分含量高,分别为21.87ng/mg、2197.63ng/mg、1103.21ng/g和14126.97ng/mg。适宜栽植区与传统适生区无差异,如北京、天津、河北、河南、山西、陕西、山东、湖南、四川、湖北、贵州等地。

母本　　　　'京仲4号'

德瑞斯蓝十二（DrisBlueTwelve）

（越橘属）

联系人：辛西娅
联系方式：010-62357029　国家：美国

申请日：2017年7月14日
申请号：20170371
品种权号：20190095
授权日：2019年7月24日
授权公告号：国家林业和草原局公告（2019年第13号）
授权公告日：2019年9月6日
品种权人：德瑞斯克公司（Driscoll's, Inc.）
培育人：布赖恩·K.卡斯特（Brian K.CASTER）、珍妮弗·K.伊佐（Jennifer K.IZZO）、阿伦·德雷珀（Arlen DRAPER）、乔治·罗德里格斯·阿卡沙（Jorge Rodriguez ALCAZAR）

品种特征特性： '德瑞斯蓝十二'（DrisBlueTwelve）是以编号FL95-54为母本、以蓝莓品种'宝石'（Jewel）为父本进行控制授粉杂交选育而成。

'德瑞斯蓝十二'植株长势为强，植株半直立长，一年生枝条颜色为深灰紫、节间长度为中，叶片长度为中、宽度为中，叶片长宽比为大，叶片形状为椭圆形，叶片上表面颜色为深绿色，叶全缘，花芽花青素着色为强，花序长度为中，花冠形状为瓮状，花冠筒大小为中，花冠筒花青素着色为中，花冠筒有皱褶，花簇密度为中，未成熟果实为淡绿色，果实大小为中，果实纵切面形状为扁圆形，果实萼片姿态为半直立、萼片类型为上卷，果实萼孔直径为小、深度为浅，果霜程度为中，果实果皮颜色为深灰紫，果实紧实程度为紧实、甜度为高、酸度为低，结果类型为一年生枝条结果，叶芽萌发时间为早，一年生枝条开花期为中、果实成熟期为晚。

'德瑞斯蓝十二'适宜栽植纬度低于35°的冬季不冷、温暖气候条件生态区域。

德瑞斯红五（DrisRaspFive）

（悬钩子属）

联系人：辛西娅
联系方式：010-62357029　国家：美国

申请日：2017年7月14日
申请号：20170373
品种权号：20190096
授权日：2019年7月24日
授权公告号：国家林业和草原局公告（2019年第13号）
授权公告日：2019年9月6日
品种权人：德瑞斯克公司（Driscoll's, Inc.）
培育人：布莱恩·K.汉密尔顿（Brian K.HAMILTON）、玛塔·巴皮蒂斯塔（Marta C.BAPTISTA）、卡洛斯·D.费尔（Carlos D.FEAR）

品种特征特性：'德瑞斯红五'（DrisRaspFive）是以红树莓品种'马拉维利亚'（Driscoll Maravilla）为母本，以红树莓品种'德瑞斯红四'（DrisRaspFour）为父本进行控制授粉杂交选育而成。

'德瑞斯红五'植株直立生长，当年生枝条数量为中，极嫩枝快速生长时有花青素显色，着色程度为弱，当年生枝条表面粉状程度为中、花青素着色为中，节间长度为中，当年生枝条上叶芽长度为短，结果类型为夏季去年生枝条上坐果、秋季在当年生枝条坐果，休眠枝长度为中，休眠枝颜色为深灰紫色，当年生枝条长度为中，枝条刺密度为中，刺基部小、刺长度为短，刺颜色为深灰红色，叶片为深绿色，叶片为5小叶，小叶横截面侧面形状为平，叶片皱褶程度为强，两侧小叶相对位置为相离，顶端小叶长度为长、宽度为宽，花梗刺数量为少，花梗无花青素显色，花大小为大，坐果枝方向为直立、长度为短，果实长度为长、宽度为宽，果实长宽比为中，果实侧面形状为阔圆锥形，单个核果大小为中，果实颜色为深红色，果实光泽度为中，果实紧实程度为中，与果梗附着程度为中；去年生枝叶芽萌发时间为晚、开花时间为中、果实成熟期为中、果实结果期长度为长，当年生枝抽出时间为中、开花时间为中、果实成熟时间为中、果实结果期长度为中。

'德瑞斯红五'适宜栽植10～21℃冷凉的地中海气候条件生态区域。

冀榆3号

（榆属）

联系人：王玉忠
联系方式：15032680656 国家：中国

申请日：2017年7月14日
申请号：20170377
品种权号：20190097
授权日：2019年7月24日
授权公告号：国家林业和草原局公告（2019年第13号）
授权公告日：2019年9月6日
品种权人：河北省林业科学研究院
培育人：王玉忠、张全锋、刘泽勇、王连洲、郑聪慧、张曼、张焕荣、黄印冉、胡海珍

品种特征特性：该品种为落叶乔木，树干通直，树冠呈阔卵圆形；叶片较大，叶基轻度偏斜；枝条分枝角斜上伸展，密度为疏，一年生枝呈黄绿色；幼树树皮灰白色，光滑，皮孔有横连，枝痕明显、无纵裂。

'冀榆3号'可以在我国华北等广大地区的低山、平原、丘陵及沿海地带种植。白榆能够生长的地区，'冀榆3号'均可以生长。

'冀榆3号'喜温暖湿润的环境，在水肥充足的情况下，可以保持较高的生长速度；在干旱地区，应加强水分管理。

'冀榆3号'观赏效果好。一般培育为乔木，亦可作为行道树和观赏树栽植。在园林应用时，可对其进行截干处理，促进分枝生长，增加分枝量，提高观赏价值。

'冀榆3号'3年生树皮外观

'冀榆3号'3年生嫁接植株

奥斯米克斯如（AUSMIXTURE）

（蔷薇属）

联系人：罗斯玛丽·威尔柯克斯
联系方式：+44 1902 376319　国家：英国

申请日：2017年7月21日
申请号：20170398
品种权号：20190098
授权日：2019年7月24日
授权公告号：国家林业和草原局公告（2019年第13号）
授权公告日：2019年9月6日
品种权人：英国大卫·奥斯汀月季公司（David Austin Roses Limited）
培育人：大卫·奥斯汀（David J.C.Austin）

品种特征特性：'奥斯米克斯如'（AUSMIXTURE）是以未知名称植株为母本，以未知名称植株为父本进行杂交，以培育花色丰富、花姿优美、综合性状优良的庭院月季新品种为育种目标，经过扦插苗的不断选育后而得到的具有优良商品性状的黄色月季品种。

　　'奥斯米克斯如'为灌木，半直立，植株高度矮至中；嫩枝有花青素着色、着色强度为中；皮刺数量为少到中、颜色为偏紫色；叶片大小为中到大，第一次开花之时叶片上表面绿色程度为中；叶片上表面光泽为弱；小叶片叶缘波状曲线为无到极弱；顶端小叶形状为圆形；尖部形状为渐尖；无开花侧枝，开花枝花数量为少到中；花苞侧视形状为宽卵形；花型为重瓣；花瓣数量为中到多；花色分组为粉色系，花瓣间密度为中到密；花径为中到大；花形状为圆形；花侧视上部为平、下部为凹；花香为中；萼片伸展范围为无或极弱；花瓣形状为倒卵形、缺刻程度为弱到中，花瓣反卷程度为无或极弱到弱、边缘波状曲线为无或极弱到弱，花瓣大小为大；花瓣内侧主要颜色为1种，分布是到基部逐渐变浅，主要颜色近紫色76C，但稍偏红；花瓣内侧基部有小斑点，白色；外部雄蕊花丝主要颜色为浅黄色。

'奥斯米克斯如'植株器官典型标本

近似品种'奥斯伦巴'植株器官典型标本

奥斯威尔（AUSWHIRL）

（蔷薇属）

联系人：罗斯玛丽·威尔柯克斯
联系方式：+44 1902 376319　国家：英国

申请日：2017年7月21日
申请号：20170399
品种权号：20190099
授权日：2019年7月24日
授权公告号：国家林业和草原局公告（2019年第13号）
授权公告日：2019年9月6日
品种权人：英国大卫·奥斯汀月季公司（David Austin Roses Limited）
培育人：大卫·奥斯汀（David J.C.Austin）

品种特征特性：'奥斯威尔'（AUSWHIRL）是以未知名称植株为母本、未知名称植株为父本进行杂交，以培育花色丰富、花姿优美、综合性状优良的庭院月季新品种为育种目标，经过扦插苗的不断选育后而得到的具有优良商品性状黄色月季品种。

'奥斯威尔'生长习性为中间型，植株高度为矮；嫩枝有花青素着色、着色强度为弱；皮刺数量为中、颜色为偏紫色；叶片大小为小到中，第一次开花之时叶片上表面绿色程度为中，叶片上表面光泽为弱；小叶片叶缘波状曲线为弱；顶端小叶形状为窄椭圆形；尖部形状为渐尖；无开花侧枝，开花枝花数量为少；花苞侧视形状为宽卵形；花型为重瓣；花瓣数量为中；花色分组为黄色系，花瓣间密度为中到密；花径为大到极大；花形状为不规则圆形；花侧视上部为平、下部为凹；花香为中；萼片伸展范围为无或极弱；花瓣形状为倒心形、缺刻程度为中，花瓣反卷程度为无或极弱、边缘波状曲线为弱，花瓣大小为大；花瓣内侧主要颜色为1种，分布是由基部到尖部渐浅，主要颜色为黄橙色，RHS14C；花瓣内侧基部无斑点；外部雄蕊花丝主要颜色为黄色。

'奥斯威尔'植株器官典型标本

近似品种'奥斯贝克'植株器官典型标本

德瑞斯黑十二（DrisBlackTwelve）

（悬钩子属）

联系人：辛西娅
联系方式：010-62357029　国家：美国

申请日：2017年7月28日
申请号：20170419
品种权号：20190100
授权日：2019年7月24日
授权公告号：国家林业和草原局公告（2019年第13号）
授权公告日：2019年9月6日
品种权人：德瑞斯克公司（Driscoll's, Inc.）
培育人：加文·R.西尔斯（Gavin R. SILLS）、安德烈·M.加彭（Andrea M. PABON）、马克·克苏哈（Mark CRUSHA）

品种特征特性：'德瑞斯黑十二'（DrisBlackTwelve）是以编号BM711（858A5）为母本，以编号为BJ111.1为父本进行控制授粉杂交选育而成。

'德瑞斯黑十二'植株直立到半直立生长，当年生枝条数量为少到中，休眠枝长度为中到长、直径为中，休眠枝花青素显色为中，休眠枝分枝数量为中到多，分枝分布于休眠枝上部，休眠枝横截面形状为圆到有角的，休眠枝无刺，快速生长嫩枝花青素显色为中、绿色强度为中，嫩枝茸毛数量为中，顶端小叶长度为中、宽度为中、无裂片、横截面为U形、叶片波状为弱或强、脉间皱褶为中，小叶叶缘为双锯齿、缺刻深度为中，小叶主要数量为5小叶，叶片类型为掌状叶，叶片上表面绿色为深绿色、光泽度为弱到中，叶柄托叶大小为中，花直径为中到大、花颜色为白色，结果侧枝长度为中，果实长度为中、宽度为中，果实长宽比为中到大，果实小核果数量为中、小核果大小为中到大，果实纵切面形状为中卵形，果实颜色为黑色，果实在当年生枝条上结果，叶芽萌发时间为晚，当年生枝条开花始期为晚，当年生枝条果实成熟期为晚。

'德瑞斯黑十二'适宜栽植于6~27℃海洋性气候条件生态区域。

宁农杞6号

(枸杞属)

联系人：戴国礼
联系方式：13995203004　国家：中国

申请日：2017年8月3日
申请号：20170423
品种权号：20190101
授权日：2019年7月24日
授权公告号：国家林业和草原局公告（2019年第13号）
授权公告日：2019年9月6日
品种权人：宁夏农林科学院枸杞工程技术研究所
培育人：焦恩宁、秦垦、戴国礼、曹有龙、石志刚、何军、李彦龙、李云翔、闫亚美、黄婷、张波、周旋、何昕儒、米佳

品种特征特性：'宁农杞6号'是母本（♀）宁农杞1号×父本（♂）"09-03"人工杂交获得F_1代群体中优选的无性系。

'宁农杞6号'植株直立；株高中，均值为135±21cm；冠幅中，均值为128±12cm。一年生枝长度高，均值为57.2±4.36cm；节间长度短，均值为1.36±0.23cm；棘刺数量无或极少；果枝数量多，均值为75±6条；颜色灰褐，硬度软，短枝簇生小花最大数量3，末端无条纹；多年生枝条颜色为褐色；叶片长度长，均值为4.38±0.24cm；宽度宽，均值为1.32±0.22cm；厚度中，0.08±0.01cm；叶柄长中，0.38±0.06cm；绿色强度浅，形状宽披针，叶尖形态渐尖。花冠颜色白色，形状漏斗状，裂片缘毛无或极少；花冠筒长度长，均值为0.73±0.03cm；萼片形状卵形，萼片长度长，均值为0.45±0.03cm；萼片最大数量2。果长椭圆形，表面无突起，果肉颜色红色；鲜果纵径中，均值为2.69±0.26cm；鲜果横径中，均值为1.08±0.07cm。展叶期3月30日，现蕾期早，4月5日，果实始收期早，5月24日。

'宁农杞1号'

'宁农杞6号'

惜春

(李属（除水果外）)

联系人：伊贤贵
联系方式：13770589350 国家：中国

申请日：2017年8月5日
申请号：20170430
品种权号：20190102
授权日：2019年7月24日
授权公告号：国家林业和草原局公告（2019年第13号）
授权公告日：2019年9月6日
品种权人：福建丹樱生态农业发展有限公司、南京林业大学
培育人：王珉、伊贤贵、林荣光、王贤荣、叶某鑫、李蒙、林玮捷、段一凡、陈林、朱淑霞

品种特征特性： 本品种由钟花樱桃（福建山樱花）的实生苗选育而来。

落叶乔木，树高约4m，树冠伞形；树皮呈紫棕色，有口唇状及横裂纹皮孔；单叶互生，叶片长椭圆状，叶先端渐尖，基部近圆形，长8～13cm，宽4～6cm，幼叶黄绿色，叶缘有重锯齿；叶柄顶端或叶基部有腺体；伞形花序，总梗短，长3～10mm；有花3～4朵，花径3～3.5cm；花单瓣，花瓣5枚，呈卵形，先端2裂；萼筒钟状，紫红色，长14～16mm，宽11～13mm，萼片长椭圆形，全缘，紫红色，长4～6mm，宽3～4.5m；花蕾期呈深红色，盛开时仍保持深红色。花期3月上旬。

'惜春'与常见的钟花樱桃种下品种在花期上有显著差异，具有花期晚、花径大、花色艳、花开展、花量大等特征。

相似品种名称	相似品种特征	'惜春'特征
'飞寒'	花瓣颜色：粉色	紫红色
	花径：中	大
'阳光'	花瓣颜色：粉色	紫红色
	花梗毛被：有	无

该品种喜光，耐干旱瘠薄，喜酸性至微酸性土，适应性强，适于庭院、公园、道路等绿化应用。

甬之雪

（杜鹃花属）

联系人：谢晓鸿
联系方式：13957878585　国家：中国

申请日：2017年9月3日
申请号：20170476
品种权号：20190103
授权日：2019年7月24日
授权公告号：国家林业和草原局公告（2019年第13号）
授权公告日：2019年9月6日
品种权人：宁波北仑亿润花卉有限公司
培育人：沃科军、沃绵康

品种特征特性：'甬之雪'是2011年3月以白色的锦绣杜鹃'白大叶'为母本，以粉红色的春鹃'粉红泡泡'为父本，进行人工授粉，套袋，以防其他花粉污染；2011年11月收集F_1代种子，于2012年4月播种于塑料大棚育苗盆内。2015年3月上旬开花，4～7朵簇生枝顶，花量大，明显不同于父、母本，适合于盆栽和绿地栽植，具重要商业开发价值。

本品种属常绿杜鹃花，灌木状。花色在花苞时为黄绿色，开展后为白色，花冠2轮深裂合瓣花，花瓣直挺开展。花冠呈喇叭状，花径7cm左右；每轮花瓣上有3张裂片内饰黄绿色斑点；花柱、花丝均为白色；柱头淡黄绿色，花药黄褐色，子房绿色密被白色茸毛。雄蕊4～6根。在宁波的盛花期3月中旬。

本品种适宜于长江以南地区栽培。

在全光照及半遮阴栽培环境中均能正常生长。生长适温为12～25℃。喜湿润环境。空气湿度以70%～90%为宜。pH在5～6.5，浇水宜采用偏酸性或中性水质。追肥的氮磷钾比例为3:1:1，并适当补施Fe^{2+}，以利于生长发育。修剪在5月底至6月上旬进行。

甬之韵

（杜鹃花属）

联系人：谢晓鸿
联系方式：13957878585　国家：中国

申请日：2017年9月3日
申请号：20170479
品种权号：20190104
授权日：2019年7月24日
授权公告号：国家林业和草原局公告（2019年第13号）
授权公告日：2019年9月6日
品种权人：宁波北仑亿润花卉有限公司
培育人：沃绵康、沃科军

品种特征特性：'甬之韵'是2011年3月以'迎春'杜鹃品种为母本，收集'粉红泡泡'杜鹃品种花粉，进行人工授粉，套袋，以防其他花粉污染；2011年11月收集F_1代种子，于2012年4月播种于塑料大棚育苗盆内。2015年3月上旬开花，花色在花苞时为黄绿色，开展后为白色。明显不同于父、母本的花型，且顶生花量多，适合于盆栽和绿地栽植，具重要商业开发价值。

本品种属常绿杜鹃花，灌木状。花2轮深裂合瓣花；外轮花瓣发育不完全；内轮花瓣发育正常，直挺开展，且花瓣顶端渐尖形状，不同于普通花瓣。花冠呈喇叭状，花径达7cm左右；每轮花瓣上有3张裂片内饰淡黄绿色斑点；花柱、花丝均为白色；柱头淡黄绿色，花药黄褐色，子房绿色密被白色茸毛。雄蕊6根左右。在宁波的盛花期3月中旬。

本品种适宜于长江以南地区栽培。

在全光照及半遮阴栽培环境中均能正常生长。生长适温为12～25℃。喜湿润环境。空气湿度以70%～90%为宜。pH在5～6.5，浇水宜采用偏酸性或中性水质。追肥的氮磷钾比例为3:1:1，并适当补施Fe^{2+}，以利于生长发育。修剪在5月底至6月上旬进行。

甬绵百合
（杜鹃花属）

联系人：谢晓鸿
联系方式：13957878585　国家：中国

申请日：2017年9月3日
申请号：20170481
品种权号：20190105
授权日：2019年7月24日
授权公告号：国家林业和草原局公告（2019年第13号）
授权公告日：2019年9月6日
品种权人：宁波北仑亿润花卉有限公司
培育人：沃绵康、沃科军

品种特征特性：'甬绵百合'是2011年3月以白色的锦绣杜鹃'白大叶'为母本，以粉红色的春鹃'粉红泡泡'为父本，进行人工授粉，套袋，以防其他花粉污染；2011年11月收集F_1代种子，于2012年4月播种于塑料大棚育苗盆内。2015年3月上旬开花，明显不同于父母本，适合于盆栽和绿地栽植，具重要商业开发价值。

本品种属常绿杜鹃花，灌木状。花为白色，花管筒粉红色，花较大，似百合花，花冠呈喇叭状，单轮深裂合瓣花，花瓣开展，花径9cm左右。花瓣3张裂片内饰淡紫红色斑点；花柱、花丝均为白色；柱头白色，花药黄褐色，子房绿色密被白色茸毛。雄蕊9根左右，均短于雌蕊。在宁波的盛花期3月中旬。

本品种适宜于长江以南地区栽培。

在全光照及半遮阴栽培环境中均能正常生长。生长适温为12～25℃。喜湿润环境。空气湿度以70%～90%为宜。pH在5～6.5，浇水宜采用偏酸性或中性水质。追肥的氮磷钾比例为3∶1∶1，并适当补施Fe^{2+}，以利于生长发育。修剪在5月底至6月上旬进行。

甬绿神
（杜鹃花属）

联系人：谢晓鸿
联系方式：13957878585　国家：中国

申请日：2017年9月3日
申请号：20170482
品种权号：20190106
授权日：2019年7月24日
授权公告号：国家林业和草原局公告（2019年第13号）
授权公告日：2019年9月6日
品种权人：宁波北仑亿润花卉有限公司
培育人：沃绵康、沃科军

品种特征特性：'甬绿神'是2011年3月以'白比利时'杜鹃花为母本，收集'王中王'杜鹃花粉，进行人工授粉，套袋，以防其他花粉污染；2011年11月收集F_1代种子，于2012年4月播种于塑料大棚内2015年3月上旬见花，明显不同于父、母本，适合于盆栽，具重要商业开发价值。

本品种属常绿杜鹃花，灌木状。花色为淡绿色，花色比母本更绿，1轮半重瓣合瓣花；花径6cm左右，花瓣直挺外轮花瓣完整且直挺；内轮花瓣发育不完整，且与雄蕊粘连。外轮花瓣内饰绿色斑点，个别花朵的花瓣内外都饰有橙红色的条状斑块。雄蕊的花丝较短，花药黄褐色，雌蕊淡绿色，子房密被白色茸毛。在宁波的盛花期3月中旬。

本品种适宜于长江以南地区栽培。

在全光照及半遮阴栽培环境中均能正常生长。生长适温为12～25℃。喜湿润环境。空气湿度以70%～90%为宜。pH在5～6.5，浇水宜采用偏酸性或中性水质。追肥的氮磷钾比例为3:1:1，并适当补施Fe^{2+}，以利于生长发育。修剪在5月底至6月上旬进行。

盐抗柳1号

（柳属）

联系人：秦光华
联系方式：13791060960　国家：中国

申请日：2017年9月12日
申请号：20170501
品种权号：20190107
授权日：2019年7月24日
授权公告号：国家林业和草原局公告（2019年第13号）
授权公告日：2019年9月6日
品种权人：山东省林业科学研究院
培育人：秦光华、于振旭、宋玉民、乔玉玲、彭琳

品种特征特性：'盐抗柳1号'为雌株。树干通直，顶端优势明显。树皮绿色，皲裂不明显。侧枝分枝角度中等水平，小枝上弯，自然整枝能力强。一年生小苗苗干阴阳面明显，分别呈现红褐色和黄绿色。叶片阔披针形，长15～18cm，宽3～3.3cm，叶基圆形，叶柄长0.7～1.0cm，托叶披针形。

在山东济南长清地区3月上旬芽膨大，3月下旬展叶，果熟期4月下旬，落叶末期在12月上旬。

'盐抗柳1号'与对照品种'鲁柳1号'性状差异如下表：

品种	性别	叶片：叶形	叶片：上表面被毛	叶片：下表面被毛	托叶：类型
'盐抗柳1号'	雌株	阔披针形	中	中	披针形
'鲁柳1号'	雄株	披针形	无或很少	无或很少	耳形

速生、耐盐碱、耐水湿，适生范围较广，包括黄河、淮河流域及类似地区。主要用于盐碱地绿化和用材林建设。

黄皮柳1号

（柳属）

联系人：秦光华
联系方式：13791060960　国家：中国

申请日：2017年9月12日
申请号：20170502
品种权号：20190108
授权日：2019年7月24日
授权公告号：国家林业和草原局公告（2019年第13号）
授权公告日：2019年9月6日
品种权人：山东省林业科学研究院
培育人：秦光华、于振旭、宋玉民、乔玉玲、彭琳

品种特征特性：'黄皮柳1号'为雄株。树干稍弯，速生能力极强，顶端优势明显。树皮黄绿色，皴裂不明显。侧枝分枝角度大，小枝下垂。一年生苗干阴阳面明显，呈现红褐色和黄绿色，芽苞片脱落晚，7月仍存留。叶片披针形，长14~16cm，宽2.2~2.4cm，上下表面均被毛较多；叶基楔形，叶柄长1.0~1.4cm，托叶披针形，较短，且脱落早。

在山东济南长清地区3月上旬芽膨大，3月下旬展叶，果熟期4月下旬，落叶末期在12月上旬。

'黄皮柳1号'与对照品种'银皮柳'性状差异如下表：

品种	性别	主干：干形	枝条：姿态	枝条：阴面颜色	叶片：下表面被粉
'黄皮柳1号'	雄株	稍弯	下垂	红褐	无
'银皮柳'	雌株	直立	直伸	浅绿	有

适生范围较广，耐干旱和盐碱，包括黄河、淮河流域及类似地区。主要用于园林绿化和用材林建设。

蛇矛柳1号

（柳属）

联系人：秦光华
联系方式：13791060960　国家：中国

申请日：2017年9月12日
申请号：20170503
品种权号：20190109
授权日：2019年7月24日
授权公告号：国家林业和草原局公告（2019年第13号）
授权公告日：2019年9月6日
品种权人：山东省林业科学研究院
培育人：秦光华、于振旭、宋玉民、乔玉玲、彭琳

品种特征特性： '蛇矛柳1号'为雌株。树干扭曲，小枝弯曲。侧枝分枝角度中等水平。一年生小苗苗干浅褐色。叶片披针形，波浪式卷曲，长13～15cm，宽1.8～2.1cm，叶基楔形，叶柄长0.8～1.3cm，托叶耳形。

在山东济南长清地区3月上旬芽膨大，3月下旬展叶，果熟期4月下旬，落叶末期在12月上旬。

'蛇矛柳1号'与对照品种'鲁柳1号'性状差异如下表：

品种	主干：干形	枝条：阳面颜色	叶片：下表面被粉	叶片：形态
'蛇矛柳1号'	扭曲	黄绿色	无	波浪式卷曲
'鲁柳1号'	直立	红褐色	有	平滑

适生范围较广，包括黄河、淮河流域及类似地区。主要用于园林观赏和城镇街道绿化。

桐林碧波

（卫矛属）

联系人：牛香莉
联系方式：13733611222　国家：中国

申请日：2017年9月28日
申请号：20170531
品种权号：20190110
授权日：2019年7月24日
授权公告号：国家林业和草原局公告（2019年第13号）
授权公告日：2019年9月6日
品种权人：河南桐林雨露园林绿化工程有限公司
培育人：朱孟杰

品种特征特性：2012年采收公司苗圃的成熟白杜种子，约500g，进行实生培育，获得一批实生苗；2013年春，在该批实生苗中，发现叶形变异常绿单株，叶革质，全缘，而其他同批播种的幼苗叶片为纸质，落叶。随即对此单株进行保护，持续观测并嫁接扩繁。2013年3月至2017年7月，我们通过4个继代嫁接，获得嫁接苗50余株，其性状稳定、一致。

'桐林碧波'与相似品种的主要不同点如下表：

性状	'桐林碧波'	白杜	冬青卫矛
生长习性	常绿	落叶	常绿
株型	小乔木	小乔木	灌木
当年生枝条截面	四棱形	带翅	四棱形

白杜

'桐林碧波'

西吕71680（SCH71680）

（蔷薇属）

联系人：H.舒尔顿（Herman Scholten）
联系方式：+31 297 383444　国家：荷兰

申请日：2017年9月30日
申请号：20170533
品种权号：20190111
授权日：2019年7月24日
授权公告号：国家林业和草原局公告（2019年第13号）
授权公告日：2019年9月6日
品种权人：荷兰彼得·西吕厄斯控股公司（Piet Schreurs Holding B.V.）
培育人：P.N.J.西吕厄斯（Petrus Nicolaas Johannes Schreurs）

品种特征特性：以'PSR6934'为母本、'PSR5303'为父本进行人工授粉，得到杂交种子，经过播种栽培后开花，得到的F_1代。

植株（非藤本类型）株高为矮到中；幼枝（约20cm处）花青苷显色有、强度中，枝条近无刺；叶片大，上表面颜色中绿，上表面茸毛中，边缘缺刻弱到中，尖端中椭圆形，叶片顶端锐尖；花朵直径中到大，俯视呈星形、花的类型为重瓣，单头花，主色为粉色，单色品种，侧观上部平凸形与下部平形，香味无到弱；花瓣伸出度中，长度中、宽度中到宽，花瓣数多，内花瓣的主要颜色粉白（RHS77D），内瓣基部无斑点；花瓣边缘反卷中到强、瓣缘波状中。

本品种适宜一般温室条件下的栽培生产，采用常规的工厂化生产管理方式栽培即可。

'西吕71680'（左）与近似品种'西吕71985'（右）花朵性状的比较

素季

(蔷薇属)

联系人：王其刚
联系方式：13577044553　国家：中国

申请日：2017年10月23日
申请号：20170544
品种权号：20190112
授权日：2019年7月24日
授权公告号：国家林业和草原局公告（2019年第13号）
授权公告日：2019年9月6日
品种权人：云南省农业科学院花卉研究所
培育人：王其刚、张颢、唐开学、邱显钦、陈敏、晏慧君、张婷、蹇洪英、李淑斌、周宁宁

品种特征特性： 2012年4月在云南省农业科学院花卉研究所的月季育种基地，采用玫瑰品种'香淡粉'与'花房'杂交，经4年精心培育的新品种。

'素季'为直立窄灌木，植株高度达60～80cm，花枝长50～70cm；枝花苞数4～13枚，花红色；花型为盘状中花型，花径4～5cm，重瓣花，花瓣数34～41枚，花瓣圆形，花瓣边缘有缺刻，边缘波形较强，花瓣反卷程度弱；萼片延伸强度强，花梗长度较短，浅绿色，表面有茸毛；叶片大小偏小，叶片小叶数量有3、5、7枚，深绿色，叶表面光泽度较强，顶端小叶卵圆形，叶尖渐尖形、边缘宽单锯齿、基部圆形；茎秆嫩绿色，茎秆皮刺数量较多，刺形态为宽长斜直刺，刺紫红色；植株生长势强，萌枝能力强，抗病性较强。此品种用于切花生产、露地或盆栽种植观赏。

'素季'　　　　　　　　　近似品种'皇族'

瑞克拉1865A（RUICL1865A）

（蔷薇属）

联系人：汉克·德·格罗特（H.C.A. de Groot）
联系方式：+31 206436516　国家：荷兰

申请日：2017年11月3日
申请号：20170569
品种权号：20190113
授权日：2019年7月24日
授权公告号：国家林业和草原局公告（2019年第13号）
授权公告日：2019年9月6日
品种权人：迪瑞特知识产权公司（De Ruiter Intellectual Property B.V.）
培育人：汉克·德·格罗特（H.C.A. de Groot）

品种特征特性：'瑞克拉1865A'（RUICL1865A）是以'英特杜若丽'（INTERDOROBLIA）为母本、'发兹迪米'（FAZDIME）为父本进行杂交，经过扦插苗的不断选育后而得到的具有优良商品性状的红色系切花月季品种。

'瑞克拉1865A'植株高度为中；嫩枝有花青素着色，着色程度为中到强；皮刺数量为多、颜色为偏红色；叶片大小为大，第一次开花之时叶片颜色为中到深绿色，叶片上表面光泽为强；小叶片叶缘波状曲线为中；顶端小叶形状为卵形；小叶叶基部形状为圆形、叶尖部形状为尖；花瓣数量为中；花色系为红色系；花径为大；花形状为不规则圆形；花侧视上部为平凸、下部为平凸；花香为无；萼片伸展范围为中；花瓣形状为倒椭圆形、缺刻程度为无或极弱、花瓣边缘反卷程度为极弱到弱、波状为中、长度为中、宽度为中；花瓣内侧主要颜色为1种，且分布是花瓣内侧基部有斑点，斑点大小为中、颜色为白色，外部雄蕊花丝主要颜色为红色。

'瑞克拉1865A'适宜在温室条件下栽培生产。适于温室内光照充足的环境条件，冬季采用拟光灯延长光照时间；突出的特点是适合在高海拔地区种植和繁殖，优秀性状保持稳定。

'瑞克拉1865A'植株器官典型标本

近似品种'瑞克1632A'相比较深器官典型标本

瑞克拉1309C（RUICL1309C）

（蔷薇属）

联系人：汉克·德·格罗特（H.C.A. de Groot）
联系方式：+31 206436516　国家：荷兰

申请日：2017年11月3日
申请号：20170570
品种权号：20190114
授权日：2019年7月24日
授权公告号：国家林业和草原局公告（2019年第13号）
授权公告日：2019年9月6日
品种权人：迪瑞特知识产权公司（De Ruiter Intellectual Property B.V.）
培育人：汉克·德·格罗特（H.C.A. de Groot）

品种特征特性：'瑞克拉1309C'（RUICL1309）是以'坦06451'（TAN06451）为母本、'瑞克夫1190A'（UCF1190A）为父本进行杂交，经过扦插苗的不断选育后而得到的具有优良商品性状的深粉色系切花月季品种。

　　'瑞克拉1309C'植株高度为中；嫩枝有花青素着色，着色程度为强；皮刺数量为极多、颜色为偏红色；叶片大小为大，第一次开花之时叶片颜色为深绿；叶片上表面光泽为强；小叶片叶缘波状曲线为强；顶端小叶形状为卵形；小叶叶基部形状为圆形、叶尖部形状为尖；花瓣数量为中；花色系为粉色系；花径为中到大；花形状为星形；花侧视上部为平凸、下部为平凸；花香为无；萼片伸展范围为极弱到弱；花瓣形状为倒椭圆形、缺刻程度为弱、花瓣边缘反卷程度为强、波状为弱、长度为短到中、宽度为中到宽；花瓣内侧主要颜色为1种，且均匀，主要颜色是橙色红RHS57C；花瓣内侧基部有斑点，斑点大小为大，颜色为白色，外部雄蕊花丝主要颜色为白色。

　　'瑞克拉1309C'适宜在温室条件下栽培生产。适于温室内光照充足的环境条件，冬季采用拟光灯延长光照时间；突出的特点是适合在高海拔地区种植和繁殖，优秀性状保持稳定。

'瑞克拉1309C'植株器官典型标本

近似品种'瑞克夫1190A'相比植株器官典型标本

桂月昌华

(山茶属)

联系人：谢雨慧
联系方式：020-85189353　国家：中国

申请日：2017年11月13日
申请号：20170579
品种权号：20190115
授权日：2019年7月24日
授权公告号：国家林业和草原局公告（2019年第13号）
授权公告日：2019年9月6日
品种权人：棕榈生态城镇发展股份有限公司、肇庆棕榈谷花园有限公司、广州棕科园艺开发有限公司
培育人：吴桂昌、赵强民、陈炽争、严丹峰、钟乃盛、高继银、刘信凯、周明顺

品种特征特性：以杜鹃红山茶为母本，'霍伯'为父本，利用杂交育种技术，获得的日标新品种。

花芽腋生和顶生，萼片黄绿或绿色，卵形，覆瓦状排列。花单色，花瓣内侧主色为红色，半重瓣型或牡丹花重瓣型，大到很大型花，花径10.0～15.0cm，花瓣厚度中，皱褶无或弱，顶端微凹，边缘全缘，倒卵形，瓣脉有呈现，花丝瓣化，雄蕊数量多，簇生型排列，基部连生，雌蕊低，柱头4或5深裂，子房无茸毛。叶片稠密度中，近螺旋状排列，上斜，叶片厚度中，质地中，大小中，椭圆形，叶脉显现程度中，中光泽，叶面颜色深绿，横截面平坦，无斑点，叶背无茸毛，叶缘细齿状，叶基宽楔形，叶尖渐尖，叶柄短。顶芽单生，嫩芽黄绿，嫩枝黄绿色，常绿灌木，植株直立，生长旺盛。年开花次数多次，花期中、晚或很晚，花期长，广东地区始花6月，盛花期9～11月，末花期至翌年1月，浙江、陕西地区整体花期晚25～35天。

华东、华南、西南地区可栽培，夏季可无遮阴正常生长开花，冬季在浙江、陕西有遮顶的环境中可正常生长开花。宜采用肥沃疏松、排水良好的酸性土壤。

夏日台阁

(山茶属)

联系人：谢雨慧
联系方式：020-85189353　国家：中国

申请日：2017年11月13日
申请号：20170580
品种权号：20190116
授权日：2019年7月24日
授权公告号：国家林业和草原局公告（2019年第13号）
授权公告日：2019年9月6日
品种权人：棕榈生态城镇发展股份有限公司、佛山市林业科学研究所、广州棕科园艺开发有限公司
培育人：严丹峰、柯欢、刘信凯、钟乃盛、赵鸿杰、高继银、赵珊珊、叶土生

品种特征特性：以杜鹃红山茶为母本，'帕克斯先生'为父本，利用杂交育种技术，获得的目标新品种。

花芽腋生和顶生，萼片黄绿或绿色，卵形，覆瓦状排列。花单色，花瓣内侧主色为红色，半重瓣型或牡丹花重瓣型，中或大型花，花径8~13cm，花梗短，花瓣皱褶无或弱，厚度中，顶端微凹，边缘全缘，倒卵形，有瓣脉呈现，花丝瓣化，雄蕊数量中，簇生型排列，基部连生，雌蕊低，柱头3或4深裂。子房无茸毛。叶片稠密度中，近螺旋状排列，上斜，大小中，质地中，椭圆形，中光泽，叶面颜色深绿，横截面平坦，无斑点，叶脉显现程度中，叶背无茸毛，叶缘细齿状，叶基楔形，叶尖渐尖，叶柄短。顶芽单生，嫩芽黄绿，嫩枝黄绿色。常绿灌木，植株直立，生长旺盛。年开花次数多次，花期中、晚或很晚，花期长。

广东地区始花期7月，盛花期9~11月，末花期至翌年1月，浙江、陕西地区整体花期晚25~35天。华东、华南、西南地区可栽培，夏季可无遮阴正常生长开花，冬季在浙江、陕西有遮顶的环境中可正常生长开花。宜采用肥沃疏松、排水良好的酸性土壤。

夏梦岳婷

(山茶属)

联系人：谢雨慧
联系方式：020-85189353　国家：中国

申请日：2017年11月13日
申请号：20170581
品种权号：20190117
授权日：2019年7月24日
授权公告号：国家林业和草原局公告（2019年第13号）
授权公告日：2019年9月6日
品种权人：棕榈生态城镇发展股份有限公司、广州棕科园艺开发有限公司、肇庆棕榈谷花园有限公司
培育人：赵珊珊、高继银、赵强民、严丹峰、叶琦君、钟乃盛、岳婷、周明顺

品种特征特性：以杜鹃红山茶为母本，'客来邸'为父本，利用杂交育种技术，获得的目标新品种。

花芽腋生和顶生，萼片黄绿或绿色，卵形覆瓦状排列。花单色，花瓣内侧主色为红色，玫瑰花重瓣型，中型花，花径7.5～9.5cm，花瓣大小中，皱褶无或弱，厚度中，顶端微凹，边缘全缘，倒卵形，瓣脉有呈现，雄蕊数量无或少，几乎完全瓣化，柱头2浅裂。叶片稠密度密，近螺旋状排列，上斜，大小中，质地中，椭圆形，中光泽，叶面颜色深绿，横截面平坦，无斑点，叶脉显现程度中，叶背无茸毛，叶缘细齿状，叶基宽楔形，叶尖渐尖，叶柄短。顶芽单生，嫩芽黄绿，嫩枝黄绿色。常绿灌木，植株直立，生长旺盛。年开花次数多次，花期中、晚或很晚，花期长，广东地区始花期7月，盛花期9～11月，末花期至翌年2月，浙江、陕西地区整体花期晚25～35天。

华东、华南、西南地区可栽培，夏季可无遮阴正常生长开花，冬季在浙江、陕西有遮顶的环境中可正常生长开花。宜采用肥沃疏松、排水良好的酸性土壤。

瑰丽迎夏

(山茶属)

联系人：谢雨慧
联系方式：020-85189353　国家：中国

申请日：2017年11月13日
申请号：20170582
品种权号：20190118
授权日：2019年7月24日
授权公告号：国家林业和草原局公告（2019年第13号）
授权公告日：2019年9月6日
品种权人：棕榈生态城镇发展股份有限公司、佛山市林业科学研究所、肇庆棕榈谷花园有限公司
培育人：刘信凯、柯欢、钟乃盛、黎艳玲、赵鸿杰、高继银、周明顺、谢雨慧

品种特征特性：以杜鹃红山茶为母本，'霍伯'为父本，利用杂交育种技术，获得的目标新品种。

花芽腋生和顶生，萼片黄绿或绿色，卵形，覆瓦状排列。花单色，花瓣内侧主色为红色，半重瓣型或牡丹花重瓣型，中或大型花，花径8.0～13.0cm，花瓣厚度中，皱褶无或弱，顶端微凹，边缘全缘，卵形，瓣脉有呈现，花药瓣化，雄蕊数量中，散生型排列，基部连生，雌蕊低，柱头3或4浅裂，子房无茸毛。叶片稠密度中，近螺旋状排列，上斜，叶片厚度中，质地中，大小中，椭圆形，叶脉显现程度中，中光泽，叶面颜色深绿无斑点，叶背无茸毛，横截面平坦，叶缘细齿状，叶基宽楔形，叶尖渐尖，叶柄短。顶芽单生，嫩芽黄绿，嫩枝黄绿色。常绿灌木，植株直立，生长旺盛。年开花次数多次，花期中、晚或很晚，花期长，广东地区始花6月，盛花期9～11月，末花期至翌年2月，浙江、陕西地区整体花期晚25～35天。

华东、华南、西南地区可栽培，夏季可无遮阴正常生长开花，冬季在浙江、陕西有遮顶的环境中可正常生长开花。宜采用肥沃疏松、排水良好的酸性土壤。

园林之骄

（山茶属）

联系人：谢雨慧
联系方式：020-85189353　国家：中国

申请日：2017年11月13日
申请号：20170583
品种权号：20190119
授权日：2019年7月24日
授权公告号：国家林业和草原局公告（2019年第13号）
授权公告日：2019年9月6日
品种权人：棕榈生态城镇发展股份有限公司、广州棕科园艺开发有限公司、肇庆棕榈谷花园有限公司
培育人：钟乃盛、叶土生、赵强民、刘信凯、谢雨慧、严丹峰、周明顺、陈娜娟

品种特征特性：以杜鹃红山茶为母本，'达婷'为父本，利用杂交育种技术，获得的目标新品种。

花芽腋生和顶生，萼片黄绿或绿色，卵形覆瓦状排列。花单色，花瓣内侧主色为红色，玫瑰花重瓣型，偶有完全重瓣型，中型花，花径7.5～10cm，偶有大型花。花瓣皱褶无或弱，厚度中，顶端微凹，边缘全缘，倒卵形，瓣脉有呈现，雄蕊数量无或少，几乎完全瓣化。叶片稠密度中，近螺旋状排列，上斜，大小中，质地中，厚度中，椭圆形，中光泽，叶面颜色绿色或深绿，横截面内折，无扭曲，无斑点，叶脉显现程度中，叶背无茸毛叶缘细齿状，叶基楔形，叶尖渐尖，叶柄短。嫩芽黄绿，顶芽单生，嫩枝红褐色常绿灌木，植株直立，生长旺盛。年开花次数多次，花期中、晚或很晚，花期长，广东地区始花期6月，盛花期9～11月，末花期至翌年1月，浙江、陕西地区整体花期晚25～35天。

华东、华南、西南地区可栽培，夏季可无遮阴正常生长开花，冬季在浙江、陕西有遮顶的环境中可正常生长开花。宜采用肥沃疏松、排水良好的酸性土壤。

瑞克拉1101A（RUICL1101A）

（蔷薇属）

联系人：汉克·德·格罗特（H.C.A. de Groot）
联系方式：+31 206436516 国家：荷兰

申请日：2017年11月14日
申请号：20170584
品种权号：20190120
授权日：2019年7月24日
授权公告号：国家林业和草原局公告（2019年第13号）
授权公告日：2019年9月6日
品种权人：迪瑞特知识产权公司（De Ruiter Intellectual Property B.V.）
培育人：汉克·德·格罗特（H.C.A. de Groot）

品种特征特性：'瑞克拉1101A'（RUICL1101A）是以'薇薇瑞拉'（VUVUZELA）为母本、'斯派菲尔'（SPEFIRE）为父本进行杂交，经过扦插苗的不断选育后而得到的具有优良商品性状的橙色系切花月季品种。

'瑞克拉1101A'植株高度为中到高；嫩枝有花青素着色，着色程度为强到极强；皮刺数量为多、颜色为偏黄色；叶片大小为极大，第一次开花之时叶片颜色为深绿；叶片上表面光泽为中到强；小叶片叶缘波状曲线为强；顶端小叶形状为卵形；小叶基部形状为心形、叶尖部形状为尖；花瓣数量为极多；花色系为橙色系；花径为极大；花为不规则圆形；花侧视上部为平凸、下部为平；花香为无；萼片伸展范围为强；花瓣形状为倒心形、缺刻程度为无到极弱、花瓣边缘反卷程度为中、波状为中、长度为中、宽度为中；花瓣内侧主要颜色为1种，且均多匀，主要颜色是橙色红RHS35C到51C；花瓣内侧基部有斑点，斑点大小为中到大、颜色为橙黄色，外部雄蕊花丝主要颜色为红色。

'瑞克拉1101A'适宜在温室条件下栽培生产。适于温室内光照充足的环境条件，冬季采用拟光灯延长光照时间。

'瑞克拉1101A'植株器官典型标本

近似品种'薇薇瑞拉'植株器官典型标本

可爱冰淇淋

（蔷薇属）

联系人：巢阳
联系方式：13691126752　国家：中国

申请日：2017年11月14日
申请号：20170586
品种权号：20190121
授权日：2019年7月24日
授权公告号：国家林业和草原局公告（2019年第13号）
授权公告日：2019年9月6日
品种权人：北京市园林科学研究院
培育人：冯慧、吉乃喆、周燕、巢阳、王茂良、李纳新、丛日晨、卜燕华、华莹

品种特征特性：'可爱冰淇淋'以'假日美景'为母本，'水果冰淇淋'为父本杂交，经过扦插苗的不断选育后而得到的具有优良商品性状的灌丛月季品种。

'可爱冰淇淋'为丰花类月季，花初期为浅粉色，后期褪为白色，花径4.5~5.5cm，花瓣数20~35枚，花初开时为杯状花型，后期完全盛开后为盘状花型，花瓣圆形，花朵成束开放。枝条略细，嫩枝绿色。叶卵形，色中绿，中等光泽。直刺，中等大小，刺量中等。株型直立、紧凑，分枝能力强，自然株高可达1.0m左右。在北京市地区露地栽培条件下，自然花期为5月中旬至11月上旬，为连续花期，夏季花色白色，但花量依然很大。花后结实率低。

本品种对环境条件要求不严，耐粗放管理。适宜北京及华北地区露地栽植，自根苗冬季无防寒措施条件下可忍受日最低气温-20℃，适宜开花日均温为20℃，夏季在日最高气温达45℃条件下亦可开花；喜中性偏酸土壤。喜光，稍耐阴，在荫蔽条件下生长不良。

'可爱冰淇淋'的花部图片

近似品种'冰山'的花部图片

永福金彩

（桂花）

联系人：陈日才
联系方式：15280366688　国家：中国

申请日：2017年12月20日
申请号：20180007
品种权号：20190122
授权日：2019年7月24日
授权公告号：国家林业和草原局公告（2019年第13号）
授权公告日：2019年9月6日
品种权人：福建新发现农业发展有限公司
培育人：陈日才、蔡志勇、吴启民、吴其超、王聪成、王一、詹正钿、陈朝暖、陈小芳、陈菁菁

品种特征特性： 常绿乔木或灌木，幼枝紫红色（RHS 59-A），叶革质，椭圆状披针形，长6～12cm，宽2～5cm，叶片基部楔形或圆形，先端渐尖至长渐尖，叶缘自基部以上有锯齿，无白色镶边，叶面V形内折，不皱缩扭曲，侧脉12～17对，近缘处相互网结，幼叶初期紫红色（RHS N77-B），后变为黄绿色（RHS 150-D或151-A），然后呈绿白相间的花叶状态，最终变为深绿色（RHS139-A），叶柄长6～8mm，幼叶叶柄紫黑色（RHS N77-A），后变浅。

'永福金彩'与近似品种'永福彩霞''永福彩26'比较性状差异如下表：

品种	叶横切面性	叶形	叶片皱缩	彩叶变化顺序
'永福金彩'	V形	椭圆状披针形	否	紫红-黄绿-绿白
'永福彩霞'	U形	椭圆状披针形	是	水红-黄白
'永福彩26'	U形	卵状椭圆形	否	紫红-黄绿

本品种可在华东、华中、西南及华南地区栽植。

闽农桂冠

（桂花）

联系人：陈日才
联系方式：15280366688 国家：中国

申请日：2017年12月20日
申请号：20180008
品种权号：20190123
授权日：2019年7月24日
授权公告号：国家林业和草原局公告（2019年第13号）
授权公告日：2019年9月6日
品种权人：福建新发现农业发展有限公司
培育人：陈日才、陈江海、吴启民、王聪成、詹正钿、陈朝暖、陈小芳、陈菁菁

品种特征特性：常绿，幼枝紫红色（RHS58A）或紫色（RHSN80A），叶革质，椭圆形或倒卵状椭圆形，长4.3~11.0cm，宽2~5cm，叶片基部楔形或圆形，先端急尖，叶缘自基部以上有粗短锯齿，侧脉7~10对，近缘相互网结，幼叶初期紫红色（RHS 59A-B）或紫色（RHS N80OA），变粉红（RHS 55D）；后变为黄绿色（RHS 150D或145A-B），最后深绿色（RHS139A），叶柄长5~6mm，幼叶叶柄紫红色（RHS58A），后变为紫红色（RHS58A）或黄绿色（RHS142B）。

'闽农桂冠'与近似品种'虔南桂妃'比较性状差异如下表：

品种	叶：叶片与叶脉异色	叶：彩叶变化顺序
'闽农桂冠'	是	紫－粉红－黄绿
'虔南桂妃'	否	紫红－灰黄－黄绿－灰白

'闽农桂冠'可在华东、华中、西南及华南地区栽植。

永福粉彩

（桂花）

联系人：陈日才
联系方式：15280366688　国家：中国

申请日：2017年12月20日
申请号：20180009
品种权号：20190124
授权日：2019年7月24日
授权公告号：国家林业和草原局公告（2019年第13号）
授权公告日：2019年9月6日
品种权人：福建新发现农业发展有限公司
培育人：陈日才、蔡志勇、吴启民、王聪成、詹正钿、陈朝暖、陈小芳、陈菁菁

品种特征特性：常绿乔木或灌木，幼枝紫红色（RHS 59A），后变为黄绿色（RHS 151A），叶椭圆状披针形、椭圆形，长7.1～10.0cm，宽2.3～4.2cm，叶基部楔形、宽楔形或圆形，先端长渐尖至尾尖，叶缘口1/2以上有锯齿。叶面V形内折，初期皱缩扭曲，侧脉11～13对，幼叶初期粉红色（RHS 73B）或紫红（RHS 59A），后变为乳黄色（RHS 150D）或黄绿（RHS 152C），最后变为深绿色（RHS 147A）。叶柄长5～7mm，幼叶叶柄紫红色（RHS N77A），后变为灰绿色（RHS 146C）。

'永福粉彩'与近似品种'朝阳金钻'比较性状差异如下表：

品种	幼枝颜色	叶片颜色变化	叶片扭曲	叶缘锯齿
'永福粉彩'	紫红（RHS59A）	粉红（RHS73B）或紫红（RHS59A），变乳黄（RHS 150D）或黄绿（RHS 152C）	初期波状皱缩扭曲	基部1/2以上有锯齿
'朝阳金钻'	深紫红（RHS187A）	水红（RHS54A），变橙黄（RHS15C）或黄（RHS 1B–C）	不皱缩波状扭曲	全缘

本品种可在华东、华中、西南及华南地区栽植。

闽彩10号

（桂花）

联系人：陈日才
联系方式：15280366688　国家：中国

申请日：2017年12月20日
申请号：20180010
品种权号：20190125
授权日：2019年7月24日
授权公告号：国家林业和草原局公告（2019年第13号）
授权公告日：2019年9月6日
品种权人：漳州新发现农业发展有限公司
培育人：陈日才、吴启民、王聪成、詹正钿、陈朝暖、陈小芳、陈菁菁

品种特征特性：常绿，幼枝紫红色（RHS N77B），叶椭圆形，长4.3~8.2cm，宽1.8~3.4cm，基部楔形或狭楔形，先端渐尖至长渐尖，叶缘有锯齿，侧脉7~8对，幼叶初期紫红色（RHS 62A），然后变为黄绿色（RHS 154D），后变为中间深绿（RHS N134A），边缘黄绿（RHS 145C），最后变为深绿色（RHS 137A），叶柄长4.5mm，幼叶叶柄紫红色（RHS N77A），后变为浅绿色（RHS 149C）。

'闽彩10号'与近似品种'虔南桂妃'比较性状差异如下表：

品种	叶形	叶片颜色	叶缘锯齿
'闽彩10号'	椭圆形	浅紫红（RHS62A），变黄绿（RHS154D）	细锯齿，齿深不足1mm
'虔南桂妃'	卵形	紫红（RHS50A），变黄绿（RHS150C 或 154C-D）	细密尖锯齿，齿深2mm

'闽彩10号'可在华东、华中、西南及华南地区栽植。

闽彩12号

（桂花）

联系人：陈日才
联系方式：15280366688　国家：中国

申请日：2017年12月20日
申请号：20180011
品种权号：20190126
授权日：2019年7月24日
授权公告号：国家林业和草原局公告（2019年第13号）
授权公告日：2019年9月6日
品种权人：漳州新发现农业发展有限公司
培育人：陈日才、吴启民、王聪成、詹正钿、陈朝暖、陈小芳、陈菁菁

品种特征特性：常绿，幼枝紫红色（RHS 59D），叶椭圆形，长5～8.5cm，宽2.2～4.3cm，叶片基部楔形、宽楔形或圆形，先端急尖至渐尖，叶缘自基部以上有锯齿，叶面V形内折，叶面皱，侧脉9～13对，幼叶初期紫红色（RHS N77A），然后颜色变浅，最后变为深绿色（RHS 137A）。叶柄长4mm，幼叶叶柄紫红色（RHS N77A），后变为绿色（RHS 138B）或带紫红色。

'闽彩12号'与近似品种'虔南桂妃'比较性状差异如下表：

品种	幼叶颜色	叶片大小	叶面	叶片形状	叶缘锯齿
'闽彩12号'	深紫红色（RHSN77A）	中	皱	椭圆形	细小锯齿，齿深0.5mm
'虔南桂妃'	紫红色（RHS50A或58A-B）	大	平展	卵形	锐锯齿，齿深2mm

本品种可在华东、华中、西南及华南地区栽植。

闽彩13号

（桂花）

联系人：陈日才
联系方式：15280366688 国家：中国

申请日：2017年12月20日
申请号：20180012
品种权号：20190127
授权日：2019年7月24日
授权公告号：国家林业和草原局公告（2019年第13号）
授权公告日：2019年9月6日
品种权人：漳州新发现农业发展有限公司
培育人：陈日才、吴启民、王聪成、詹正钿、陈朝暖、陈小芳、陈菁菁

品种特征特性： 常绿，幼枝紫红色（RHS 58A），后变为浅绿色（RHS 142A），叶卵状椭圆形，长6～10.4cm，宽1.8～4.1cm，叶片基部圆形，先端渐尖或急尖，叶缘基部1/3以上有锯齿，无镶边，叶面V形内折，不皱缩扭曲，侧脉8～10对，幼叶初期紫红色（RHS 59A或68A），后变为乳黄色（RHS 4C-D），最后变为深绿色（RHS 147A），叶柄长8mm，幼叶叶柄紫红色（RHS N77A），后变为灰绿色（RHS 144B）。

'闽彩13号'与近似品种'朝阳金钻'比较性状差异如下表：

品种	幼枝颜色	幼叶颜色变化	叶片形状	叶缘
'闽彩13号'	浅紫红（RHS58A）	紫红（RHS 59A或68A），变乳黄（RHS4C-D）	卵状椭圆形	基部1/3以上有锯齿
'朝阳金钻'	紫红（RHS187A）	水红（RHS54A），变橙黄（RHS 15C）	椭圆状披针形至披针形	全缘

'闽彩13号'可在华东、华中、西南及华南地区栽植。

闽彩25号

（桂花）

联系人：陈日才
联系方式：15280366688　国家：中国

申请日：2017年12月20日
申请号：20180015
品种权号：20190128
授权日：2019年7月24日
授权公告号：国家林业和草原局公告（2019年第13号）
授权公告日：2019年9月6日
品种权人：漳州新发现农业发展有限公司
培育人：陈日才、吴启民、王聪成、詹正钿、陈朝暖、陈小芳、陈菁菁

品种特征特性：常绿，幼枝紫红色（RHS 62C-D），后变为黄绿色（RHS N144B），叶卵状椭圆形，长4~10cm，宽1.6~5.0cm，基部宽楔形至圆形，先端渐尖至长渐尖，叶缘有锯齿，有白色镶边，叶面V形内折，侧脉9~11对，幼叶初期粉红色（RHS 63B）或橙黄色（RHS 20B-C），后变为乳黄色（RHS 3-C），之后变为绿（RHS 153A）白（RHS 145D）相间的花叶，最终变为深绿色（147A）。叶柄长7mm，幼叶叶柄紫红色（RHS 62C-D），后变为灰绿色（RHS 144B）。

'闽彩25号'与近似品种'朝阳金钻'比较性状差异如下表：

品种	幼枝颜色	叶片颜色变化	幼叶叶柄颜色	叶缘锯齿
'闽彩25号'	紫红色（RHS62C-D）	粉红（RHS63B）或橙黄（RHS20B-C）变乳黄（RHS3C）	紫红色（RHS62C-D）	细锯齿
'朝阳金钻'	深紫红色（RHS187A）	水红（RHS54A）变黄（RHS1B-C）或黄绿（RHS151B）	深紫红色（RHS187A）	全缘

'闽彩25号'可在华东、华中、西南及华南地区栽植。

闽彩28号

（桂花）

联系人：陈日才
联系方式：15280366688　国家：中国

申请日：2017年12月20日
申请号：20180017
品种权号：20190129
授权日：2019年7月24日
授权公告号：国家林业和草原局公告（2019年第13号）
授权公告日：2019年9月6日
品种权人：漳州新发现农业发展有限公司
培育人：陈日才、赖文胜、吴启民、王聪成、詹正钿、陈朝暖、陈小芳、陈菁菁

品种特征特性：常绿，幼枝紫红色（RHS 64A），后变为黄绿色（RHS N144D），叶条状披针形，长8~12cm，宽2.7~3.5cm，基部楔形或宽楔形，先端长渐尖，叶缘自基部以上有锯齿，叶面V形内折，不皱缩扭曲，侧脉12~15对，幼叶初期橙红色（RHS 35A-B），之后变为乳黄色（RHS 7A），后变为黄绿色（RHS 151B-C），最终变为深绿色（RHS 147A）。叶柄长7mm，幼叶叶柄紫红色（RHS N77A），后变为灰绿色（RHS 145A）。

'闽彩28号'与近似品种'朝阳金钻'比较性状差异如下表：

品种	叶：叶形	叶彩叶变化顺序	叶：叶缘具齿
'闽彩28号'	条状披针形	橙红-乳黄-黄绿	全具齿
'朝阳金钻'	椭圆状披针形至披针形	橙黄-金黄	全缘

本品种可在华东、华中、西南及华南地区栽植。

润丰春锦

（榆属）

联系人：刘易超
联系方式：15830991106　国家：中国

申请日：2017年12月29日
申请号：20180048
品种权号：20190130
授权日：2019年7月24日
授权公告号：国家林业和草原局公告（2019年第13号）
授权公告日：2019年9月6日
品种权人：河北润丰林业科技有限公司、辛集市美人榆农副产品有限公司
培育人：刘易超、陈丽英、樊彦聪、黄晓旭、黄印朋、冯树香、闫淑芳

品种特征特性：该品种为落叶乔木，树皮中度粗糙，枝条平展；当年枝条见光面紫红色、背光面绿色，密被毛，2年生枝条灰绿色；春季叶片正面紫红色、背面绿色，密被茸毛，叶先端常3～5裂，鲜有无裂或7裂情况；叶脉绿色；叶缘下卷。

可以在河北等地裂叶榆能够自然生长的地区，正常生长。可以采用嫁接等无性繁殖方法繁殖。

'润丰春锦'树冠丰满，生长较快，适生范围广，可培育成高大乔木或丛生型小乔木，做春色叶景观树应用于道路绿化、庭院观赏等。

'润丰春锦'

近似品种'裂叶榆'

傲雪
(忍冬属)

联系人：石进朝
联系方式：13683357306　国家：中国

申请日：2017年12月29日
申请号：20180051
品种权号：20190131
授权日：2019年7月24日
授权公告号：国家林业和草原局公告（2019年第13号）
授权公告日：2019年9月6日
品种权人：北京农业职业学院
培育人：石进朝、郑志勇、陈兰芬、缪珊、邹原东、李彦侠

品种特征特性：'傲雪'为落叶灌木，高2～3m。幼枝灰白色，节间短，密生茸毛，枝中空。叶宽椭圆形，新生枝叶基圆形，长9～14cm，宽5～7cm，先端渐尖，两面有柔毛，叶柄长0.3～0.5cm。叶中脉向下弯曲，幼叶对折，叶面积大。花冠二唇形，先白后黄有红晕，长达2cm。浆果圆形，红色，直径5～6mm，种子具小浅凹点，花期4～5月，果熟期9～10月。'傲雪'落叶时间在每年的12月上中旬，生长期270天，比普通金银木绿期长20～30天，具有绿期长、耐寒性强等特性。

在北京地区及周边的河北、山东、山西、天津等地适宜种植。

'傲雪'喜光，耐半阴、耐寒、耐旱，对土壤、气候、地形等栽培环境条件要求不严。

棕林仙子

(山茶属)

联系人：谢雨慧
联系方式：020-85189353　国家：中国

申请日：2018年1月17日
申请号：20180094
品种权号：20190132
授权日：2019年7月24日
授权公告号：国家林业和草原局公告（2019年第13号）
授权公告日：2019年9月6日
品种权人：棕榈生态城镇发展股份有限公司、广州棕科园艺开发有限公司
培育人：高继银、严丹峰、刘信凯、钟乃盛、李州、陈炽争、唐春艳

品种特征特性：以杜鹃红山茶为母本，'克瑞墨大牡丹'为父本，利用杂交育种技术，获得的目标新品种。

花芽腋生和顶生，萼片黄绿或绿色，卵形，覆瓦状排列。花单色，花瓣内侧主色为红色，玫瑰花重瓣型，有时出现牡丹花重瓣型，大或很大型花，花径10.0～15.0cm。花瓣皱褶无或弱，厚度中，顶端微凹，边缘全缘，倒卵形，瓣脉有呈现，雄蕊数量无或少，簇生型排列，基部连生，花药瓣化。花朵具淡清香味。叶片稠密度中，近螺旋状排列，上斜，大小中，质地中，厚度中，宽椭圆形，中光泽，叶面颜色深绿，横截面平坦，无扭曲，无斑点，叶脉显现程度中，叶背无茸毛，叶缘细齿状，叶基宽楔形，叶尖渐尖，叶柄短。嫩芽黄绿，顶芽单生，嫩枝红褐色。常绿灌木，植株直立，生长旺盛。年开花次数多次，花期中、晚或很晚，花期长，广东地区始花期7月，盛花期9～11月，末花期至翌年2月，浙江、陕西地区整体花期晚25～35天。

华东、华南、西南地区可栽培，夏季可无遮阴正常生长开花，冬季在浙江、陕西有遮顶的环境中可正常生长开花。宜采用肥沃疏松、排水良好的酸性土壤。

秋风送霞

（山茶属）

联系人：谢雨慧
联系方式：020-85189353　国家：中国

申请日：2018年1月17日
申请号：20180095
品种权号：20190133
授权日：2019年7月24日
授权公告号：国家林业和草原局公告（2019年第13号）
授权公告日：2019年9月6日
品种权人：棕榈生态城镇发展股份有限公司、肇庆棕榈谷花园有限公司、广州棕科园艺开发有限公司
培育人：刘信凯、钟乃盛、陈炽争、周明顺、李州、高继银、严丹峰、陈娜娟

品种特征特性：以杜鹃红山茶为母本，'夏风热浪'为父本，利用杂交育种技术，获得的目标新品种。

花芽腋生和顶生，萼片黄绿或绿色，卵形，覆瓦状排列。花单色，花瓣内侧主色为红色，玫瑰花重瓣型，有时出现完全重瓣型，中型花，花径7.5～10.0cm。花瓣数量多，皱褶无或弱，厚度中，顶端微凹，边缘全缘，倒卵形，瓣脉无呈现，雄蕊数量无或少，花药瓣化，柱头4或5深裂，雌蕊低。叶片稠密度密，近螺旋状排列，上斜，大小中，质地中，厚度中，椭圆形，中光泽，叶面颜色深绿，横截面平坦，无扭曲，无斑点，叶脉显现程度弱，叶背无茸毛，叶缘全缘，部分细齿状，叶基楔形，叶尖渐尖，叶柄短。嫩芽黄绿，顶芽单生，嫩枝黄褐色。常绿灌木，植株直立，生长旺盛。年开花次数多次，花期中、晚或很晚，花期长，广东地区始花期4月，盛花期9～11月，末花期至翌年1月，浙江、陕西地区整体花期晚25～35天。

华东、华南、西南地区可栽培，夏季可无遮阴正常生长开花，冬季在浙江、陕西有遮顶的环境中可正常生长开花。宜采用肥沃疏松、排水良好的酸性土壤。

怀金拖紫

(山茶属)

联系人：谢雨慧
联系方式：020-85189353　国家：中国

申请日：2018年1月17日
申请号：20180096
品种权号：20190134
授权日：2019年7月24日
授权公告号：国家林业和草原局公告（2019年第13号）
授权公告日：2019年9月6日
品种权人：棕榈生态城镇发展股份有限公司、肇庆棕榈谷花园有限公司、广州棕科园艺开发有限公司
培育人：赵强民、刘信凯、钟乃盛、黎艳玲、叶琦君、高继银、严丹峰、周明顺

品种特征特性：以'媚丽'为母本，杜鹃红山茶为父本，利用杂交育种技术，获得的目标新品种。

花芽腋生和顶生，萼片黄绿或绿色，卵形，覆瓦状排列。花单色，花瓣内侧主色为紫红，托桂重瓣型或牡丹花重瓣型，中或大型花，花径8.0～13.0cm，花瓣厚度中，皱褶无或弱，顶端微凹，边缘全缘，倒卵形，瓣脉无呈现，花药瓣化，雄蕊数量无或中，筒型或散生型排列，基部连生，花丝瓣化，雌蕊低，柱头3浅或中裂。叶片稠密度中，近螺旋状排列，上斜，叶片厚度中，质地中，大小中，椭圆形，叶脉显现程度中，中光泽，叶面颜色深绿，无斑点，叶背无茸毛，横截面平坦，叶缘近全缘，叶基楔形，叶尖渐尖，叶柄短。顶芽单生，嫩芽黄绿，嫩枝红褐色。常绿灌木，植株直立，生长旺盛。年开花次数多次，花期中、晚或很晚，花期长，广东地区始花7月，盛花期9～11月，末花期至翌年1月，浙江、陕西地区整体花期晚25～35天。

华东、华南、西南地区可栽培，夏季可无遮阴正常生长开花，冬季在浙江、陕西有遮顶的环境中可正常生长开花。宜采用肥沃疏松、排水良好的酸性土壤。

四季秀美
（山茶属）

联系人：谢雨慧
联系方式：020-85189353　国家：中国

申请日：2018年1月17日
申请号：20180097
品种权号：20190135
授权日：2019年7月24日
授权公告号：国家林业和草原局公告（2019年第13号）
授权公告日：2019年9月6日
品种权人：棕榈生态城镇发展股份有限公司、广州棕科园艺开发有限公司、肇庆棕榈谷花园有限公司
培育人：赵强民、高继银、周明顺、刘信凯、叶土生、赵珊珊、钟乃盛、叶琦君

品种特征特性：以'媚丽'为母本，杜鹃红山茶为父本，利用杂交育种技术，获得的目标新品种。

花芽腋生和顶生，萼片黄绿或绿色，卵形，覆瓦状排列。花复色，花瓣内侧主色为红色，白色镶边（1～3mm），单瓣型，中型花，花径7.5～10.0cm，花瓣厚度中，皱褶无或弱，顶端微凹，边缘全缘，倒卵形，瓣脉有呈现，雄蕊数量中，筒型排列，无瓣化，基部连生，雌雄蕊近等高，柱头3或4深裂，子房无茸毛。叶片稠密度中，近螺旋状排列，上斜，叶片厚度中，质地中，大小中，椭圆形，叶脉显现程度中，中光泽，叶面颜色深绿，无斑点，叶背无茸毛，横截面平坦，叶缘近全缘，叶基宽楔形，叶尖渐尖，叶柄短。顶芽单生，嫩芽黄绿，嫩枝黄绿色。常绿灌木，植株半开张，生长旺盛。年开花次数多次，花期中、晚或很晚，花期长，广东地区始花7月，盛花期9～11月，末花期至翌年2月，浙江、陕西地区整体花期晚25～35天。

华东、华南、西南地区可栽培，夏季可无遮阴正常生长开花，冬季在浙江、陕西有遮顶的环境中可正常生长开花。宜采用肥沃疏松、排水良好的酸性土壤。

帅哥领带

（山茶属）

联系人：谢雨慧
联系方式：020-85189353　国家：中国

申请日：2018年1月17日
申请号：20180098
品种权号：20190136
授权日：2019年7月24日
授权公告号：国家林业和草原局公告（2019年第13号）
授权公告日：2019年9月6日
品种权人：棕榈生态城镇发展股份有限公司、广东省农业科学院环境园艺研究所、肇庆棕榈谷花园有限公司
培育人：刘信凯、孙映波、周明顺、于波、黄丽丽、叶琦君、张佩霞、高继银

品种特征特性：以杜鹃红山茶为母本，'客来邸'为父本，利用杂交育种技术，获得的目标新品种。

花芽腋生和顶生，萼片黄绿或绿色，卵形，覆瓦状排列。花单色，花瓣内侧主色为红色，玫瑰花重瓣型，小型花，花径6.0～7.5 cm，花瓣小，皱褶无或弱，厚度中，顶端微凹，边缘全缘，倒卵形，瓣脉有呈现，雄蕊数量无或少，几乎完全瓣化，柱头4深裂。叶片稠密度密，近螺旋状排列，上斜，大小中，质地中，椭圆形，中光泽，叶面颜色深绿，横截面平坦，无斑点，叶脉显现程度中，叶背无茸毛，叶缘细齿状，叶基宽楔形，叶尖渐尖，叶柄短。嫩芽黄绿，顶芽单生，嫩枝黄绿色。常绿灌木，植株直立，生长旺盛。年开花次数多次，花期中、晚或很晚，花期长，广东地区始花期7月，盛花期9～11月，末花期至翌年2月，浙江、陕西地区整体花期晚25～35天。

华东、华南、西南地区可栽培，夏季可无遮阴正常生长开花，冬季在浙江、陕西有遮顶的环境中可正常生长开花。宜采用肥沃疏松、排水良好的酸性土壤。

曲院风荷
（山茶属）

联系人：谢雨慧
联系方式：020-85189353　国家：中国

申请日：2018年1月17日
申请号：20180099
品种权号：20190137
授权日：2019年7月24日
授权公告号：国家林业和草原局公告（2019年第13号）
授权公告日：2019年9月6日
品种权人：棕榈生态城镇发展股份有限公司、广州棕科园艺开发有限公司
培育人：钟乃盛、叶土生、赵强民、叶琦君、高继银、严丹峰、刘信凯、陈炽争

品种特征特性：以杜鹃红山茶为母本，'夏日台阁'为父本，利用杂交育种技术，获得的目标新品种。

花芽腋生和顶生，萼片黄绿或绿色，三角形，覆瓦状排列。花单色，花瓣内侧主色为红色，玫瑰花重瓣型，有时出现半重瓣型或牡丹花重瓣型，中型花，花径7.5～10.0cm。花瓣皱褶无或弱，厚度中，顶端微凹，边缘全缘，倒卵形，瓣脉有呈现，雄蕊数量无或少，几乎完全瓣化，散生型排列，基部连生，柱头3、4或5深裂，雌雄蕊近等高。叶片稠密度中，近螺旋状排列，上斜，大小中，质地中，厚度中，椭圆形，中光泽，叶面颜色深绿，横截面平坦，无斑点，叶脉显现程度中，叶背无茸毛，叶缘全缘，叶基宽楔形，叶尖渐尖，叶柄短。嫩芽黄绿，顶芽单生，嫩枝黄绿色。常绿灌木，植株直立，生长旺盛。年开花次数多次，花期中、晚或很晚，花期长，广东地区始花期5月，盛花期7～10月，末花期至12月，浙江、陕西地区整体花期晚25～35天。

华东、华南、西南地区可栽培，夏季可无遮阴正常生长开花，冬季在浙江、陕西有遮顶的环境中可正常生长开花。宜采用肥沃疏松、排水良好的酸性土壤。

小店佳粉

（木兰属）

联系人：刘青林

联系方式：010-62732822/13681209191　　国家：中国

申请日：2018年1月19日
申请号：20180105
品种权号：20190138
授权日：2019年7月24日
授权公告号：国家林业和草原局公告（2019年第13号）
授权公告日：2019年9月6日
品种权人：中国农业大学、南召县林业局、上海市园林科学规划研究院
培育人：刘青林、贺巍、吕永钧、王伟、田彦、周虎、王庆民、余洲、徐功元、张浪、张冬梅、谷珂、仝炎、朱涵琦、孙永幸

品种特征特性：'小店佳粉'是从二乔玉兰实生后代中发现并扩繁得到的。

'小店佳粉'植株主干为有，株形为直立，一年生枝节间缩短为无，花蕾位置为仅顶生，无新叶，成熟叶片为厚纸质，平均长度为18.75cm，倒卵形，基部形状为阔楔形，尖部形状为渐尖，叶片为单色，上表面为绿色，光泽度为弱，下表面被毛为极少，下表面颜色为极少，叶柄长度为1.67cm，托叶痕与叶柄长度的比例小于1/3，花香为弱，即开时花蕾颜色为粉紫色，萼片状花被片不存在，花瓣状花被片数量（平均值）为9，外轮花瓣状花被片盛开初期时的姿态为直立，质地为肉质，长度（平均值）为11.2cm，宽度为5.4cm，最宽处的长度（从下往上量）占总长度2/3，外表面颜色（或主色）为RHS 65C，块状分布，外表面副色为RHS N66C，主要在基部，呈块状与脉纹分布，内表面颜色（或主色）为RHS NN155C，块状分布，内表面第三色的分布类型基部紫色，顶部淡紫色，中部淡黄色；先花后叶。

冬红
（卫矛属）

联系人：翟慎学
联系方式：13505335361　国家：中国

申请日：2018年1月20日
申请号：20180108
品种权号：20190139
授权日：2019年7月24日
授权公告号：国家林业和草原局公告（2019年第13号）
授权公告日：2019年9月6日
品种权人：淄博市川林彩叶卫矛新品种研究所、威海市园林建设集团有限公司、王华田
培育人：翟慎学、梁中贵、王华田、孟诗原、韦业、王延平

品种特征特性：灌木，高可达3m，小枝四棱，具细微皱凸。叶革质，有光泽，倒卵形或椭圆形，叶片整个卷曲，长4～8cm，宽2～6cm，先端圆阔或急尖，基部楔形，边缘具有浅细钝齿；叶柄长约1cm。叶色春、夏、秋三季为翠绿色，冬季初霜时叶色变红，并且红色随温度降低逐渐加深，红叶期为10月底至翌年4月初。聚伞花序5～12花，花序梗长2～5cm，2～3次分枝，分枝及花序梗均扁壮，第三次分枝常与小花梗等长或较短；小花梗长3～5mm；花白绿色，直径5～7mm；花瓣近卵圆形，长宽各约2mm，雄蕊花药长圆状，内向；花丝长2～4mm；子房每室2胚珠，着生中轴顶部。蒴果近球状，直径约8mm，淡红色；种子每室1，顶生，椭圆状，长约6mm，直径约4mm，假种皮橘红色，全包种子。花期6～7月，果熟期9～10月。

'冬红'与所属种北海道黄杨比较的不同点见下表：

品种	生长季节叶片颜色	初霜季节叶片颜色	寒冬时期叶片颜色	叶片大小	分枝度
'冬红'	翠绿色	淡红色	鲜红色	大	大
北海道黄杨	深绿色	深绿色	深绿色	小	小

'冬红'冬季叶色

'冬红'寒冬季节叶色

华盖

（卫矛属）

联系人：翟慎学
联系方式：13505335361　国家：中国

申请日： 2018年1月20日
申请号： 20180110
品种权号： 20190140
授权日： 2019年7月24日
授权公告号： 国家林业和草原局公告（2019年第13号）
授权公告日： 2019年9月6日
品种权人： 淄博市川林彩叶卫矛新品种研究所、威海市园林建设集团有限公司、王华田
培育人： 翟慎学、梁中贵、王华田、孟诗原、韦业、王延平

品种特征特性： 落叶小乔木，高达6~8m，分枝多，干性弱；枝条下垂，长度可达2m；叶片对生，椭圆状披针形，长6~10cm，宽4~7cm，先端长锐尖，基部近圆形，边缘具细锯齿；聚伞花序，花期5月上旬，果熟期8月下旬至9月下旬，果实为蒴果，圆球形，橘红色；种子淡黄色，有红色假种皮，近圆球形；果实成熟时，果皮自动裂开，带有橙红色假种皮的种子暴露出来，格外红艳美丽。

'华盖'与所属种白杜比较的不同点见下表：

品种/种	枝条形态	叶片大小
'华盖'	下垂	大，长6~10cm，宽4~7cm
白杜	直立或斜展	小，长4~7cm，宽2.5~5.0cm

本品种与白杜（丝绵木）原种具有相同的适应性，适宜在我国东北地区、华北地区、华中地区、华南地区和西南地区栽培。

霞光
（卫矛属）

联系人：翟慎学
联系方式：13505335361　国家：中国

申请日：2018年1月20日
申请号：20180112
品种权号：20190141
授权日：2019年7月24日
授权公告号：国家林业和草原局公告（2019年第13号）
授权公告日：2019年9月6日
品种权人：淄博市川林彩叶卫矛新品种研究所、威海市园林建设集团有限公司、王华田
培育人：翟慎学、梁中贵、王华田、孟诗原、韦业、王延平

品种特征特性：落叶小乔木，高达6~8m，分枝多，干性弱；枝条颜色春、夏、秋三季均为金黄色，冬季转为红黄色。叶片颜色从萌芽到6月初为金黄色，6月初至10月底新梢为金黄色，老叶转为嫩绿色，冬季落叶前叶片转为红黄色，持续时间1个月左右。节间较短，叶片对生，椭圆状披针形，长6~10cm，宽3~7cm，先端长锐尖，基部近圆形，边缘具细锯齿；聚伞花序，花期5月上旬，果熟期8月下旬至9月下旬，果实为蒴果，圆球形，橘红色；种子淡黄色，有红色假种皮，近圆球形；果实成熟时，果皮自动裂开，带有橙红色假种皮的种子暴露出来，格外红艳美丽。

品种/种	生长季节叶片颜色	落叶前叶片颜色	生长季枝条颜色	冬季枝条颜色	叶片大小	节间长度
'霞光'	新叶黄色老叶嫩绿色	红黄色	金黄色	红黄色	大	短
白杜	翠绿色	翠绿色	绿色	绿色	小	长

本品种与白杜（丝绵木）原种具有相同的适应性，适宜在我国东北、华北、华中、华南、西北、西南地区栽培。

香雪

（栀子属）

联系人：冯园园
联系方式：15067148109　国家：中国

申请日：2018年1月29日
申请号：20180113
品种权号：20190142
授权日：2019年7月24日
授权公告号：国家林业和草原局公告（2019年第13号）
授权公告日：2019年9月6日
品种权人：嵊州市栀香花木有限公司
培育人：张军、胡绍庆、张冬芬、钱亚南、施玲玲、吕超鹏

品种特征特性：叶片深绿色，花白色，花朵大，花的肉质厚，花瓣6瓣。花期为5月上旬至11月底，花期约180天，在开花期间生长枝每1档或2档叶节发育成一个花苞，4~5档叶节一个侧枝，自花不结果。

与对照种相比：'香雪'花期为5月中旬至11月底，约180天；花苞着生于枝条顶端与节间；枝条每1~2节处有花苞，每个枝条有多个花苞，花量大；自花授粉基本不结果；节间距较短；叶片较小；萌芽力强。野生黄栀子花期5~7月，约100天；花苞只着生与枝条顶端与去年秋梢和今年春梢的交界处；每个枝条至多只有2个花苞，花量小；自花授粉结果；节间距较长；叶片较大；萌芽力一般。

'香雪'属无性系，扦插繁殖，批量苗木性状表现没有变异，具一致性。

该品种经多代扦插繁殖后，性状表现稳定。

百日春

（杜鹃花属）

联系人：方永根
联系方式：13806783670　国家：中国

申请日：2018年2月7日
申请号：20180131
品种权号：20190143
授权日：2019年7月24日
授权公告号：国家林业和草原局公告（2019年第13号）
授权公告日：2019年9月6日
品种权人：金华市永根杜鹃花培育有限公司
培育人：方永根

品种特征特性：育种人于2010年3月25日，用'常春2号'作母本，用'霞红'作父本进行杂交，于2014年4月初首花，无性繁殖后代各性状表现一致，在2017年4月选定。

该品种生长习性常绿灌木状，分枝均匀，树形开张，长势非常旺盛。枝干粗壮，新梢黄褐色，长黄绿色伏毛，成熟枝转灰褐色，老枝干灰褐色。新叶淡绿色，正反面长黄绿色伏毛，成熟叶转深绿色，部分伏毛脱落，成熟叶倒椭圆形，叶片平展，叶片有凸尖，有光泽，纸质叶。叶柄长0.5cm左右，叶长3cm左右，叶宽1.5cm左右。花期在金华为上半年4月，下半年9~11月，顶生花苞单开2朵，花型为重瓣阔漏斗型，花冠外轮裂片占总花长的1/2，内裂片占总花长的1/2，花冠颜色为红紫色，色卡值为69D，内有红紫色花饰。花柱颜色为淡绿色，雄蕊全部瓣化，花径9cm左右，特大花，花梗绿色0.5cm左右，花萼绿色5裂。

该品种已连续6年见花，性状稳定，无性繁育后代之间及与母株之间性状一致并稳定，种苗宜采用无性繁育，以保持该品种特性的稳定一致。

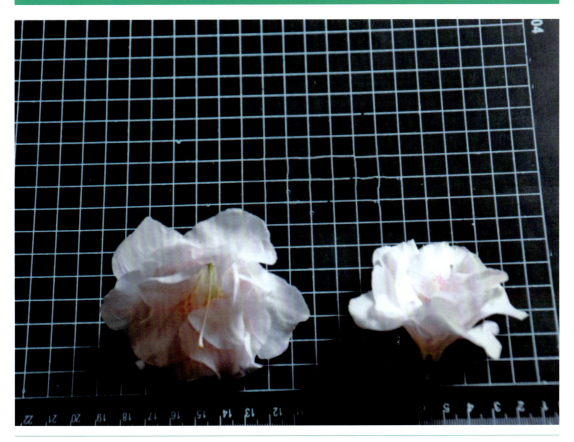

春之恋

（杜鹃花属）

联系人：方永根
联系方式：13806783670 国家：中国

申请日：2018年2月7日
申请号：20180132
品种权号：20190144
授权日：2019年7月24日
授权公告号：国家林业和草原局公告（2019年第13号）
授权公告日：2019年9月6日
品种权人：金华市永根杜鹃花培育有限公司
培育人：方永根

品种特征特性：育种人于2006年3月15日，用'EliseLee'作母本，用'琉球红'作父本进行杂交选育，于2010年4月初首花，在2016年4月选定。

该品种生长习性为常绿灌木状，长势非常旺盛，株形开张，分枝均匀，枝干粗壮，新梢绿色，长黄绿色伏毛，成熟枝转灰褐色，老枝干灰褐色。新芽、新叶绿色，正反面长黄绿色伏毛，成熟叶转深绿色，部分伏毛脱落，成熟叶披针形，叶面内凹，有光泽，纸质叶。叶柄长0.5cm左右，叶长3.5cm左右，叶宽1.8cm左右。

始花期在金华为4月初，顶生花苞单开2～3朵，苞片有黏性，花型为单瓣阔漏斗型，花瓣形状阔卵圆形，花冠外轮裂片占总花长的2/3，内裂片占总花长的2/3，花冠颜色为红紫色，色卡值N66C，内有紫褐色花饰。花柱和雄蕊颜色为红紫色，雄蕊数10枚，花粉囊颜色为紫褐色，花径7cm左右，大花，花梗红褐色，长度1.2cm左右。有花萼，颜色绿色5裂。

该品种已连续7年见花，性状稳定，无性繁育后代之间及与母株之间性状一致并稳定，种苗宜采用无性繁育，以保持该品种特性的稳定一致。

春之语
（杜鹃花属）

联系人：方永根
联系方式：13806783670　国家：中国

申请日：2018年2月7日
申请号：20180133
品种权号：20190145
授权日：2019年7月24日
授权公告号：国家林业和草原局公告（2019年第13号）
授权公告日：2019年9月6日
品种权人：金华市永根杜鹃花培育有限公司
培育人：方永根、方新高

品种特征特性： 育种人于2006年4月17日，用'EliseLee'作母本，用'白香玉'作父本进行杂交，于2010年4月中旬首花，在2016年4月选定。

该品种生长习性为常绿灌木状，分枝均匀，树形开张，长势旺盛。枝干粗壮，新梢绿色，长黄绿色伏毛，成熟枝转灰褐色，老枝干灰褐色。新芽、新叶绿色，正反面有黄绿色伏毛和腺毛，成熟叶转深绿色，部分伏毛脱落，成熟叶披针形，部分叶面扭曲，顶叶反转，有光泽，纸质叶。叶柄长0.5cm左右，叶长4cm左右，叶宽1.5cm左右。

始花期金华为4月中旬，顶生花苞单开2~3朵，苞片有黏性，花型为单瓣阔漏斗型，花冠裂片占总花长的2/3，花冠颜色为紫色，色卡值N78D，内有紫褐色花饰。花柱和雄蕊颜色为淡紫色，雄蕊数6枚，成熟花粉囊为黑褐色，花径5cm左右，中型花，花梗绿色，长度1.1cm左右，花萼绿色5裂。

该品种已连续7年见花，性状稳定，无性繁育后代之间及与母株之间性状一致并稳定，种苗宜采用无性繁育，以保持该品种特性的稳定一致。

丹玉
（杜鹃花属）

联系人：方永根
联系方式：13806783670　国家：中国

申请日：2018年2月7日
申请号：20180134
品种权号：20190146
授权日：2019年7月24日
授权公告号：国家林业和草原局公告（2019年第13号）
授权公告日：2019年9月6日
品种权人：金华市永根杜鹃花培育有限公司
培育人：方永根、方新高

品种特征特性：育种人于2005年4月5日，用'若枫'作母本，用'雪晴'作父本进行杂交，于2009年3月底首花，在2016年4月选定。

该品种生长习性为常绿灌木状，分枝均匀，树形开张，长势旺盛。新梢淡紫色，长黄绿色伏毛，成熟枝转灰褐色，老枝干灰褐色。新芽、新叶绿色，正反面长黄绿色伏毛，成熟叶转深绿色，部分伏毛脱落，成熟叶倒卵形，叶顶端有凸尖，叶缘反转，冬季叶色转紫褐色，有光泽，纸质叶。叶柄长0.5cm左右，叶长3cm左右，叶宽1.5cm左右。

始花期金华为3月底，顶生花苞单开2~3朵，花型为双套瓣漏斗型，花萼瓣化花冠颜色为红紫色，色卡值N68A，内有红色花饰。花柱和雄蕊颜色为浅红色，雄蕊数5枚，花粉囊颜色为黄褐色，花径4cm左右，小花，花梗绿色0.3cm左右。

该品种已连续7年见花，性状稳定，无性繁育后代之间及与母株之间性状一致并稳定，种苗宜采用无性繁育，以保持该品种特性的稳定一致。

富春

(杜鹃花属)

联系人：方永根
联系方式：13806783670　国家：中国

申请日：2018年2月7日
申请号：20180135
品种权号：20190147
授权日：2019年7月24日
授权公告号：国家林业和草原局公告（2019年第13号）
授权公告日：2019年9月6日
品种权人：金华市永根杜鹃花培育有限公司
培育人：方永根

品种特征特性：育种人于2005年3月25日，用'富士'作母本，用'麒麟'作父本进行杂交，于2009年3月下旬首花，在2016年4月选定。

该品种生长习性为常绿灌木状，长势中等，分枝均匀紧凑。新梢淡紫色，长黄绿色伏毛，成熟枝转灰褐色，老枝干灰褐色。新叶绿色，正反面长黄绿色伏毛，成熟叶转深绿色，部分伏毛脱落，秋冬季叶色转为紫褐色，花期转回深绿色。成熟叶椭圆形，叶顶端有凸尖，叶面较平展，冬季叶色转紫褐色，有光泽，纸质叶。叶柄长0.3cm左右，叶长2.5cm左右，叶宽1cm左右。

该品种始花期金华为3月下旬，顶生花苞单开2~3朵，花型为单瓣漏斗型，花冠裂片占总花长的1/2，花冠颜色为红紫色，色卡值N66A，内有紫褐色花饰。花柱和雄蕊颜色为红紫色，雄蕊数6枚，成熟花粉囊褐色，花径3.5cm左右，小花，花梗绿色，长0.4cm左右，花萼绿色5裂。

该品种已连续7年见花，性状稳定，无性繁育后代之间及与母株之间性状一致并稳定，种苗宜采用无性繁育，以保持该品种特性的稳定一致。

乔柽1号
（柽柳属）

联系人：武海雯
联系方式：010-62888824/13621143840　国家：中国

申请日：2018年2月7日
申请号：20180143
品种权号：20190148
授权日：2019年7月24日
授权公告号：国家林业和草原局公告（2019年第13号）
授权公告日：2019年9月6日
品种权人：中国林业科学研究院
培育人：胡学军、张华新、武海雯、杨秀艳、朱建峰、王计平、蔚奴平、刘正祥、陈军华、邓丞

品种特征特性：'乔柽1号'为多年生落叶乔木，独干，顶端优势强。成龄树干表皮呈紫红色，纵裂，平滑。分枝密，枝条硬而脆。生长枝表皮紫红色，直立或锐角斜展。

营养小枝表皮黄绿色，短而密。鳞状小叶，基部抱茎而生，披针形，先端尖而挺直，枝叶融合一体。春夏季叶色翠绿或蓝绿，秋季霜降后变为橙色。春夏季开花，花序位于当年生枝上，短而稀疏；花基数5，浅粉色；花量少，每年开花两次，第二次的花量只有第一次的1/3。营养枝脱落期中等。抗逆性强，对重度盐碱、海风、干旱等环境都有很好的适应能力。其性状差异如下表：

品种性状	'乔柽1号'	'滨海翠'
主干表皮颜色	紫红色	灰黑色
主枝伸展方向	直立或锐角斜展	斜展
营养枝叶颜色	春夏季为翠绿或蓝绿色，秋季变为橙色	深绿色
花量	少	无

'乔柽1号'适应性强，适用于所有中国柽柳生长地区，特别适合重度盐碱地区造林绿化。

抱朴1号

(朴属)

联系人：董筱昀
联系方式：13814529225　国家：中国

申请日：2018年3月29日
申请号：20180186
品种权号：20190149
授权日：2019年7月24日
授权公告号：国家林业和草原局公告（2019年第13号）
授权公告日：2019年9月6日
品种权人：江苏省林业科学研究院
培育人：董筱昀、黄利斌

品种特征特性：该品种的生长速度较快，据在江苏省林业科学研究院苗圃地测定，用2年生朴树做砧木嫁接的该品种，嫁接后2年时树高达2.2m，地径3.4cm，与对照生长量无明显差异。

落叶乔木，叶为卵形或卵状椭圆形，基部几乎不偏斜或仅稍偏斜，先端尖至渐尖，叶质地厚纸质，果较小，一般直径5～7mm，一般一叶一果；花期3～4月，果期9～10月。在南京地区3月底开始萌发，12月中旬落叶，比一般朴树晚1个月，秋季叶金黄色；树冠柱形，分枝角小于45°，10年生母树树冠仅为1m。

我国长江、黄河流域及以南地区均可栽培。

"抱朴1号"生长季叶色

对照品种生长季叶色

华农游龙（华佳龙游）

（悬铃木属）

联系人：张佳琪
联系方式：15527901898　国家：中国

申请日：2018年4月25日
申请号：20180213
品种权号：20190150
授权日：2019年7月24日
授权公告号：国家林业和草原局公告（2019年第13号）
授权公告日：2019年9月6日
品种权人：华中农业大学、济宁天缘花木种业有限公司
培育人：包满珠、刘国峰、张佳琪、李卫东

品种特征特性：枝干自然扭曲，树冠散曲自然，宛若游龙。一年生枝条节间长度短，1.0~7.6cm，叶片尺寸小，52.4~493cm²。叶片掌状浅裂，多为3裂，叶裂不明显，叶尖为锐尖，叶缘多为锯齿，锯齿较大且多，叶基部多为心形或者截形，少量叶基下延。叶柄长度短，1.2~3.6cm。网状脉，有明显的主脉，背部叶脉突出。叶脉基部、叶柄和叶片正面被浅黄色茸毛。不结果。

'华农游龙'与相似品种'华农1号'比较性状差异如下表：

品种	节间长度	叶柄长度	叶片尺寸	叶基下延	结果情况
'华农游龙'	短	短	小	是	不结果
'华农1号'	长	长	大	否	少量结果

'华农游龙'喜温暖气候，有一定抗寒性，对土壤适应能力极强，能耐瘠薄、酸性或碱性土，萌芽性强，耐重剪，抗烟性强。枝条自然扭曲，枝姿开张平伸，可作孤植树。

'华农1号'　　　　　　　　'华农游龙'

华农云龙（钻天型）

（悬铃木属）

联系人：张佳琪
联系方式：15527901898　国家：中国

申请日： 2018年4月25日
申请号： 20180214
品种权号： 20190151
授权日： 2019年7月24日
授权公告号： 国家林业和草原局公告（2019年第13号）
授权公告日： 2019年9月6日
品种权人： 华中农业大学
培育人： 包满珠、刘国峰、张佳琪

品种特征特性： 生长势强，枝姿直立，枝干开枝角度中，一年生枝条节间长度较长，为2.3~5.5cm。叶片尺寸较小，191.4~442.7cm^2；叶片掌状浅裂，多为3大裂；叶尖主要为锐尖至尾尖且带钩，似卷须状，叶缘为锯齿带弯钩，叶基截形，有叶基下延情况。叶柄长度适中，3.9~5.5cm。网状脉，有明显的主脉，背部叶脉突出。叶脉基部、叶柄和叶片正面被浅黄色茸毛。不结果。

'华农云龙'悬铃木与相似品种'华农1号'比较性状差异如下表：

品种	枝姿	叶尖形状	叶基下延	结果情况
'华农云龙'	直立型	锐尖至尾尖带钩	是	不结果
'华农1号'	半开张型	锐尖	否	少量结果

'华农云龙'悬铃木喜温暖气候，有一定抗寒性，对土壤适应能力极强，能耐瘠薄、酸性或碱性土，萌芽性强，耐重剪，抗烟性强。枝姿直立挺拔，不结果，可作孤植树或行道树。

'华农1号'　　　　　　　'华农云龙'

华农白龙(宿存型)

(悬铃木属)

联系人:张佳琪
联系方式:15527901898 国家:中国

申请日:2018年4月25日
申请号:20180215
品种权号:20190152
授权日:2019年7月24日
授权公告号:国家林业和草原局公告(2019年第13号)
授权公告日:2019年9月6日
品种权人:华中农业大学
培育人:包满珠、刘国峰、张佳琪

品种特征特性:树冠卵形,生长势中,枝干开枝角度中,一年生枝条节间长度短,0.3~5.2cm。叶片尺寸小,71.3~488.5cm^2;叶片掌状浅裂,多为3大裂;叶尖为锐尖,叶缘多为锯齿或尖齿,叶基呈心形且叶基下延。叶柄长度短,1.1~3.3cm。叶片入秋不易落,有宿存现象。网状脉,有明显的主脉,背部叶脉突出。叶脉基部、叶柄和叶片正面被浅黄色茸毛。不结果实。

'华农白龙'悬铃木与相似品种'华农1号'比较性状差异如下表:

品种	节间长度	叶柄长度	叶片宿存	叶基下延	结果情况
'华农白龙'	短	短	是	心形,下延	不结果
'华农1号'	长	长	否	否	少量结果

'华农白龙'悬铃木喜温暖气候,有一定抗寒性,对土壤适应能力极强,能耐瘠薄、酸性或碱性土,萌芽性强,耐重剪,抗烟性强。叶片到落叶期不落,有宿存现象,可作孤植树或行道树。

'华农1号'　　　　　　'华农白龙'

元春

(李属)

联系人：王贤荣
联系方式：13913905477　国家：中国

申请日：2018年5月9日
申请号：20180221
品种权号：20190153
授权日：2019年7月24日
授权公告号：国家林业和草原局公告（2019年第13号）
授权公告日：2019年9月6日
品种权人：南京林业大学、黄山职业技术学院、安徽润一生态建设有限公司
培育人：王贤荣、伊贤贵、李蒙、王华辰、汪小飞、赵昌恒、段一凡、陈林

品种特征特性：小乔木，高2～3.5m，树皮灰白色。小枝紫褐色，嫩枝被疏柔毛或脱落无毛。冬芽卵球形，无毛。叶片倒卵状长圆形或长椭圆形，长4～8cm，宽1.5～3.5cm，先端骤尾尖或尾尖，基部楔形，稀近圆形，边有缺刻状急尖锯齿，齿端有小盘状腺体，上面暗绿色，伏生疏柔毛，下面淡绿色，被疏柔毛，嫩时较密，侧脉8～10对；叶柄长5～7mm，幼时被稀疏柔毛，以后脱落几无毛，顶端有1～3个腺体；托叶狭带形，长5～8mm，边缘有小盘状腺体。伞形花序有花2～4朵，稀1或3朵，先叶开放，花径3.5～4cm，基部常有褐色革质鳞片；总苞片褐色，倒卵状椭圆形，长3～4mm，宽2～3mm，外面无毛，内面伏生疏柔毛，顶端有齿裂，边缘有小头状腺体；总梗长3～10mm，被稀疏柔毛或无毛，内藏于革质鳞片内或微伸出；苞片革质，绿色，近圆形，直径2～4mm，边有小盘状腺体，几无毛；花梗长2～3cm，被疏柔毛；萼筒管状钟形，长4～5mm，宽2～3mm，外面被稀疏柔毛；萼裂片长圆形，长2～3mm，先端圆钝或有小尖头；花瓣粉红色，具有复色，长椭圆形或卵状椭圆形，先端2裂；雄蕊32～50枚；花柱与雄蕊近等高或稍高于雄蕊，无毛，柱头扩大。核果红色，成熟后直径约1cm；核表面略有棱纹。花期3月，果期5月。

'元春'与'飞雪'相似，在花径与花色上特异性明显，具体见下表。

相似品种名称	相似品种特征	'元春'特征
'飞雪'	花径：小	中
	萼片形状：椭圆形	卵状三角形
	花瓣是否复色：否	是
	花瓣主色颜色：白色	淡粉色
	花瓣次色颜色：无	粉色

中国林业植物授权新品种（2019）

胭脂绯
（李属）

联系人：伊贤贵
联系方式：13770589350　国家：中国

申请日：2018年5月16日
申请号：20180223
品种权号：20190154
授权日：2019年7月24日
授权公告号：国家林业和草原局公告（2019年第13号）
授权公告日：2019年9月6日
品种权人：福建龙岩乔森农业发展有限公司、南京林业大学
培育人：钟文峰、伊贤贵、王贤荣、段一凡、陈林、李雪霞、马雪红、朱弘、朱淑霞、李蒙

品种特征特性：'胭脂绯'为尾叶樱桃种下变异的新品种。落叶乔木，树高约4m，枝条下垂，树形为伞形；树皮呈灰色，有口唇状及横列纹皮孔；单叶互生，叶片长椭圆状，叶先端渐尖，基部近圆形，长6～14cm，宽2.5～4.5cm，叶缘有重锯齿，两面被开展柔毛；叶柄顶端或叶基部有腺体；花先叶开放，伞房花序，总梗长2.7～3.4cm；花梗长1.1～1.4cm，被疏柔毛；有花3～5朵，花径3.1～3.6cm；萼筒钟状，红色，长3.9～4.5cm，宽3.0～3.5cm，萼片宽椭圆形，全缘，紫红色，开花时反折，约为萼筒长的1.5倍，长6.3～7.2mm，宽3.1～3.8mm。花单瓣，5枚，深粉色，椭圆形，长1.4～1.7cm，宽0.9～1.1cm；花期在2月下旬。

'胭脂绯'与常见的尾叶樱桃种下品种在花期上有显著差异，具有花瓣分离、花色艳丽、花径大以及树形优美且花期高度一致等特点。

品种	萼片	花瓣	花径	花色	花量	花期
'胭脂绯'	萼片与萼筒长度相近	分离	3.1~3.6cm	深粉色	多而密集	2月，整齐，高度一致
'尾叶樱桃'	萼片为萼筒长度2倍	不分离	1.6~2.2cm	白色	少而稀疏	3月，不整齐，不一致

出色
(卫矛属)

联系人：徐浩桂
联系方式：17506333618　国家：中国

申请日：2018年5月22日
申请号：20180234
品种权号：20190155
授权日：2019年7月24日
授权公告号：国家林业和草原局公告（2019年第13号）
授权公告日：2019年9月6日
品种权人：徐培钊
培育人：徐培钊、徐浩桂、冯献宾、詹伟、王法波

品种特征特性：长势旺，金边绿芯，叶片倒卵形或椭圆形，革质，有光泽，边缘有中锯齿，先端钝圆，基部楔形，叶柄短；聚伞花序腋生，花瓣4~5，颜色淡黄绿色，雄蕊4~5，与花瓣互生，花丝细长。蒴果近球形，有4浅沟，成熟果皮粉红色，3~4裂，种子1~3粒，多1粒，假种皮橘红色，冬季宿存，从立冬至翌年立春全红。
'出色'与近似品种'黄金甲'性状差异如下表：

品种	叶片大小	叶片颜色	生长状态	抗寒程度
'出色'	大舒展	淡雅、靓丽	很旺盛	最低 -21℃
'黄金甲'	小卷曲	黄	较旺盛	最低 -18℃

'出色'抗逆性、适应性强，在北海道黄杨适生区域均可种植。

'出色'

'黄金甲'

富丽

(卫矛属)

联系人：徐培钊
联系方式：17506333618　国家：中国

申请日：2018年5月22日
申请号：20180235
品种权号：20190156
授权日：2019年7月24日
授权公告号：国家林业和草原局公告（2019年第13号）
授权公告日：2019年9月6日
品种权人：徐培钊
培育人：徐培钊、徐浩桂、詹伟

品种特征特性： 新发叶片金黄，新叶片较薄，老叶片较厚，先发叶片2~3组为圆形叶，叶尖为小尾巴状，以后长出的叶片为桃形叶，尖端锐角，叶片反面灰白色，凹凸不平的叶片边沿翘，勺状，叶边沿中锯齿，边沿有波浪状，茎较细有小棱，黄绿色，阴处不变色，长期日晒色稍淡，花蕾5月，花期6月，果实10月成熟。

'富丽'与近似品种'金边冬青'性状差异如下表：

品种	叶片大小	叶片颜色	生长状态	抗寒程度
'富丽'	圆形	金黄色	茂密、旺盛	最低 -23℃
'金边冬青'	椭圆形	淡黄	一般	最低 -21℃

'富丽'抗逆性、适应性强，在北京地区以南均可种植。

'富丽'

'金边冬青'

金秀
（卫矛属）

联系人：徐浩桂
联系方式：17506333618　国家：中国

申请日：2018年5月22日
申请号：20180236
品种权号：20190157
授权日：2019年7月24日
授权公告号：国家林业和草原局公告（2019年第13号）
授权公告日：2019年9月6日
品种权人：徐培钊
培育人：徐培钊、徐浩桂、冯献宾、詹伟

品种特征特性：新梢长出初期为淡绿色，一周后中间部位转绿色较明显。半月至20天后边沿逐渐变黄色，叶片和'金边黄杨'一样厚，叶片正面凸起，'金边黄杨'的叶片平展，生长速度很快，时而有纯黄叶产生，叶片长椭圆形，叶尖大部分为锐角，抗寒能力极强，丛生株老茎暗黄绿色，新茎绿色，嫁接在丝绵木上，和'金边黄杨'一样亲和好，全株阴下为绿色。

'金秀'黄杨与近似品种'金边黄杨'性状差异如下：

品种	叶片形状	叶片颜色	嫩枝颜色
'金秀'	正面上凸	黄	淡绿
'金边黄杨'	卷叶	淡黄	淡黄

'金秀'黄杨抗逆性、适应性强，在北京地区以南均可种植。

'金秀'叶片形状为上凸

近似品种'金边黄杨'叶片形状为卷曲

出彩

（卫矛属）

联系人：徐浩桂
联系方式：17506333618 国家：中国

申请日：2018年5月22日
申请号：20180237
品种权号：20190158
授权日：2019年7月24日
授权公告号：国家林业和草原局公告（2019年第13号）
授权公告日：2019年9月6日
品种权人：徐培钊
培育人：徐培钊、徐浩桂、冯献宾、詹伟

品种特征特性：长势旺，金边绿芯，叶片倒卵形或椭圆形，革质，有光泽，边缘有中锯齿，先端钝圆，基部楔形，叶柄短；聚伞花序腋生，花瓣4~5，颜色淡黄绿色，雄蕊4~5，与花瓣互生，花丝细长。蒴果近球形，有4浅沟，成熟果皮粉红色，3~4裂，种子1~3粒，多1粒，假种皮橘红色，冬季宿存，从立冬至翌年立春全红。

'出彩'与近似品种'出色'性状差异如下表：

品种	叶片大小	叶片颜色	生长状态	抗寒程度
'出彩'	椭圆形	金黄色	茂密、旺盛	最低 -24℃
'出色'	圆形	淡黄	旺盛	最低 -23℃

'出彩'抗逆性、适应性强，在北海道黄杨适生区域均可种植。

'出彩'

'出色'

玉映

（杜鹃花属）

联系人：朱春艳
联系方式：13758289081　国家：中国

申请日：2018年5月31日
申请号：20180263
品种权号：20190159
授权日：2019年7月24日
授权公告号：国家林业和草原局公告（2019年第13号）
授权公告日：2019年9月6日
品种权人：杭州植物园（杭州市园林科学研究院）
培育人：朱春艳、余金良、王恩、邱新军、周绍荣、陈霞

品种特征特性：'玉映'是以在我国分布最广、最常见的杜鹃种类映山红为母本，以病虫害少、开粉红色花、观赏性好的'玉玲'为父本，进行人工杂交，并从开花的F_1代中选出的优选株。

'玉映'植株高大，枝条粗壮；分枝力强，树冠开张、自然圆润；叶色翠绿；花径7～8cm，每枝有1～2朵花；花色为粉红色、绿色喉晕、淡雅、娇嫩；花冠裙边略波。部分雄蕊出现瓣化。

'玉映'为杂交F_1代中选出的优株，不仅具有很强的杂种优势，而且花色明显区别于母本的红色花特征，如父本的粉色花，但比父本更淡雅、娇嫩；花朵的大小大于母本和父本；花期为4月中旬至4月下旬，比母本和父本的花期晚。品种的抗逆性特征优于双亲。

有'映山红'分布或适宜种植毛鹃类杜鹃的地方都可种植。喜酸性、透气性好、腐殖质含量高的土壤，喜光。主要通过嫁接的方法进行繁殖。

映紫

（杜鹃花属）

联系人：朱春艳
联系方式：13758289081　国家：中国

申请日：2018年5月31日
申请号：20180264
品种权号：20190160
授权日：2019年7月24日
授权公告号：国家林业和草原局公告（2019年第13号）
授权公告日：2019年9月6日
品种权人：杭州植物园（杭州市园林科学研究院）
培育人：朱春艳、余金良、张帆、邱新军、周绍荣、陈霞

品种特征特性：'映紫'是以在我国分布广泛、常见的杜鹃种类映山红为母本，以开紫色花的园林应用品种'紫式部'为父本，于1985年进行人工杂交，并从开花的F_1代中选出的优选株。

'映紫'植株高大，枝条粗壮；分枝力强，树冠自然圆润；叶色翠绿；单瓣花，花径6~7cm，每枝有2~3朵花；花色为玫红色、喉点紫红色；花冠裙边略波。

'映紫'为杂交F_1代中选出的优株，不仅具有很强的杂种优势，而且花色明显区别于母本的红色花、父本的紫色花特征；花朵的大小为6~7cm，介于母本和父本的花朵大小之间。花期为4月中旬至4月下旬，和父本的花期相近。品种的观赏性和抗逆性特征优于双亲。

有'映山红'分布或适宜种植毛鹃类杜鹃的地方都可种植。喜酸性、透气性好、腐殖质含量高的土壤，喜光。主要通过嫁接的方法进行繁殖。

金玉
(木兰属)

联系人：陈红
联系方式：18251835698　国家：中国

申请日：2018年6月1日
申请号：20180266
品种权号：20190161
授权日：2019年7月24日
授权公告号：国家林业和草原局公告（2019年第13号）
授权公告日：2019年9月6日
品种权人：江苏省中国科学院植物研究所
培育人：蔡小龙、陈红、陆小清、李云龙、王传永、张凡、周艳威

品种特征特性：'金玉'是2010年从白玉兰（Magnolia denudata）实生苗中发现的自然突变体。落叶乔木，隶属于木兰科木兰属。叶形与白玉兰相似，为大型倒卵形叶片，叶端短而突尖，基部楔形，表面有光泽。'金玉'的叶色产生很大的变异，叶片呈黄绿相间的条纹。嫩枝及芽外被短茸毛，芽在冬天有大形鳞片。生长速度相对白玉兰稍慢。

栽培技术与白玉兰基本相似。喜光、肥沃、湿润、排水良好的微酸性土壤生长。怕积水，种植地势要高，在低洼处种植容易烂根而导致死亡；栽种地的土壤通透性要好，在砂壤土或黄砂土中生长最好。由于'金玉'是新品种，目前还没进行区试，所以根据亲本的种植区域和环境，目前在长江中下游及以南各地都可以进行种植。可作为用材林、防护林、生态林、城镇公园和道路景观树种之一。

'金玉'叶片　　　　白玉兰叶片

中杨1号

(杨属)

联系人：张江涛
联系方式：18530015966 国家：中国

申请日：2018年6月1日
申请号：20180267
品种权号：20190162
授权日：2019年7月24日
授权公告号：国家林业和草原局公告（2019年第13号）
授权公告日：2019年9月6日
品种权人：河南吉德智慧农林有限公司
培育人：张继锋、邓华平、潘文

品种特征特性：1年生苗干通直，树皮青绿色，节间短，有21～26个不规则白色皮孔；苗尖叶片淡红色，有淡黄色黏稠分泌物，叶基心形，叶脉红色，叶片平均面积249cm²，长度26.2cm，平均宽12.64cm，中脉与下端第二条一级侧脉之间夹角70°～79°；生长季末，树皮有灰白色毛状粘连物。2年生树干带红色，纵列宽，树皮纵列间隙可见明显红色裂纹。干型通直，侧枝少，侧枝层轮不明显。'中杨1号'生长迅速，当年生扦插苗平均高5.63m，平均胸径2.68cm；3年生平均树高13.5m，平均胸径15.47cm，均超'107杨''2025杨'20%以上。适应性强，在高湿高热的两广地区均能良好生长。

'中杨1号'与'吉德1号杨''2025杨'比较性状差异如下表：

品种	叶片面积(cm²)	叶片平均长度(cm)	叶片平均宽度(cm)	特异性
'中杨1号'	349.54	26.06	12.64	苗尖有淡黄色黏稠分泌物，生长季末，树皮有灰白色毛状粘连物
'吉德1号杨'	325	22.34	16.38	无
'2025杨'	255	20.40	13.82	无

吉德3号杨

（杨属）

联系人：张江涛
联系方式：18530015966　国家：中国

申请日：2018年6月1日
申请号：20180268
品种权号：20190163
授权日：2019年7月24日
授权公告号：国家林业和草原局公告（2019年第13号）
授权公告日：2019年9月6日
品种权人：柘城县吉德智慧农林有限公司
培育人：张继锋

品种特征特性：1年生苗干通直，树皮深红色，节间短，有20～24个线形白色皮孔；叶基阔楔形，叶尖凹陷，叶柄、叶脉均为红色，叶片平均面积138cm^2，长度可达17.69cm，宽7.81cm，中脉与下端第二条一级侧脉之间夹角50°～59°。2年生树干红色，纵列窄，树皮纵列间隙大，可见明显红色裂纹。干型通直，侧枝少，侧枝层轮不明显。'吉德3号杨'生长迅速，当年生扦插苗平均高5.76m，平均胸径2.7cm；3年生平均树高16.8m，平均胸径15.73cm，均超'107杨''2025杨'20%以上。适应性强，在高湿高热的两广地区均能良好生长。

'吉德3号杨'与'吉德1号杨''2025杨'比较性状差异如下表：

品种	叶片面积（cm^2）	叶片平均长度（cm）	叶片平均宽度（cm）	特异性
'吉德3号杨'	138	17.69	7.81	1年生苗皮树皮深红色
'吉德1号杨'	325	22.34	16.38	1年生苗皮树皮青绿色
'2025杨'	255	20.40	13.82	1年生苗皮树皮青绿色

星源花歌

（山茶属）

联系人：尹丽娟
联系方式：13917056235　国家：中国

申请日：2018年6月3日
申请号：20180284
品种权号：20190164
授权日：2019年7月24日
授权公告号：国家林业和草原局公告（2019年第13号）
授权公告日：2019年9月6日
品种权人：上海市园林科学规划研究院、上海星源农业实验场
培育人：张冬梅、张浪、周和达、尹丽娟、罗玉兰、有祥亮、蔡军林、张斌、陈香波

品种特征特性：以山茶品种'咖啡杯'（Demi-Tasse）为母本，杜鹃红山茶为父本，通过杂交获得。

常绿小乔木，植株直立；嫩芽黄绿色，顶芽单生；枝条黄褐色；叶片稠密，近十字排列，水平着生，叶片革质，光亮，椭圆形，长8.5～10.0cm，宽3.0～4.0cm，叶脉弱，叶横截面平坦，叶缘细齿状，先端渐尖；花芽腋生和顶生；萼片倒卵形，覆瓦状排列；花径8.0～10.5cm，单瓣型，花瓣顶端微凹，倒卵形，无褶皱，桃红至红色，雄蕊数量多，管状排列，半连生，无瓣化，柱头4深裂，雌蕊低于雄蕊，多次开花，8月始花，9～12月盛花，翌年1～2月零星开花。

本品种适合于华南、华东、华中等地区栽培。

'星源花歌'

相似品种'夏梦玉兰'

星源晚秋

(山茶属)

联系人：尹丽娟
联系方式：13917056235　国家：中国

申请日：2018年6月3日
申请号：20180285
品种权号：20190165
授权日：2019年7月24日
授权公告号：国家林业和草原局公告（2019年第13号）
授权公告日：2019年9月6日
品种权人：上海市园林科学规划研究院、上海星源农业实验场
培育人：张浪、张冬梅、周和达、尹丽娟、罗玉兰、有祥亮、蔡军林、张斌、陈香波

品种特征特性：以山茶品种'黑魔法'（BlackMagic）为母本，杜鹃红山茶为父本，通过杂交获得。

常绿灌木，株形直立；顶芽单生或簇生，黄绿色至绿色；嫩枝黄褐色；叶稠密，近螺旋状排列，叶片长8.5～9.0cm，宽3.3～4.5cm，深绿色，革质，光亮，椭圆形，中脉凸起，先端渐尖，边缘略波状，叶横截面平坦，叶缘粗齿状，叶基部楔形；花芽顶生或腋生，萼片黄绿或绿色，覆瓦状排列，卵形；花朵中到大，半重瓣至玫瑰花重瓣型，花瓣倒卵形，顶端微凹，无褶皱；花朵黑红色，雄蕊少，茶梅型排列，基部连生，少量瓣化，柱头2深裂；多次开花，在上海地区8月始花，9～11月盛花，12月至翌年1～2月零星开花。

本品种适合于华南、华东、华中等地区栽培。

'星源晚秋'

相似品种'夏日红绒'

星源红霞
（山茶属）

联系人：尹丽娟
联系方式：13917056235　国家：中国

申请日：2018年6月3日
申请号：20180286
品种权号：20190166
授权日：2019年7月24日
授权公告号：国家林业和草原局公告（2019年第13号）
授权公告日：2019年9月6日
品种权人：上海市园林科学规划研究院、上海星源农业实验场
培育人：周和达、张冬梅、张浪、尹丽娟、蔡军林、罗玉兰、有祥亮、张斌、陈香波

品种特征特性：以山茶品种'客来邸'（*Collettii*）为母本，杜鹃红山茶为父本，通过杂交获得。

常绿灌木，植株半开张；嫩芽黄绿色，顶芽单生或双生；嫩枝黄绿色；叶片稠密，叶片近螺旋状排列，叶片深绿色，革质，光亮，阔椭圆形，长8.5～9.0cm，宽3.5～4.0cm，边缘叶齿粗，叶基宽楔形，渐尖，叶柄短；花芽腋生和顶生，萼片黄绿色或绿色，卵形，覆瓦状排列；花径中到大，半重瓣型或玫瑰花重瓣型；花瓣椭圆形，顶端微凹，雄蕊散生，花丝离生，花药瓣化，柱头3深裂，子房无毛，花期长，多次开花，8月始花，9～11月盛花，12月至翌年1～2月零星开花。

本品种适合于华南、华东、华中等地区栽培。

'星源红霞'

相似品种'夏梦岳婷'

涟漪
（苹果属）

联系人：张往祥
联系方式：025-85427686/13151081062　国家：中国

申请日：2018年6月5日
申请号：20180287
品种权号：20190167
授权日：2019年7月24日
授权公告号：国家林业和草原局公告（2019年第13号）
授权公告日：2019年9月6日
品种权人：南京林业大学、扬州小苹果园艺有限公司
培育人：张往祥、周婷、张龙、徐立安、谢寅峰、彭冶、汪贵斌、曹福亮

品种特征特性：'涟漪'为苹果属海棠新品种，来源于发现。

'涟漪'以花量大、花色外粉内白、花型浅杯型、花瓣椭圆形、边缘波状等为主要观赏特性。植株树势中，树形开张，枝条棕绿色。伞形花序，花苞浅粉色，花单瓣，压平后直径中（3.3~4.3cm），花型浅杯型，花瓣椭圆形，排列方式相连，脉纹突出。花瓣正面边缘、中心和基部颜色均为白（NN155D），背面颜色红紫（67B）。开展叶片绿色，叶片长度中（7.8~8.8cm），宽度中（4.3~5.2cm），长宽比中（1.75），叶柄中（2.0~2.8cm），无叶耳。叶缘锯齿状，叶面绿色中，光泽弱，无花青素着色。始花期中（4月6日左右）。

该品种喜光照充沛，以地势平坦、土层深厚、疏松、肥沃、排水良好的砂壤土生长最佳，主要繁殖方法为嫁接繁殖，适宜在内蒙古中部以南至福建中部以北地区种植。

棱镜

(苹果属)

联系人:张往祥
联系方式:025-85427686/13151081062　国家:中国

申请日:2018年6月4日
申请号:20180288
品种权号:20190168
授权日:2019年7月24日
授权公告号:国家林业和草原局公告(2019年第13号)
授权公告日:2019年9月6日
品种权人:南京林业大学、扬州小苹果园艺有限公司
培育人:张往祥、周婷、彭冶、张全全、徐立安、谢寅峰、汪贵斌、曹福亮

品种特征特性:'棱镜'为苹果属新品种,来源于发现。

'棱镜'以花量大、花色外粉内白、花型深杯型、瓣形规整等为主要观赏特性。植株树势中,树形开张,枝条棕绿色。伞形花序,花苞粉色,花单瓣,压平后直径中(3.2~3.6cm),花型深杯型,花瓣椭圆形,排列方式相连,脉纹突出。花瓣正面边缘、中心和基部颜色均为白(NN155D),背面颜色红紫(68B)。开展叶片绿色,长度中(6.3~7.3cm),宽度中(2.7~3.1cm),长宽比中(约2.35),叶柄长(2.5~3.3cm),无叶耳。叶缘锯齿状,叶面绿色中,光泽弱,无花青素着色。始花期早(4月1日左右)。

该品种喜光照充沛,以地势平坦、土层深厚、疏松、肥沃、排水良好的砂壤土生长最佳,主要繁殖方法为嫁接繁殖,适宜在内蒙古中部以南至福建中部以北地区种植。

琉璃盏

(苹果属)

联系人：张往祥

联系方式：025-85427686/13151081062　国家：中国

申请日：2018年6月5日
申请号：20180289
品种权号：20190169
授权日：2019年7月24日
授权公告号：国家林业和草原局公告（2019年第13号）
授权公告日：2019年9月6日
品种权人：南京林业大学、扬州小苹果园艺有限公司
培育人：张往祥、胡晓璇、周婷、谢寅峰、彭冶、徐立安、汪贵斌、曹福亮

品种特征特性：'琉璃盏'为苹果属海棠新品种，来源于发现。

'琉璃盏'以花瓣透明、亮粉白色、瓣形规整、花型深杯型、形似郁金香型等为主要观赏特性。植株树势中，树形开张，枝条棕红色。伞形花序，花苞紫色，花单瓣，压平后直径中（4.0~4.5cm），花型深杯型，花瓣卵形，排列方式重叠，脉纹突出。花瓣正面边缘、中心和基部颜色均为白（NN155C），背面颜色为红紫（N74B）。开展叶片红绿色，叶长中（4.0~4.7cm），宽中（2.1~2.7cm），长宽比中（1.8），叶柄中（1.8~2.4cm），无叶耳。叶缘锯齿状，叶面绿色中，光泽弱，花青素着色程度弱。始花期早（4月1日左右）。

该品种喜光照充沛，以地势平坦、土层深厚、疏松、肥沃、排水良好的砂壤土生长最佳，主要繁殖方法为嫁接繁殖，适宜在内蒙古中部以南至福建中部以北地区种植。

红与黑

（苹果属）

联系人：张往祥
联系方式：025-85427686/13151081062　国家：中国

申请日：2018年6月5日
申请号：20180290
品种权号：20190170
授权日：2019年7月24日
授权公告号：国家林业和草原局公告（2019年第13号）
授权公告日：2019年9月6日
品种权人：南京林业大学、扬州小苹果园艺有限公司
培育人：张往祥、张龙、周婷、谢寅峰、彭冶、徐立安、汪贵斌、曹福亮

品种特征特性：'红与黑'为苹果属海棠新品种，来源于发现。

'红与黑'以叶片红褐色、花瓣窄椭圆形、排列方式分离、花型深杯型、花色亮红紫色等为主要观赏特性。植株树势中，树形开张，枝条棕红色。伞形花序，花苞红色，花单瓣，压平后直径中（3.8～4.2cm），花型深杯型，花瓣窄椭圆形，排列方式分离，脉纹突出。花瓣正面边缘、背面颜色均为红紫（64A），正面中心颜色红紫（64B），正面基部颜色红紫（64C）。开展叶片红绿色，叶长中（5.5～6.5cm），宽中（2.4～2.9cm），长宽比中（2.25），叶柄中（2.2～2.7cm），无叶耳。叶缘锯齿状，叶面绿色中，光泽中，花青素着色程度弱。始花期中（4月6日左右）。

该品种喜光照充沛，以地势平坦、土层深厚、疏松、肥沃、排水良好的砂壤土生长最佳，主要繁殖方法为嫁接繁殖，适宜在内蒙古中部以南至福建中部以北地区种植。

影红秀

(苹果属)

联系人：张往祥
联系方式：025-85427686/13151081062　国家：中国

申请日：2018年6月5日
申请号：20180291
品种权号：20190171
授权日：2019年7月24日
授权公告号：国家林业和草原局公告（2019年第13号）
授权公告日：2019年9月6日
品种权人：南京林业大学、扬州小苹果园艺有限公司
培育人：张往祥、张全全、范俊俊、谢寅峰、彭冶、徐立安、汪贵斌、曹福亮

品种特征特性：'影红秀'为苹果属海棠新品种，来源于发现。

'影红秀'以半重瓣、花型浅杯型、瓣形规整、花色红紫等为主要观赏特性。植株树势中，树形开张，枝条深红色。伞形花序，花苞红色，花半重瓣（10枚左右），花瓣压平后直径中（5.0～6.0cm），花型浅杯型，花瓣椭圆形，排列方式重叠，脉纹突出。花瓣正面边缘颜色为红紫色（70B），正面中心颜色为红紫色（N74C），正面基部颜色为白色（NN155C），背面颜色为红紫色（70B）。开展叶片红绿色，叶长中（5.9～6.5cm），叶宽中（2.9～3.3cm），长宽比中（约为2），叶柄长中（1.8～2.4cm），无叶耳。叶缘锯齿状，叶面绿色中，光泽中，有花青素着色，花青素着色程度弱。始花期中（4月6日左右）。

该品种喜光照充沛，以地势平坦、土层深厚、疏松、肥沃、排水良好的砂壤土生长最佳，主要繁殖方法为嫁接繁殖，适宜在内蒙古中部以南至福建中部以北地区种植。

疏红妆

(苹果属)

联系人：张往祥

联系方式：025-85427686/13151081062　　国家：中国

申请日：2018年6月5日
申请号：20180292
品种权号：20190172
授权日：2019年7月24日
授权公告号：国家林业和草原局公告（2019年第13号）
授权公告日：2019年9月6日
品种权人：南京林业大学、扬州小苹果园艺有限公司
培育人：张往祥、范俊俊、江皓、徐立安、彭冶、谢寅峰、汪贵斌、曹福亮

品种特征特性：'疏红妆'为苹果属海棠新品种，来源于发现。

'疏红妆'以树形开张、绿叶红花、着花稀疏、花瓣色彩层次鲜明（正面边缘颜色亮粉，中心颜色粉白）且边缘不规则卷曲、花型浅杯型等为主要观赏特性。植株树势中，树形开张，枝条深红色。伞形花序，花苞红色，花单瓣，压平后直径中（3.6～4.0cm），花型浅杯型，花瓣卵形，排列方式重叠，脉纹突出。花瓣正面边缘颜色为红紫（67C）、正面中心颜色为红紫（N66D），正面基部颜色为白（NN155C），背面颜色为红紫（N66B）。开展叶片红绿色，叶长中（7.3～7.9cm），宽中（3.2～4.0cm），长宽比中（2.1），叶柄中（2.3～3.3cm），无叶耳。叶缘锯齿状，叶面绿色中，光泽中，花青素着色程度中。始花期早（4月2日左右）。

该品种喜光照充沛，以地势平坦、土层深厚、疏松、肥沃、排水良好的砂壤土生长最佳，主要繁殖方法为嫁接繁殖，适宜在内蒙古中部以南至福建中部以北地区种植。

白羽扇

（苹果属）

联系人：张往祥

联系方式：025-85427686/13151081062　国家：中国

申请日：2018年6月5日
申请号：20180293
品种权号：20190173
授权日：2019年7月24日
授权公告号：国家林业和草原局公告（2019年第13号）
授权公告日：2019年9月6日
品种权人：南京林业大学、扬州小苹果园艺有限公司
培育人：张往祥、范俊俊、彭冶、江皓、徐立安、谢寅峰、汪贵斌、曹福亮

品种特征特性：'白羽扇'为苹果属海棠新品种，来源于发现。

'白羽扇'以花期早、花量大、花色亮白、花径大、排列方式分离、叶片亮绿色等为主要观赏特性。植株树势中，树形开张，枝条棕绿色。伞形花序，花苞白色，花单瓣，压平后直径大（5~5.5cm），花型浅杯型，花瓣椭圆形，排列方式分离，脉纹突出。花瓣正面边缘、中心、基部以及背面颜色均为白色（NN155D）。开展叶片绿色，叶长中（4.8~5.5cm），叶宽中（2.0~2.4cm），长宽比中（约2.35），叶柄长（2.0~2.6cm），无叶耳。叶缘锯齿状，叶面光泽弱，叶面绿色中，无花青素着色。始花期早（4月1日左右）。

该品种喜光照充沛，以地势平坦、土层深厚、疏松、肥沃、排水良好的砂壤土生长最佳，主要繁殖方法为嫁接繁殖，适宜在内蒙古中部以南至福建中部以北地区种植。

雪缘

（瑞香属）

联系人：周卫信
联系方式：13319316317　国家：中国

申请日：2018年6月7日
申请号：20180301
品种权号：20190174
授权日：2019年7月24日
授权公告号：国家林业和草原局公告（2019年第13号）
授权公告日：2019年9月6日
品种权人：德兴市荣兴苗木有限责任公司
培育人：王樟富、周建荣、余建国、方腾

品种特征特性：'雪缘'为芫花的实生苗变异新品种。落叶灌木。嫩枝淡绿色，有毛，老枝灰白色，几无毛或毛不明显。叶对生，偶互生；叶片纸质，椭圆形、椭圆状长圆形至卵状披针形，长3～5.5cm，宽1～2cm，先端急尖，基部楔形，全缘。花先叶开放，萼筒管状，被柔毛，先端4裂，覆瓦状排列，白色，数朵簇生于去年生枝无叶的叶腋。果白色。

观花植物，适宜在庭院、城市园林中营建花境或配植，也适合做花海选材，可作插花材料。

芫花自然分布区都可种植。东至台湾，西至四川，南至海南，北至陕西。

左为芫花，右为'雪缘'

罗彩1号

（桂花）

联系人：冯园园
联系方式：15067148109　国家：中国

申请日：2018年6月9日
申请号：20180303
品种权号：20190175
授权日：2019年7月24日
授权公告号：国家林业和草原局公告（2019年第13号）
授权公告日：2019年9月6日
品种权人：罗方亮、浙江理工大学
培育人：罗方亮、胡绍庆、冯园园、黄均华

品种特征特性： 常绿乔木或灌木，叶革质，倒卵状椭圆形，长8.3～11.9cm，宽2.8～4.3cm，叶缘有细小锯齿，叶片基部楔形，先端渐尖或尾尖，叶缘自基部1/3以上有锯齿，无白色镶边，叶面近平展，不皱缩扭曲，侧脉7～10对，从初期的水红色并逐渐变为淡黄色，后变白、绿，幼枝紫红色，叶柄长6～13mm，叶柄紫红色，幼枝紫红色。

'罗彩1号'与近似品种'永福彩霞'比较性状差异如下表：

品种	叶：横切面性形状	叶片皱缩扭曲	叶缘有无白色镶边	叶形
'罗彩1号'	近平展	否	无	倒卵状椭圆形
'永福彩霞'	U形内折	是	有	椭圆状披针形

本品种可在华东、华中、西南及华南地区栽植。

罗彩2号

(桂花)

联系人：冯园园
联系方式：15067148109　国家：中国

申请日：2018年6月9日
申请号：20180304
品种权号：20190176
授权日：2019年7月24日
授权公告号：国家林业和草原局公告（2019年第13号）
授权公告日：2019年9月6日
品种权人：罗方亮、浙江理工大学
培育人：罗方亮、胡绍庆、冯园园、黄均华

品种特征特性：常绿乔木或灌木，该品种叶革质，倒卵状椭圆形，长8.9～13cm，宽2.8～4.1cm，叶缘有细小锯齿，叶片基部楔形，尾尖，几全缘，无白色镶边，叶面U形，不皱缩扭曲，侧脉7～11对，从初期的紫红逐渐变为浅紫色、橙黄、淡黄色，后变白、绿，叶柄长8～10mm，叶柄紫红色（RHS59A），幼枝紫红色（RHS59A）。

'罗彩2号'与近似品种'永福彩霞'比较性状差异如下表：

品种	叶片皱缩扭曲	叶缘有无白色镶边	叶形
'罗彩2号'	否	无	倒卵状椭圆形，叶长长
'永福彩霞'	是	有	椭圆状披针形

本品种可在华东、华中、西南及华南地区栽植。

罗彩16号

（桂花）

联系人：冯园园
联系方式：15067148109　国家：中国

申请日：2018年6月9日
申请号：20180305
品种权号：20190177
授权日：2019年7月24日
授权公告号：国家林业和草原局公告（2019年第13号）
授权公告日：2019年9月6日
品种权人：罗方亮、浙江理工大学
培育人：罗方亮、胡绍庆、冯园园、黄均华

品种特征特性：常绿乔木或灌木，该品种叶革质，倒卵状椭圆形，长7.1～10.6cm，宽2.8～4.2cm，叶缘从基部往上1/2上有锯齿，叶片基部楔形，先端渐尖，无白色镶边，叶面U形，略有皱缩，侧脉7～10对，从初期的紫红逐渐变为浅紫色、橙黄、淡黄色，后变白、绿，叶柄长7～10mm，叶柄紫红色，幼枝紫红色。

'罗彩16号'与近似品种'朝阳金钻'比较性状差异如下表：

品种	叶片颜色变化	叶缘锯齿	叶形	叶面
'罗彩16号'	紫红逐渐变为浅紫色、橙黄、淡黄色，后变白、绿	基部1/2以上有锯齿	倒卵状椭圆形	U形内折
'朝阳金钻'	水红，变橙黄或黄色	全缘	椭圆状披针形	略V形内折或近平展

本品种可在华东、华中、西南及华南地区栽植。

罗彩17号

(桂花)

联系人：冯园园
联系方式：15067148109　国家：中国

申请日：2018年6月9日
申请号：20180306
品种权号：20190178
授权日：2019年7月24日
授权公告号：国家林业和草原局公告（2019年第13号）
授权公告日：2019年9月6日
品种权人：罗方亮、浙江理工大学
培育人：罗方亮、胡绍庆、冯园园、黄均华

品种特征特性：常绿乔木或灌木，该品种叶革质，倒卵状椭圆形，长9.3～11.8cm，宽3.6～4.3cm，叶缘从基部往上1/2上有锯齿，叶片基部楔形，尾尖，叶面"V"形内折，侧脉9～11对，从初期的紫红（RHS183B）逐渐变为红色（RHS178B）、黄褐色（RHS174B）、淡黄色（RHS 162B），后变白、绿，叶柄长7～10mm，叶柄紫红色（RHS183B），幼枝紫红色（RHS183B）。

'罗彩17号'与近似品种'朝阳金钻'比较性状差异如下表：

品种	叶片颜色变化	叶缘锯齿	叶形
'罗彩17号'	紫红（RHS 183B）逐渐变为红色（RHS 178B）、黄褐色（RHS 174B）、淡黄色（RHS 162B），后变白、绿	基部1/2以上有锯齿	倒卵状椭圆形
'朝阳金钻'	水红（RHS 54A），变橙黄（RHS 15C）或黄（RHS 1B–C）	全缘	椭圆状披针形

本品种可在华东、华中、西南及华南地区栽植。

罗彩18号

(桂花)

联系人：冯园园
联系方式：15067148109　国家：中国

申请日：2018年6月9日
申请号：20180307
品种权号：20190179
授权日：2019年7月24日
授权公告号：国家林业和草原局公告（2019年第13号）
授权公告日：2019年9月6日
品种权人：罗方亮、浙江理工大学
培育人：罗方亮、胡绍庆、冯园园、黄均华

品种特征特性：常绿乔木或灌木，该品种叶革质，倒卵状椭圆形，长7.3～11.8cm，宽3.6～4.3cm，叶缘从基部往上1/3以上有锯齿，叶片基部狭楔形且下延，尾尖，新叶叶缘波状起伏，叶面"V"形内折，侧脉7～8对，从初期的紫红（RHS187A）并逐渐变为水红色（RHS181D）、粉白色、后变绿，从水红色阶段整叶面出现不均匀绿色斑点，叶柄长6～10mm，叶柄紫红色（RHS187A），幼枝每节呈现紫红到黄绿色的渐变，方向由上至下。

'罗彩18号'与近似品种'虔南贵妃'比较性状差异如下表：

品种	叶片颜色变化	叶面	叶形	叶片大小	幼枝颜色
'罗彩18号'	紫红（RHS187A）并逐渐变为水红色（RHS181D）、粉白色、后变绿，从水红色阶段整叶面出现不均匀绿色斑点	V形内折，新叶叶面波状起伏	倒卵状椭圆形	中	呈现紫红到黄绿色的渐变，方向由上至下
'虔南贵妃'	紫红（RHS 50A），变黄绿（RHS150C或154C-D）	略V形内折或近平展	卵形	大	紫红

本品种可在华东、华中、西南及华南地区栽植。

罗彩19号

(桂花)

联系人：冯园园
联系方式：15067148109　国家：中国

申请日：2018年6月9日
申请号：20180308
品种权号：20190180
授权日：2019年7月24日
授权公告号：国家林业和草原局公告（2019年第13号）
授权公告日：2019年9月6日
品种权人：罗方亮、浙江理工大学
培育人：罗方亮、胡绍庆、冯园园、黄均华

品种特征特性：常绿乔木或灌木，该品种叶革质，叶片椭圆形或卵状椭圆形，长7.3～10.8cm，宽2.8～4.3cm，叶缘从基部往上1/3以上有锯齿，叶片基部楔形至圆形，尾尖或渐尖，叶面"V"形内折，有皱缩；侧脉8～10对，从初期的水红色（RHS182C）逐渐变为橙黄（RHS164B）、淡黄色（RHS147A），后变白、绿；从白色转绿阶段是从叶脉两侧开始均匀转绿；叶柄长4～7mm，叶柄紫红色，幼枝紫红色。

'罗彩19号'与近似品种'虔南贵妃'比较性状差异如下表：

品种	叶片颜色变化	叶面	叶形	叶柄
'罗彩19号'	水红色（RHS182C）逐渐变为橙黄（RHS164B）、淡黄色（RHS147A），后变白、绿	V形内折，有皱缩	椭圆形或卵状椭圆形	紫红色
'虔南贵妃'	紫红（RHS50A），变黄绿（RHS150C或154C-D）	略V形内折或近平展	卵形	紫红后变黄绿色

本品种可在华东、华中、西南及华南地区栽植。

丽紫
(蚊母树属)

联系人：练发良
联系方式：13905784121　国家：中国

申请日：2018年6月12日
申请号：20180316
品种权号：20190181
授权日：2019年7月24日
授权公告号：国家林业和草原局公告（2019年第13号）
授权公告日：2019年9月6日
品种权人：丽水市林业科学研究院
培育人：洪震、戴海英、练发良、王军峰、吴荣、何小勇、曹建春

品种特征特性：常绿小灌木。新叶为全叶紫色，叶片长3.4～5.0cm，平均长为4.32cm，宽1.1～1.8cm，宽度均值为1.47cm，叶形指数2.31～3.78，均值为3.16。成熟叶绿色，叶片长倒卵形，全缘，顶端有小齿。两侧托叶不对称，下托叶较上托叶大而长，下托叶掉落早。

与相似品种'紫胭'的主要特征差异见下表：

性状	'紫胭'	'丽紫'
嫩枝正面颜色	淡绿	紫红
嫩叶叶面颜色	灰褐（N199A）	灰紫（N77C）
嫩枝被毛	嫩枝被毛较多	嫩枝被毛较少
托叶性状	较粗短，被毛较多	较修长，被毛较少

'丽紫'（左）与近似品种'紫胭'（右）的嫩枝

丽玫
（蚊母树属）

联系人：练发良
联系方式：13905784121 国家：中国

申请日：2018年6月12日
申请号：20180317
品种权号：20190182
授权日：2019年7月24日
授权公告号：国家林业和草原局公告（2019年第13号）
授权公告日：2019年9月6日
品种权人：丽水市林业科学研究院
培育人：练发良、何小勇、洪震、郑俞、陈艳、曹建春

品种特征特性：'丽玫'为常绿灌木，该品种分枝多，冠幅饱满。该品种与相似品种'紫胭''丽紫'的性状差异主要体现在嫩叶颜色、嫩叶有无白粉和嫩枝颜色等方面。'丽玫'嫩叶鲜艳，为深红橙色（178B），相似品种'紫胭'的嫩叶为灰褐色（N199A）、'丽紫'的嫩叶颜色为灰紫色（N77C）；'丽玫'的嫩枝为紫红色，被毛少，托叶较小，相似品种'紫胭'嫩枝为淡绿色，被毛多，托叶较大；'丽玫'的嫩叶叶面无白粉，分枝较多，春季萌芽较早，而相似品种'丽紫'嫩叶叶面被白粉，分枝较少，春季萌芽较'丽玫'迟。

抗热性、抗旱性、抗涝能力强，抗寒性和抗病虫性能好。长江以南地区均可栽培。

丽金
（蚊母树属）

联系人：练发良
联系方式：13905784121　国家：中国

申请日：2018年6月12日
申请号：20180319
品种权号：20190183
授权日：2019年7月24日
授权公告号：国家林业和草原局公告（2019年第13号）
授权公告日：2019年9月6日
品种权人：丽水市林业科学研究院
培育人：练发良、王军峰、雷珍、戴海英、邵康平、陈志伟、高樟贵

品种特征特性：'丽金'，常绿灌木，新叶、嫩枝为黄绿色或浅黄色，新叶叶缘金黄色，成熟叶浅绿色或灰绿色；花黄色。相似品种'娇黄'新叶淡黄色，嫩枝浅绿色，成熟叶深绿色，枝条斜生，托叶披针形，光泽中等，分枝力较强。

抗热性、抗旱性、抗淹能力强，对光强适应幅度大，抗病虫性能好，长江以南地区的道路绿地、公园绿地、水系岸边绿地、各类缓坡绿地以及其他各类相似绿地均为可种植。

紫胭

（蚊母树属）

联系人：刘丹丹
联系方式：0571-28931706　国家：中国

申请日：2018年6月23日
申请号：20180328
品种权号：20190184
授权日：2019年7月24日
授权公告号：国家林业和草原局公告（2019年第13号）
授权公告日：2019年9月6日
品种权人：浙江森禾集团股份有限公司、杭州京可园林有限公司
培育人：郑勇平、王春、周正宝、余成龙、陈岗

品种特征特性：常绿灌木，高1～2m；嫩枝秃净或略有柔毛，纤细，节间长1～2.5cm；老枝无毛，有皮孔，干后灰褐色；芽体有褐色柔毛。叶薄革质，倒披针形或矩圆状倒披针形，长3～5cm，宽1～1.5cm，先端锐尖，基部狭窄下延；上面绿色，干后暗晦无光泽，下面秃净无毛，干后稍带褐色；侧脉4～6对，在上面不明显，在下面略突起，网脉在两面均不显著。边缘无锯齿，仅在最尖端有由中肋突出的小尖突；叶柄极短，长不到1mm，无毛；托叶短小，早落。雌花或两性花的穗状花序腋生，长1～3cm，花序轴有毛，苞片线状披针形，长2～3mm；萼筒极短，萼齿披针形，长2mm，雄蕊未见；子房有星毛，花柱长5～6mm。蒴果卵圆形，长7～8m，有褐色星状茸毛，先端尖锐，宿存花柱长1～2mm。种子褐色，长4～5mm，发亮。

'紫胭'的嫩叶叶面颜色为蓝紫色，花丝颜色为淡红色，花药颜色为紫红色；对照品种'娇黄'嫩叶叶面颜色为淡黄色，花丝颜色为黄绿色，花药颜色为黄色。

'紫胭'在小叶蚊母树的自然分布区域均适于种植，适宜种植于四川、湖北、湖南、福建、广东及广西等地。

'紫胭'　　　　　'娇黄'

娇黄
（蚊母树属）

联系人：刘丹丹
联系方式：0571-28931706　国家：中国

申请日：2018年6月23日
申请号：20180329
品种权号：20190185
授权日：2019年7月24日
授权公告号：国家林业和草原局公告（2019年第13号）
授权公告日：2019年9月6日
品种权人：浙江森禾集团股份有限公司、杭州京可园林有限公司
培育人：周正宝、王越、刘丹丹、尹庆平、项美淑

品种特征特性： 常绿灌木，高1～2m；嫩枝秃净或略有柔毛，纤细，节间长1～2.5cm；老枝无毛，有皮孔，干后灰褐色；芽体有褐色柔毛。叶薄革质，倒披针形或矩圆状倒披针形，长3～5cm，宽1～1.5cm，先端锐尖，基部狭窄下延；上面绿色，干后暗晦无光泽，下面秃净无毛，干后稍带褐色；侧脉4～6对，在上面不明显，在下面略突起，网脉在两面均不显著；边缘无锯齿，仅在最尖端有由中肋突出的小尖突；叶柄极短，长不到1mm，无毛；托叶短小，早落。雌花或两性花的穗状花序腋生，长1～3cm，花序轴有毛，苞片线状披针形，长2～3mm；萼筒极短，萼齿披针形，长2mm，雄蕊未见；子房有星毛，花柱长5～6mm。蒴果卵圆形，长7～8mm，有褐色星状茸毛，先端尖锐，宿存花柱长1～2mm，种子褐色，长4～5mm，发亮。

'娇黄'的嫩叶叶面颜色为淡黄色，花丝颜色为黄绿色，花药颜色为黄色；对照品种'紫胭'嫩叶叶面颜色为蓝紫色，花丝颜色为淡红色，花药颜色为紫红色。

'娇黄'在小叶蚊母树的自然分布区域均适于种植，适宜种植于四川、湖北、湖南、福建、广东及广西等地。

'娇黄'　　　　　　　'紫胭'

京黄

（白蜡树属）

联系人：王永格

联系方式：010-64717648　国家：中国

申请日： 2018年6月30日
申请号： 20180344
品种权号： 20190186
授权日： 2019年7月24日
授权公告号： 国家林业和草原局公告（2019年第13号）
授权公告日： 2019年9月6日
品种权人： 北京市园林科学研究院
培育人： 王永格、王茂良、丛日晨、舒健骅、李子敬、孙宏彦

品种特征特性：'京黄'为洋白蜡实生后代后选育获得。

该种为落叶乔木，树皮纵裂，当年生枝条密被茸毛；早春萌芽迟，奇数羽状复叶，小叶7~9枚，叶背脉腋着生茸毛；花期3月底或4月初，先花后叶，圆锥花序生于2年生枝条，无果；叶片10月下旬至11月上旬变为金黄色，RHS比色值为黄13A，变色后宿存枝条15天左右开始落叶，极具观赏价值。

原种洋白蜡在北京栽植多年，适应性强，适生范围广，不择土壤、耐寒、耐旱、耐盐碱、耐水湿，较耐粗放管理，与其他白蜡种类相比，更耐冬春大风干旱气候。

京绿

(白蜡树属)

联系人:王永格
联系方式:010-64717648 国家:中国

申请日:2018年6月30日
申请号:20180345
品种权号:20190187
授权日:2019年7月24日
授权公告号:国家林业和草原局公告(2019年第13号)
授权公告日:2019年9月6日
品种权人:北京市园林科学研究院
培育人:丛日晨、王永格、王茂良、常卫民、任春生、赵爽、赵润邯

品种特征特性:'京绿'为茸毛白蜡实生后代后选育获得。

'京绿'为雄性,落叶,树冠伞形;当年生枝条绿色,光滑无毛;小叶3～7枚,通常5枚,花期3月下旬至4月上旬,先花后叶,圆锥花序生于去年生枝条,无花瓣,萌枝力强,枝条年生长量1m以上;株形圆满,抗盐碱、水湿和高温能力均较强。

秋季叶片不变色,绿期较长,11月下旬或12月上旬开始落叶。

星火

(杜鹃花属)

联系人:刘晓青
联系方式:13645194178　国家:中国

申请日:2018年7月10日
申请号:20180388
品种权号:20190188
授权日:2019年7月24日
授权公告号:国家林业和草原局公告(2019年第13号)
授权公告日:2019年9月6日
品种权人:江苏省农业科学院
培育人:苏家乐、刘晓青、何丽斯、肖政、李畅、邓衍明、孙晓波、齐香玉

品种特征特性:'星火'是2005年3月,以东鹃品种'红富士'为母本,东鹃品种'皋月'为父本配置杂交组合。

'星火'株形紧凑美观,枝条开张度中等,一年生枝条浅绿色,2年生枝条褐色。叶常二型(春生叶大,夏生叶小),幼叶淡绿色,成熟叶深绿色,茸毛或糙伏毛较少,叶片有光泽感,叶尖凸尖,成熟叶片椭圆形,宽1.1~1.3cm,长2.2~2.5cm,花2~3朵聚生于枝项,花色为艳丽的红色(RED GROUP 46D,2001版),萼片瓣化为花瓣,花冠类型为套筒;雄蕊7~10枚,不等长,且近等长于雌蕊;雌蕊1枚,柱头盘状,红色,花药黑色;单花形态为漏斗形,5裂,中间上部裂片有深色斑点,花径3.0~3.5cm;叶片基部楔形,叶柄长0.5~0.6cm。宜做盆栽花卉在设施条件下栽培。

闭月

（杜鹃花属）

联系人：刘晓青

联系方式：13645194178　国家：中国

申请日：2018年7月10日
申请号：20180389
品种权号：20190189
授权日：2019年7月24日
授权公告号：国家林业和草原局公告（2019年第13号）
授权公告日：2019年9月6日
品种权人：江苏省农业科学院
培育人：刘晓青、李畅、苏家乐、肖政、何丽斯、贾新平、孙晓波、陈尚平

品种特征特性：'闭月'是2009年3月，以毛鹃品种'锦绣杜鹃'为母本，以引自嘉善的东鹃品种'白屏幅'为父本配置杂交组合。'闭月'株形紧凑美观，枝条开张度中等，1年生枝条浅绿色，2年生枝条褐色。叶常二型（春生叶大，夏生叶小），幼叶淡绿色，老叶深绿色，茸毛或糙伏毛较少，叶片有光泽感，叶尖凸尖，成熟叶片椭圆形，宽1.1～1.5cm，长3.5～4.5cm，。花2～3朵聚生于枝顶，花色为红紫色（RED PURPLE GROUP N66C，2001版），萼片瓣化为花瓣，花冠类型为套筒，且内层花瓣至衰败时仍然闭合，总是给人以含苞待放之感；雄蕊7～8枚，不等长，且短于雌蕊；雌蕊1枚，柱头盘状，红色，花药棕色；单花形态为漏斗形，5裂，中间上部裂片有深色斑点，花径5.5～6.5cm；叶片基部楔形，叶柄长1.8～2.1cm。宜在江浙沪地区做设施盆栽。

蝶海
（杜鹃花属）

联系人：刘晓青
联系方式：13645194178　国家：中国

申请日： 2018年7月10日
申请号： 20180390
品种权号： 20190190
授权日： 2019年7月24日
授权公告号： 国家林业和草原局公告（2019年第13号）
授权公告日： 2019年9月6日
品种权人： 江苏省农业科学院
培育人： 何丽斯、刘晓青、李畅、苏家乐、肖政、陈尚平、周惠民、项立平

品种特征特性：'蝶海'株形舒展，枝条开张度中等，1年生枝条浅绿色，2年生枝条褐色。叶常二型（春生叶大，夏生叶小），幼叶浅黄绿色，成熟叶绿色，茸毛或糙伏毛较多，叶片无光泽感，叶尖渐尖，成熟叶片长椭圆形，宽0.8~1.2cm，长3.5~4.5cm。花1~3朵聚生于枝顶，花色为艳丽的红紫色（RED PURPLE GROUP N57C，2001版），萼片绿色5裂，花冠类型为单瓣；雄蕊5~7枚，不等长，且短于雌蕊；雌蕊1枚，柱头盘状，红色，花药棕色；单花形态为漏斗形，5裂，中间上部裂片有深红色斑点，花径7.5~8.0cm；叶片基部楔形，叶柄长0.5~0.7cm。

长势强健，抗逆性较好，适宜在江浙沪一带或者气候相似区域做露地栽培和园林绿化应用。

名贵红

（李属）

联系人：伊贤贵
联系方式：13770589350　国家：中国

申请日：2018年7月11日
申请号：20180404
品种权号：20190191
授权日：2019年7月24日
授权公告号：国家林业和草原局公告（2019年第13号）
授权公告日：2019年9月6日
品种权人：南京林业大学、丁明贵
培育人：丁明贵、伊贤贵、赵瑞英、王贤荣、李文华、李蒙、段一凡、陈林、李雪霞、朱淑霞、马雪红、徐晓芃

品种特征特性：'名贵红'为钟花樱桃种下变异的新品种。落叶乔木，树高约4m，树形为伞形，树皮呈褐色，有口唇状及横裂纹皮孔；单叶互生，叶片长椭圆状，叶先端渐尖，基部近圆形，长6~13cm，宽3~5cm，叶缘有重锯齿，两面被开展柔毛；叶柄顶端或叶基部有腺体；花先叶开放，伞房花序，总梗长2.7~3.6cm；花梗长1.4~1.9cm，被疏柔毛；有花3~5朵，花径3.6~4.1cm；萼筒钟状，绿色，长约7mm，宽约4mm，萼片三角卵形，长约8mm，先端圆钝或急尖。花半瓣，10~14枚，粉红色，椭圆形，长1.6~1.8cm，宽1.4~1.5cm；花期在3月中下旬。

品种	花径	花瓣	花色	香味	花量	花期
'名贵红'	3.6~4.1cm	复瓣，10~14枚，开展	粉红色	具香味	多而密集	3月下旬至4月上旬
'钟花樱桃'	1.8~2.5cm	单瓣，5枚，不开展	红色	无香味	少而稀疏	1~2月
'阳光'	3.5~4.5cm	单瓣，5枚，开展	粉红色	无香味	多而密集	3月下旬至4月上旬
'松前红绯衣'	4.0~5.5cm	复瓣，10~25枚，开展	粉红色	无香味	多而密集	3月下旬至4月上旬

　　本品种在亚热带及部分暖温带地区均可栽植，该品种喜光，耐干旱瘠薄，喜酸性至微酸性土，适应性强，适于庭院、公园、道路等绿化。

龙韵
(李属)

联系人：伊贤贵
联系方式：13770589350　　国家：中国

申请日：2018年7月11日
申请号：20180406
品种权号：20190192
授权日：2019年7月24日
授权公告号：国家林业和草原局公告（2019年第13号）
授权公告日：2019年9月6日
品种权人：滁州中樱生态农业科技有限公司、南京林业大学
培育人：王宇、伊贤贵、司家朋、王贤荣、李蒙、段一凡、陈林、李雪霞、马雪红、朱淑霞、朱弘

品种特征特性：'龙韵'为华中樱桃种下变异的新品种。落叶乔木，树高约6m，树形为伞形；树皮呈灰褐色，有口唇状及横裂纹皮孔；单叶互生，叶片长椭圆状，叶先端骤渐尖，基部圆形，长5~9cm，宽2.5~4cm，叶缘有重锯齿，两面均无毛；叶柄顶端或叶基部有腺体；花先叶开放，伞形花序，总梗长0.4~1.5cm，无毛；有花5~10朵，花径2.4~2.8cm；萼筒管形钟状，绿色，长约4mm，宽约3mm，萼片三角卵形，长约2mm，先端圆钝或急尖。花单瓣，5枚，深粉色，椭圆形，长1.2~1.5cm，宽0.58~0.74cm；花期在3月中上旬。

'龙韵'与常见的华中樱桃种下品种在花期上有显著差异。具体见下表：

品种/种	树形	花序	花径	花色	花量	花期
'龙韵'	伞形	（3）5~10朵	2.4~2.8cm	深粉色	多而密集	整齐，高度一致
华中樱桃	狭锥形	3~5朵	1.5~2cm	白色或粉白色	少而稀疏	不整齐，不一致

该品种喜光，耐干旱瘠薄，喜酸性至微酸性土，适应性强，适于庭院、公园、道路等绿化。

大棠芳玫

(苹果属)

联系人：张蕊芬
联系方式：15864278020　国家：中国

申请日：2018年7月16日
申请号：20180429
品种权号：20190193
授权日：2019年7月24日
授权公告号：国家林业和草原局公告（2019年第13号）
授权公告日：2019年9月6日
品种权人：青岛市农业科学研究院
培育人：沙广利、张蕊芬、葛红娟、孙吉禄、孙红涛、马荣群

品种特征特性：'大棠芳玫'树形开张，枝条颜色呈棕色；伞房花序，花苞颜色呈浅粉色，花型重瓣，花苞压平后直径3.5cm，花型平，花瓣形状近似圆形，花瓣排列方式重叠，花脉不突出；叶片有缺刻，展开叶片绿色，叶缘锯齿状，叶面有光泽，叶面绿色，无花青苷积累。果实大小适中，果实形状扁圆形，果实着粉，无光泽，果皮绿色，果肉黄色，开花时间较一般观赏海棠晚，青岛地区一般在4月底5月初。

'大棠芳玫'与常用苹果砧木嫁接亲和，嫁接成活率高，适宜大批量嫁接繁。可以在公园、绿地、街道、高速公路等绿化区内，宽行种植。高抗苹果锈病，可以与桧柏为邻，扩大了海棠在园林绿化中的应用范围。

锦绣红
（苹果属）

联系人：张蕊芬
联系方式：15864278020　国家：中国

申请日：2018年7月16日
申请号：20180431
品种权号：20190194
授权日：2019年7月24日
授权公告号：国家林业和草原局公告（2019年第13号）
授权公告日：2019年9月6日
品种权人：青岛市农业科学研究院
培育人：沙广利、葛红娟、黄粤、邵永春、张翠玲、孙红涛、傅景敏

品种特征特性：'锦绣红'树势强，树形开张，枝条颜色呈棕红色，伞状花序，花苞颜色为玫红色，单瓣花，花型较平，花瓣为椭圆形，花瓣分离，展开花色为玫红色，展开叶片颜色为红绿色，叶片大小适中，叶缘缺刻为锯齿状，叶面光泽，叶片有花青苷着色，成熟叶片叶脉为红色，着果量大，果实较小，呈椭圆形，果梗较长，果实光泽度好，果实主色为红色。青岛地区开花时间一般为4月中旬。

'锦绣红'适宜种植区为苹果产区及与苹果产区生态环境类似的生态条件区域。'锦绣红'固地性强，适应性强，耐瘠薄，可以在园林绿地及缺乏灌溉条件的山地或贫瘠土地作为重点品种，加强应用。

白富美

（苹果属）

联系人：张蕊芬
联系方式：15864278020　国家：中国

申请日：2018年7月16日
申请号：20180432
品种权号：20190195
授权日：2019年7月24日
授权公告号：国家林业和草原局公告（2019年第13号）
授权公告日：2019年9月6日
品种权人：青岛市农业科学研究院
培育人：沙广利、马荣群、赵爱鸿、王芝云、王桂莲、邵永春、黄粤

品种特征特性：'白富美'树形呈直立形，枝条棕红色，伞状花序，花苞颜色为白色，花型为半重瓣，花瓣形状为椭圆形，花瓣排列方式为重叠，花脉不突出，展开花颜色为白色，展开叶片颜色为绿色，叶片大小适中，无叶耳，叶缘缺刻为锯齿状，叶面光泽较强，叶面绿色浅，叶片花青素着色弱，果实较小，果实性状为椭圆形，部分宿萼，果梗较长，果皮无着粉，果实光泽度强，果实主色为红色。

'白富美'适宜作为行道树种植在公路两旁，春季可以赏白色的花，秋季可赏红色的果。花量大，密集着生于枝头，蔚为壮观。栽培宜采用自然树形，可孤植、丛植、行植，形成不同观赏效果，定植当年定干高度1~1.5m，在主干上促发5~7个分枝。第2年春季，对分枝进行短截，每个分枝留1~2个枝延伸，使树冠丰满，尽快成形。

大棠婷靓

(苹果属)

联系人：张蕊芬
联系方式：15864278020　国家：中国

申请日：2018年7月16日
申请号：20180433
品种权号：20190196
授权日：2019年7月24日
授权公告号：国家林业和草原局公告（2019年第13号）
授权公告日：2019年9月6日
品种权人：青岛市农业科学研究院
培育人：沙广利、黄粤、万述伟、张蕊芬、赵爱鸿、王桂莲、傅景敏

品种特征特性：'大棠婷靓'树形直立，枝条颜色呈红棕色，伞状花序，花苞颜色呈深红色，单瓣花，花瓣正面边缘及中心呈紫红色，花瓣基部呈白色，花瓣背面颜色也为紫红色。幼叶红色，光亮，有蜡质感，展开叶片颜色为绿色，叶柄长度适中，无叶耳，叶缘缺刻呈锯齿状，叶面有光泽，成年叶片叶面颜色呈绿色，叶片有轻微花青苷着色，叶片长短和宽度适中。果实小，果梗长，果实为深红色，果肉颜色为红色。

　　'大棠婷靓'与常用苹果砧木嫁接亲和，嫁接成活率高，适宜大批量嫁接繁殖。其树形直立，可以密植成行，春天鲜花满墙，叶色靓丽，夏季绿树成荫；秋季硕果累累，有较高观赏价值。在苗圃整形时，可以通过短截等方式促发分枝，使树冠尽快成形。'大棠婷靓'适应性强，适应大部分园林绿化需要。

向麟
(苹果属)

联系人：朱升祥
联系方式：0536-7211866　国家：中国

申请日：2018年7月19日
申请号：20180438
品种权号：20190197
授权日：2019年7月24日
授权公告号：国家林业和草原局公告（2019年第13号）
授权公告日：2019年9月6日
品种权人：昌邑海棠苗木专业合作社、昌邑市林木种苗站
培育人：王立辉、明建芹、郭光智、姚兴海、朱升祥、张兴涛、李姗、齐伟婧、王玉彬

品种特征特性：'向麟'地径13cm，树高4.5m，树皮和大枝灰色，光滑，小枝深棕色，株形开张，嫩叶棕红，叶卵形，绿色，先端渐尖，基部椭圆或宽楔，缘锯齿状，叶长6.3~8.5cm，宽5.1~3.9cm，叶柄长2.8~3.7cm，伞形花序，每序3~5朵，花压平直径3.8~4.5cm，花瓣数10~15枚，部分发育不全，花瓣阔椭圆形，少为椭圆。正面中心粉色，背面深粉，花萼裂片三角形，棕色，雄蕊39~54枚，花柱5，低于雄蕊。果多为梨形，少为球形，橙黄或黄绿，少为橙红，横1.1~1.4cm，纵1~1.2cm，萼大多数脱落，果梗长3.1~4.7cm。花期4月中下旬，果期10月。

'向麟'与相似品种'昌辉'相比，差异见下表：

品种	叶形	花瓣形状	果梗长度	果色
'向麟'	卵形	阔椭圆	3.1~4.7cm	黄绿–橙黄
'昌辉'	长椭圆	椭圆	2.1~3.4cm	橙黄–橙红

该品种适应性强，造林成活率高，可在鲁南、鲁中、胶东半岛和渤海莱州湾等地区栽培，生长良好。与上述地区气候土壤条件相似的华北等地区也可推广应用。

矮魁

(苹果属)

联系人：朱升祥
联系方式：13561428789　国家：中国

申请日：2018年7月19日
申请号：20180439
品种权号：20190198
授权日：2019年7月24日
授权公告号：国家林业和草原局公告（2019年第13号）
授权公告日：2019年9月6日
品种权人：昌邑海棠苗木专业合作社、昌邑市林木种苗站
培育人：姚兴海、齐伟婧、张兴涛、王忠华、朱升祥、明建芹、王慧、王立辉

品种特征特性：'矮魁'干低矮，短枝型，株形直立，树高2.5m，地径17cm，干基部薄片状裂，大枝灰绿，小枝棕绿色，叶卵状椭圆形或卵形，先端尾尖或渐尖，基部圆形或宽楔，缘粗锯齿状，叶常内翻，长7.7～10.2cm，宽4.7～5.8cm，伞形花序，每序3～6朵，花苞粉色，单瓣花，花压平直径3.1～4.4cm，花瓣椭圆形或阔椭圆形，正面中心白色，背面浅粉，雄蕊15～25枚，花柱4（5），与雄蕊等高或略低。花梗绿色，长2.4～4.2cm。花期4月中下旬，果椭圆形，红色，纵径1.2～1.7cm，横径1.1～1.6cm，萼有时存，果熟期9月。

该品种与相似品种'雪球'相比，特点见下表：

品种	株形	花苞颜色	花瓣背面颜色	果实形状	果实颜色
'矮魁'	向上	粉红	浅粉	椭圆形	红色
'雪球'	开张	粉白	白色	球形	橘红

该品种适应性强，造林成活率高，可在鲁南、鲁中、胶东半岛和渤海莱州湾等地区栽培，生长良好。与上述地区气候土壤条件相似的华北等地区也可推广应用。

粉伴
(苹果属)

联系人：朱升祥
联系方式：13561428789 国家：中国

申请日：2018年7月19日
申请号：20180440
品种权号：20190199
授权日：2019年7月24日
授权公告号：国家林业和草原局公告（2019年第13号）
授权公告日：2019年9月6日
品种权人：昌邑海棠苗木专业合作社、昌邑市林木种苗站
培育人：朱升祥、姚兴海、李姗、郭光智、黄海、冯瑞廷、齐伟婧、王立辉、明建芹

品种特征特性：'粉伴'为多年生小乔木，地径14cm，树高4.5m，株形开张，树皮片裂。大枝灰，光滑，小枝深棕色，嫩叶紫红，叶卵形，绿色，先端渐尖或突尖，叶基宽楔或椭圆，部分叶两侧不对称，缘锯齿状，叶长5.7～8cm，宽4～3cm，叶柄长2.7～1.7cm，伞形花序，每序3～6朵，半重瓣花，花瓣5～15枚，有的发育不全，花压平直径4.7～5.4cm，初开粉色，盛开浅粉，花瓣椭圆形或卵形，正面中心浅粉，背面粉红色。雄蕊35～40枚，高低不齐，花柱5，与雄蕊近等高或略低于雄蕊。花萼裂片披针状三角形。紫色，后翻。果方形或球形，橙红或橙黄。萼大部分脱落，横径1.4cm，纵径1～1.2cm，果梗浅红，长3.5～4.5cm。花期4月中下旬。果期9月下旬至10月。

'粉伴'与相似品种'昌辉'相比，差异见下表：

品种	花瓣数	叶形	果形	花瓣中心颜色
'粉伴'	5~15	卵形	方形或球形	浅粉
'昌辉'	10~15	长椭圆形	梨形或扁球形	粉

该品种适应性强，造林成活率高，可在鲁南、鲁中、胶东半岛和渤海莱州湾等地区栽培，生长良好。与上述地区气候土壤条件相似的华北等地区也可推广应用。

科植3号

(忍冬属)

联系人：唐宇丹
联系方式：13691193595　国家：中国

申请日：2018年7月30日
申请号：20180455
品种权号：20190200
授权日：2019年7月24日
授权公告号：国家林业和草原局公告（2019年第13号）
授权公告日：2019年9月6日
品种权人：中国科学院植物研究所
培育人：唐宇丹、白红彤、法丹丹、邢全、李霞、安玉来、孙雪琪、李慧、尤洪伟、石雷

品种特征特性：'科植3号'是自东北引进红花忍冬自然授粉实生苗中选育出的花蕾玫红色、花粉红色、花量较密集、果实红色的新疆忍冬新品种。

落叶灌木，生长势较强，株高中等（3年生株高44.15±8.48cm，冠幅39.30±7.89cm），主枝半直立，侧枝斜上伸展，枝密度较中等至较密。当年生枝表面无毛或近无毛，长度中等，3年生苗1年生枝中段节间长度中等至较长，平均2.65±0.68cm，营养枝节间长6.72±2.01cm；幼枝表皮紫色，成熟枝浅褐色。单叶对生，叶片宽披针形至长卵形，长平均2.34±0.82cm、宽1.54+0.40cm，营养枝叶片长4.28±0.73cm、宽2.53±0.25cm；纸质、两面近无毛；幼叶上表面黄绿至浅绿（RHS143C）、叶缘具紫色，成熟叶上表面黄绿至中绿，叶脉浅绿；叶片顶端渐尖、偶急尖、基部近圆形。花序叶腋着生、通常每花序2朵花，3年生植株着花密度中等至较密，花蕾发育一致性中等至较高，花蕾棒状、微弯、玫红色（RHS61D），长度平均1.53±0.09cm，直径0.41±0.06cm，花冠筒窄漏斗形，基部略隆起，长0.64±0.08cm，直径1～1.5mm，为花冠长度的1/2，表面近无毛，苞片条形，花唇型、复色、正面主色粉红色（RHS62A）、次色浅粉（RHS65B）、背面主色粉红色、中部具粉色条纹（RHS62B、63A），花冠裂片排列方式为上唇瓣4裂片、下唇瓣1片，花冠口长径平均2.27±0.82cm、短径1.43±0.16cm；上唇瓣姿态水平、中裂片长椭圆形、长度中等1.16±0.39cm，宽度中等0.34±0.05cm。中裂裂至中部，下唇瓣姿态水平、矩圆形；花丝粉色，雄蕊与花冠近等高。浆果扁球状、红色（RHS45B），直径6～7cm，果柄长度较短，为7～9cm。着生姿态直立，果实密度中等。花期在4月中下旬，果实成熟期较晚，持续挂果时间长度中。

本品种抗寒、耐旱，生长势较强，观花、观果，适于中国的华北、东北、西北及世界范围生态环境相似区域园林和生态修复应用。

科植6号

(忍冬属)

联系人：唐宇丹
联系方式：13691193595　国家：中国

申请日：2018年7月30日
申请号：20180456
品种权号：20190201
授权日：2019年7月24日
授权公告号：国家林业和草原局公告（2019年第13号）
授权公告日：2019年9月6日
品种权人：中国科学院植物研究所
培育人：白红彤、唐宇丹、李霞、安玉来、李慧、孙雪琪、姚涓、法丹丹、尤洪伟、石雷

品种特征特性：'科植6号'自东北引进红花忍冬自然授粉实生苗中选育出的花色纯白、果实深红的新疆忍冬新品种。

落叶灌木，生长势较强，株高中等（3年生株高63.30±6.50cm，冠幅57.40±19.37cm），主枝半直立，侧枝斜上伸展，枝密度较中等至较密集。当年生成熟枝表面无毛或近无毛，长度中等、3年生苗1年生枝中段节间长度中等，平均2.63±0.72cm，营养枝节间长6.80±0.55cm；幼枝表皮紫色，成熟枝浅灰褐色。单叶对生，叶片宽披针形至长卵形，长3.46±0.38cm，宽1.61±0.58cm，营养枝上叶片长等6.32±0.82cm，宽2.77±0.33cm；纸质、两面近无毛；幼叶上表面浅绿色（RHS144A）、叶缘浅绿色，成熟叶上表面深绿色，叶脉黄绿或浅绿；叶片顶端渐尖、基部近圆形。花序叶腋着生、通常每花序2朵花，3年生植株的着花密度较稀疏至中等，花蕾发育一致性中等至较差，花蕾棒状微弯、黄绿色（RHS145C，长1.12±0.06cm、直径0.36±0.05cm，花冠筒窄漏斗形，基部略隆起，直径约1.5mm，长度约5mm，为花冠长度的一半，表面近无毛，苞片条状线形；花唇型、单色、白（RHS1550，花冠裂片排列方式为上唇瓣4、下唇瓣1，花冠口长径1.95±0.46cm、短径0.95±0.20cm；上唇瓣姿态水平、中裂片长矩圆形，中裂至裂片的1/3～1/2；下唇瓣1片、姿态水平或略反卷、长矩圆形；花丝黄色，雄蕊低于花冠；花冠裂片正反两面均为白—浅黄—黄。浆果扁球状、深红（RHS53A），横径7～9cm，果柄长16mm，着生姿态近平展，果实密度中。花期在4月中下旬，持续约10天；果实成熟期为5月下旬至6月上中旬，持续挂果时间较长。

本品种抗寒、耐旱，生长势较强，观花、观果，适于中国的华北、东北和西北及世界范围生态环境相似区域园林和生态修复应用。

科植9号

（忍冬属）

联系人：唐宇丹
联系方式：13691193595　国家：中国

申请日：2018年7月30日
申请号：20180457
品种权号：20190202
授权日：2019年7月24日
授权公告号：国家林业和草原局公告（2019年第13号）
授权公告日：2019年9月6日
品种权人：中国科学院植物研究所
培育人：唐宇丹、白红彤、孙雪琪、邢全、李霞、李慧、安玉来、法丹丹、尤洪伟、石雷

品种特征特性：'科植9号'是自东北引进红花忍冬自然授粉实生苗中选育出的花蕾橙粉色、卵球形、唇瓣裂片背面边缘玫红色、果实呈红色的新疆忍冬新品种。

落叶灌木，生长势较强，株高中等（3年生株高56.60±6.98cm，冠幅46.30±9.45cm），主枝半直立，侧枝斜上伸展，枝密度中等。当年生枝表面无毛或近无毛，长度中等，3年生苗1年生枝中段节间长度中等，平均2.28±0.45cm，营养枝节间长5.59±1.09cm；幼枝表皮紫色，成熟枝浅灰褐色。单叶对生，叶片长卵形，较小长度平均3.15±0.66cm，宽1.82±0.61cm，营养枝上叶片长5.23±0.74cm，宽2.42±0.39cm；纸质、两面近无毛；幼叶上表面绿色（RHS143A）、叶缘紫色，成熟叶上表面绿色，叶脉浅绿；叶片顶端急尖、基部平截。花序叶腋着生、通常每花序2朵花，3年生植株着花密度中等至较密，花蕾发育一致性中等，花蕾形状卵球、直立、橙粉色（RHS62B）、次色玫红（RHSN66A），长度平均1.05±0.05cm、直径0.42±0.04cm。花冠筒窄漏斗形，基部略隆起，直径3mm，长度约为0.63±0.09cm，为花冠长度的1/2，表面近无毛，苞片条状披针形；花唇形、复色、正面主色白色（RHSN155C）、次色浅粉（RHS62D）、背面边缘玫红色、中心浅粉色（RHS63A、62D），花冠裂片排列方式上唇瓣裂片4、下唇瓣裂片1，花冠口长径平均1.81±0.27cm，短径1.71±0.14cm，上唇瓣姿态水平，椭圆形，长1.00±0.09cm，宽0.43±0.05cm，中裂深度至中部；下唇瓣姿态水平、矩圆形；花丝白色。雄蕊低于花冠。浆果扁球状，橙红色（RHS N34A），横径6~8cm，果柄长15cm，直立，果实密度中等。花期4月中下旬，持续10天左右；果实成熟期5月下旬至6月上中旬，持续挂果时间中等。

本品种抗寒、耐旱，生长势较强，观花、观果，适于中国的华北、东北和西北及世界范围生态环境相似风域园林和生态修复应用。

科植18号
(忍冬属)

联系人:唐宇丹
联系方式:13691193595 国家:中国

申请日:2018年7月30日
申请号:20180458
品种权号:20190203
授权日:2019年7月24日
授权公告号:国家林业和草原局公告(2019年第13号)
授权公告日:2019年9月6日
品种权人:中国科学院植物研究所
培育人:白红彤、唐宇丹、李霞、邢全、孙雪琪、安玉来、姚涓、法丹丹、尤洪伟、石雷

品种特征特性: '科植18号'是自东北引进红花忍冬自然授粉实生苗中选有出的花蕾橙粉色、卵球形、唇瓣裂片背面边缘玫红色、果实呈红色的新疆忍冬新品种。

落叶灌木,生长势中等,株高中等(3年生株高53.50±9.45cm,冠幅44.30±13.32cm),主枝半直立,侧枝斜上伸展,枝密度中等。当年生枝表面无毛或近无毛,长度中等,3年生苗1年生枝中段节间长度中等,平均2.74±0.48cm,营养枝节间长7.00±1.56cm;幼枝表皮紫色,成熟枝浅灰褐色。单叶对生,叶片宽披针形至长卵形,叶片长度中等,平均4.03±0.60cm。宽2.43±0.71cm,营养枝上叶片长5.14+1.54cm,宽2.43±0.71cm;纸质、两面近无毛;幼叶上表面绿色(RHS143A)、叶缘紫色,成熟叶上表面绿色,叶脉浅绿;叶片顶端急尖、基部平截。花序叶腋着生,通常每花序2朵花,3年生植株着花密度中等,花蕾发育一致性中等,花蕾棒状微弯、浅粉具粉色纹饰(RHS56B),长1.11±0.09cm、直径0.28±0.04cm;花冠筒窄漏斗形,基部略隆起,长度为0.50±0.05cm,直径1.5~2mm,为花冠长度的1/2,表面近无毛,苞片窄披针形;花唇形、复色、正面主色浅黄至白色(RHS4C)、背面浅黄至白(RHS4D);裂片边缘浅粉晕,花冠裂片排列方式上唇瓣裂片4、下唇瓣裂片1,花冠口长径较短、平均2.16±0.38cm,短径1.15±0.16cm;上唇瓣姿态斜展至水平、窄椭圆形、长度1.03±0.08cm,宽度0.24±0.05cm,中裂深度至基部;下唇瓣姿态反卷、近条形;花丝白色。雄蕊低于花冠,浆果扁球状。橙红(RHS N34A),横径6~9cm,果柄长12~15cm,直立,果实密度中等。花期4月中下旬,持续10天左右;果实成熟期5月下旬至6月上中旬,持续挂果时间长。

本品种抗寒、耐旱,生长外较强,观花、观果,适于中国的华北、东北和西北及世界范围生态环境相似风域园林和生态修复应用。

龙橡3号

（栎属）

联系人：陈洪锋
联系方式：13912631188　国家：中国

申请日：2018年8月27日
申请号：20180487
品种权号：20190204
授权日：2019年7月24日
授权公告号：国家林业和草原局公告（2019年第13号）
授权公告日：2019年9月6日
品种权人：苏州泷泮生物科技有限公司
培育人：陈洪锋、万晗啸、卞学飞

品种特征特性：本品种是2014年4月在播种苗中发现的一株春季叶色呈褐红色的单株。对其进行连续2年的观察，发现该单株春季新叶及5月二次抽枝均呈褐红色，其表现性状稳定。2016年春季采集当年生的嫩枝以及未萌发的隐芽为穗条，用2年生的纳塔栎实生苗做砧木进行嫁接繁殖，嫁接20天后该苗开始萌发，新叶呈褐红色，与母树的叶色一致，表现出较好的品种一致性和稳定性。

落叶乔木，株形扁球形，植株高度矮，主干通直；侧枝半下垂，树冠枝叶中等；在苏州地区4月下旬开始萌发，12月下旬至翌年1月为落叶期；叶片窄倒卵形，长4.9～20cm，宽1.5～9cm，基部窄楔形；叶缘每边3～5羽状深裂，裂片具细裂齿，顶端渐尖；萌发新叶褐红色，红叶期持续至5月中旬，保持45天左右，5月下旬逐渐转为深绿色，6月上旬二次抽枝新叶褐红色，红叶保持15天。

适应我国淮河以南地区种植，长江流域为最适宜栽培区。

"龙橡3号"植株冠形

近似品种"Betterred"植株冠形

龙橡7号

（栎属）

联系人：陈洪锋
联系方式：13912631188　国家：中国

申请日：2018年8月27日
申请号：20180491
品种权号：20190205
授权日：2019年7月24日
授权公告号：国家林业和草原局公告（2019年第13号）
授权公告日：2019年9月6日
品种权人：苏州泷沣生物科技有限公司、殷波
培育人：陈洪锋、万晗啸、卞学飞

品种特征特性：本品种是2014年4月在播种苗中发现的一株春季叶色呈黄色的单株。对其进行连续2年的观察，发现该单株春季新叶及5月二次抽枝均呈黄色，其表现性状稳定。2016年春季采集当年生的嫩枝以及未萌发的隐芽为穗条，用2年生的纳塔栎实生苗做砧木进行嫁接繁殖，嫁接20天后该苗开始萌发，新叶呈黄色，与母树的叶色一致，表现出较好的品种一致性和稳定性。

落叶乔木，株形宽卵形，生长势强，主干通直；主枝斜上伸展，树冠枝叶中等；在苏州地区4月下旬开始萌发，12月下旬至翌年1月为落叶期；叶片倒披针形，长4～15cm，宽1.5～7cm，基部窄楔形；叶缘每边3～5羽状深裂，裂片具细裂齿，顶端渐尖；萌发新叶黄色，黄色期持续至5月中旬，保持45天左右，5月下旬逐渐转为深绿色，6月上旬二次抽枝新叶黄色，黄叶保持15天。

适应我国淮河以南地区种植，长江流域为最适宜栽培区。

'龙橡7号'春叶

近似品种'艳遇'春叶

龙橡8号

（栎属）

联系人：陈洪锋
联系方式：13912631188　国家：中国

申请日：2018年8月27日
申请号：20180492
品种权号：20190206
授权日：2019年7月24日
授权公告号：国家林业和草原局公告（2019年第13号）
授权公告日：2019年9月6日
品种权人：苏州泷泮生物科技有限公司
培育人：陈洪锋、万晗啸、卞学飞

品种特征特性：本品种是2014年3月在播种苗中发现的一株春季叶色呈褐红色的单株。对其进行连续2年的观察，发现该单株春季新叶及5月二次抽枝均呈黄色，其表现性状稳定。2016年春季采集当年生的嫩枝以及未萌发的隐芽为穗条，用2年生的纳塔栎实生苗做砧木进行嫁接繁殖，嫁接20天后该苗开始萌发，新叶呈褐红色，与母树的叶色一致，表现出较好的品种一致性和稳定性。

落叶乔木，株形卵圆形，主干通直；主枝近平展，树冠枝叶中等；在苏州地区4月上旬开始萌发，12月下旬至翌年1月为落叶期；叶片倒卵形，长3.5～12.5cm，宽1.5～6.5cm，基部楔形，叶缘每边3～5羽状深裂，裂片具细裂齿，顶端渐尖；萌发新叶褐红色，红叶期持续至5月中旬，保持45天左右，5月下旬逐渐转为深绿色，6月上旬二次抽枝新叶褐红色，黄叶保持15天。

适应我国淮河以南地区种植，长江流域为最适宜栽培区。

'龙橡8号'叶片顶端形状

近似品种'龙橡10号'叶片顶端形状

龙橡10号

（栎属）

联系人：陈洪锋
联系方式：13912631188　国家：中国

申请日：2018年8月27日
申请号：20180494
品种权号：20190207
授权日：2019年7月24日
授权公告号：国家林业和草原局公告（2019年第13号）
授权公告日：2019年9月6日
品种权人：苏州泷泮生物科技有限公司
培育人：陈洪锋、万晗啸、卞学飞

品种特征特性：本品种是2013年3月发现的一株春季叶色呈黄色的单株。对其进行连续2年的观察，发现该单株春季新叶及5月二次抽枝均呈黄色，其表现性状稳定。2015年春季采集当年生的嫩枝以及未萌发的隐芽为穗条，用2年生的纳塔栎实生苗做砧木进行嫁接繁殖，嫁接20天后该苗开始萌发，新叶呈黄色，与母树的叶色一致，表现出较好的品种一致性和稳定性。

落叶乔木，株形宽卵形，主干通直；主枝近平展，树冠枝叶密度中等；在苏州地区4月上旬开始萌发，12月下旬至翌年1月为落叶期；叶片倒卵形，长3~7.5cm，宽1~5cm，基部宽楔形，叶缘每边3~5羽状深裂，裂片具细裂齿，顶端渐尖；萌发新叶褐红色，红叶期持续至5月中旬，保持45天左右，5月下旬逐渐转为深绿色，6月上旬二次抽枝新叶红褐色，红褐色保持15天。

适应我国淮河以南地区种植，长江流域为最适宜栽培区。

"龙橡10号"幼叶

"龙橡3号"幼叶

赣彤1号

（樟属）

联系人：余发新
联系方式：13576091618　国家：中国

申请日：2018年8月28日
申请号：20180501
品种权号：20190208
授权日：2019年7月24日
授权公告号：国家林业和草原局公告（2019年第13号）
授权公告日：2019年9月6日
品种权人：江西省科学院生物资源研究所
培育人：余发新、钟永达、吴照祥、李彦强、刘立盘、杨爱红、刘淑娟、刘腾云、周华、孙小艳、肖亮、周燕玲、胡淼

品种特征特性：'赣彤1号'叶椭圆形，尾状渐尖，离基三出脉，背面白色，互生。该变异单株2月下旬至3月上旬新芽萌动，新芽呈粉白色，外面有红色鳞片；展叶期为3月中旬，初生新叶呈黄红色，随着叶片的不断成熟，叶色逐渐变为橘黄色、黄绿色、绿色；夏季新生叶为黄绿色，成熟后转浅绿色、绿色。春季枝条鲜红色，夏季初生新枝为黄色，10月下旬后逐步转鲜红色。树干表皮常年基本维持鲜红色，夏季6~9月红色变淡，呈微红色或黄色。

品种	春季新叶颜色	叶片背部颜色	一年生枝颜色	腋芽和叶柄基部
'赣彤1号'	黄红色	浅灰绿色	黄色或浅红色	深红色
'霞光'	鲜红色	黄绿色	黄色	无红色

'赣彤1号'适宜微酸性、中性土壤。适合列植、片植，具有较高的观赏性。

赣彤2号

（樟属）

联系人：余发新
联系方式：余发新　国家：中国

申请日：2018年8月28日
申请号：20180502
品种权号：20190209
授权日：2019年7月24日
授权公告号：国家林业和草原局公告（2019年第13号）
授权公告日：2019年9月6日
品种权人：江西省科学院生物资源研究所
培育人：余发新、钟永达、吴照祥、李彦强、刘立盘、刘腾云、杨爱红、刘淑娟、周华、孙小艳、肖亮、周燕玲、胡淼

品种特征特性：叶长圆状卵形，尾状渐尖，离基三出脉，背面发白，互生。叶长7～8cm，宽3～4cm，叶柄长1.5～1.8cm。该变异单株新芽呈粉白色，外面有红色鳞片；初生新叶金黄色，中脉叶肉周围略带红色，随着叶片的不断成熟，叶色逐渐变为浅红色、黄绿色、绿色；夏季新生叶为浅黄色，成熟后转浅绿色、绿色。春季枝条鲜红色或淡红色，夏季初生新枝为黄色，10月下旬后逐步转鲜红色。树干表皮常年基本维持鲜红色，夏季6～9月红色变淡，呈微红色或黄色。

品种	春季成熟新叶颜色	夏季新叶颜色	叶片性状	初生枝颜色
'赣彤2号'	浅红色	浅黄色	长圆状卵形	黄色或浅红色
'涌金'	淡黄色	黄白色	卵形	嫩黄色

'赣彤2号'适宜微酸性、中性土壤。适合列植、片植，具有较高的观赏性。

千纸飞鹤

（木兰属）

联系人：尹丽娟
联系方式：13917056235　国家：中国

申请日：2018年8月29日
申请号：20180504
品种权号：20190210
授权日：2019年7月24日
授权公告号：国家林业和草原局公告（2019年第13号）
授权公告日：2019年9月6日
品种权人：上海市园林科学规划研究院、南召县林业局
培育人：张浪、张冬梅、田彦、周虎、尹丽娟、徐功元、王庆民、田文晓、有祥亮、张哲、余洲、朱涵琦、臧明杰、刘耀

品种特征特性：本品种由玉兰（*M. demudata*）自然杂交的实生苗中选育。

落叶乔木，株形直立，先花后叶，花顶生，新叶淡紫红色，厚纸质。成熟叶片长椭圆形或卵圆形，长15.5～17.4cm，宽8.5～9.7cm，基部楔形至阔楔形，先端骤尖、渐尖；花瓣状花被片10～11片，无萼片状花被片，盛开时花瓣直立，肉质，外轮花瓣状花被片倒披针形，外表面有粉红色斑块和脉纹，长8.5～9.1cm，雄蕊基部浅紫色，中上部淡黄花色，香味强。花期3月中上旬。

本品种适宜华东、华南、华中、华北、西南、西北部分地区栽培。喜光，较耐寒，不耐干旱，亦不耐水涝，可在−20℃的低温下安全越冬。

丹霞似火

（木兰属）

联系人：尹丽娟
联系方式：13917056235　国家：中国

申请日：2018年8月29日
申请号：20180505
品种权号：20190211
授权日：2019年7月24日
授权公告号：国家林业和草原局公告（2019年第13号）
授权公告日：2019年9月6日
品种权人：上海市园林科学规划研究院、南召县林业局
培育人：方明洋、张冬梅、张浪、田彦、尹丽娟、周虎、罗玉兰、王庆民、徐功元、田文晓、毛俊宽、杨谦、王建勋、王鹏飞、王磊

品种特征特性：落叶乔木，株形直立，先花后叶，花蕾顶生，新叶紫红色，纸质。成熟叶片狭椭圆形，长14.2～17.0cm，基部楔形，先端渐尖，叶柄长1.9～2.3cm，托叶痕小于叶柄长度的1/3；萼片状花被片3片，黄绿色中间一条紫肋，花瓣状花被片6片，盛开时花瓣直立，肉质，花瓣状花被片倒卵形至椭圆形，外表面呈鲜艳的红色，两边缘各一条白色条带；内表面上部呈淡紫红色，外轮花瓣长4.5～7.1cm，宽2.4～3.4cm。雄蕊基部紫色，中上部淡黄色。花期2月底至3月初。

本品种适宜华东、华南、华中、华北、西南、西北部分地区栽培。喜光，较耐寒，不耐干旱，亦不耐水涝，可在-20℃的低温下安全越冬。

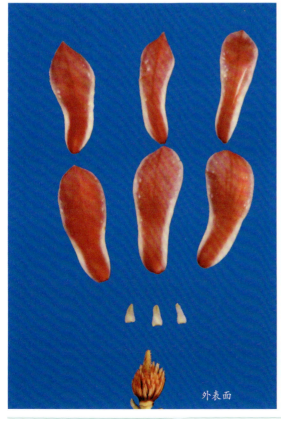
外表面

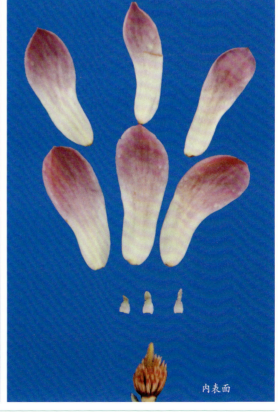
内表面

红玉映天

(木兰属)

联系人：尹丽娟
联系方式：尹丽娟　国家：中国

申请日：2018年8月29日
申请号：20180506
品种权号：20190212
授权日：2019年7月24日
授权公告号：国家林业和草原局公告（2019年第13号）
授权公告日：2019年9月6日
品种权人：上海市园林科学规划研究院、南召县林业局
培育人：张浪、张冬梅、田彦、尹丽娟、周虎、徐功元、有祥亮、靳三恒、田文晓、王庆民、张哲、仝炎、辛华、张宏、孙永幸

品种特征特性：落叶乔木，株形直立，先花后叶，花顶生，新叶紫红色，厚纸质。成熟叶片倒卵形，长11.5～13.9cm，基部楔形至阔楔形，先端骤尖，叶柄长2.0～3.7cm；花瓣状花被片11～14片，无萼片状花被片，盛开时花瓣直立，肉质，外轮花瓣状花被片倒披针形，外表面基部呈玫红色，上部呈淡粉红色，长7.2～9.8cm，宽3.2～4.2cm；雄蕊基部玫红色，中上部淡紫色，雌蕊群紫红色。花期3月中上旬。

本品种适宜华东、华南、华中、华北、西南、西北部分地区栽培。喜光，较耐寒，不耐干旱，亦不耐水涝，可在-20℃的低温下安全越冬。

二月增春

（木兰属）

联系人：尹丽娟
联系方式：13917056235　国家：中国

申请日：2018年8月29日
申请号：20180507
品种权号：20190213
授权日：2019年7月24日
授权公告号：国家林业和草原局公告（2019年第13号）
授权公告日：2019年9月6日
品种权人：上海市园林科学规划研究院、南召县林业局
培育人：张冬梅、吕永钧、田彦、张浪、尹丽娟、周虎、徐功元、田文晓、王庆民、余洲、罗玉兰、石大强、王良、申洁梅、谷珂

品种特征特性：落叶乔木，株形直立，先花后叶，花蕾顶生，浅紫色，新叶紫红色，纸质。成熟叶片狭椭圆形，长12.1~13.7cm，基部楔形，先端渐尖，叶柄长1.4~2.3cm，托叶痕小于叶柄长度的1/3；萼片状花被片3片，黄绿色，基部淡紫色；花瓣状花被片6片，盛开时花瓣直立，肉质，花瓣状花被片倒卵形，外表面颜色由基部淡红色向上渐变为淡粉红色，两侧边缘有一条白色条带，内表面先端淡粉红色，基部白色，外轮花瓣长5.5~7.3cm，宽2.2~3.7cm；雄蕊尖端淡紫色，中部淡黄色基部深紫色。花期2月底至3月初。

本品种适宜华东、华南、华中、华北、西南、西北部分地区栽培。喜光，较耐寒，不耐干旱，亦不耐水涝，可在-20℃的低温下安全越冬。

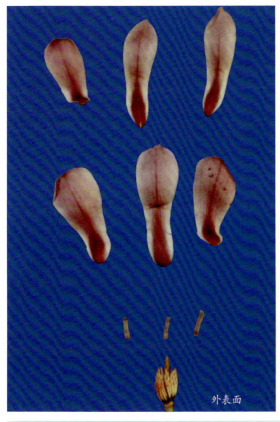
外表面

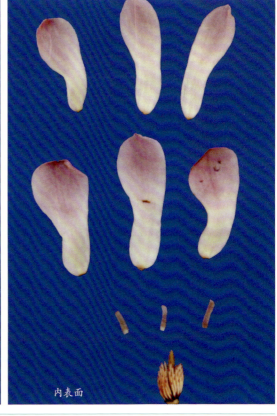
内表面

蒙树3号杨

（杨属）

联系人：铁英
联系方式：18504717615　国家：中国

申请日：2018年6月9日
申请号：20180302
品种权号：20190214
授权日：2019年7月24日
授权公告号：国家林业和草原局公告（2019年第13号）
授权公告日：2019年9月6日
品种权人：内蒙古和盛生态科技研究院有限公司
培育人：朱之悌、赵泉胜、林惠斌、李天权、康向阳、铁英、田菊

品种特征特性：'蒙树3号杨'是'毛新杨'×'大齿杨'杂交产生的杂种后代。通过苗期选择与测定、多点试验等过程而选育成功的新品种。

'蒙树3号杨'为雄株，树干笔直，成年树高达18～25m。树皮灰绿色，皮孔椭圆形，呈不规则分布。长、短枝叶均为卵圆形，斜下，先端急尖，基部心形，叶片下表面灰绿色，幼嫩叶片全部被茸毛，成熟叶片部分被茸毛或无茸毛，叶片无裂片，叶缘翘曲，波状齿。成年树叶柄具2个腺点。树形开展呈宽卵形，分枝角大于50°。雄花序长5～10cm，雄蕊呈红色，每个花序具有小花100～136个，每个小花含10～23个雄蕊；苞片尖裂，具长柔毛。植株封顶期早，萌芽出现绿尖的时间较晚。速生，具有较强的抗寒性、抗旱性、抗病虫害、抗风倒能力。

主要适宜于气候干旱寒冷的内蒙古、宁夏、辽宁和吉林南部等区域的平原及川地栽培。

'蒙树3号杨'与其母本和'蒙树1号杨'新品种相比较，不同点见下表：

品种	学名	植株性别	叶部特征	树皮特征
'蒙树3号杨'	(P. tomentosa×P. bolleana) × P. grandidentala	雄	叶片卵圆形，先端急尖，基部心形，叶缘翘曲，无裂片，具波状齿，下表面灰绿色	树皮灰绿色，中度开裂
'毛新杨'（母本）	P. tomentosa ×P. bolleana	雌	叶片卵形或阔卵形，先端阔渐尖，基部阔楔形，叶缘深裂，下表面灰白色	树皮白色，轻度开裂
'蒙树1号杨'	Populus 'Mengshu-I'	雌	长枝叶卵形，基部阔楔形，先端圆钝；短枝叶卵圆形，基部微心形。所有叶缘均浅裂，下表面灰白色	树皮灰白色，深度开裂

霞光
(蔷薇属)

联系人：田连通
联系方式：13518743690　国家：中国

申请日：2012年12月1日
申请号：20120196
品种权号：20190215
授权日：2019年12月31日
授权公告号：国家林业和草原局公告（2019年第31号）
授权公告日：2019年12月31日
品种权人：云南锦苑花卉产业股份有限公司
培育人：倪功、曹荣根、田连通、白云评、乔丽婷、阳明祥

品种特征特性：'霞光'为蔷薇科蔷薇属植物，是云南锦苑花卉产业股份有限公司于2009年4月通过'白玉'（母本）×'橙汁'（父本）进行单交培育的实生株系经优选，反复扦插繁殖而得到。

'霞光'为常绿灌木，植株高度为70~90cm。皮刺密度（3~4级）中等，叶颜色绿色，叶上表面光泽度强。顶端小叶数3~5片，顶端小叶尖部锐尖形，基部为钝形。花蕾为卵形、杯状、重瓣、大花型品种。侧枝生长中等每平方米年产量的50枝，瓶插期10~12天。

'霞光'与对照品种'召唤'花色对照：'霞光'花瓣正面红色（RHS：RED GROUP 41-C），花瓣背面为红色（RHS：RED GROUP 38-B）。而对照品种'召唤'花瓣正面粉红色（RHS：RED GROUP40-D）；背面粉红色（RHS：RED GROUP38-A）。

'霞光'适宜于云南省滇中等亚热带地区栽培，也适合温室栽培。

怀念
(蔷薇属)

联系人：田连通
联系方式：13518743690　国家：中国

申请日：2012年12月1日
申请号：20120209
品种权号：20190216
授权日：2019年12月31日
授权公告号：国家林业和草原局公告（2019年第31号）
授权公告日：2019年12月31日
品种权人：云南锦苑花卉产业股份有限公司
培育人：倪功、曹荣根、田连通、白云评、乔丽婷、阳明祥

品种特征特性：'怀念'为蔷薇科蔷薇属植物，是云南锦苑花卉产业股份有限公司于2009年4月通过'玉镯'（母本）× '香粉'（父本）进行单交培育的实生株系经优选反复扦插繁殖而得到。

'怀念'为常绿灌木，植株高度为70～90cm。皮刺密度小（3～4级），叶绿色，叶上表面光泽度中等。顶端小叶数3～5片，顶端小叶尖部渐尖形，基部为楔形。花蕾为卵形，为千重瓣，中花型品种。侧枝生长中等每平方米年产量80～100枝，瓶插期10～12天。

'怀念'与对照品种'俏玉'花色对照：'怀念'花瓣正面主色浅粉红色（RHS：RED GROUP 54-D），正面次色粉红色（RHS：RED GROUP 54-C），背面粉红色（RHS：RED GROUP 55-B）；而对照品种'俏玉'花瓣正面红色（RHS：RED-PUPPLE GROUP 86-F），背面白色（RHS：WHITEGROUP 155-B）

'怀念'适宜于云南省滇中等亚热带地区栽培，也适合温室栽培。

鹅黄蜜

(蔷薇属)

联系人：张应红
联系方式：13759099840　国家：中国

申请日：2014年1月7日
申请号：20140013
品种权号：20190217
授权日：2019年12月31日
授权公告号：国家林业和草原局公告（2019年第31号）
授权公告日：2019年12月31日
品种权人：云南鑫海汇花业有限公司
培育人：唐开学、朱芷汐、周宁宁、蹇洪英、朱应雄、沐海涛、晏慧君、邱显钦、李淑斌、张应红、王其刚

品种特征特性：'鹅黄蜜'为半直立灌木，单头月季无分枝，植株高6~10cm，花黄色，花径7~9m，花瓣数25~30枚，高心卷边大花型，花瓣倒卵圆形，边缘反卷，花瓣边缘有刻缺，花瓣边缘波形；萼片延伸程度中等，花梗长度中等，花梗上有极少数的刺毛，叶片5小叶，深绿色，叶片光泽度中等；顶端小叶卵圆形，叶尖渐尖。基部钝形，边缘单锯齿，嫩枝红棕色，嫩叶红棕色，茎秆浅绿色；斜直刺，黄绿色，有少量小刺；生长势强，抗病性较强，可用作庭院或者盆栽种植。

适宜亚热带、温带地区，露地或保护地栽培。种苗可通过嫁接、扦插繁殖；独植或连片栽培，生育期均衡供应水肥。

'鹅黄蜜'　　　　　　　'德国金星'

丽云
(蔷薇属)

联系人：田连通
联系方式：13518743690　国家：中国

申请日：2014年12月6日
申请号：20140238
品种权号：20190218
授权日：2019年12月31日
授权公告号：国家林业和草原局公告（2019年第31号）
授权公告日：2019年12月31日
品种权人：云南锦苑花卉产业股份有限公司
培育人：倪功、曹荣根、田连通、白云评、乔丽婷、何琼、阳明祥

品种特征特性：'丽云'为蔷薇科蔷薇属植物，是云南锦苑花卉产业股份有限公司于2011年5月在青龙基地通过'凝视'（母本）×'紫宝石'（父本）进行单交培育的实生株系经优选，反复扦插繁殖而得到。

'丽云'为常绿灌木，植株高60～80cm。皮刺密度（1～2级）密，叶为绿色，叶上表面光泽度中等。顶端小叶数3～5片，顶端小叶尖部锐尖形，基部为椭圆形。花蕾为卵形，属重瓣大花型品种。侧枝生长中等，每平方米年产量100～120枝，瓶插期10～12天。

'丽云'与对照品种'大桃红'花色对照：'丽云'花瓣正面红紫色（RHS：RED-PURPLE GROUP N6-C），花瓣背面红紫色（RHS：RED PURPLE GROUP 67-A）；而对照品种'大桃红'花瓣正面红紫色（RHS：RED-PURPLE GROUP N 57-A），花瓣背面红紫色（RHS：RED-PURPLE GROUP N 57-C）。

'丽云'适宜于云南省滇中等亚热带地区栽培，也适合温室栽培。

母本　　　'丽云'　　　父本

云鲜1号

(箭竹属)

联系人:王曙光
联系方式:13608874173 国家:中国

申请日:2015年6月18日
申请号:20150115
品种权号:20190219
授权日:2019年12月31日
授权公告号:国家林业和草原局公告(2019年第31号)
授权公告日:2019年12月31日
品种权人:西南林业大学
培育人:王曙光、普晓兰、丁雨龙

品种特征特性:'云鲜1号'由箭竹属竹种云南箭竹(*Fargesia yunnanensis*)培育而来。2007年8月在云南大理宾川鸡足山进行云南箭竹的野外考察时偶然发现,经过引种移栽、埋秆扦插繁殖等培育方法而获得。其鲜竹笋主要特点是黄色,具有淡紫色条纹,箨鞘刺毛较少。该性状与原品种相比具有特异性、一致性和稳定性的特点。

适合栽植于四川西南部、云南大部分地区。滇南、滇西南地区要注意旱季多浇水。昭通一带适合低海拔区域栽培。相对比较喜欢凉湿环境。

德瑞斯黑五（DrisBlackFive）

（悬钩子属）

联系人：高峰
联系方式：010-62357029　国家：美国

申请日：2015年8月4日
申请号：20150139
品种权号：20190220
授权日：2019年12月31日
授权公告号：国家林业和草原局公告（2019年第31号）
授权公告日：2019年12月31日
品种权人：德瑞斯克公司（Driscolls, Inc.）
培育人：加文·R.西尔斯（Gavin R.Sills）、何塞·穆里洛·罗德里格兹·梅萨（Jose Maurilio Rodriguez Mesa）、乔治·罗德里格斯·阿卡沙（Jorge Rodriguez Alcazar）、安德烈M.加彭（Andrea M.Pabon）

品种特征特性：'德瑞斯黑五'是以编号BG837-2为母本，以编号BH917-6为父本进行控制授粉杂交选育而成。

'德瑞斯黑五'植株半直立生长，当年生枝条数量为中，休眠枝长度为长、直径为中，休眠枝花青素显色为强，休眠枝分枝数量多，分枝分布在整个休眠枝上，休眠枝横截面形状为圆形，休眠枝上有刺、刺数量为中、大小为中，刺的着生角度向下，快速生长嫩枝花青素显色为中、绿色强度为中，嫩枝茸毛数量为无或极少，顶端小叶长度为短、宽度为窄，小叶叶缘为双锯齿、中锯齿，小叶主要数量为5，小叶羽状复叶，叶片上表面绿色为深、光泽度为弱，叶柄托叶小，花直径大、淡绿白色，果实宽度中、长度长，果实长宽比大，果实小核果数量少、小核果大小中，果实纵切面形状为长圆锥形，果实为黑色，叶芽萌发时间晚，果实在当年生枝结果，去年生枝条上开花始期晚、果实成熟期中，当年生枝条开花始期晚、果实成熟期中。

'德瑞斯黑五'适宜栽植于6～27℃海洋性气候条件生态区域。

奥斯维泽（AUSWEATHER）

（蔷薇属）

联系人：罗斯玛丽 威尔柯克斯
联系方式：+44-1902-376319　国家：英国

申请日：2015年8月18日
申请号：20150151
品种权号：20190221
授权日：2019年12月31日
授权公告号：国家林业和草原局公告（2019年第31号）
授权公告日：2019年12月31日
品种权人：大卫·奥斯汀月季公司（David Austin Roses Limited）
培育人：大卫·奥斯汀（David Austin）

品种特征特性：'奥斯维泽'是由未知品种的切花月季亲本杂交选育而来的新品种。该品种形态特征表现为植株高；茎有皮刺，数量中等；叶片大小中等，叶色深；花色为粉色，花朵直径中等，重瓣，花瓣数量多。与对照品种'AUSIMMON'相比，'奥斯维泽'的皮刺数量中等，而'AUSIMMON'皮刺极多；'奥斯维泽'花朵直径中等，约9cm，而'AUSIMMON'直径大约12cm；'奥斯维泽'花瓣多，约92枚，而'AUSIMMON'花瓣极多，约120枚。

该品种喜温湿、光照和肥沃的微酸性土壤，不耐遮阴、瘠薄、干旱和水涝，生长适温为15～25℃，可利用'T'形芽接进行无性繁殖；适于在温室夜间温度较低的条件下进行商业切花生产栽培。

'奥斯维泽'植物器官典型标本

对照品种'AUSIMMON'植物器官典型标本

德瑞斯黑七（DrisBlackSeven）

（悬钩子属）

联系人：高峰
联系方式：010-62357029　国家：美国

申请日：2015年8月28日
申请号：20150160
品种权号：20190222
授权日：2019年12月31日
授权公告号：国家林业和草原局公告（2019年第31号）
授权公告日：2019年12月31日
品种权人：德瑞斯克公司（Driscolls, Inc.）
培育人：加文·R·西尔斯（Gavin R.Sills）、何塞·穆里洛·罗德里格兹·梅萨（José Maurilio Rodríguez Mesa）、乔治·罗德里格斯·阿卡沙（Jorge Rodriguez Alcazar）

品种特征特性：'德瑞斯黑七'是以编号BJ111-2为母本，以编号BH917-6为父本进行控制授粉杂交选育而成。

'德瑞斯黑七'植株直立至半直立生长，当年生枝条数量为多，休眠枝长度为中、直径为中。休眠枝花青素显色为无或极弱，休眠分枝数量为多，分枝分布在整个休眠枝上，休眠枝横截面形状为圆形到有角的，休眠上有刺、刺数量为多、大小为中，刺的着生角度为向下，快速生长嫩枝花青素显色为中、绿色强度为中，嫩枝茸毛数量为多，顶端小叶长度长、宽度为中，小叶叶缘为双锯齿、中锯齿，小叶主要数量为5小叶掌状叶，叶片上表面绿色为深、光泽度为中，叶柄托叶大小为中，花直径为中，花颜色为浅红紫色，果实宽度窄、长度中，果实长宽比为大，果实小核果数量为中、小核果大小为小，果实纵切面形状为长圆锥形，果实颜色为黑色，叶芽萌发时间为早，果实在当年生枝结果，去年生枝条上开花始期早、果实成熟期早，当年生枝条开花始期早、果实成熟期早。

'德瑞斯黑七'适宜栽植于6~27℃海洋性气候条件生态区域。

艾维驰11（EVER CHI11）

（蔷薇属）

联系人：哈雷·艾克路德（Harley Eskelund）
联系方式：+45-51571990 国家：丹麦

申请日：2015年10月12日
申请号：20150204
品种权号：20190223
授权日：2019年12月31日
授权公告号：国家林业和草原局公告（2019年第31号）
授权公告日：2019年12月31日
品种权人：丹麦永恒玫瑰公司（ROSES FOREVER ApS）
培育人：哈雷·艾克路德（Harley Eskelund）

品种特征特性：该品种属开张型矮生品种，植物高度很矮；嫩枝花青苷显色程度为很弱；皮刺的数量少，刺的颜色为黄色；叶片大小中等，叶上表面绿色程度为中，叶上表面光泽程度为中，小叶边缘波状为很弱，顶端小叶形状为卵圆形，顶端小叶叶尖呈渐尖，顶端小叶基部形状为钝形；无侧花枝，开花侧枝花数量为很少，花蕾纵切面形状为椭圆形。花型为重瓣花型，30～45瓣，花色为红色（皇家园艺比色卡读数66A），花朵紧密程度中等，花直径4～5cm，花萼边缘延伸程度很弱；花瓣无边缘缺裂，花瓣呈宽椭圆形，花瓣无基部色斑，花丝主色为黄色。

该品种适宜在温室条件下栽培生产。适于温室内光线充足的环境条件，冬季需采用拟光灯延长光照时间。

'艾维驰11'植株形态典型标本

近似品种'艾维驰24'植株形态典型标本

艾维驰15（EVER CHI15）

（蔷薇属）

联系人：哈雷·艾克路德（Harley Eskelund）
联系方式：+45-51571990　国家：丹麦

申请日：2015年10月12日
申请号：20150207
品种权号：20190224
授权日：2019年12月31日
授权公告号：国家林业和草原局公告（2019年第31号）
授权公告日：2019年12月31日
品种权人：丹麦永恒玫瑰公司（ROSES FOREVER ApS）
培育人：哈雷·艾克路德（Harley Eskelund）

品种特征特性： 属开张型矮生品种，植株高度很矮；嫩枝花青苷显色程度很弱；皮刺的数量少，刺的颜色为黄色；叶片大小中等，叶上表面绿色程度为中，叶上表面光泽程度为中至强，小叶边缘波状为很弱，顶端小叶形状为卵圆形，顶端小叶叶尖呈渐尖，顶端小叶基部形状为钝形；无侧花枝，开花侧枝花数量为很少，花蕾纵切面形状为椭圆形。花型为重瓣花型，花瓣数30～45瓣，花色为白色（RHS：N155C），花朵紧密程度中等，花直径7～8cm，花萼边缘延伸程度为很弱；花瓣无边缘缺裂，花瓣呈宽椭圆形，花瓣无基部色斑；花丝主色为白色。

该品种适宜在温室条件下栽培生产。适于温室内光线充足的环境条件，冬季需采用拟光灯延长光照时间。

'艾维驰15'植株形态典型标本

近似品种'艾维驰27'植株形态典型标本

艾维驰24（EVER CHI24）

（蔷薇属）

联系人：哈雷·艾克路德（Harley Eskelund）
联系方式：+45-51571990 国家：丹麦

申请日：2015年10月12日
申请号：20150214
品种权号：20190225
授权日：2019年12月31日
授权公告号：国家林业和草原局公告（2019年第31号）
授权公告日：2019年12月31日
品种权人：丹麦永恒玫瑰公司（ROSES FOREVER ApS）
培育人：哈雷·艾克路德（Harley Eskelund）

品种特征特性： 属开张型矮生品种，植株高度很矮；嫩枝花青苷显色程度为很弱；皮刺的数量少，刺的颜色为黄色；叶片大小中等，叶上表面绿色程度为中，叶上表面光泽程度为很强，小叶边缘波状为很弱，顶端小叶形状为卵圆形，顶端小叶叶尖呈渐尖，顶端小叶基部形状为钝形；无侧花枝，开花侧枝花数量很少，花蕾纵切面形状为椭圆形。花型为重瓣花型，花瓣数50~65瓣，花色为红色（RHS：43B），花朵紧密程度中等，花直径4~5cm，花萼边缘延伸程度为很弱；花瓣无边缘缺裂，花瓣呈宽椭圆形，花瓣无基部色斑；花丝主色为橙红色。

该品种适宜在温室条件下栽培生产。适于温室内光线充足的环境条件，冬季需采用拟光灯延长光照时间。

'艾维驰24'植株形态典型标本

近似品种'艾维驰11'植株形态典型标本

艾维驰25（EVER CHI25）

（蔷薇属）

联系人：哈雷·艾克路德（Harley Eskelund）
联系方式：+45-51571990　国家：丹麦

申请日：2015年10月12日
申请号：20150215
品种权号：20190226
授权日：2019年12月31日
授权公告号：国家林业和草原局公告（2019年第31号）
授权公告日：2019年12月31日
品种权人：丹麦永恒玫瑰公司（ROSES FOREVER ApS）
培育人：哈雷·艾克路德（Harley Eskelund）

品种特征特性：属开张型矮生品种，植株高度很矮；嫩枝花青苷显色程度为很弱，皮刺的数量少，刺的颜色为黄色；叶片大小中等，叶上表面光泽程度为中至强，小叶边缘波状为很弱，顶端小叶形状为卵圆形，顶端小叶叶尖呈渐尖，顶端小叶基部形状为钝形；无侧花枝，开花侧花枝数量很少；花蕾纵切面形状为椭圆形。花型为重瓣花型，花瓣数30~45瓣，花色为粉色（RHS：38A），花朵紧密程度中等，花直径6~7cm，花萼边缘延伸程度为中；花瓣无边缘缺裂，花瓣呈宽椭圆形，花瓣无基部色斑；花丝主色为黄色。

该品种适宜在温室条件下栽培生产。适于温室内光线充足的环境条件，冬季需采用拟光灯延长光照时间。

'艾维驰25'植株形态典型标本

近似品种'艾维驰18'植株形态典型标本

艾维驰28（EVER CHI28）

（蔷薇属）

联系人：哈雷·艾克路德（Harley Eskelund）
联系方式：+45-51571990　国家：丹麦

申请日：2015年10月12日
申请号：20150217
品种权号：20190227
授权日：2019年12月31日
授权公告号：国家林业和草原局公告（2019年第31号）
授权公告日：2019年12月31日
品种权人：丹麦永恒玫瑰公司（ROSES FOREVER ApS）
培育人：哈雷·艾克路德（Harley Eskelund）

品种特征特性：属开张型矮生品种，植株高度很矮；嫩枝花青苷程度为很弱；皮刺的数量少，刺的颜色为黄色；叶片大小中等，叶上表面绿色程度为中，叶上表面光泽程度为中至强，小叶边缘波状为很弱，顶端小叶形状为卵圆形，顶端小叶叶尖呈渐尖，顶端小叶基部形状为钝形；无侧花枝，开花侧枝花数量很少，花蕾纵切面形状为椭圆形。花型为重瓣花型，花瓣数30～45瓣，花色为粉色（RHS：56C），花朵紧密程度中等，花直径6～7cm，花缘延伸程度为强。花瓣无边缘缺裂，花瓣呈宽椭圆形，花瓣无基部色斑；花丝主色为黄色。

该品种适宜在温室条件下栽培生产。适于温室内光线充足的环境条件，冬季需采用拟光灯延长光照时间。

'艾维驰28'植株形态典型标本

近似品种'艾维驰18'植株形态典型标本

瑞普德155B（RUIPD155B）

(蔷薇属)

联系人：汉克·德·格罗特
联系方式：+31 206436516　国家：荷兰

申请日：2015年10月14日
申请号：20150218
品种权号：20190228
授权日：2019年12月31日
授权公告号：国家林业和草原局公告（2019年第31号）
授权公告日：2019年12月31日
品种权人：迪瑞特知识产权公司（De Ruiter Intellectual Property B.V.）
培育人：汉克·德·格罗特（H.C.A. de Groot）

品种特征特性：'瑞普德155B'（RUIPD155B）是2003年春季培育人以'瑞兹2702'（Ruiz2702）为母本，以无名单株为母本、'瑞艺0461'（Ruiy0461）为父本杂交得到的优良单株为父本，进行杂交，经过扦插苗的不断选育后而得到的具有优良商品性状的盆栽月季品种。

　　'瑞普德155B'生长类型为矮化型、生长习性为直立到半直立；嫩枝有花青素有着色，嫩枝花青苷显色为弱；皮刺数量为中、颜色为偏黄色；叶片小，第一次开花之时上表面颜色为浅绿色、光泽为中；小叶片叶缘波状曲线为中；顶端小叶形状为卵圆形，顶端小叶叶尖为尖；无开花侧枝，开花侧枝花数量为极少到少，花蕾纵切面形状为阔卵形。花型为重瓣；花瓣数量为中；花径为小，花无香味，花萼边缘延伸程度为无或极弱；花瓣边缘缺裂为弱，花瓣呈宽椭圆形；花瓣内侧主要颜色为1种，是RHS13B。花瓣内侧基部无斑点；外部雄蕊花丝主要颜色为浅黄。

　　'瑞普德155B'适宜在温室条件下栽培生产。适于温室内光照充足的环境条件，冬季采用拟光灯延长光照时间；突出的特点是适合在高海拔地区种植和繁殖，优秀性状保持稳定。

'瑞普德155B'植物器官典型标本

近似品种'瑞德152'植物器官典型标本

瑞普格0187A（RUIPG0187A）

（蔷薇属）

联系人：汉克·德·格罗特
联系方式：+31 206436516　国家：荷兰

申请日：2015年10月14日
申请号：20150221
品种权号：20190229
授权日：2019年12月31日
授权公告号：国家林业和草原局公告（2019年第31号）
授权公告日：2019年12月31日
品种权人：迪瑞特知识产权公司（De Ruiter Intellectual Property B.V.）
培育人：汉克·德·格罗特（H.C.A. de Groot）

品种特征特性：'瑞普格0187A'（RUIPGO187A）是2009年春季培育人以'科特莱姆'（KORTEOLEM）为母本，以无名单株为母本、'瑞艺0461'（Ruiy0461）为父本杂交得到的优良单株为父本，进行杂交，经过扦插苗的不断选育后而得到的具有优良商品性状的盆栽月季品种。

　　'瑞普格0187A'生长类型为矮化型、生长习性为直立到半直立；嫩枝无花青素有着色，嫩枝花青苷显色为中；皮刺数量为中、颜色为偏黄色；叶片小，第一次开花之时上表面颜色为浅绿色、光泽为强；小叶片叶缘波状曲线为弱，顶端小叶形状为中椭圆形，顶端小叶叶尖为尖；无开花侧枝，开花侧枝花数量为少到中，花蕾纵切面形状为中卵形。花型为重瓣，花瓣数量为中；花径为小；花无香味，花萼边缘延伸程度为无或极弱；花瓣边缘缺裂为弱，花瓣呈倒椭圆形；花瓣内侧主要颜色为1种，是RHS 14B，花瓣内侧基部无斑点；外部雄蕊花丝主要颜色为黄色。

　　'瑞普格0187A'适宜在温室条件下栽培生产。适于温室内光照充足的环境条件，冬季采用拟光灯延长光照时间；突出的特点是适合在高海拔地区种植和繁殖，优秀性状保持稳定。

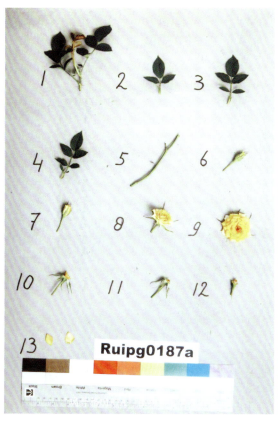
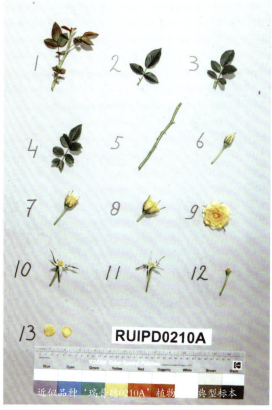

近似品种'瑞普德0210A'植物　典型标本

红禧儿

(苹果属（除水果外）)

联系人：沙广利
联系方式：15966885645　国家：中国

申请日：2016年1月5日
申请号：20160014
品种权号：20190230
授权日：2019年12月31日
授权公告号：国家林业和草原局公告（2019年第31号）
授权公告日：2019年12月31日
品种权人：青岛市农业科学研究院
培育人：沙广利、马荣群、黄粤、葛红娟、张蕊芬、孙吉禄、王芝云、孙红涛

品种特征特性：'红禧儿'可以"春品花，秋赏果"，综合观赏价值高，适应性强，易管理，无须打药，对环境友好。

'红禧儿'树形开张，枝条棕红色。伞房花序，花苞颜色为白色，花型为单瓣，花瓣形状为椭圆形，花瓣排列方式为重叠，花脉不突出。展开花颜色为白色，展开叶片颜色为绿色，叶片大小适中，无叶耳，叶缘为锯齿状，叶面光泽较弱，叶面绿色中，叶片无花青苷着色。果实大小中等，果实形状为矩形，无宿萼，果梗长，果皮无着粉，果实光泽度强，果实主色为红色，果肉浅黄色，挂果期长。

'红禧儿'适于中国北方及与苹果产区类似生态条件的地区。

玫卡兰克（MEICALANQ）

（蔷薇属）

联系人：海伦娜·儒尔当
联系方式：+33 494500325　国家：法国

申请日：2016年4月1日
申请号：20160080
品种权号：20190231
授权日：2019年12月31日
授权公告号：国家林业和草原局公告（2019年第31号）
授权公告日：2019年12月31日
品种权人：法国玫兰国际有限公司（MEILLAND INTERNATIONAL S.A）
培育人：阿兰·安东尼·玫兰（Alain Antoine MEILLAND）

品种特征特性： '玫卡兰克'（MEICALANQ）是以'台风'（TYPHOON）与'玫维尔多'（MEIVILDO）的杂交后代为母本、'玫玛卡米克'（MEIMAGARMIC）为父本，以培育花色丰富、花姿优美、综合性状优良的月季切花新品种为育种目标，进行杂交，经过扦插苗的不断选育后而得到的具有优良商品性状的切花月季品种。

'玫卡兰克'生长习性为半直立；植株高度为中到高；嫩枝有花青素着色、着色强度为中到强；皮刺数量为中到多、颜色偏红。叶片大小为中，第一次开花之时为深绿色；叶片上表面光泽为中到强；小叶片叶缘波状曲线为中，顶端小叶形状为圆形，小叶叶尖部形状为尖；花形为重瓣，花瓣数量为中到多；花径为中，花为圆形；花侧视上部为平、下部为平；花香强；萼片伸展范围弱；花瓣圆形，缺刻程度弱、花瓣边缘波状曲线为中到强、花瓣大小为中；花瓣内侧、外侧主要颜色为1种，且均匀，颜色是RHS155C；花瓣内侧基部有斑点，斑点大小为极小到小、颜色为淡黄；外部雄蕊花丝主要颜色为淡黄。

'玫卡兰克'适宜在露地条件下栽培生产。栽植土壤应以排水良好的中壤为宜，pH应在6.5～7.2。

'玫卡兰克'植物器官典型标本

近似品种'玫迪亚法'植物器官典型标本

玫赛皮尔（MEISSELPIER）

（蔷薇属）

联系人：海伦娜·儒尔当
联系方式：+33 494500325　国家：法国

申请日：2016年4月1日
申请号：20160081
品种权号：20190232
授权日：2019年12月31日
授权公告号：国家林业和草原局公告（2019年第31号）
授权公告日：2019年12月31日
品种权人：法国玫兰国际有限公司（MEILLAND INTERNATIONAL S.A）
培育人：阿兰·安东尼·玫兰（Alain Antoine MEILLAND）

品种特征特性：'玫赛皮尔'（MEISSELPIER）是以'玫巴尔塔'（MEIBALTAZ）与'玫撒旦'（MEISARDAN）的杂交后代为母本、'玫奇博恩'（MEICHIBON）为父本，以培育花色丰富、花姿优美、综合性状优良的月季切花新品种为育种目标，进行杂交，经过扦插苗的不断选育后而得到的具有优良商品性状的切花月季品种。

'玫赛皮尔'植株高度为矮到中；嫩枝有花青素着色、着色强度为中到强；皮刺数量为中、颜色为偏红色；叶片大小为中到大，第一次开花之时为绿色；叶片上表面光泽为中；小叶片叶缘波状曲线为弱；顶端小叶形状为中椭圆到卵形；小叶叶基部形状为圆形、叶肩部形状为尖；花形为重瓣；花瓣数量多；花径为中；花形状为星形；花侧视上部为平凸、下部为平凸；花香为无或极弱；萼片伸展范围为强；花瓣长度及宽度为短至中；花瓣内侧、外侧主要颜色为1种，且均匀，颜色是RHS46A-46B；花瓣内侧基部无斑点，外部雄蕊花丝主要颜色为红色。

'玫赛皮尔'适宜在露地条件下栽培生产。栽植土壤应以排水良好的中壤为宜，pH应在6.5~7.2。

'玫赛皮尔'植物器官典型标本

近似品种'玫吉迪登'植物器官典型标本

莱克斯尼帕（LEXKNIPAVA）

（蔷薇属）

联系人：厄尔斯特（Ernst）
联系方式：+31-297-361422　　国家：荷兰

申请日：2016年6月20日
申请号：20160130
品种权号：20190233
授权日：2019年12月31日
授权公告号：国家林业和草原局公告（2019年第31号）
授权公告日：2019年12月31日
品种权人：荷兰多盟集团公司（Dommen Group B.V. Holland）
培育人：斯儿万·卡姆斯特拉（Silvan Kamstra）

品种特征特性：'莱克斯尼帕'（LEXKNIPAVA）花茎茸毛或刺的数量中；花蕾纵剖面圆柱形，花的类型为重瓣，单头花，花朵直径大、俯视呈圆形、侧观上部与下部均呈平凸形，香味无到弱；花瓣伸出度中、长度长、宽度中、卵圆形，花瓣数中，单色品种，内外瓣均呈粉色，内瓣基部无斑点；花瓣边缘反卷中到强、瓣缘波状弱。

近似品种亲本'勒克桑尼'（Lexani），其与'莱克斯尼帕'的特异性见下表：

品种	花瓣颜色	花瓣边缘	叶片大小
'莱克斯尼帕'	粉色	中到强	大
'勒克桑尼'	白色	弱到中	中

该品种适宜一般温室条件下栽培生产。

'莱克斯尼帕'（左）与近似品种'勒克桑尼'（右）
花瓣颜色和花瓣边缘反卷程度的对比

格兰斯莫塔（Gracimota）

（蔷薇属）

联系人：范·多伊萨姆（ir.A.J.H.van Doesum）
联系方式：+31（0）343473247　国家：澳大利亚

申请日：2016年6月29日
申请号：20160144
品种权号：20190234
授权日：2019年12月31日
授权公告号：国家林业和草原局公告（2019年第31号）
授权公告日：2019年12月31日
品种权人：格兰迪花卉苗圃有限公司（Grandiflora Nurseries Pty. Ltd.）
培育人：斯科德斯（H.E. Schreuders）

品种特征特性：'格兰斯莫塔'（Gracimota），是2005年春季培育人以自育编号GF17为母本、自育编号GRA04-62Y为父本，进行杂交。

'格兰斯莫塔'属于切花月季。植株高度为矮；嫩枝有花青素有着色、着色程度为弱到中；皮刺数量为无到极少、颜色为偏红色；叶片大小为大到极大，第一次开花之时上表面颜色为中绿色、光泽为中；小叶片叶缘波状曲线为弱，顶端小叶形状为卵圆形，顶端小叶叶基形状为圆形，顶端小叶叶尖为急尖。花瓣数量为少到中；花径为中，形状为不规则圆形，花侧视上部形状为平凸、侧视下部形状为平凸；花无香味，花萼边缘延伸程度为弱；花瓣有一片一片反卷情况；花瓣边缘缺裂为弱，花瓣呈倒卵形；花瓣边缘反卷程度为弱到中、波状为弱、花瓣长度为短到中，宽度为窄到中；花瓣内侧主要颜色为2种，是橙色（RHS28A），次色为深红色（RHS53D），为晕状着色；花瓣内侧基部有斑点、斑点大小为大，颜色为黄色；花瓣外侧主要颜色为红（RHS42C）；外部雄蕊花丝主要颜色为橙色。

'格兰斯莫塔'适宜在温室条件下栽培生产。适于温室内光照充足的环境条件，冬季采用拟光灯延长光照时间；突出的特点是适合在高海拔地区种植和繁殖，优秀性状保持稳定。

'格兰斯莫塔'（Gracimota）花特征图

'格兰斯莫塔'（Gracimota）花特征图

'格兰斯莫塔'（Gracimota）花特征图

艾维驰136（EVERCH136）

（蔷薇属）

联系人：哈雷（Harley Eskelund）
联系方式：+45-5157-1980　国家：丹麦

申请日：2016年7月24日
申请号：20160179
品种权号：20190235
授权日：2019年12月31日
授权公告号：国家林业和草原局公告（2019年第31号）
授权公告日：2019年12月31日
品种权人：丹麦永恒月季公司（ROSES FOREVER ApS, Denmark）
培育人：洛萨·艾斯克伦德（Rosa Eskelund）

品种特征特性： '艾维驰136'花蕾纵剖面圆柱形，花的类型为重瓣，多头花，花朵直径大、俯视呈圆形、侧观上部与下部均呈平凸形，香味中到弱；萼片形状卵状披针形，花瓣伸出度中，长度中、宽度宽，花瓣数中到多，内、外花瓣的主要颜色柔粉，内瓣基部无斑点；花瓣边缘反卷、瓣缘波状弱，花丝主色为淡黄色。

近似品种选择'艾维驰135'，其与'艾维驰136'的特异性见下表：

品种	叶片颜色	花瓣颜色	花朵大小	小枝枝刺
'艾维驰136'	浅绿	柔粉	大	细密
'艾维驰135'	深绿	黄	中	极少

该品种适宜一般温室条件下栽培生产。

'艾维驰136'　　　　　近似品种'艾维驰135'

艾维驰135（EVERCH135）

（蔷薇属）

联系人：哈雷（Harley Eskelund）
联系方式：+45-5157-1980　国家：丹麦

申请日：2016年7月24日
申请号：20160180
品种权号：20190236
授权日：2019年12月31日
授权公告号：国家林业和草原局公告（2019年第31号）
授权公告日：2019年12月31日
品种权人：丹麦永恒月季公司（ROSES FOREVER ApS, Denmark）
培育人：洛萨·艾斯克伦德（Rosa Eskelund）

品种特征特性：'艾维驰135'花蕾纵剖面圆锥形，花的类型为重瓣，多头花，花朵直径中、俯视呈圆形、侧观上部与下部均呈平凸形，香味中到弱；萼片形状卵状披针形，花瓣伸出度中，长度中、宽度宽，花瓣数中到多，内、外花瓣的主要颜色为黄色，内瓣基部无斑点；花瓣边缘反卷极弱、瓣缘波状无，花丝主色为淡黄色。

近似品种选择'艾维驰136'，其与'艾维驰135'的特异性见下表：

品种	叶片颜色	花瓣颜色	花朵大小	小枝枝刺
'艾维驰135'	深绿	黄	中	极少
'艾维驰136'	浅绿	柔粉	大	细密

该品种适宜一般温室条件下栽培生产。

'艾维驰135'

近似品种'艾维驰136'

玫蒙克尔（MEIMONKEUR）

（蔷薇属）

联系人：海伦娜·儒尔当
联系方式：+33 494500325　国家：法国

申请日：2016年8月9日
申请号：20160207
品种权号：20190237
授权日：2019年12月31日
授权公告号：国家林业和草原局公告（2019年第31号）
授权公告日：2019年12月31日
品种权人：法国玫兰国际有限公司（MEILLAND INTERNATIONAL S.A）
培育人：阿兰·安东尼·玫兰（Alain Antoine MEILLAND）

品种特征特性：'玫蒙克尔'（MEIMONKEUR）是以'玫皮然'（MEIPIERAR）与'玫维多'（MEIVILDO）的杂交后代为母本，以'玫卡普拉'（MEICAPULA）与'玫纽泽腾'（MEINUZETEN）的杂交后代为父本，进行杂交，选育获得的为红混合色系的庭院月季品种，花瓣内侧颜色为1种，主要颜色是紫（RHS67A），分布均匀。

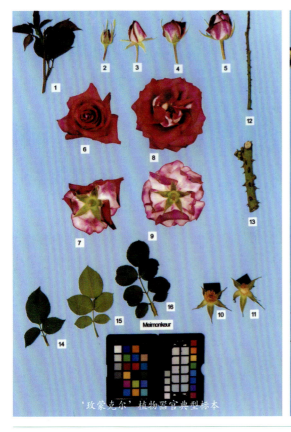

'玫蒙克尔'植物器官典型标本

近似品种'玫克鲁斯福'植物器官典型标本

艾维驰110（EVERCH110）

（蔷薇属）

联系人：哈雷（Harley Eskelund）
联系方式：+45-5157-1980　国家：丹麦

申请日： 2016年8月27日
申请号： 20160219
品种权号： 20190238
授权日： 2019年12月31日
授权公告号： 国家林业和草原局公告（2019年第31号）
授权公告日： 2019年12月31日
品种权人： 丹麦永恒月季公司（ROSES FOREVER ApS, Denmark）
培育人： 洛萨·艾斯克伦德（Rosa Eskelund）

品种特征特性： '艾维驰110'的花蕾纵剖面圆柱形，花的类型为重瓣，多头花，花朵直径较小、俯视呈圆形、侧观上部与下部均呈平凸形，香味中到弱；花瓣伸出度中，长度中到短、宽度宽，花瓣数中到多，单色品种，内、外花瓣的主要颜色为红色，内瓣基部无斑点；花瓣边缘反卷弱、瓣缘波状弱，花丝主色为白色至浅黄色。

近似品种'艾维驰119'，其与'艾维驰110'的特异性见下表：

品种	花瓣颜色	叶缘锯齿	花朵直径
'艾维驰110'	红	偏粗	较小
'艾维驰119'	红紫（丁香紫）	偏细	较大

该品种适宜一般温室条件下栽培生产。

'艾维驰110'

近似品种'艾维驰119'

漫天霓裳
(蔷薇属)

联系人:王佳
联系方式:62336321　国家:中国

申请日:2016年9月4日
申请号:20160226
品种权号:20190239
授权日:2019年12月31日
授权公告号:国家林业和草原局公告(2019年第31号)
授权公告日:2019年12月31日
品种权人:北京林业大学
培育人:潘会堂、徐庭亮、张启翔、甄妮、罗乐、于超、谭炯锐、赵红霞、程堂仁、王佳

品种特征特性:'漫天霓裳'半开张型小灌木,株高50cm左右,冠幅70~80cm。株形紧凑,茎秆皮刺少,茎秆绿色。羽状复叶,小叶3~7,长椭圆形,叶色浓绿,具单锯齿,两面近无毛,上表面绿色,有光泽,背面浅绿色,叶长2~4cm,宽1~3cm,叶柄绿色,背面具倒钩刺;多朵花聚生于枝顶,属复伞房花序,单一花序花量高达30朵,具总苞,每朵花具小苞片;花粉红色(Red N57C-Red N66C),花瓣8~10枚,开放后呈盘状,直径6~7cm,花心泛白,花瓣边缘稍内卷,开放末期会出现褪色,花量大,耐开,成束开放。萼片卵状披针形,5片均无延伸,缘有短白色柔毛和腺毛,内面具白色茸毛,外有腺点。连续开花,北京地区露地5月初花,一直持续到11月。连续2年多观察,性状稳定。

与对照品种主要区别如下表:

品种	花型	瓣性	花色	抗病力	单次开花量
'漫天霓裳'	复瓣	8~10枚	粉红色	强	单次开花量大,近40朵一束
'杏花村'	单瓣	5~8枚	粉红色	强	单次开花量较大,近20朵一束

'漫天霓裳'

对照品种'杏花村'

瑞可吉0541A（RUICJ0541A）

（蔷薇属）

联系人：汉克·德·格罗特（H.C.A. de Groot）
联系方式：+31 206436516　国家：荷兰

申请日：2016年9月19日
申请号：20160246
品种权号：20190240
授权日：2019年12月31日
授权公告号：国家林业和草原局公告（2019年第31号）
授权公告日：2019年12月31日
品种权人：迪瑞特知识产权公司（De Ruiter Intellectual Property B.V.）
培育人：汉克·德·格罗特（H.C.A. de Groot）

品种特征特性：'瑞可吉0541A'（RUICJ0541A）是以'英特托克尼'（Intertroconi）为母本，以'斯贝瑞德'（Spebered）为父本，进行杂交。

'瑞可吉0541A'属于多头切花月季；植株高度为矮；嫩枝有花青素有着色、着色程度为极弱到弱；皮刺数量为中、颜色为偏红色；叶片大小为小，第一次开花之时上表面颜色为中到深绿色、光泽为弱到中；小叶片叶缘波状曲线为极强；顶端小叶形状为卵圆形，顶端小叶叶基形状为心脏形，顶端小叶叶尖为尖。花型为重瓣；花瓣数量为少；花径为极小到小；形状为不规则圆形，花侧视上部形状为平凸、侧视下部形状为凸；花无香味，花萼边缘延伸程度为弱到中；花瓣边缘缺裂为无或极弱到弱，花瓣呈倒卵形；花瓣边缘反卷程度为中、波状为弱到中、花瓣长度为短到中，宽度为窄；花瓣内侧主要颜色为1种，是RHS057C，花瓣内侧基部有斑点，斑点大小为大，颜色为白色；外部雄蕊花丝主要颜色为绿色。

'瑞可吉0541A'适宜在温室条件下栽培生产。适于温室内光照充足的环境条件，冬季采用拟光灯延长光照时间；突出的特点是适合在高海拔地区种植和繁殖，优秀性状保持稳定。

近似品种'瑞斯1708A'植物器官典型标本

西吕50033（SCH50033）

（蔷薇属）

联系人：霍尔曼（Herman）
联系方式：31297383444　国家：荷兰

申请日：2016年10月12日
申请号：20160283
品种权号：20190241
授权日：2019年12月31日
授权公告号：国家林业和草原局公告（2019年第31号）
授权公告日：2019年12月31日
品种权人：荷兰彼得·西吕厄斯控股公司（Piet Schreurs Holding B.V）
培育人：P.N.J.西吕厄斯（Petrus Nicolaas Johannes Schreurs）

品种特征特性：'西吕50033'是品种权人于2008年2月在温室内采用自有的育种材料PSR1071为母本，用代号为S2033的自有材料做父本经控制授粉杂交育成。

'西吕50033'花瓣数多，花朵直径中到大，花形俯视呈星形，花的类型为重瓣，单头花，主色为淡粉色，单色品种，花朵侧观上部近平形、下部平形，香味无到弱；花瓣形状为阔椭圆形，伸出度中到弱；内花瓣的主要颜色淡粉，外花瓣主要颜色粉，花瓣边缘波状弱，反卷中到弱、瓣缘波状弱，花丝主色为浅黄色。

近似品种选择'西吕62077'（SCH62077），其与'西吕50033'的特异性见下表：

品种	花朵侧观	花瓣边缘反卷	花瓣颜色
'西吕50033'	上部近平形	弱	淡粉
'西吕62077'	上部平凸形	中到强	淡粉泛黄

本品种适宜一般温室条件下的栽培生产，采用常规的工厂化生产管理方式栽培即可。

'西吕50033'

近似品种'西吕62077'

西吕51165（SCH51165）

（蔷薇属）

联系人：霍尔曼（Herman）
联系方式：31297383444　国家：荷兰

申请日：2016年10月12日
申请号：20160284
品种权号：20190242
授权日：2019年12月31日
授权公告号：国家林业和草原局公告（2019年第31号）
授权公告日：2019年12月31日
品种权人：荷兰彼得·西吕厄斯控股公司（Piet Schreurs Holding B.V）
培育人：P.N.J.西吕厄斯（Petrus Nicolaas Johannes Schreurs）

品种特征特性：'西吕51165'是品种权人于2006年3月在温室内采用自有的育种材料S7561为母本，用代号为PSR9240的自有材料做父本经控制授粉杂交育成。

'西吕51165'花瓣数中到多，花朵直径中到大，花形俯视呈星形、花的类型为重瓣，单头花，主色为金黄，单色品种，花朵侧观上部平凸形、下部平形，香味无到弱；花瓣形状为阔椭圆形，伸出度中到弱；内花瓣的主要颜色金黄，外花瓣主要颜色黄，花瓣边缘波状弱，反卷中到弱、瓣缘波状弱，花丝主色为浅黄色。

近似品种选择'西吕亚洛'（Schiallo），其与'西吕51165'的特异性见下表：

品种	叶片大小	花瓣数目	花瓣边缘波状
'西吕51165'	大	少到中	弱
'西吕亚洛'	中	中到多	中

本品种适宜一般温室条件下的栽培生产，采用常规的工厂化生产管理方式栽培即可。

'西吕51165'

近似品种'西吕亚洛'

蓝星
（越橘属）

联系人：谭志强
联系方式：15843506107　国家：中国

申请日：2016年10月28日
申请号：20160292
品种权号：20190243
授权日：2019年12月31日
授权公告号：国家林业和草原局公告（2019年第31号）
授权公告日：2019年12月31日
品种权人：通化禾韵现代农业股份有限公司、长春师范大学
培育人：殷秀岩、时东方、谭志强、隋明义、陈亮、孙增武、郎庆君、赵芝伟

品种特征特性：以'北蓝'为母本，'北陆'为父本，2005年杂交获得种子。2006年通过催芽、播种、管护等过程，到2007年最终培育出42株蓝莓实生苗。经过观察，到2011年发现有1株高度约1.2m，树势旺，枝叶茂盛，果粒大，果粉较厚，口感极佳，且丰产，耐寒。2012年经过对此种苗进行组织培养繁殖，到2018年繁殖数达3.5万株。

'蓝星'与'北陆'相比，'北陆'叶片平展，'蓝星'叶片内卷；'北陆'果蒂痕深度平；'蓝星'果蒂痕深度深；'北陆'萼洼深度浅，'蓝星'萼洼深度深。通过组织培养繁殖与扦插生根，获得的后代植株性状具有一致性和稳定性。

辽宁、吉林、黑龙江，土壤pH4.3~5.5、冬季绝对低温不低于−35℃（简易防寒）、无霜期125天以上、≥10℃年有效积温2300℃以上的地区可引种试栽。

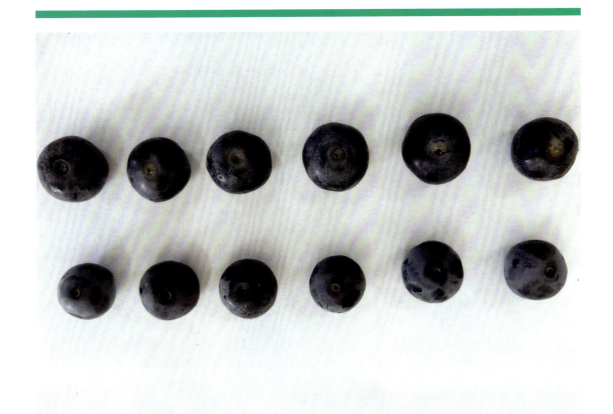

近似品种'北陆'（上）果蒂痕深度平；'蓝星'（下）果蒂痕深度深

红珊瑚

（蔷薇属）

联系人：俞红强
联系方式：13601081479 国家：中国

申请日：2016年11月7日
申请号：20160315
品种权号：20190244
授权日：2019年12月31日
授权公告号：国家林业和草原局公告（2019年第31号）
授权公告日：2019年12月31日
品种权人：中国农业大学
培育人：俞红强、游捷

品种特征特性：'红珊瑚'以果量大、果色橘红、光泽度强、果形娇小等为主要观赏特性。植株树势中，树形开张，枝条棕红色。伞形花序，花苞浅粉色，花单瓣，压平后直径中（3.3~3.9cm），花型浅杯型，花瓣圆形，排列方式相连，脉纹突出。花瓣正面边缘、正面中心、正面底色和背面颜色均为白（NN155D）。开展叶片绿色，长宽比中（1.8），叶柄长中（2.3~2.9cm），无叶耳。叶缘锯齿状，叶面光泽中，叶面绿色中，有花青素着色，花青素着色程度弱，叶片长度中（8.9~10.3cm），宽度中（5.0~5.8cm）。着果量多，果实小（纵径0.9~1.1cm；横径1.1~1.3cm），果形球形，无果萼，果梗长（4.0~5.0cm），无果粉，果实色泽度强，主色橘红，果肉黄色，挂果期长。始花期中（4月6号左右）。

该品种喜光照充沛，以地势平坦、土层深厚、疏松、肥沃、排水良好的砂壤土生长最佳，主要繁殖方法为嫁接繁殖，适宜在内蒙古中部以南至福建省中部以北地区种植。

晨曦

（蔷薇属）

联系人：俞红强
联系方式：13601081479　国家：中国

申请日：2016年11月7日
申请号：20160316
品种权号：20190245
授权日：2019年12月31日
授权公告号：国家林业和草原局公告（2019年第31号）
授权公告日：2019年12月31日
品种权人：中国农业大学
培育人：俞红强、游捷

品种特征特性：'晨曦'是以'麦卡特尼'为母本，'卡特道尔'为父本进行杂交，经过扦插苗的不断选育后而得到的具有优良商品性状的杂种香水月季品种。

'晨曦'植株直立生长，植株高度为130cm，嫩枝花青素着色为弱，枝条具直刺、数量极少；叶片长度为14.7cm，叶片宽度为11.5cm，第一次开花时，叶片颜色为RHS146A，上表面光泽弱；花色为橙黄色系，花型为重瓣，平均花瓣数量为29枚，花径为中，为9.8cm；香气弱；俯视花朵为圆形；花萼伸展为无或极弱；花瓣大小为5.0cm×5.2cm，花朵完全开放时，花瓣内侧主色为黄橙（RHS19C），内侧边缘颜色为黄（RHS2D）；花瓣外侧主色为黄（RHS11C），边缘颜色为黄（RHS11D）；外部雄蕊花丝为RHS13C；2016年初花时间为5月上旬、开花习性为连续开花。

适宜北京及华北地区栽植。对环境条件要求不严，能忍受北京地区出现的极端气温，在北京地区露地栽植，可无防护露地越冬；适宜开花日均温为20℃。喜肥沃湿润土壤环境，但也耐瘠薄，耐土壤板结，在北京露地栽培需人工灌溉。喜中性偏酸土壤，有一定的耐盐碱能力。喜光，稍耐阴。

绿满园

(桂花)

联系人：臧德奎
联系方式：13583807200　国家：中国

申请日：2016年11月22日
申请号：20160340
品种权号：20190246
授权日：2019年12月31日
授权公告号：国家林业和草原局公告（2019年第31号）
授权公告日：2019年12月31日
品种权人：山东农业大学、金华市奔月桂花专业合作社
培育人：臧德奎、臧凤岐、鲍志贤、鲍健、鲍维、王延玲、马燕

品种特征特性：常绿小乔木，高达5m；分枝密集，树冠长卵形；长势旺盛。幼枝黄绿色，幼叶黄绿色。单叶对生，革质，两面无毛，表面深绿色，背面浅绿色。叶片二型。春梢叶阔椭圆形或倒卵状椭圆形，叶面常皱，全缘，先端突尖；夏秋梢叶椭圆形或卵状椭圆形，长9～11m，宽3～4.5cm，基部圆形至宽楔形，先端渐尖，叶尖下弯，全缘或上部有锯齿；侧脉8～11对，网脉较明显；叶柄长8～12mm，幼时紫红色，后变为黄绿色。每节叠生花芽4对；花序花朵数5～6。花梗长6～9mm。花淡黄白色（RHSCC 1A-2B）；花冠钟形，直径6～8mm；花冠裂片椭圆形，长约2.5mm，宽约2mm；雄蕊2；雌蕊败育。

'绿满园'与相近品种'四季桂'比较性状差异如下表：

品种	分枝	树冠	叠生花芽数	花冠裂片
'绿满园'	直立、密集	长卵形	4对	长椭圆形
'四季桂'	开展、稀疏	球形	1~2对	倒卵形或近梯形

'绿满园'可在华东、华中至西南地区等地栽植。适应性强，喜光，对土壤要求不严格，在酸性和中性土上均可生长；易繁殖。该品种树冠整齐、分枝及叶片密集，是优良的景观树。

葱郁
（桂花）

联系人：臧德奎
联系方式：13583807200　国家：中国

申请日：2016年11月22日
申请号：20160341
品种权号：20190247
授权日：2019年12月31日
授权公告号：国家林业和草原局公告（2019年第31号）
授权公告日：2019年12月31日
品种权人：金华市奔月桂花专业合作社、山东农业大学
培育人：鲍志贤、鲍维、鲍健、方新高、臧德奎、马燕、王延玲

品种特征特性：小乔木，高4～7m；树冠阔柱状，长势旺盛；分枝直立性强。叶片宽椭圆形，长6～8cm，宽3～3.5cm；叶面因侧脉显著下陷而粗糙，有光泽，叶色深绿；基部圆形；先端尖或短渐尖；叶缘中部以上有锯齿；侧脉8～11对，在上面显著下陷，下面隆起。叶柄粗壮，长8～10mm，暗黄色。幼枝及新叶紫红色。每节叠生花芽2对；每花序有花5～7朵，着花较稀疏。花梗长5～8mm，略带紫色。花浅黄色，RHSCC 11D。花冠阔钟形，直径7～9mm。花冠裂片倒卵形，长2.5～3mm，宽2～2.5mm；雌蕊败育。花期10月上中旬。

'葱郁'与相近品种'金满楼'比较性状差异如下表：

品种	分枝	叶片	叶片基部	叶片先端
'葱郁'	直立	宽椭圆形，长6~8cm，宽3~3.5cm	圆形	短渐尖
'金满楼'	斜展	长椭圆或椭圆形，长5.5~8.5cm，宽1.5~3cm	楔形	长渐尖或短尾尖

'葱郁'可在华东、华中至西南地区等地栽植。适应性强，喜光，对土壤要求不严格，在酸性和中性土上均可生长；易繁殖。该品种树冠整齐、分枝及叶片密集，是优良的景观树。

金灿

（桂花）

联系人：臧德奎
联系方式：13583807200　国家：中国

申请日：2016年11月22日
申请号：20160342
品种权号：20190248
授权日：2019年12月31日
授权公告号：国家林业和草原局公告（2019年第31号）
授权公告日：2019年12月31日
品种权人：山东农业大学、金华市奔月桂花专业合作社
培育人：臧德奎、臧凤岐、鲍志贤、鲍健、鲍维、王延玲、马燕

品种特征特性： 常绿乔木，高达6m；主干通直，分枝斜展，树冠卵圆形。树皮皮孔圆形，较密；长势旺盛。幼枝绿色，幼叶黄绿色。单叶对生，革质，两面无毛，表面深绿色，背面浅绿色。叶片条形，或条状披针形，长9～13cm，宽1.6～2.5cm，长宽比约5.3；基部楔形至狭楔形；先端长渐尖，叶尖下弯；全缘。侧脉10～12对，网脉显著。叶柄长11～15mm。每节叠生花芽2～3对；花序花朵数5～6，着花较稀疏。花梗长8～12mm，基部紫色。花黄色，RHS CC13A-13B；花冠近平展，直径8～9mm；花冠裂片长椭圆形，长约3.5mm，宽约2mm；雄蕊2；雌蕊败育。花期9月下旬。

'金灿'与相近品种'柳叶苏桂'比较性状差异如下表：

品种	叶	花梗长（mm）	花冠裂片
'金灿'	条形，长9~13cm，宽1.6~2.5cm，长宽比约5.3	8~12	长椭圆形
'柳叶苏桂'	长椭圆形，长10~14cm，宽3~4cm，长宽比约3.4	6~8	倒卵形或近梯形

本品种可在华东、华中至西南地区等地栽植。适应性强，喜光，对土壤要求不严格，在酸性和中性土上均可生长；易繁殖。

西吕70684（SCH70684）

（蔷薇属）

联系人：霍尔曼（Herman）
联系方式：31297383444　国家：荷兰

申请日：2016年12月2日
申请号：20160387
品种权号：20190249
授权日：2019年12月31日
授权公告号：国家林业和草原局公告（2019年第31号）
授权公告日：2019年12月31日
品种权人：荷兰彼得·西吕厄斯控股公司（Piet Schreurs Holding B.V）
培育人：P.N.J.西吕厄斯（Petrus Nicolaas Johannes Schreurs）

品种特征特性：'西吕70684'是品种权人于2007年3月在温室内采用自有的育种材料S4830为母本，用代号为PSR3966的自有材料做父本，经控制授粉杂交育成。

'西吕70684'花瓣数中，花朵直径中，花形俯视呈星形、花的类型为重瓣、单头花，主色粉黄色，双色品种，花朵侧观上部近平形、下部平形，香味无到弱；花瓣形状为阔椭圆形，伸出度中；内、外花瓣的主要颜色均为粉黄，花瓣边缘红色，花瓣边缘波状弱，反卷中、瓣缘波状弱，花丝主色为浅黄色。

近似品种选择'西吕62480'（SCH62480），其与授权品种的特异性见下表：

品种	枝刺	花瓣反卷	花瓣颜色
'西吕70684'	少	中	红黄双色
'西吕62480'	多	极弱	黄色

本品种适宜一般温室条件下的栽培生产，采用常规的工厂化生产管理方式栽培即可。

'西吕70684'

近似品种'西吕62480'

西吕纳音（SCHOLINE）

（蔷薇属）

联系人：霍尔曼（Herman）
联系方式：31297383444　国家：荷兰

申请日：2016年12月2日
申请号：20160389
品种权号：20190250
授权日：2019年12月31日
授权公告号：国家林业和草原局公告（2019年第31号）
授权公告日：2019年12月31日
品种权人：荷兰彼得·西吕厄斯控股公司（Piet Schreurs Holding B.V）
培育人：P.N.J.西吕厄斯（Petrus Nicolaas Johannes Schreurs）

品种特征特性：'西吕纳音'是品种权人于2011年1月在温室内采用自有的育种材料PSR6307为母本，用代号为PSR5554的自有材料做父本，经控制授粉杂交育成。

'西吕纳音'花瓣数中，花朵直径中到大，花形俯视呈星形，花的类型为重瓣，单头花，主色为红色，单色品种，花朵侧观上部平凸形、下部平形，香味无到弱；花瓣形状为阔椭圆形，伸出度中；内、外花瓣的主要颜色均为红，花瓣边缘波状弱，反卷中、瓣缘波状弱，花丝主色为浅黄色。

近似品种选择'斯科丽'（Scholie），其与'西吕纳音'的特异性见下表：

品种	枝刺数量	花瓣数目	叶片大小
'西吕纳音'	中	中	大
'斯科丽'	少	少	中到大

本品种适宜一般温室条件下的栽培生产，采用常规的工厂化生产管理方式栽培即可。

'西吕纳音'

近似品种'斯科丽'

西吕73042（SCH73042）

（蔷薇属）

联系人：霍尔曼（Herman）
联系方式：31297383444　国家：荷兰

申请日：2017年1月4日
申请号：20170037
品种权号：20190251
授权日：2019年12月31日
授权公告号：国家林业和草原局公告（2019年第31号）
授权公告日：2019年12月31日
品种权人：荷兰彼得·西吕厄斯控股公司（Piet Schreurs Holding B.V）
培育人：P.N.J.西吕厄斯（Petrus Nicolaas Johannes Schreurs）

品种特征特性：'西吕73042'是品种权人于2005年1月在温室内采用自有的育种材料PSR2389为母本，用代号为PSR2389的自有材料做父本，经控制授粉杂交育成。

'西吕73042'花瓣数少到中，花朵直径小到中，花形俯视呈星形，花的类型为重瓣，单头花，主色为深红色，单色品种，花朵侧观上部平凸形、下部平形，香味无到弱；花瓣形状为阔椭圆形，伸出度中；内、外花瓣的主要颜色均为红，花瓣边缘波状极弱，反卷中、瓣缘波状弱，花丝主色为浅黄色。

近似品种选择'西吕75907'（SCH75907），其与'西吕73042'的特异性见下表：

品种	枝刺数量	花瓣数目	花瓣颜色
'西吕73042'	中	少到中	深红
'西吕75907'	多	中到多	大红

本品种适宜一般温室条件下的栽培生产，采用常规的工厂化生产管理方式栽培即可。

'西吕73042'

近似品种'西吕75907'

桃之夭夭

（蔷薇属）

联系人：邱显钦
联系方式：15912404660　国家：中国

申请日：2017年1月16日
申请号：20170077
品种权号：20190252
授权日：2019年12月31日
授权公告号：国家林业和草原局公告（2019年第31号）
授权公告日：2019年12月31日
品种权人：云南省农业科学院花卉研究所
培育人：邱显钦、王其刚、张颢、唐开学、晏慧君、周宁宁、陈敏、蹇洪英

品种特征特性：2011年4月在云南省农业科学院花卉研究所的月季育种基地——昆明市盘龙区龙泉镇雨树村，采用月季品种'金玛丽'与'埃文'杂交；2011年12月采收杂交种子，种子筛选后经低温冷藏至2012年4月播种；2012年7月第1次开花，移栽后同年10月第2次开花，采用扦插繁殖5株；2013年4月第3次开花，性状优良，确定为优良单株；2013年5月扦插扩繁20株，同年两次开花，经开花观察记录，各性状稳定；2014年5月开花后扦插扩繁60株，同年两次开花，各性状稳定一致；2014年5月—2016年5月与近似品种进行品种比较试验，各性状较优良。

'桃之夭夭'为直立宽灌木，多头庭院月季，单枝花苞数5～8个，植株高度80～110cm；花紫红色，花径8～10cm，花瓣数5枚，单瓣中花型，淡香味，花瓣大小中等，近圆形，边缘微反卷；萼片边缘延伸程度弱，花梗长67cm，有刺毛；叶片5～7小叶，大小中等，叶脉清晰、深绿色、叶表面光泽度强；顶端小叶卵圆形，叶尖渐尖，基部钝形，叶缘单锯齿，嫩枝微红棕色，嫩叶浅绿色；茎秆绿色，植株茎秆为平直刺，数量多，无小密刺；植株生长势中等，抗病性中等，可用作庭院或者盆栽种植。

'桃之夭夭'　　　　　　　　对照品种'杏花村'

玫迪斯科（MEIDYSOUK）

（蔷薇属）

联系人：李光松
联系方式：010-68003963　国家：法国

申请日：2017年2月8日
申请号：20170097
品种权号：20190253
授权日：2019年12月31日
授权公告号：国家林业和草原局公告（2019年第31号）
授权公告日：2019年12月31日
品种权人：法国玫兰国际有限公司（MEILLAND INTERNATIONAL S.A）
培育人：阿兰·安东尼·玫兰（Alain Antoine MEILLAND）

品种特征特性：'玫迪斯科'（MEIDYSOUK）是以'玫瑞斯迪福'（MEIRESTIF）为母本，以'玫卡皮娜'（MEICAPINAL）与'奥斯迈斯'（AUSMAS）的杂交后代为父本，以培育花色丰富、花姿优美、综合性状优良的庭院月季新品种为育种目标，进行杂交，经过扦插苗的不断选育后而得到的具有优良商品性状的庭院月季品种。

'玫迪斯科'生长习性为半直立；植株高度为中到高；嫩枝有花青素着色、着色强度为中；皮刺数量为少、颜色为偏红色；叶片大小为中，第一次开花之时绿色中到深；叶片上表面光泽为弱；小叶片叶缘波状曲线为中到强；顶端小叶形状为圆形；小叶尖部形状为尖；无开花侧枝，开花枝花数量为极少到少；花形为重瓣；花瓣数量为中；花色分组为粉混合色系，花径为大，花形状为圆形；花侧视上部为平、下部为凹；花香为中；萼片伸展范围为中；花瓣形状为倒心形、缺刻程度为弱到中，花瓣反卷程度为弱到中、边缘波状曲线为强，花瓣大小为中到大；花瓣内侧主要颜色为2种，主要颜色为淡蓝粉（RHS0056D），第二种颜色为白色（RHS155D），分布形式为晕状；花瓣内侧基部有斑点，斑点大小为大、颜色为淡黄色；外部雄蕊花丝主要颜色为中黄。

'玫迪斯科'植物器官典型标本

近似品种——玫蕾玫斯——植物器官典型标本

瑞克拉1632B（RUICL1632B）

（蔷薇属）

联系人：汉克·德·格罗特（H.C.A. de Groot）
联系方式：+31 206436516　国家：荷兰

申请日： 2017年4月12日
申请号： 20170176
品种权号： 20190254
授权日： 2019年12月31日
授权公告号： 国家林业和草原局公告（2019年第31号）
授权公告日： 2019年12月31日
品种权人： 迪瑞特知识产权公司（De Ruiter Intellectual Property B.V.）
培育人： 汉克·德·格罗特（H.C.A. de Groot）

品种特征特性： '瑞克拉1632B'（RUICL1632B）是以'斯皮德韦'（Spedappy）为母本、'瑞驰0802A'（RUICH0802A）为父本，进行杂交，经过扦插苗的不断选育后而得到的具有优良商品性状的紫红色切花月季品种。

　　'瑞克拉1632B'植株高度为高；嫩枝有花青素着色、着色强度为强；皮刺数量为中、颜色为偏红色；叶片大小为小到中，第一次开花之时为浅到中绿色；叶片上表面光泽为无或极弱；小叶片叶缘波状曲线为中；顶端小叶形状为心形；小叶叶基部形状为圆形、叶尖部形状为尖；花形为重瓣；花瓣数量为多；花径为大；花形状为星形；花侧视上部为平凸、下部为平凸；花香为中；萼片伸展范围为弱到中；花瓣形状为圆形、缺刻程度为中、花瓣边缘反卷程度为极强、波状为中、长度为中、宽度为中；花瓣内侧主要颜色为1种，且均匀，主要颜色是RHS57A和74A；花瓣内侧基部有斑点，斑点大小为中、颜色为白色，外部雄蕊花丝主要颜色为红色。

　　'瑞克拉1632B'适宜在温室条件下栽培生产。适于温室内光照充足的环境条件，冬季采用拟光灯延长光照时间；突出的特点是适合在高海拔地区种植和繁殖，优秀性状保持稳定。

'瑞克拉1632B'植物器官典型标本　　近似品种'瑞克拉1632A'植物器官典型标本

瑞可1281A（RUIC1281A）

（蔷薇属）

联系人：汉克·德·格罗特（H.C.A. de Groot）
联系方式：+31 206436516　国家：荷兰

申请日：2017年4月12日
申请号：20170177
品种权号：20190255
授权日：2019年12月31日
授权公告号：国家林业和草原局公告（2019年第31号）
授权公告日：2019年12月31日
品种权人：迪瑞特知识产权公司（De Ruiter Intellectual Property B.V.）
培育人：汉克·德·格罗特（H.C.A. de Groot）

品种特征特性：'瑞可1281A'（RUIC1281A）是以'奥莱斯托'（OLIJSTO）为母本、'坦纳然'（TANARAN）为父本，进行杂交，经过扦插苗的不断选育后而得到的具有优良商品性状的切花月季品种。

'瑞可1281A'植株高度为中；嫩枝有花青素着色、着色强度为弱到中；皮刺数量为中、皮刺颜色为偏黄色；叶片大小为中，第一次开花之时为绿色；叶片上表面光泽为中；小叶片叶缘波状曲线为弱；顶端小叶形状为中卵形；小叶基部形状为钝形、叶尖部形状为尖；花形为重瓣；花瓣数量为中；花径为大；花形状为不规则圆形；花侧视上部为平、下部为凹；花香为中；萼片伸展范围为中；花瓣形状为倒心形，花瓣缺刻为弱，花瓣边缘反卷程度为中、波状为弱、长度为中到长、宽度为中；花瓣内侧主要颜色为1种，颜色分布是从基部向边缘变浅，主要颜色是RHS12C；花瓣内侧基部无斑点，外部雄蕊花丝主要颜色为淡黄色。

'瑞可1281A'适宜在温室条件下栽培生产。适于温室内光照充足的环境条件，冬季采用拟光灯延长光照时间；突出的特点是适合在高海拔地区种植和繁殖，优秀性状保持稳定。

'瑞克1281A'植物器官典型标本

近似品种'瑞驰0953B'植物器官典型标本

玫派珀瑞尔（MEIPEPORIA）

（蔷薇属）

联系人：海伦娜·儒尔当
联系方式：+33 494500325　国家：法国

申请日：2017年4月12日
申请号：20170181
品种权号：20190256
授权日：2019年12月31日
授权公告号：国家林业和草原局公告（2019年第31号）
授权公告日：2019年12月31日
品种权人：法国玫兰国际有限公司（MEILLAND INTERNATIONAL S.A）
培育人：阿兰·安东尼·玫兰（Alain Antoine MEILLAND）

品种特征特性：'玫派珀瑞尔'（MEIPEPORIA）是以'玫诺然'（MEINOIRAL）为母本、以'科缇可'（KORTIKEL）的杂交后代中选育的株系为母本，以'拉德拉兹'（RADRAZZ）为父本，以培育花色丰富、花姿优美、综合性状优良的庭院月季新品种为育种目标，进行杂交，经过扦插苗的不断选育后而得到的具有优良商品性状红色月季品种。

'玫派珀瑞尔'植株高度为矮到中；嫩枝有花青素着色；皮刺数量为极少到少、颜色为偏紫色；叶片大小为中，第一次开花之时为深绿色、有花青素着色；叶片上表面光泽为弱到中；小叶片叶缘波状曲线为弱到中；顶端小叶形状为圆形；小叶尖部形状为渐尖；有开花侧枝，开花枝花数量为中到多，开花枝花朵数量为少，花蕾纵剖面形状为中卵形；花类型为半重瓣；花瓣数量为极少到少；花色分组为红色系，花径为中；花形状为不规则圆形；花侧视上部为平、下部为平；花香为无或极弱；萼片伸展范围为弱到中；花瓣形状为倒心脏形、缺刻程度为弱到中，花瓣反卷程度为弱、边缘波状曲线为中，花瓣大小为小到中；花瓣内侧主要颜色为1种，分布均匀，主要颜色为紫红色（RHS66A到66B）；花瓣内侧基部有斑点、斑点大小为小、颜色为淡黄色；外部雄蕊花丝主要颜色为黄色。

'玫派珀瑞尔'植物器官典型标本

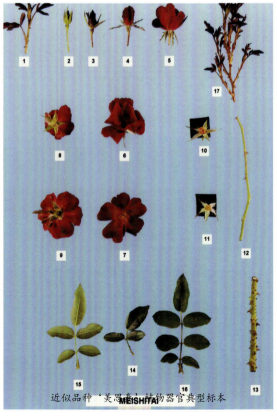
近似品种'美思春'植物器官典型标本

黄金甲

(松属)

联系人：高树鹏
联系方式：15163416399/13516345722　国家：中国

申请日：2017年4月17日
申请号：20170183
品种权号：20190257
授权日：2019年12月31日
授权公告号：国家林业和草原局公告（2019年第31号）
授权公告日：2019年12月31日
品种权人：张英华
培育人：张英华、高树鹏

品种特征特性：'黄金甲'为黑松自然变异，国内外没有看到有关新品种培育的报道。是登山旅游时发现的单株，其显著特征是松针变色，夏天绿色，深秋至春末为黄金色，不落叶。

'黄金甲'树形扁圆，新枝棕色，针叶密实，冬芽颜色深棕，松针圆柱状椭圆形或圆柱形，顶端尖，针叶2针一束，长3～5cm，松叶变色。

'黄金甲'与对照'Banshosho'比较性状差异如下：

相似品种名称	相似品种特征		'黄金甲'特征
'Banshosho'	针叶：新叶颜色	绿	黄绿
	针叶：冬季颜色	绿	黄

本品种可在东北南部、华北、华东、华中、西南等地栽植。可做盆景、城市绿化树种。

用黑松嫁接的'黄金甲'与黑松比较图

科鲜0119（KORcut0119）

（蔷薇属）

联系人：蒂姆-赫尔曼 科德斯（Tim-Hermann Kordes）
联系方式：+49-4121-487 00　国家：德国

申请日：2017年5月3日
申请号：20170209
品种权号：20190258
授权日：2019年12月31日
授权公告号：国家林业和草原局公告（2019年第31号）
授权公告日：2019年12月31日
品种权人：科德斯月季育种公司（W.Kordes'S?hne Rosenschulen GmbH & Co KG）
培育人：威廉-亚历山大 科德斯（Wilhelm-Alexander Kordes）、蒂姆-赫尔曼 科德斯（Tim-Hermann Kordes）、约翰 文森特 科德斯（John Vincent Kordes）

品种特征特性：'科鲜0119'（KORcut0119）是通过母本'科特克'（KORturek）和父本未命名种苗，常规杂交育种后选育出的新品种。

'科鲜0119'是红色切花月季，中花型品种。瘦灌木，生长紧凑，抗病虫性很好。年产量高（180～240枝/平方米），耐运输，瓶插期长（16天），花色稳定，适应性强。

对照品种'科伊拉'（KORylal）是深红色切花月季品种，与'科鲜0119'的主要区别见下表：

性状	'科鲜0119'	'科伊拉'
花朵直径	中	大
花朵颜色	红色（蓝—红色）	深红色
花朵形状	不规则圆形	圆形至星形

'科鲜0119'适宜在多种气候环境条件下，采用不同栽培技术进行切花月季生产，采用压枝生产系统进行栽培生长更好。

'科鲜0119'的花朵特征

对照品种'科伊拉'的花朵特征

金须

（槐属）

联系人：张帆
联系方式：13225313616　国家：中国

申请日：2017年5月16日
申请号：20170238
品种权号：20190259
授权日：2019年12月31日
授权公告号：国家林业和草原局公告（2019年第31号）
授权公告日：2019年12月31日
品种权人：山东万路达毛榉文化产业发展有限公司、山东陌上源林生物科技有限公司、青岛市园林绿化工程质量安全监督站
培育人：罗杰、张帆、郑发、王西仲、秦娜、颜鲁、张伟、赵祥宝、王芳、李明花

品种特征特性：'金须'为阳性树种，深根性，萌芽力强，是从龙爪槐中发现的新变异类型。落叶灌木。主干抽枝中等，枝条下垂，垂性弯度大，无枝刺无被毛。当年生枝夏季颜色黄绿色，冬季为黄色。叶柄基部膨大；先端渐尖，小叶片呈长卵形，上表面春季颜色为黄色。花序为复圆锥，无被毛，花萼颜色为绿，花冠颜色单色，浅黄绿旗瓣，花瓣近圆形，雌蕊与雄蕊近等长。果皮肉质不开裂，荚果中长度，大小中等，矩圆形。

'金须'槐与近似品种比较性状差异如下表：

品种	植株枝条性状	叶颜色
'金须'	当年生枝夏季颜色：黄绿	小叶片（上表面）春季颜色：黄
'金枝垂槐'	当年生枝夏季颜色：绿	小叶片（上表面）春季颜色：浅黄

高槐1号
（槐属）

联系人：雷茂端
联系方式：13453938658 国家：中国

申请日：2017年5月17日
申请号：20170248
品种权号：20190260
授权日：2019年12月31日
授权公告号：国家林业和草原局公告（2019年第31号）
授权公告日：2019年12月31日
品种权人：雷茂端
培育人：雷茂端、雷迎波、郭豆萍、雷亚第

品种特征特性：2001—2005年，以陕西黄陵一株孤立国槐和山西万荣一株野生国槐互为父母本进行杂交，并对杂交所得种子及时播种于山西省运城市盐湖区运城迎波米槐开发有限公司育种圃，然后不断进行淘劣选优。2012年在该育种圃的实生群体中发现优良单株，2013—2015年，连续高接观察其稳定性，结果显示，该品种各种性状性能极其稳定。2015—2016年进行区试，表现丰产性好、抗逆性强，遂确定为优良品种。

落叶乔木。枝条下垂，树干弯曲。叶长卵形，浅绿色，略有卷曲，小叶15片左右。米穗复圆锥形，米粒绿黄色。花冠复色；旗瓣浅黄绿色，翼瓣与龙骨瓣浅粉色。果皮肉质，不开裂，种子矩圆形。每年开花一次，花期7月上中旬。

北纬38°以南的山地、丘陵、平川区域均可栽植。

'高槐1号'，花冠为复色，旗瓣黄绿色，翼瓣与龙骨瓣浅粉色

天丁1号

（皂荚属）

联系人：王召伟
联系方式：13505497302　国家：中国

申请日：2017年5月19日
申请号：20170254
品种权号：20190261
授权日：2019年12月31日
授权公告号：国家林业和草原局公告（2019年第31号）
授权公告日：2019年12月31日
品种权人：山东丫森苗木科技开发有限公司
培育人：王召伟、张玉华、张联中、刘金达、张振田

品种特征特性：落叶乔木，高可达30m，枝灰色至深褐色，叶为一回羽状复叶。4年生以下树干生长侧枝，4年生及以上主干开始着生棘刺，棘刺多成簇状密布树干，刺粗壮，圆柱形，常分枝，多呈圆锥状，主刺长6~18cm，基部粗8~12mm，末端尖锐；分枝刺一般长1.5~7cm，有时再分歧成小刺。刺表面棕紫色，尖部红棕色，光滑或有细皱纹，质坚硬，难折断。花杂性，黄白色，组成总状花序；荚果带状，长14~20cm，宽2~3cm，劲直，果肉稍薄，种子多颗，近圆形。

'天丁1号'与普通皂荚性状差异如下表：

品种/种	刺生长部位	主干刺分布及形状	4年生以上主干刺数量
'天丁1号'	老树干	簇状，密布树干，粗壮	多
普通皂荚	枝条及新干	单刺，稀疏少见，细长	少或无

我国华北、西北及东北等地区。

'天丁1号'皂荚主干皂刺生长情况

普通皂荚主干皂刺生长情况

聊红椿

（臭椿属）

联系人：张秀省
联系方式：15552180276　国家：中国

申请日：2017年5月26日
申请号：20170268
品种权号：20190262
授权日：2019年12月31日
授权公告号：国家林业和草原局公告（2019年第31号）
授权公告日：2019年12月31日
品种权人：聊城大学
培育人：张秀省、高祥斌、邱艳昌

品种特征特性：2010年夏季在聊城市开发区辽河路与小湄河桥西侧，发现1株臭椿的红色翅果观赏价值很高，2012年夏季发现这株树上部分侧枝结的翅果呈深红色，颜色鲜艳别致，且当年生枝紫红色。于2013年4月在翅果为深红色的枝条上剪取接穗，以臭椿为砧木，进行嫁接试验，经过3年的精心培育，2016年夏季，嫁接成活植株上当年生枝紫色，复叶幼时颜色橙红，叶柄颜色橙红均保持了母本的性状，翅果颜色为深红色，且不同嫁接植株上的性状特征完全一致，说明这些性状通过无性繁殖具有遗传稳定性。

树冠半圆形，枝叶浓密；侧枝斜展，当年生枝紫色；小叶片披针形，叶缘无锯齿，基部楔形；复叶幼时橙红色，叶柄紫红色；花序顶生或腋生，花两性，子房和花药为红橙色。翅果幼时鲜红色，成果深红色。

中国除黑龙江、吉林、新疆、青海、宁夏、甘肃和海南外，各地均可种植。向北直到辽宁南部，共跨22个省（自治区、直辖市），以黄河流域为分布中心。

'聊红'椿当年生枝紫色

'朝阳'椿当年生枝绿色

泰达粉钻

（蔷薇属）

联系人：田晓明
联系方式：13682085025　国家：中国

申请日：2017年6月1日
申请号：20170273
品种权号：20190263
授权日：2019年12月31日
授权公告号：国家林业和草原局公告（2019年第31号）
授权公告日：2019年12月31日
品种权人：天津泰达盐碱地绿化研究中心有限公司
培育人：王振宇、张清、田晓明、刘倩、于璐、慈华聪、王鹏山、张楚涵

品种特征特性： 2014年从播种的现代杂种茶香月季'粉扇'×'读书台'的杂种一代中选出，实生苗生长健壮，后通过扦插、组培、嫁接等手段扩繁，经过连续观察性状稳定。

'泰达粉钻'半直立灌木，株高60～140cm，冠幅40～50cm。茎干皮刺较少，紫色，平直刺，老枝绿色，嫩枝紫红色。羽状复叶，小叶5～7，椭圆形，叶缘紫色，具单锯齿，两面近无毛，上表面绿色，有光泽，背面浅绿色，新叶边缘呈紫色，叶长2～5cm，宽1～3cm，叶柄绿色，新生叶叶柄紫红色；花多朵生于枝顶，伞形花序；花粉色（Red65A-65B），花瓣30～40枚，重瓣，初开时高心平瓣，开放后呈盘状，直径5～8cm。萼片卵状披针形，缘有少量短白色柔毛，内面具白色茸毛。花期5月初，一直持续到11月。连续2年多观察，性状稳定。

'泰达粉钻'与对照品种主要区别如下表：

品种	花型	瓣性	花色	抗病力
'泰达粉钻'	重瓣，初开时高心平瓣，开放后呈盘状	30~40枚	粉色	较强
'粉扇'	重瓣，花瓣高心卷边	20~30枚	粉色	强
'读书台'	重瓣，花瓣高心卷边	20~30枚	红色	较强

紫遂

(紫薇属)

联系人：王肖雄
联系方式：18268638639　国家：中国

申请日：2017年6月2日
申请号：20170283
品种权号：20190264
授权日：2019年12月31日
授权公告号：国家林业和草原局公告（2019年第31号）
授权公告日：2019年12月31日
品种权人：宁波永丰园林建设有限公司
培育人：王肖雄

品种特征特性：本品种为自然杂交选育的F_1代。母本为美国紫薇属品种'Best Red'。

本品种为落叶乔木或灌木，植株半直立，株形开张，小枝4棱；叶片小，长3～5cm，宽1.6～3cm；椭圆形；嫩叶红色，成熟叶片紫黑色（RHS202A）。顶生圆锥花序，花萼长7～10mm，外面平滑微具棱，花瓣长1.0～1.5cm，宽0.9～1.2cm，花瓣卷曲且边缘褶皱，紫色（RHSNN78A）花瓣数6，雄蕊36～42枚，外面6枚着生于花萼上，比其余雄蕊长；子房3～6室，无毛。花期7月上旬至10月中旬，开花早，花期长。蒴果球形，长1～1.3cm，室背开裂；种子有翅，长约8mm，成熟时褐色，果期9～11月。适合于孤植、丛植，可培植为花篱及制作盆景和桩景。

本品种抗逆性强，适应性广，适合我国中部、南部、西南部、东部等广大地区生长栽培。种植应选择土层深厚、土壤肥沃、排水良好的背风向阳处。

'紫遂'（左）与相似品种'Shell Pink'（右）花萼棱对比

紫裙

（紫薇属）

联系人：王肖雄
联系方式：18268638639　国家：中国

申请日：2017年6月2日
申请号：20170284
品种权号：20190265
授权日：2019年12月31日
授权公告号：国家林业和草原局公告（2019年第31号）
授权公告日：2019年12月31日
品种权人：宁波永丰园林建设有限公司
培育人：王肖雄

品种特征特性：本品种是自然杂交的F_1代。母本为美国紫薇属品种'Best Red'。

本品种为落叶乔木或灌木，植株半直立、开张，小枝4棱。叶片椭圆形，嫩叶红色，成熟叶片紫黑色（RHS202A），叶片小，长2～3.5cm，宽0.6～1cm，有明显皱褶。顶生圆锥花序，花萼长7～10mm，外面平滑无棱，花瓣长1.0～1.5cm，宽0.9～1.2cm，花瓣卷曲且边缘褶皱，粉紫色（RHS73A），花边缘白色（RHSNN155D），花瓣数6。雄蕊36～42枚，外面6枚着生于花萼上，比其余雄蕊长；子房3～6室，无毛。花期7月上旬至10月中旬，开花早，花期长。蒴果球形，长1～1.3cm，室背开裂；种子有翅，长约8mm，成熟时褐色，果期9～11月。适合于孤植、丛植，可培植为花篱及制作盆景和桩景。

本品种抗逆性强，适应性广，适合我国中部、南部、西南部、东部等广大地区生长栽培。种植应选择土层深厚、土壤肥沃、排水良好的背风向阳处。

'紫裙'的花复色对比

相似品种'紫玲珑'的花复色对比

紫夜

（紫薇属）

联系人：王肖雄
联系方式：18268638639　国家：中国

申请日：2017年6月2日
申请号：20170285
品种权号：20190266
授权日：2019年12月31日
授权公告号：国家林业和草原局公告（2019年第31号）
授权公告日：2019年12月31日
品种权人：宁波永丰园林建设有限公司
培育人：王肖雄

品种特征特性： 采用传统杂交手段选育的F_1代。父本为美国紫薇品种'Delta Jazz'，母本为美国紫薇品种'Blush'。

本品种为落叶乔木或灌木，小枝4棱。叶片椭圆形，嫩叶红色，成熟叶片紫黑色（RHS203C），长4.8～5.2cm，宽2.8～3.0cm。顶生圆锥花序，花萼长7～10mm，花萼棱明显，花瓣长1.0～1.5cm，宽0.9～1.2cm，花瓣卷曲且边缘褶皱，紫红色（RHS N57A），花瓣数6，雄蕊36～42枚，外面6枚着生于花萼上，比其余雄蕊长；子房3～6室，无毛。花期7月上旬至10月中旬，开花早，花期长。蒴果球形，长1～1.3cm，室背开裂；种子有翅，长约8mm，成熟时褐色，果期9～11月。是集观花、观叶于一体，极具观赏价值的彩叶紫薇品种。适合于孤植、丛植，可培植为花篱及制作盆景和桩景。

本品种抗逆性强，适应性广，适合我国中部、南部、西南部、东部等广大地区生长栽培。种植应选择土层深厚、土壤肥沃、排水良好的背风向阳处。

'紫夜'（左）与相似品种'Delta Jazz'（右）花萼棱对比

英特赫克拉午（Intergeklawoom）

（蔷薇属）

联系人：A.J.H.范·多伊萨姆（ir. A.J.H. van Doesum）
联系方式：31343473247　国家：荷兰

申请日：2017年6月5日
申请号：20170294
品种权号：20190267
授权日：2019年12月31日
授权公告号：国家林业和草原局公告（2019年第31号）
授权公告日：2019年12月31日
品种权人：英特普兰特公司（Interplant Roses B.V.）
培育人：A.J.H.范·多伊萨姆（ir. A.J.H. van Doesum）

品种特征特性：'英特赫克拉午'（Intergeklawoom）是通过未命名品种编号K1168-04（母本）和未命名品种编号K1437-06（父本）常规杂交育种后选育出的新品种。

'英特赫克拉午'为黄色切花月季品种，重瓣花。瘦灌木，生长紧凑，抗病虫性很好。具有产量高、花枝较长较粗的优点。

父本K1437-06也是浅黄色切花月季品种，与'英特赫克拉午'的主要区别见下表：

性状	'英特赫克拉午'	K1437-06
叶片颜色	中绿（5）	浅绿
花朵颜色	黄色	浅黄至黄色
花枝	较长，粗	较短，细

'英特赫克拉午'在温室中比对照品种生长更好，产量更高。其花蕾和花朵大于对照品种。适宜在温室光照充分的环境条件下栽培进行切花生产。

'英特赫克拉午'的花朵特征

母本K1437-06的花朵特征

金凰

(构属)

联系人：寇新良
联系方式：13939690881　国家：中国

申请日：2017年6月23日
申请号：20170331
品种权号：20190268
授权日：2019年12月31日
授权公告号：国家林业和草原局公告（2019年第31号）
授权公告日：2019年12月31日
品种权人：河南名品彩叶苗木股份有限公司
培育人：王华明、魏奎娇、王爱清、王玉、郭连东、田原、杨晓明、仪楠、曹倩、任甸甸、邵明春

品种特征特性：该品种系2015年5月在河南省遂平县河南名品彩叶苗木股份有限公司玉山总场，发现一株4年生构树，叶片呈金黄色的雌性变异植株，2015年夏季用变异植株的枝条采用嫁接等无性繁殖进行扩繁，结果发现新植株颜色春季叶金黄色，夏季黄色，秋季变为金黄色。以后各年用各代植株的枝条进行扩繁，观察分析表明所有苗木无再变异现象发生，新品种性状保持良好，表现稳定。

阔叶落叶乔木，分点较高，枝斜上伸展，幼叶黄色，成熟叶片黄色或黄绿色，叶片背面叶脉淡紫色，叶长卵形，上面粗糙，被硬毛，下面密被柔毛，叶缘锯齿中等，叶尖渐尖，基部心形，叶缘不裂，花柱粉色，树皮光滑，浅灰色或灰褐色。

'金凰'和对比品种特异性对照表如下：

相似品种名称	相似品种特征	授权品种特征
'金凤'	植株性别：雄株♂	雌株♀
	成熟叶颜色：黄绿	黄、黄绿
	背面叶脉颜色：淡黄	淡紫红

'金凰'在我国大部分地区均可栽培。喜光照，能耐干旱瘠薄，不耐水湿。根系浅，萌发力强，耐修剪，对土壤适应性强。

'金凰'的花

玫珀珂（MEIPIOKOU）

（蔷薇属）

联系人：海伦娜·儒尔当
联系方式：+33 494500325　国家：法国

申请日：2017年7月14日
申请号：20170374
品种权号：20190269
授权日：2019年12月31日
授权公告号：国家林业和草原局公告（2019年第31号）
授权公告日：2019年12月31日
品种权人：法国玫兰国际有限公司（MEILLAND INTERNATIONAL S.A）
培育人：阿兰·安东尼·玫兰（Alain Antoine MEILLAND）

品种特征特性：'玫珀珂'（MEIPIOKOU）是以'玫丽娃'（MEILIVAR）为母本，'科里西亚'（KORRESIA）与'戴巴拉'（DELBARA）的杂交后代选出的优良植株为父本，进行杂交，经过扦插苗的不断选育后而得到的具有优良商品性状粉色月季品种。

'玫珀珂'生长习性为半直立到中间型，植株高度为矮到中；嫩枝有花青素着色、着色强度为弱到中；皮刺数量为多、颜色为偏红色；叶片大小为中到大，第一次开花之时颜色为淡到中；叶片上表面光泽为无到极弱；小叶片叶缘波状曲线为无到极弱；顶端小叶形状为卵形，尖部形状为渐尖；有开花侧枝，开花侧枝数量为中，开花枝花数量为极少；花苞侧视形状为中卵形；花型为重瓣；花瓣数量为中到多；花色分组为粉色系，花瓣间密度为中到密；花径为中到大；花形状为不规则圆形，花侧视上部为平、下部为凹；花香为强；萼片伸展范围为弱；花瓣形状圆形、缺刻程度为弱，花瓣反卷程度为弱到中、边缘波状曲线为强，花瓣大小为小到中；花瓣内侧主要颜色为1种，分布均匀，主要颜色为粉色，RHS56D-69B；花瓣内侧基部有斑点、斑点大小为极小、颜色为淡黄色；外部雄蕊花丝主要颜色为粉色。

'玫珀珂'植物器官典型标本

近似品种'玫迪斯科'植物器官典型标本

玫科瑞拉（MEIKERIRA）

（蔷薇属）

联系人：海伦娜·儒尔当
联系方式：+33 494500325　国家：法国

申请日： 2017年7月14日
申请号： 20170375
品种权号： 20190270
授权日： 2019年12月31日
授权公告号： 国家林业和草原局公告（2019年第31号）
授权公告日： 2019年12月31日
品种权人： 法国玫兰国际有限公司（MEILLAND INTERNATIONAL S.A）
培育人： 阿兰·安东尼·玫兰（Alain Antoine MEILLAND）

品种特征特性： '玫科瑞拉'（MEIKERIRA）是以'玫丽娃'（MEILIVAR）为母本，'科里西亚'（KORRESIA）与'戴巴拉'（DELBARA）的杂交后代选出的优良植株为父本，进行杂交，经过扦插苗的不断选育后而得到的具有优良商品性状粉色月季品种。

'玫科瑞拉'生长习性为半直立到中间型，植株高度为矮到中；嫩枝有花青素着色、着色强度为弱到中；皮刺数量为多、颜色为偏红色；叶片大小为中到大，第一次开花之时颜色为淡到中；叶片上表面光泽为无到极弱；小叶片叶缘波状曲线为无到极弱；顶端小叶形状为卵形；尖部形状为渐尖；有开花侧枝，开花侧枝数量为中，开花枝花数量为极少；花苞侧视形状为中卵形；花型为重瓣；花瓣数量为中到多；花色分组为粉色系，花瓣间密度为中到密；花径为中到大；花形状为不规则圆形；花侧视上部为平、下部为凹；花香为强；萼片伸展范围为弱；花瓣形状圆形、缺刻程度为弱，花瓣反卷程度为弱到中、边缘波状曲线为强，花瓣大小为小到中；花瓣内侧主要颜色为1种，分布均匀，主要颜色为粉色（RHS56D-69B）；花瓣内侧基部有斑点、斑点大小为极小、颜色为淡黄色；外部雄蕊花丝主要颜色为粉色。

'玫科瑞拉'植物器官典型标本

近似品种'玫迪斯科'植物器官典型标本

青川1号

（核桃属）

联系人：白杰健
联系方式：0839—7202692?/13518323751　国家：中国

申请日：2017年7月19日
申请号：20170390
品种权号：20190271
授权日：2019年12月31日
授权公告号：国家林业和草原局公告（2019年第31号）
授权公告日：2019年12月31日
品种权人：青川县林业局
培育人：白杰健、向明亮、吴佐英、朱万青、赵荣、都卫东、扈双、赵柳、高正华、邓松翰

品种特征特性：'青川1号'纵径3.88cm，横径3.59cm，侧径3.93cm。壳面腹面是刻沟，近棱脊两侧是刻点，色泽浅，果顶微平，棱脊较平，平均单果重14.91g，壳厚1.03mm，可取整仁，出仁率62.63%；核仁较充实、饱满，干时黄白色，味微甜香（特别是鲜食），粗脂肪含量71.38%，粗蛋白含量17.38%。

近似品种'利丰'单果重16.8g，内果皮厚度（壳厚）0.99mm，核仁颜色干时黄褐色，出仁率56.1%，粗脂肪含量59.3%，粗蛋白含量21.3%。

适宜于川北山地海拔500～1500m的核桃种植区域栽培。

'青川1号'

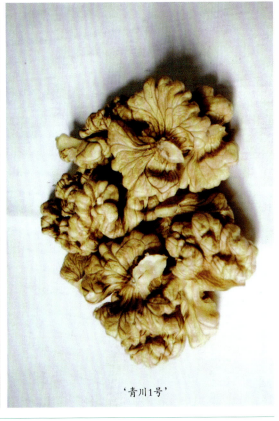

'青川1号'

紫丰

（接骨木属）

联系人：姚俊修
联系方式：15098968928　国家：中国

申请日：2017年7月23日
申请号：20170408
品种权号：20190272
授权日：2019年12月31日
授权公告号：国家林业和草原局公告（2019年第31号）
授权公告日：2019年12月31日
品种权人：山东省林业科学研究院
培育人：王开芳、吴德军、姚俊修、刘翠兰、任飞、李庆华、臧真荣、李善文、燕丽萍、王因花

品种特征特性：落叶灌木或小乔木，高达4～6m，长势旺盛。主干树皮皮孔密集、褐色；当年生枝夏季绿色，皮孔中等大小、近圆形；成熟复叶一回羽状，小叶多数7枚，上表面绿色，顶生小叶椭圆形、顶端渐尖、基部宽楔形、叶缘中锯齿、厚度中等；生殖叶多数5枚，深绿色；果序轴紫色，果实红色、圆球形。

'紫丰'与'天然红1号'比较性状差异如下表：

品种	顶生小叶形状	果序轴颜色	果实颜色
'紫丰'	椭圆	紫	红
'天然红1号'	长倒卵	深紫	紫红

本品种可在华东、华北、东北等地区平原、丘陵或山区栽植。该品种具有抗干旱、耐贫瘠、耐大气污染、抗寒、抗病虫害等特征，适应性强。

'紫丰'（右）和相似品种'天然红1号'（左）果序轴及果实颜色比较

红丰

(接骨木属)

联系人:姚俊修
联系方式:15098968928 国家:中国

申请日:2017年7月23日
申请号:20170409
品种权号:20190273
授权日:2019年12月31日
授权公告号:国家林业和草原局公告(2019年第31号)
授权公告日:2019年12月31日
品种权人:山东省林业科学研究院
培育人:李善文、姚俊修、吴德军、燕丽萍、任飞、臧真荣、王因花、李庆华、刘翠兰、王开芳

品种特征特性:落叶灌木或小乔木,高达4~6m,长势旺盛。主干树皮皮孔小而密;当年生枝夏季绿色,皮孔线形排列、中等大小;顶生小叶椭圆形;生殖叶奇数羽状复叶,小叶5枚,黄绿色;成熟叶上表面degreen色、下表面中绿色;果序轴绿色,果实圆球形、红色,果实顶部花萼宿存。

'红丰'与相近品种'天然红1号'比较性状差异如下表:

品种	果序轴颜色	果实颜色	顶生小叶形状
'红丰'	绿	红	椭圆
'天然红1号'	深紫	紫红	长倒卵

本品种可在华东、华北、东北等地区平原、丘陵或山区栽植。该品种具有抗干旱、耐贫瘠、耐大气污染、抗寒、抗病虫害等特征,适应性强。

'红丰'(左)和近似品种'天然红1号'(右)果序轴与果实颜色比较

柳叶红
（接骨木属）

联系人：姚俊修
联系方式：15098968928　国家：中国

申请日：2017年7月23日
申请号：20170412
品种权号：20190274
授权日：2019年12月31日
授权公告号：国家林业和草原局公告（2019年第31号）
授权公告日：2019年12月31日
品种权人：山东省林业科学研究院
培育人：吴德军、姚俊修、李善文、任飞、李庆华、臧真荣、刘翠兰、王开芳、燕丽萍、王因花

品种特征特性：落叶灌木或小乔木，高达4~6m，长势旺盛。主干树皮皮孔中等密度、灰白色；当年生枝夏季绿色，皮孔中等大小、线状排列、近圆形；成熟复叶一回羽状，小叶叶缘向上卷曲，上表面颜色深绿，顶生小叶椭圆形、顶端渐尖、基部楔形、叶缘中锯齿、厚度中等，侧生小叶长椭圆形；生殖叶羽状复叶，多数5枚；果序轴颜色深紫，果实形状圆球形、颜色深红。

'柳叶红'与'天然红2号'比较性状差异如下表：

品种	顶生小叶形状	复叶小叶卷曲
'柳叶红'	椭圆、长椭圆	是
'天然红2号'	长倒卵	否

本品种可在华东、华北、东北等地区平原、丘陵或山区栽植。该品种具有抗干旱、耐贫瘠、耐大气污染、抗寒、抗病虫害等特征，适应性强。

'柳叶红'果实形态

金幻

（接骨木属）

联系人：姚俊修
联系方式：15098968928　国家：中国

申请日：2017年7月23日
申请号：20170413
品种权号：20190275
授权日：2019年12月31日
授权公告号：国家林业和草原局公告（2019年第31号）
授权公告日：2019年12月31日
品种权人：山东省林业科学研究院
培育人：姚俊修、吴德军、刘翠兰、李善文、任飞、李庆华、王开芳、燕丽萍、王因花、臧真荣

品种特征特性：落叶灌木或小乔木，高达4~6m，长势旺盛。主干树皮皮孔大、稀疏、凸出、黑褐色；当年生枝夏季黄白色、皮孔近圆形、中等大小；成熟叶深绿、叶背面少量茸毛；顶生小叶长椭圆形、顶端渐尖、基部楔形、叶缘中锯齿；果实颜色渐变（从绿到白到浅红到红），成熟后红色，果柄紫红色，果穗直立。

'金幻'与'天然红2号'比较性状差异如下表：

品种	当年生枝夏季颜色	果实
'金幻'	黄白	红
'天然红2号'	绿	紫红

本品种可在华东、华北、东北等地区平原、丘陵或山区栽植。该品种具有抗干旱、耐贫瘠、耐大气污染、抗寒、抗病虫害等特征，适应性强。

'金幻'果实颜色

盐丹
(接骨木属)

联系人：姚俊修
联系方式：15098968928　国家：中国

申请日：2017年7月23日
申请号：20170414
品种权号：20190276
授权日：2019年12月31日
授权公告号：国家林业和草原局公告（2019年第31号）
授权公告日：2019年12月31日
品种权人：山东省林业科学研究院
培育人：刘翠兰、姚俊修、吴德军、燕丽萍、王因花、任飞、李庆华、李善文、王开芳、臧真荣

品种特征特性：落叶灌木或小乔木，高达4～6m，长势旺盛。主干树皮灰白色；皮孔疏散、不明显；当年生枝夏季绿色，皮孔中等大小、近圆形；成熟复叶一回羽状，小叶上表面绿色，顶生小叶椭圆形、顶端渐尖、基部宽楔形、叶缘中锯齿、厚度中等；生殖叶羽状复叶，多数7枚；果序轴颜色浅紫，果实黑色、圆球形。

'盐丹'与相近品种'天然红1号'比较性状差异如下表：

品种	顶生小叶：形状	果序：果序轴颜色	果实：颜色
'盐丹'	椭圆	浅紫	黑
'天然红1号'	长倒卵	深紫	紫红

本品种可在华东、华北、东北等地区平原、丘陵或山区栽植。该品种具有耐盐碱、抗干旱、耐贫瘠、耐大气污染、抗寒、抗病虫害等特征，适应性强。

'盐丹'果序轴及果实颜色

圆靥

（绣球属）

联系人：郑舒媛
联系方式：18987882899　国家：中国

申请日：2017年7月24日
申请号：20170415
品种权号：20190277
授权日：2019年12月31日
授权公告号：国家林业和草原局公告（2019年第31号）
授权公告日：2019年12月31日
品种权人：杨玉勇
培育人：杨玉勇、罗乐

品种特征特性：'圆靥'是2012年6月，用'猫眼石'作母本和'阿尔卑斯山'作父本，进行人工杂交获得的新品种。与对照品种相比花萼片形状、萼片颜色，单朵花大小、皮孔数量不同。对照品种'万紫千红'花萼片近阔扇形，颜色为VIOLET-BLUE 98B。皮孔数量中等；'圆靥'花萼片为近扇形，近等大，互相重叠，颜色为VIOLET-BLUE N93B，皮孔数量少。

落叶灌木，植株高60～70cm，茎中等粗细，硬挺；叶片对生，近椭圆形，边缘锯齿细小，不连叶柄叶片宽10～12cm，长14～16cm；顶生半球形序，直径14～16cm，花序高6～8cm；花萼片近扇形，全缘，近等大；萼片互相重叠，宽1.8～2.0cm，长1.5～1.7cm，单朵小花直径2.7～2.9cm，小花数225枚，颜色随土壤pH变化，从紫色到紫蓝色，当pH为7.5时，颜色为VIOLET-BLUE 93B。

'圆靥'具有连续开花特性，气候适应性及抗病性良好，适合露天切花生产和花园种植；适宜生长温度为白天26～30℃，夜间14～30℃；其他方面与现有品种比较未见明显差异。

'圆靥'（左）；对照品种'万紫千红'（右）

深蓝

（绣球属）

联系人：郑舒媛
联系方式：18987882899　国家：中国

申请日：2017年7月24日
申请号：20170416
品种权号：20190278
授权日：2019年12月31日
授权公告号：国家林业和草原局公告（2019年第31号）
授权公告日：2019年12月31日
品种权人：杨玉勇
培育人：杨玉勇、程堂仁、王佳

品种特征特性：'深蓝'是2013年5月，用'猫眼石'作母本和'阿尔卑斯山'作父本，进行人工杂交获得的新品种。与对照品种'博大蓝'相比较花序小花数量、花萼片形状、不孕花萼片重叠程度不同。对照品种'博大蓝'花序为近半球形，直径18～21cm，花萼片为近椭圆形，颜色为PURPLE VIOLET GROUP N81C，花序小花数量多，不孕花萼片重叠程度为中；'深蓝'花序为扁半球形，直径22～24cm，花萼片近扇形，边缘有锯齿，颜色为VIOLET-BLUE 95B，花序小花数量为中等，不孕花萼片重叠程度较弱。

落叶灌木，植株高度60～70cm，茎粗，硬挺；叶片对生，长椭圆形，基部窄，边缘锯齿细小，不连叶柄叶片长14cm，宽12cm；顶生扁半球形序，直径22～24cm，花序高8～10cm；花萼片近扇形，边缘有锯齿，宽2.5～2.7cm，长2.1～2.3cm；单朵小花直径4.5～5.0cm；小花数600枚；萼片颜色随土壤pH变化，从紫色到紫蓝色，当pH为6.5时，颜色为VIOLET-BLUE 95B。

'深蓝'具有连续开花特性，气候适应性及抗病性更强，适宜露天切花生产和花园种植；生长适温为白天24～30℃，夜间14～20℃，其他方面与现有品种比较未见明显差异。

'深蓝'（左）；对照品种'博大蓝'（右）

万紫千红

(绣球属)

联系人：郑舒媛
联系方式：18987882899　国家：中国

申请日：2017年7月24日
申请号：20170417
品种权号：20190279
授权日：2019年12月31日
授权公告号：国家林业和草原局公告（2019年第31号）
授权公告日：2019年12月31日
品种权人：杨玉勇
培育人：杨玉勇、潘会堂

品种特征特性：'万紫千红'是2013年5月，用'钻石'作母本和'阿尔卑斯山'作父本，进行人工杂交获得的新品种。与对照品种'阿尔卑斯山'相比花序形状、花萼片大小、数量、颜色不同。对照品种'阿尔卑斯山'花序半球形，花萼片直径4.5～5.0cm；小花数440枚，颜色为VIOLET N88B；叶片基部形状为圆形；茎皮孔数量中；'万紫千红'花序平顶形，花萼片直径2.4～3.0cm，小花数800枚，颜色为VIOLET-BLUE 98B；叶片基部形状为楔形；茎皮孔数量少。

落叶灌木，植株高度60～70cm，茎粗壮，硬挺；叶片对生，近圆形，边缘锯齿大，不连叶柄叶片长15cm，宽13cm；顶生平顶形花序，直径17～19cm，花序高度7～9cm；花萼片近阔扇形，全缘，萼片4枚，宽1.6～2.0cm，长1.4～1.8cm，小花直径2.4～3.0cm，小花数800枚，颜色随土壤pH变化，从紫红色到紫蓝色，当pH为5.0～5.5时，颜色为VIOLET-BLUE 98B。

'万紫千红'具有连续开花特性，气候适应性及抗病性更强，适合露天全光照条件下切花和花园种植，其他方面与现有品种比较未见明显差异。

'万紫千红'（左）；对照品种'阿尔卑斯山'（右）

花好月圆

（蔷薇属）

联系人：董万鹏
联系方式：15180891237　国家：中国

申请日：2017年7月28日
申请号：20170422
品种权号：20190280
授权日：2019年12月31日
授权公告号：国家林业和草原局公告（2019年第31号）
授权公告日：2019年12月31日
品种权人：贵州省植物园
培育人：周洪英、周庆、吴洪娥、周艳、朱立、罗充、吴楠、董万鹏、赵敏、金晶

品种特征特性：'花好月圆'是以'翰钱'为母本，'金凤凰'为父本进行杂交得到，经过扦插苗的不断选育后而得到的具有优良商品性状的杂种香水月季品种。

'花好月圆'植株直立生长，半开张。嫩枝花青素着色为弱，枝条具直刺、数量为多；叶大小中，叶片颜色为深绿、无皱褶、表面光泽弱、小叶边缘波状弱，顶端小叶椭圆形、叶尖渐尖、叶基部圆形、叶缘单锯齿，叶缘酒红色；花色为橙色系，花型为重瓣，花侧枝3~4个，平均花瓣数量为29枚，花径为中，为6~7cm；香气弱；俯视花朵为星形或不规则圆形；花侧视花顶形状平、花侧视花基形状凸。

对环境条件要求不严，耐粗放管理。适宜露地栽植；耐瘠薄，在连续5年无人工施肥条件下，春季花期花朵覆盖率仍能达到50%左右，喜中性偏酸土壤，在土壤pH达到8时仍可形成较大的花量。喜光，稍耐阴，在荫蔽条件下生长不良，花量急剧减少。每年春季需人工灌溉返春水，霜降需灌冻水，需视土壤墒情人工灌溉。

荷仙姑

（蔷薇属）

联系人：汪有良
联系方式：13912979866　国家：中国

申请日：2017年8月28日
申请号：20170448
品种权号：20190281
授权日：2019年12月31日
授权公告号：国家林业和草原局公告（2019年第31号）
授权公告日：2019年12月31日
品种权人：江苏省林业科学研究院
培育人：汪有良、蒋泽平

品种特征特性： 属微型月季类型，株形直立，株高20cm，嫩枝花青苷显色程度为很弱；小直刺数量较少、浅褐色；叶片小，为5小叶复叶，叶上表面无光泽，小叶边缘无波形，顶端小叶为卵圆形、细锯齿、叶尖为渐尖形、基部钝形；无开花侧枝，花单朵着生，花蕾卵形，花托杯状，花朵中等香，花型为重瓣花，花瓣数40枚以上，花直径6cm，初开球形，半开至盛开则为优美的荷花型，花俯视形状为圆形，侧视上部为微凸形、下部为凹形，花萼边缘延伸程度为弱，花色为红色（花瓣中部及边缘颜色为英国RHS比色卡读数53C），花瓣腹面基部有中等大小的黄色斑，花瓣倒卵形，花瓣无边缘缺裂，花丝主色为黄色，花柱分离，柱头黄绿色；白粉病抗性较强。

盆栽观赏，国内外适宜。

上方的花朵为'荷仙姑'，下方左侧花朵为父本'M016'，下方右侧花朵为母本'秦淮仙女'

龙丰1号杨

（杨属）

联系人：李晶
联系方式：15804526832 国家：中国

申请日：2017年8月29日
申请号：20170453
品种权号：20190282
授权日：2019年12月31日
授权公告号：国家林业和草原局公告（2019年第31号）
授权公告日：2019年12月31日
品种权人：黑龙江省森林与环境科学研究院
培育人：王福森、李树森、赵玉恒、杨自湘、李晶

品种特征特性：'龙丰1号杨'为黑杨派与青杨派派间杂交种，是中国林业科学研究院以美洲黑杨为母本、小叶杨为父本，经人工水培杂交选育而成的F_1代杂交无性系。

该品种树干通直圆满，具有速生、优质、雄株不飞絮、抗逆性强和自然整枝能力强等优良特性。在齐齐哈尔地区13~15年生林分内，年均树高、胸径和材积生长量分别为1.19m、1.42cm和0.0172m^3，分别超过小黑杨（对照）12.26%、50.26%和148.6%。木材气干密度0.39g/cm^3，纤维长度1062μm，纤维长宽比44.3。在北纬48°03'以南、最低气温-35℃以上、年降水量大于296mm、无霜期132天以上、土壤pH8.4以下、含盐量<0.3%自然条件下生长正常。适合作纸浆材等工业用材林、防护林及绿化树种。

适宜在齐齐哈尔、大庆、绥化和哈尔滨等辖区及环境相似的"三北"地区推广应用。

龙丰2号杨

（杨属）

联系人：李晶
联系方式：15804526832　国家：中国

申请日：2017年8月29日
申请号：20170454
品种权号：20190283
授权日：2019年12月31日
授权公告号：国家林业和草原局公告（2019年第31号）
授权公告日：2019年12月31日
品种权人：黑龙江省森林与环境科学研究院
培育人：王福森、李树森、赵玉恒、张剑斌、杨自湘

品种特征特性：'龙丰2号杨'为黑杨派与青杨派派间杂交种，是中国林业科学研究院以美洲黑杨为母本、小叶杨为父本，经人工水培杂交选育而成的F_1代杂交无性系。

该品种树干通直圆满，具有速生、优质、雄株不飞絮、抗逆性强和自然整枝能力强等优良特性。在齐齐哈尔地区13～15年生林分内，年均树高、胸径和材积生长量分别为1.30m、1.48cm和0.0203m^3，分别超过小黑杨（对照）22.64%、57.45%和194.2%。木材气干密度0.39g/cm^3，纤维长度1053μm，纤维长宽比45.2。在北纬48°03′以南、最低气温-35.0℃以上、年降水量大于294.6mm、无霜期32天以上、土壤pH8.4以下、含盐量<0.3%自然条件下生长正常。适合作纸浆材等工业用材林、防护林及绿化树种。

适宜在齐齐哈尔、大庆、绥化和哈尔滨等辖区及环境相似的"三北"地区推广应用。

玫贝格姆（MEIBERGAMU）

（蔷薇属）

联系人：海伦娜·儒尔当
联系方式：+33 494500325　国家：法国

申请日： 2017年9月5日
申请号： 20170494
品种权号： 20190284
授权日： 2019年12月31日
授权公告号： 国家林业和草原局公告（2019年第31号）
授权公告日： 2019年12月31日
品种权人： 法国玫兰国际有限公司（MEILLAND INTERNATIONAL S.A）
培育人： 阿兰·安东尼·玫兰（Alain Antoine MEILLAND）

品种特征特性：'玫贝格姆'（MEIBERGAMU）是以'玫玛嘉米可'（MEIMAGARMIC）藤本芽变，经过扦插苗的不断选育后而得到的具有优良商品性状粉混合色月季品种。

'玫贝格姆'属于庭院月季；生长习性为藤本；嫩枝有花青素着色、着色强度为强；长皮刺数量为极多、短皮刺数量为少；叶片大小为大，第一次开花之时颜色为中；叶片上表面光泽为强；小叶片叶缘波状曲线为中；顶端小叶叶基形状为圆；开花枝花数量为少；花苞侧视形状为中卵形；花型为重瓣；花瓣数量为少；花色分组为白混合色系；花径为极大；花形状为不规则圆形；花侧视上部为平凸、下部为凸；花香为中；萼片伸展范围为中；花瓣形状倒卵形、宽度为极宽，边缘波状曲线为极弱；花瓣内侧主要颜色为2种，主要颜色为白色（RHS18D），边缘颜色为粉色（RHS57D）；花瓣内侧基部有斑点，斑点大小为小，颜色为RHS12A，花瓣外侧主要颜色为2种，花瓣中部为RHS158C，边缘颜色为RHS66C；外部雄蕊花丝主要颜色为黄色。

玫贝格姆（MEIBERGAMU）

授权品种'玫玛嘉米可'（MEIMAGARMIC）

秦秀

（卫矛属）

联系人：杨新社
联系方式：13399295695　国家：中国

申请日：2017年9月7日
申请号：20170499
品种权号：20190285
授权日：2019年12月31日
授权公告号：国家林业和草原局公告（2019年第31号）
授权公告日：2019年12月31日
品种权人：杨新社、杨瑞
培育人：杨新社、杨瑞

品种特征特性：'秦秀'为落叶灌木，直立，高2~3m；树干灰色，枝圆形，当年生枝绿色；叶对生，纸质或厚纸质，叶披针形，叶长4~7cm，宽2~4cm，长渐尖，叶缘有纤细齿，新梢叶紫色，叶柄0.3~0.5cm，基部近圆楔形，秋季变红色，中部红嵌橙；聚伞花序，花梗顶端有3数分枝，顶端各有一三出小聚伞，有花6~9，花黄绿色，花瓣近菱形，花序梗长7~12cm；花期花序梗紫红色，蒴果有4翅，翅长1.4~1.6cm，果翅镰形弯曲上翘，果开裂，果直径0.8~1cm，红色；种子每室1~2粒，扁卵形，橘红色，外皮橘黄色假种皮。花期4~5月。果期6~11月。

适宜在丝绵木栽植地区-20℃以上35℃以下，西北、华北及相近气候地区均可种植。

紫凤

(卫矛属)

联系人：杨新社
联系方式：13399295695　国家：中国

申请日：2017年9月7日
申请号：20170500
品种权号：20190286
授权日：2019年12月31日
授权公告号：国家林业和草原局公告（2019年第31号）
授权公告日：2019年12月31日
品种权人：杨新社、杨瑞
培育人：杨新社、杨瑞

品种特征特性：'紫凤'属落叶灌木，高2～6m。树干灰棕色，枝圆形，当年生枝紫色。叶对生，纸质或厚纸质，叶卵形，叶长6～9cm，宽2.5～4cm，锐尖，叶缘有纤细齿，基部近圆形，新梢叶绿色，秋季变紫红色，叶柄长0.5～1cm；聚伞花序，花梗顶端有3数分枝，顶端各有一三出小聚伞，有花6～9，黄绿（中部紫红），花瓣4，黄红色，花瓣近锥形；花序梗长6cm；蒴果有4翅，翅长0.8～10cm，果翅卵形，果开裂，直径10～12cm，果红色，种子每室1～2粒，扁卵形，橘红色，外皮橘黄色假种皮。花期5月。果期6～11月。

该品种适宜在丝绵木栽植地区-20℃以上35℃以下，西北、华北地区种植。

东水1601号

（白蜡树属）

联系人：詹亚光
联系方式：18686791233　国家：中国

申请日：2017年9月14日
申请号：20170512
品种权号：20190287
授权日：2019年12月31日
授权公告号：国家林业和草原局公告（2019年第31号）
授权公告日：2019年12月31日
品种权人：东北林业大学
培育人：詹亚光、曾凡锁、何利明、何之龙、张桂芹、李淑娟、赵兴堂、梁楠松、姚盛智、曹羊

品种特征特性：'东水1601号'1个主干，植株中等高度，干形较直，枝条中等密度，主枝斜上伸展；一年生枝冬季表皮灰色；当年生枝夏季黄绿色，具疏皮孔，横切面近圆形，无扭曲，夏季表面无被毛，无轮生叶，休眠芽不裸露；新叶上表面和成熟叶均为浅绿色，叶秋季黄绿色，小叶数量9或≥11枚，小叶间距中等，纸质，无表面光泽，上表面无被毛，下表面中等被毛，小叶近平展，不复色；顶生小叶卵圆形，叶小，叶片边缘粗锯齿，叶尖渐尖，叶基为楔形，侧生小叶无明显叶柄；秋季叶变色期和落叶期早。

该品种特异性表现为顶生小叶卵圆形、叶小、叶片边缘粗锯齿；相似品种水曲柳顶生小叶为椭圆形、中等大小、锯齿细。该无性系经嫁接繁殖300多株，同一年龄的单株间具有很好的一致性。母树1601单株与不同年龄的无性系单株的顶生小叶的叶形态特征具有稳定性。

该品种适应性较强，抗寒且抗旱，适宜于中国东北、西北及其气候相似地区栽植。

'东水1601号'

相似品种'水曲柳M8'

锦袍（金山女贞）

（女贞属）

联系人：王新留
联系方式：18705584959　国家：中国

申请日：2017年9月25日
申请号：20170530
品种权号：20190288
授权日：2019年12月31日
授权公告号：国家林业和草原局公告（2019年第31号）
授权公告日：2019年12月31日
品种权人：王新留
培育人：王新留

品种特征特性：'锦袍'是通过大叶女贞实生选种，春、夏、秋三季叶片黄色，冬季红褐色。将发现的新品种植株，经过嫁接、扦插方式获得的。

'锦袍'为乔木，常绿。幼枝及叶柄无毛，有皮孔。叶薄革质，椭圆状披针形。叶片全年大部分时间为金黄色，低温期间叶片为褐黄色。

'锦袍'单株

'锦袍'和'大叶女贞'单叶对比

西吕79012（SCH79012）

（蔷薇属）

联系人：H.舒尔顿（Herman Scholten）
联系方式：+31 297 383444　国家：荷兰

申请日：2017年9月30日
申请号：20170534
品种权号：20190289
授权日：2019年12月31日
授权公告号：国家林业和草原局公告（2019年第31号）
授权公告日：2019年12月31日
品种权人：荷兰彼得·西吕厄斯控股公司（Piet Schreurs Holding B.V）
培育人：P.N.J.西吕厄斯（Petrus Nicolaas Johannes Schreurs）

品种特征特性：以'PSR7388'为母本、'PSR5931'为父本进行人工授粉，得到杂交种子，经过播种栽培后开花，得到的F_1代。

植株（非藤本类型）株高为中；幼枝（约20cm处）花青苷显色有、强度中，枝条刺少；叶片大小中，上表面颜色中绿，上表面茸毛中，边缘缺刻弱，叶片顶端锐尖；花朵直径中到大，俯视呈星形、花的类型为重瓣，单头花，主色为深红，单色品种，侧观上部平凸形与下部平形，香味无到弱；花瓣伸出度中，长度中、宽度中到宽，花瓣数中到多，内花瓣的主要颜色红粉（RHS 58D），内瓣基部无斑点；花瓣边缘反卷中、瓣缘波状弱。

本品种适宜一般温室条件下的栽培生产，采用常规的工厂化生产管理方式栽培即可。

'西吕79012'（左）与近似品种'Scherendee'（右）花朵性状的比较

丰园5号

（杏）

联系人：杜锡莹
联系方式：13991168635　国家：中国

申请日：2017年10月12日
申请号：20170535
品种权号：20190290
授权日：2019年12月31日
授权公告号：国家林业和草原局公告（2019年第31号）
授权公告日：2019年12月31日
品种权人：榆林市丰园果业科技有限公司
培育人：李迁恩、杜锡莹、杜燕群、杜少恳、陈堪鹏

品种特征特性： 树姿开张，花芽着生部位主要在花束状果枝和一年生枝上。叶基形状平圆，叶尖夹角直角，叶尖长度中，叶缘双尖锯齿，叶缘起伏弱；叶柄蜜腺数2~3个，圆形。雌蕊和雄蕊等高。核形状圆。

产量水平高；果实发育期约93天，营养生长天数240天左右。'丰园5号杏'和父本'大银杏'果实性状对比如下表：

品种	果色	对称程度	果实硬度	核仁苦味
'丰园5号'	黄	对称	硬	中
'大银杏'	淡黄	较对称	中	无

'丰园5号'　　　　　　　　　'大银杏'

丰园晚蜜

（杏）

联系人：杜锡莹
联系方式：13991168635　国家：中国

申请日：2017年10月12日
申请号：20170536
品种权号：20190291
授权日：2019年12月31日
授权公告号：国家林业和草原局公告（2019年第31号）
授权公告日：2019年12月31日
品种权人：榆林市丰园果业科技有限公司
培育人：李迁恩、杜锡莹、杜燕群、杜少恳、陈堪鹏

品种特征特性：树姿半开张，花芽着生位置主要在花束状果枝和一年生枝上。叶片长、中、大；叶基钝圆形，叶尖端中等钝角，叶尖长，叶缘锯齿圆；叶柄蜜腺数2～3个。核形椭圆。

平均单果重79g；果形卵圆，果顶圆凸，片肉对称；果皮底色黄，阳面着片状红色；肉质硬。离核，仁味苦。

'丰园晚蜜'杏和'串枝红'杏不同性状对比见下表：

品种名称	萌芽期	果皮底色	果实对称性	果核性状
'丰园晚蜜'	3月17日	黄	对称	椭圆
'串枝红'	3月26日	绿黄	不对称	椭圆

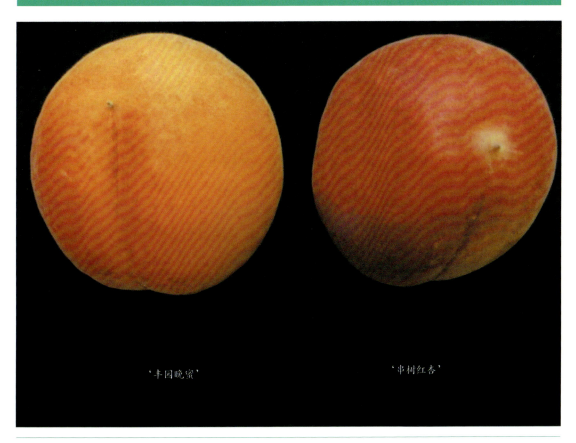

'丰园晚蜜'　　　　　　　　　　'串树红杏'

英特扎好品（Interzahopin）

（蔷薇属）

联系人：范·多伊萨姆
联系方式：+31(0)85 0665 111　国家：荷兰

申请日：2017年10月17日
申请号：20170537
品种权号：20190292
授权日：2019年12月31日
授权公告号：国家林业和草原局公告（2019年第31号）
授权公告日：2019年12月31日
品种权人：英特普兰特月季育种公司（Interplant Roses B.V.）
培育人：范·多伊萨姆（ir. A.J.H. van Doesum）

品种特征特性：'英特扎好品'（Interzahopin）是通过母本：一个编码K0271-01未命名月季植株×父本一个编码K0433-04未命名月季植株常规杂交育种后选育出的新品种。

'英特扎好品'是一种鲜红色的杂种茶香切花月季。此品种花形奇特，花枝长，花色鲜红。最相似的品种为'英特皮尔伯'（Interpurber），两者最大的差别为花色。其主要区别如下表：

性状	'英特扎好品'	对照品种'英特皮尔伯'
花朵颜色	鲜红色	紫红色

该品种应种植于温室中，适合做杂种茶香切花月季。

英特组诗达尔（Interzusydal）

（蔷薇属）

联系人：范·多伊萨姆

联系方式：+31（0）850665111　国家：荷兰

申请日： 2017年10月17日
申请号： 20170539
品种权号： 20190293
授权日： 2019年12月31日
授权公告号： 国家林业和草原局公告（2019年第31号）
授权公告日： 2019年12月31日
品种权人： 英特普兰特月季育种公司（Interplant Roses B.V.）
培育人： 范·多伊萨姆（ir. A.J.H. van Doesum）

品种特征特性： '英特组诗达尔'（Inerzusydal）是通过父本'普瑞克拉斯'（Prruclas）和母本编号K2688-04的未命名月季植株，常规杂交育种后选育出的新品种。

'英特组诗达尔'从幼苗开始就能很好地生长，此品种的花型高心卷边，花色奶白色、多分枝。

对照品种'普瑞克拉斯'（Preruclas）是红色切花月季品种。与'英特组诗达尔'的主要区别见下表：

性状	'英特组诗达尔'	对照品种'普瑞克拉斯'
花色	奶白色	红色

'英特组诗达尔'应种植于温室中，适合做杂种茶香切花月季。

'英特组诗达尔'

近似品种'普瑞克拉斯'

星语星愿

（蔷薇属）

联系人：王其刚
联系方式：13577044553　国家：中国

申请日：2017年10月23日
申请号：20170540
品种权号：20190294
授权日：2019年12月31日
授权公告号：国家林业和草原局公告（2019年第31号）
授权公告日：2019年12月31日
品种权人：云南省农业科学院花卉研究所
培育人：邱显钦、王其刚、唐开学、张颢、陈敏、晏慧君、周宁宁、李淑斌、蹇洪英、张婷

品种特征特性：'星语星愿'为直立宽灌木，多头庭院月季，单枝花苞数10～15个，植株高度50～70cm；花白色，花径4～5cm，花瓣数10枚，半重瓣小花型，淡香味，花瓣小，宽椭圆形，边缘反卷程度弱；萼片边缘延伸程度弱，花梗长度短（2～4cm），有腺毛；叶片5～7小叶，大小中等，叶脉清晰、深绿色、叶表面光泽度强；顶端小叶卵圆形，叶尖渐尖，基部钝形，叶缘单锯齿，嫩枝微红棕色，嫩叶红棕色；茎秆绿色，茎秆有平直刺，数量中等，无小密刺；植株生长势中等，抗病性中等，可用作庭院或者盆栽种植。

适宜亚热带、温带地区，露地或保护地栽培。种苗可通过嫁接、扦插繁殖；独植或连片栽培，生育期均衡供应水肥。

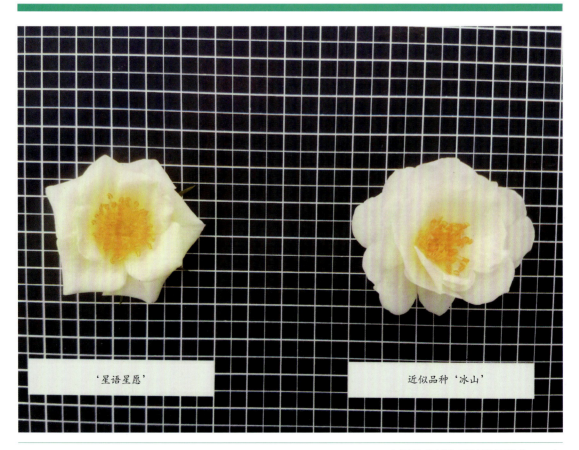

'星语星愿'　　　　　　近似品种'冰山'

秦黑卜杨

（杨属）

联系人：樊军锋
联系方式：13609259021　国家：中国

品种特征特性：'秦黑卜杨'系西北农林科技大学林学院杨树选育课题组历时10年时间，通过人工杂交，从美洲黑杨×卜氏杨杂交组合中选育出来的1个杨树种间杂交新品种。

树体高大、主干通直圆满，顶端优势强，树皮青灰色，较光滑，皮孔较小，树冠卵形，侧较粗，分枝角度大，叶片较大，落叶晚。

生长迅速，无性繁殖容易，适应性强。5年生对比试验林中其材积生长量分别比当地同类生产主栽品种'陕林4号''中绥12'大139.01%、150.52%，扦插育苗成活率90%以上，抗逆性强，适应范围广，陕北、关中、陕南三大地貌区均能在很好生长。

申请日：2017年11月1日
申请号：20170556
品种权号：20190295
授权日：2019年12月31日
授权公告号：国家林业和草原局公告（2019年第31号）
授权公告日：2019年12月31日
品种权人：西北农林科技大学
培育人：樊军锋、周永学、高建社、张锦梅、白小军、谢俊锋、马建权、周飞梅

'秦黑卜杨'

'陕林4号杨'

秦黑青杨1号

（杨属）

联系人：樊军锋
联系方式：13609259021　国家：中国

申请日：2017年11月1日
申请号：20170557
品种权号：20190296
授权日：2019年12月31日
授权公告号：国家林业和草原局公告（2019年第31号）
授权公告日：2019年12月31日
品种权人：西北农林科技大学
培育人：樊军锋、周永学、高建社、张锦梅、白小军、谢俊锋、马建权、周飞梅

品种特征特性：'秦黑青杨1号'系西北农林科技大学林学院杨树选育课题组历时10年时间，通过人工杂交，从美洲黑杨×青杨杂交组合中选育出来的1个杨树种间杂交新品种。

'秦黑青杨1号'树干通直圆满，顶端优势强，树皮光滑，青绿色，皮孔小，3~5横向连生，树冠卵形，侧枝较细，分枝角度大，叶片大小中庸，落叶晚。

'秦黑青杨1号'生长迅速，无性繁殖容易，适应性强。4年生对比试验林中其材积生长量分别比当地同类生产主栽品种'陕林4号''中绥12'大28.97%、91.90%，扦插育苗成活率90%以上，抗逆性强，适应范围广，陕西关中、陕南地区均能在很好生长。

'秦黑青杨1号'　　　　　　　'陕林4号'

秦黑杨2号

（杨属）

联系人：樊军锋
联系方式：13609259021　国家：中国

申请日：2017年11月1日
申请号：20170558
品种权号：20190297
授权日：2019年12月31日
授权公告号：国家林业和草原局公告（2019年第31号）
授权公告日：2019年12月31日
品种权人：西北农林科技大学
培育人：樊军锋、高建社、周永学、苏晓华、白小军、谢俊锋、马建权、周飞梅

品种特征特性：'秦黑杨2号'系西北农林科技大学林学院杨树选育课题组历时10年时间，从美洲黑杨'I-69杨'×美洲黑杨天然杂交组合中选育出来的1个杨树新品种。

'秦黑杨2号'树体高大、主干通直圆满，顶端优势强，树皮灰色，纵向中裂，树冠卵形，侧枝粗细中等，分枝角度中等。

'秦黑杨2号'生长迅速，无性繁殖容易，适应性强。6年生对比试验林中其材积生长量分别比当地同类生产主栽品种'陕林3号'大139.03%、扦插育苗成活率95%以上，抗逆性强，适应范围广，陕西渭北、关中、陕南地区均能在很好生长。

'I-69杨'（左）、'陕林3号杨'（中）、'秦黑杨2号'（右）的短枝叶形状

金硕杏

(杏)

联系人：王秀荣
联系方式：17732756818　国家：中国

申请日：2017年11月1日
申请号：20170559
品种权号：20190298
授权日：2019年12月31日
授权公告号：国家林业和草原局公告（2019年第31号）
授权公告日：2019年12月31日
品种权人：张家口市农业科学院
培育人：王秀荣、吕丽霞、许建铭、刘颖慧、王维、王伟军、郝建宇、闫凤岐、张敏、崔金丽、楚燕杰、李克文

品种特征特性：'金硕杏'为2009年'金寿'与'供佛'的杂交种，经过初选、复选、扩繁等过程现已定植于新品园进入丰产期，经观察性状稳定。'金硕杏'植株生长势中等；树姿半开张；成枝能力中；枝条花芽的着生位置主要为花束状果枝和一年生果枝；一年生枝阳面颜色红褐色；叶片长度中；叶片宽度宽；叶表的绿色程度中；叶背茸毛中；叶基形状钝圆；叶片尖端夹角中等钝角；叶尖长度中；叶缘锯齿为尖锯齿；叶缘起伏弱；叶柄长度中；叶柄蜜腺数2～3个；花单瓣；花径中；花瓣下部颜色白；花萼颜色紫红；果实大；果实形状卵圆形；纵径长；侧径窄；横径宽；果实不对称；缝合线浅；果实梗洼浅；果顶形状圆凸；无果顶尖；果面光滑；果皮有茸毛；果实底色黄；着色面积小；着色类型红；着色中；着色样式片状；果肉颜色黄；果肉质地中；果肉纤维中；果实硬度中；果实香气无或弱；果实汁液中；可溶性固形物含量中；果实离核；果核形状圆；核仁苦味中；核仁大小中等；核仁饱满程度中；初花期中；果实成熟期晚。

　　'金硕杏'能够适应多种类型的土壤条件，对土壤的酸碱度要求不严，耐旱、耐寒、耐瘠薄能力强，在我国北方地区均可栽培。

张仁一号

(杏)

联系人:王秀荣
联系方式:17732756818 国家:中国

申请日:2017年11月1日
申请号:20170560
品种权号:20190299
授权日:2019年12月31日
授权公告号:国家林业和草原局公告(2019年第31号)
授权公告日:2019年12月31日
品种权人:张家口市农业科学院
培育人:王秀荣、吕丽霞、王维、许建铭、刘颖慧、郝建宇、王伟军、闫凤岐、许寅生、张宝英、楚燕杰、李克文

品种特征特性:'张仁一号'是2007年抗冻品种'三杆旗'的杂交后代(父本不详),经初选、复选后嫁接繁殖,于2013年定植于新品园,现为7年生树,处于盛果期。'张仁一号'植株生长势中;树姿开张;成枝能力中;枝条花芽的着生位置为主要花束状果枝和一年生果枝;一年生枝阳面颜色红褐色;叶片长度中;宽度中;叶表的绿色程度中;叶基形状钝圆形;叶片尖端夹角锐角;叶尖长度中;叶缘锯齿为圆锯齿;叶缘起伏中;叶柄长度中;叶柄蜜腺数无或1个;花单瓣;花径中;花瓣下部颜色白;果实小;形状椭圆形;纵径短;侧径窄;横径窄;果实较对称;缝合线浅;梗洼浅窄;果顶形状圆凸;有果顶尖;果面光滑;果皮有茸毛;果实底色黄色;果实着色面积无或很小;果实着色类型红;着色浅;果实着色样式斑点;果肉颜色黄;果肉质地中;果肉纤维中;果实硬度中;果实香气无或弱;果实汁液中;可溶性固形物含量中;果实离核;果核形状圆;果仁无苦味;核仁中等;核仁形状心形,仁饱满;初花期晚;果实成熟期晚。

'张仁一号'抗寒能力强,抗病能力强,在北方地区的平原、山区、丘陵均可栽植。

粉色梦幻

（蔷薇属）

联系人：李树发
联系方式：13888183832　国家：中国

申请日：2017年11月9日
申请号：20170574
品种权号：20190300
授权日：2019年12月31日
授权公告号：国家林业和草原局公告（2019年第31号）
授权公告日：2019年12月31日
品种权人：云南省农业科学院花卉研究所
培育人：宋杰、李树发、李世峰、王继华、乔丽婷、许凤、李绅崇

品种特征特性：以'繁星'为母本，'紫宝石'为父本杂交选育而来的庭院月季品种。

植株为直立矮丛，植株高60～80cm；花粉红色，有清香，花径6～8cm，花俯视形状为星形；内外花瓣颜色均匀，花瓣62～96枚，花瓣圆形，边缘无缺裂，萼片延伸程度弱；花梗长，具少量刺毛；叶片小叶3～7（多7小叶），小叶椭圆形，顶端小叶叶基为心形，叶尖为渐尖，小叶上表面绿色为中，边缘呈紫红色镶边，光泽度强；嫩枝红色；花枝绿色；植株皮刺为斜直刺，红色，稀疏；该品种在适宜的环境条件下四季开花，露地种植主要花期在4～5月，植株生长旺盛，抗病性强。

适宜滇中地区及其相似气候环境栽培，生长温度15～30℃，相对空气湿度为30%～60%。选择土层深厚、富含有机质的微酸性砂质土壤栽培，有利于水肥管理和根系生长。

'粉色梦幻'　　　　　　　　　　　近似品种'霍雷尼尔森'

粉五月

（蔷薇属）

联系人：冯慧
联系方式：13691126752　国家：中国

申请日：2017年11月14日
申请号：20170585
品种权号：20190301
授权日：2019年12月31日
授权公告号：国家林业和草原局公告（2019年第31号）
授权公告日：2019年12月31日
品种权人：北京市园林科学研究院
培育人：冯慧、吉乃喆、周燕、巢阳、王茂良、李纳新、丛日晨、卜燕华、华莹

品种特征特性：'粉五月'是以藤本月季'黛博拉'（Deborah）为母本，杂交茶香月季'绿云'为父本杂交得到，经过扦插苗的不断选育后而得到的具有优良商品性状的灌丛月季品种。

本品种为灌丛月季，株高可达120cm。花色为浅粉色，花型为平瓣盘状，花径9.0cm，开花习性为簇生。花俯视为圆形，半重瓣，花瓣数20～22。花瓣大小中等，形状宽椭圆形，花瓣内侧颜色由顶部向基部渐浅，基部有白色斑点。叶卵圆形，色中绿，半光泽。小叶数3～5，以5为主，微尖。茎有刺，直刺。在北京市露地栽培条件下，自然花期为5月中旬至11月中旬，为连续花期。

本品种对环境条件要求不严，耐粗放管理。适宜北京及华北地区露地栽植，自根苗冬季无防寒措施条件下可忍受日最低气温-20℃，适宜开花日均温为20℃，夏季在日最高气温达45℃条件下亦可开花；喜中性偏酸土壤。喜光，稍耐阴，在荫蔽条件下生长不良。

星语

（蔷薇属）

联系人：冯慧
联系方式：13691126752　国家：中国

申请日：2017年11月14日
申请号：20170588
品种权号：20190302
授权日：2019年12月31日
授权公告号：国家林业和草原局公告（2019年第31号）
授权公告日：2019年12月31日
品种权人：北京市园林科学研究院
培育人：冯慧、吉乃喆、周燕、巢阳、王茂良、李纳新、赵世伟、张西西、陈洪菲

品种特征特性：'星语'是以'Dee Dee Bridgewater'为母本，'小太阳'为父本进行杂交得到，经过扦插苗的不断选育后而得到的具有优良商品性状的灌丛月季品种。

'星语'为株高25～52cm；花色为杏粉色，夏秋季颜色偏粉色，无香味，花瓣数54～80枚，初开花型为杯状，后期牡丹芍药型，花径5cm左右，开花习性为单头。分枝能力强，花量大，不结实。在北京市地区露地栽培条件下，自然花期为5月中旬至11月中旬，为连续花期，叶片光泽度为中，颜色为中绿。皮刺小。

本品种对环境条件要求不严，耐粗放管理。适宜北京及华北地区露地栽植，自根苗冬季无防寒措施条件下可忍受日最低气温-20℃，适宜开花日均温为20℃，夏季在日最高气温达45℃条件下亦可开花；喜中性偏酸土壤。喜光，稍耐阴，在荫蔽条件下生长不良。

'星语'

近似品种'柑橘'

新时代

（蔷薇属）

联系人：巢阳
联系方式：13691126752　国家：中国

申请日：2017年11月14日
申请号：20170589
品种权号：20190303
授权日：2019年12月31日
授权公告号：国家林业和草原局公告（2019年第31号）
授权公告日：2019年12月31日
品种权人：北京市园林科学研究院
培育人：冯慧、吉乃喆、周燕、巢阳、王茂良、李纳新、赵世伟、张西西、陈洪菲

品种特征特性：'新时代'是以'Dee Dee Bridgewater'为母本，'小太阳'为父本进行杂交得到，经过扦插苗的不断选育后而得到的具有优良商品性状的灌丛月季品种。

'新时代'为灌丛月季，株高可达1.3m，无香味，花瓣数量为极多，130枚左右，花色为深粉色，花型为杯状，后期为牡丹芍药型，花径9cm左右，开花习性为簇生，花量大，叶半光泽，中绿，小叶椭圆形，渐尖，皮刺中等大小，直刺。在北京市地区露地栽培条件下，自然花期为5月中旬至11月中旬，为连续花期，叶半光泽，中绿。皮刺小。

本品种对环境条件要求不严，耐粗放管理。适宜北京及华北地区露地栽植，自根苗冬季无防寒措施条件下可忍受日最低气温-20℃，适宜开花日均温为20℃，夏季在日最高气温达45℃条件下亦可开花；喜中性偏酸土壤。喜光，稍耐阴，在荫蔽条件下生长不良。

'新时代'

近似品种'大游行'

鹤山榆

（榆属）

联系人：陈培培
联系方式：18796000260　国家：中国

申请日：2017年11月24日
申请号：20170603
品种权号：20190304
授权日：2019年12月31日
授权公告号：国家林业和草原局公告（2019年第31号）
授权公告日：2019年12月31日
品种权人：山东泓森林业有限公司
培育人：侯金波、陈培培、杨倩倩、张益利、董绍贵、刘振华、侯波

品种特征特性：'鹤山榆'具有速生、树干直、抗病虫害等优良性状，3年生幼树平均株高8.5m，平均胸径10cm，其高、粗生长分别大于对照普通白榆57.4%和33.3%，在速生性、干型方面有了很大的提升。

'鹤山榆'阔叶乔木，树冠长卵形，树皮深灰色，粗糙，幼龄树干皮开裂。主干直，分枝角度50°左右，侧枝较少，小枝深绿色。单叶，互生，小叶长卵形或椭圆形，长7~9cm，宽为3~5cm，绿色，叶缘具浅锯齿，羽状叶脉直达齿端，侧脉9~14对。雌雄同花，簇生，雄蕊、花萼各4数。翅果近圆形，扁平，种子位于果翅中部。在安徽涡阳地区4月开花，5~6月果实成熟。

'鹤山榆'与近似品种'阳刚'性状差异如下表：

品种	幼龄树干颜色	幼龄树干是否开裂
'鹤山榆'	深灰	是
'阳刚'	灰绿	否

'鹤山榆'，喜光，耐旱，耐寒，耐瘠薄，对土壤要求不严，在酸性、中性、钙质土及盐碱土均可生长。根系发达，抗风力、保土力强。萌芽力强，耐修剪。生长快，寿命长。具抗污染性，叶面滞尘能力强。

'鹤山榆'枝叶

'阳刚'

泓森榆

(榆属)

联系人：陈培培
联系方式：18796000260　国家：中国

申请日：2017年11月24日
申请号：20170604
品种权号：20190305
授权日：2019年12月31日
授权公告号：国家林业和草原局公告（2019年第31号）
授权公告日：2019年12月31日
品种权人：安徽泓森高科林业股份有限公司
培育人：侯金波、陈培培、杨倩倩、张益利、董绍贵、刘振华、石冠旗

品种特征特性：'泓森榆'具有速生、树干直、抗病虫害等优良性状，3年生幼树平均株高8.5m，平均胸径10cm，其高、粗生长分别大于对照原株的58.4%和34.3%，在速生性、干型方面有了很大的提升。

'泓森榆'为阔叶乔木，树冠阔卵形，树皮浅灰色，幼龄树干光滑，不开裂。主干直，树冠宽大，分枝角度较大，侧枝密集，小枝灰绿色。单叶，互生，叶片长椭圆形，先端长渐尖，长7～9cm，宽为3～5cm，绿色，叶缘具浅锯齿，羽状叶脉直达齿端，侧脉9-14对。雌雄同花，簇生，雄蕊、花萼各4数。翅果近圆形，扁平，种子位于果翅中部。在安徽涡阳地区4月开花，5～6月果实成熟。

'泓森榆'与近似品种'阳刚'性状差异如下表：

品种	叶片先端	枝分枝角度
'泓森榆'	长渐尖	较大
'阳刚'	渐尖	较小

'泓森榆'喜光，耐旱，耐寒，耐瘠薄，对土壤要求不严，在酸性、中性、钙质土及盐碱土均可生长。

泓森楝

（楝属）

联系人：陈培培
联系方式：18796000260 国家：中国

申请日：2017年11月24日
申请号：20170605
品种权号：20190306
授权日：2019年12月31日
授权公告号：国家林业和草原局公告（2019年第31号）
授权公告日：2019年12月31日
品种权人：安徽泓森高科林业股份有限公司
培育人：侯金波、杨倩倩、陈培培、杨柳君、张益利、董绍贵、石冠旗、刘振华

品种特征特性：'泓森楝'具有速生性、树干通直、冠形优美、成活率高等优良性状。

阔叶乔木，树冠长卵形，树皮浅灰绿色，皮孔密集，不开裂。主干通直，分枝角度50°左右，侧枝细、均匀。小枝灰绿色，密生白色皮孔，叶痕隆起；当年生枝秋季木质化程度差。二至三回奇数羽状复叶，小叶长卵形或卵状披针形，长6～7cm，宽为1.7～2.0cm，叶片细长，叶缘具粗锯齿。圆锥花序与叶等长，腋生，花青紫色，萼片与花瓣各5片，有芳香，5月开花。核果球形黄色，直径1～1.5cm。10～11月成熟。

'泓森楝'与近似品种'鲁楝1号'性状差异如下表：

品种	树干颜色	叶片大小	当年生枝是否木质化
'泓森楝'	浅灰绿	窄，细长	否
'鲁楝1号'	灰褐	中宽	是

'泓森楝'喜光、耐旱、耐寒、耐瘠薄，对土壤要求不严，在酸性、中性、钙质土及盐碱土均可生长，适应性很强。

'泓森楝'秋季木质化枝条

近似品种'鲁楝1号'秋季木质化枝条

逍遥楝

（楝属）

联系人：陈培培
联系方式：18796000260 国家：中国

申请日：2017年11月24日
申请号：20170606
品种权号：20190307
授权日：2019年12月31日
授权公告号：国家林业和草原局公告（2019年第31号）
授权公告日：2019年12月31日
品种权人：蒙城县林达农业有限公司
培育人：郭琦

品种特征特性：'逍遥楝'具有速生性、主干挺直、树冠开展、冠形优美、成活率高等优良性状。

'逍遥楝'为阔叶乔木，树冠长卵形，树皮灰绿色，皮孔密集，不开裂。主干直，树冠较窄，分枝角度45°~50°，侧枝细、均匀。小枝灰绿色，密生白色皮孔，叶痕隆起，二至三回奇数羽状复叶，小叶卵形或卵状披针形，长3~7cm，叶缘具粗锯齿。圆锥花序与叶等长，腋生，花青紫色，萼片与花瓣各5片，有芳香，5月开花。核果球形黄色，直径1~1.5cm。10~11月成熟。

'逍遥楝'与近似品种'鲁楝1号'性状差异如下表：

品种	树冠形状	树干分枝角度	树干侧枝粗度
'逍遥楝'	长卵形	较小	细，均匀
'鲁楝1号'	阔椭圆形	较大	中粗，分层明显

'逍遥楝'，喜光，耐旱，耐寒，耐瘠薄，对土壤要求不严，在酸性、中性、钙质土及盐碱土均可生长，适应性很强。

'逍遥楝'树干分枝

近似品种'鲁楝1号'树干分枝

泓木楝

（楝属）

联系人：陈培培
联系方式：18796000260　国家：中国

申请日：2017年11月24日
申请号：20170607
品种权号：20190308
授权日：2019年12月31日
授权公告号：国家林业和草原局公告（2019年第31号）
授权公告日：2019年12月31日
品种权人：安徽泓森高科林业股份有限公司
培育人：侯金波、杨倩倩、陈培培、杨柳君、张益利、董绍贵、石冠旗、刘振华、石冠旗

品种特征特性：'泓木楝'具有速生性、主干挺直、树冠开展、冠形优美、成活率高等优良性状。

阔叶乔木，树冠阔卵形，树皮灰绿色，皮孔较大、密集，不开裂。主干通直，分枝较少，分枝角度自下而上45°～70°，侧枝细、均匀。小枝青灰色，密生白色皮孔，叶缘具粗锯齿。圆锥花序与叶等长，叶痕隆起，二至三回奇数羽状复叶，小叶卵形或卵状披针形，长3～7cm，腋生，花青紫色，萼片与花瓣各5片，有芳香，5月开花。核果球形黄色，直径1～1.5cm。10～11月成熟。

'泓木楝'与近似品种'鲁楝1号'性状差异如下表：

品种	树干颜色	树干分枝数量	树干侧枝粗度	树干皮孔
'泓木楝'	灰绿	较少	细，均匀	较大
'鲁楝1号'	灰褐	中	中粗，分层明显	较小

'泓木楝'，喜光，耐旱，耐寒，耐瘠薄，对土壤要求不严，在酸性、中性、钙质土及盐碱土均可生长，适应性很强。

'泓木楝'干形和分枝

近似品种'鲁楝1号'干形和分枝

红艳

(杏)

联系人：夏乐晗
联系方式：0371-65330980　国家：中国

申请日：2017年11月27日
申请号：20170609
品种权号：20190309
授权日：2019年12月31日
授权公告号：国家林业和草原局公告（2019年第31号）
授权公告日：2019年12月31日
品种权人：中国农业科学院郑州果树研究所
培育人：陈玉玲、夏乐晗、冯义彬、徐善坤、张粉先、于志强、王其海、回经涛、陈占营

品种特征特性：'红艳'杏生长势强，树姿开张，成枝能力中等；花芽主要着生在花束状果枝上，一年生枝阳面红褐色；叶片长8.1cm，宽6.4cm，叶表中绿，叶基钝圆形，尖端直角，叶尖长，叶缘双尖锯齿，叶缘起伏中，叶柄长3.9cm，蜜腺数多于3个。花单瓣，花径中，花瓣下部浅粉红色；果实单果重78.5g，最大果重107.0g，果实卵圆形，纵径5.4cm，横径5.4cm，侧径5.1cm，果实不对称，缝合线浅，梗洼深，果顶凹，无果顶尖，果面光滑，果皮有茸毛，果实底色橙黄，着色面积大，着色类型紫红色，着色深，着色样式片状；果肉橙黄色，果肉质地细腻，纤维少，果实硬，果实重量/果核重量24.5，果实香气中，汁液少，可溶性固形物含量14.6%，离核，果核长圆形，核仁苦味强，中等大小饱满；3月中下旬盛花期，6月中旬果实成熟，果实生长期80天。采果期长，可持续采摘15天左右，耐贮藏，常温下可贮藏10～15天。'红艳'杏果实性状与近似品种区别明显，且在后代群体中具有一致性和遗传稳定性。'红艳'杏是深根性、阳性树种，喜光，耐旱，抗寒，抗风，耐瘠薄，适应性强。丘陵、平原、沙滩地均可种植，喜温暖气候和排水良好的土壤。

玫硕

（杏）

联系人：夏乐晗
联系方式：0371-65330980　国家：中国

申请日：2017年11月27日
申请号：20170610
品种权号：20190310
授权日：2019年12月31日
授权公告号：国家林业和草原局公告（2019年第31号）
授权公告日：2019年12月31日
品种权人：中国农业科学院郑州果树研究所
培育人：陈玉玲、冯义彬、夏乐晗、苏衍修、徐善坤、朱更瑞、回经涛、彭沛杰

品种特征特性：'玫硕'杏生长势强，树姿开张，成枝能力强；花芽主要着生在花束状果枝上，一年生枝阳面红褐色；叶片长8.3cm，宽6.2cm，叶表中绿，叶基钝圆形，尖端中等钝角，叶尖长，叶缘双尖锯齿，叶缘起伏中，叶柄长3.6cm，蜜腺数2个～3个。花单瓣，花径大，花瓣下部浅粉红色；果实单果重127.0g，最大果重218.9g，果实圆形，纵径5.9cm，侧径6.0cm，横径6.2cm，果实较对称，缝合线浅，梗洼中，果顶平，无果顶尖，果面光滑，有茸毛，果实底色黄色，着色面积中等，着色类型红色，着色浅，着色样式片状；果肉黄色，果肉质地细腻，纤维少，硬度中，果实重量/果核重量35.6，香气弱，汁液多，可溶性固形物含量15.7%，离核，果核圆形，核仁无苦味，大，饱满；3月中下旬盛花期，5月底果实成熟，果实生长期65天。'玫硕'杏果实性状等与近似品种区别明显，且在后代群体中具有一致性和遗传稳定性。'玫硕'杏是深根性、阳性树种，喜光，耐旱，抗寒，抗风，耐瘠薄，适应性强。丘陵、平原、沙滩地均可种植，喜温暖气候和排水良好的土壤。其适生区与杏相同。

紫金楝

（楝属）

联系人：李志斌
联系方式：13703319706　国家：中国

申请日：2017年11月27日
申请号：20170612
品种权号：20190311
授权日：2019年12月31日
授权公告号：国家林业和草原局公告（2019年第31号）
授权公告日：2019年12月31日
品种权人：石家庄市农林科学研究院、石家庄市神州花卉研究所有限公司
培育人：白霄霞、李志斌、蒋淑磊、刘伟、李萍、李振勤、李坤、李昕、张骁骁、白晓

品种特征特性：落叶乔木，树冠卵球形，树皮黄褐色，当年枝皮孔数量较多，并有砖红色深纵纹。二回、三回羽状复叶兼有，顶生小叶披针形，叶缘近全缘，顶端长渐尖，基部中楔形，无或近无偏斜。花期4～5月，花瓣淡紫蓝色，雄蕊筒紫蓝色，气味清香。果实椭圆，大小适中，成熟果实黄色有光泽，果实经冬不落，可挂果至翌年花开。

品种	植株主干表面颜色	当年枝皮孔数量	顶生小叶叶缘形态
'紫金楝'	黄褐色	多	近全缘
'鲁楝1号'	灰褐色	中	钝锯齿

北京以南苦楝适生区均可栽培，采用组培繁育等方法培育。露地栽植，定植株距1m，行距1.5m。定植后进行施肥、浇水、除草等常规栽培管理。

普通苦楝（左）与'紫金楝'（右）果实对比

紫玉楝

（楝属）

联系人：李志斌
联系方式：13703319706　国家：中国

申请日：2017年11月27日
申请号：20170614
品种权号：20190312
授权日：2019年12月31日
授权公告号：国家林业和草原局公告（2019年第31号）
授权公告日：2019年12月31日
品种权人：石家庄市神州花卉研究所有限公司
培育人：李志斌、白霄霞、蒋淑磊、赵建成、李萍、李坤、李昕、刘伟、张骁骁、白晓

品种特征特性：落叶乔木，树冠卵球形，树皮褐绿色，当年枝皮孔数量适中，树干上皮孔白色，呈横纹排列。二回、三回羽状复叶兼有，顶生小叶披针形，叶缘为尖锐锯齿，顶端长渐尖，基部宽楔形，无或近无偏斜。花期4~5月，花瓣紫蓝色，雄蕊筒深蓝紫色，气味清香。果实球形，大小适中，成熟果实黄色有光泽，果实绿期长，变色期晚，经冬不落，可挂果至次年花开。

品种	顶生小叶叶缘形态	果实形状
'紫玉楝'	尖锐锯齿	球形
'鲁楝1号'	钝锯齿	椭圆形

北京以南苦楝适生区均可栽培，采用组培繁育等方法培育。露地栽植，定植株距1m，行距1.5m。定植后进行施肥、浇水、除草等常规栽培管理。

紫玉楝与实生树干对比

近似品种苦楝与实生树干对比

闽台桂魁

(桂花)

联系人:陈日才
联系方式:15280366688　国家:中国

申请日:2017年12月20日
申请号:20180013
品种权号:20190313
授权日:2019年12月31日
授权公告号:国家林业和草原局公告(2019年第31号)
授权公告日:2019年12月31日
品种权人:福建新发现农业发展有限公司
培育人:陈日才、陈江海、吴启民、王聪成、詹正钿、陈朝暖、陈小芳、陈菁菁

品种特征特性:常绿,幼枝紫黑色(RHS N186B),后变为深红色(RHS59A-B),叶椭圆形,叶长4.4~8.2cm,宽1.6~4.1cm,叶片基部楔形至宽楔形,先端渐尖至长渐尖,叶缘自基部以上有锯齿,有黄色(RHS151A)镶边,叶面V形内折,侧脉12~15对,幼叶初期紫黑色(RHSN186-B),后变为深红色(RHS59A-B),最后变为深绿色(RHS139A),叶柄长5mm。幼叶叶柄紫黑色(RHSN186B),后变为深红色(RHS59A-B),之后变为绿色(RHS187A或RHS166A)或略带紫红色(RHS138B)。

'闽台桂魁'与近似品种'虔南桂妃'比较性状差异如下表:

品种	嫩枝颜色	彩叶变化顺序
'闽台桂魁'	紫黑	紫黑-深红
'虔南桂妃'	紫红	紫红-灰黄-黄绿-灰白

'闽台桂魁'可在华东、华中、西南及华南地区栽植。

永福幻彩

（桂花）

联系人：陈日才
联系方式：15280366688 国家：中国

申请日：2017年12月20日
申请号：20180014
品种权号：20190314
授权日：2019年12月31日
授权公告号：国家林业和草原局公告（2019年第31号）
授权公告日：2019年12月31日
品种权人：福建新发现农业发展有限公司
培育人：陈日才、赖文胜、吴启民、王聪成、詹正钿、陈朝暖、陈小芳、陈菁菁、吴其超

品种特征特性：常绿，幼枝鲜紫红色（RHS71A），后变为浅绿色（RHS149A），叶椭圆状披针形，长5～10cm，宽2.3～4.5cm，基部圆形或楔形，先端渐尖，叶缘自基部1/3以上有锯齿，叶面V形内折，不皱缩扭曲，侧脉12～15对，幼叶鲜紫红色（RHS71A），后变为粉红色（RHS18B），然后变为乳黄色（RHS154C-D），之后稍呈现黄绿相间的花叶状态（RHS150D），最终变为深绿色（RHS137A）。叶柄长4～6mm，幼叶叶柄紫红色（RHSN77A），后变为灰绿色（RHS144B）。

'永福幻彩'与近似品种'永福紫绚'比较性状差异如下表：

品种	幼枝颜色	叶脉颜色	侧脉数量	叶形
'永福幻彩'	鲜紫红（RHS71A）	叶色粉红或乳黄时，仅主脉深紫红	12～15对	椭圆状披针形
'永福紫绚'	深紫红（RHS187AB）	叶色乳白时，主脉和侧脉均深紫红	6～8对	椭圆形

永福绚彩

（桂花）

联系人：陈日才
联系方式：15280366688　国家：中国

申请日：2017年12月20日
申请号：20180016
品种权号：20190315
授权日：2019年12月31日
授权公告号：国家林业和草原局公告（2019年第31号）
授权公告日：2019年12月31日
品种权人：福建新发现农业发展有限公司
培育人：陈日才、赖文胜、吴启民、王聪成、詹正钿、陈朝暖、陈小芳、陈菁菁

品种特征特性： 常绿，幼枝鲜红色（RHS61A），后变为黄绿色（RHSN44D），叶椭圆状披针形至卵状椭圆形，长4.5～7.5cm，宽2.4～4cm，基部楔形或圆形，先端渐尖、长渐尖。叶缘自基部以上有较密锯齿，叶缘有黄色镶边或不明显，叶面U形内折，侧脉8~9对，幼叶初期紫红色（RHS71A），之后变为黄绿色（RHS152D），最后变为深绿色（RHS147A）。叶柄长3mm，幼叶叶柄紫红色（RHSN77A），后变为灰绿色（RHS144）。

'永福绚彩'与近似品种'永福彩霞''永福彩1'比较性状差异如下表：

品种	彩叶变化顺序	叶形	枝条分枝角度
'永福绚彩'	紫红－黄绿	卵状披针形	直立
'永福彩霞'	水红－黄白	椭圆状披针形	半开张
'永福彩1'	紫红－黄绿－绿白	椭圆状披针形	直立

'永福绚彩'可在华东、华中、西南及华南地区栽植。

浑然厚壳

(文冠果)

联系人：毕泉鑫
联系方式：18501995407　国家：中国

申请日：2017年12月27日
申请号：20180030
品种权号：20190316
授权日：2019年12月31日
授权公告号：国家林业和草原局公告（2019年第31号）
授权公告日：2019年12月31日
品种权人：中国林业科学研究院林业研究所
培育人：毕泉鑫、王利兵、于海燕、范思琪、赵阳、于丹

品种特征特性：'浑然厚壳'是文冠果种植物，来自野外调查发现，果壳厚度较厚，平均厚度8.20mm。在2013年8月，利用芽接方法嫁接了10株，陆续观察了4年；并在2015年8月，从上述10株上采集接穗，采用同样的嫁接方式嫁接了20株。通过嫁接繁殖，无性系群体内形态特征、生长特性表现一致，个体之间没有明显差异。通过多次嫁接繁殖，不同年龄的无性系子代，其形态特征和生长特性表现与母株相同，性状遗传稳定。此品种适合在我国北方栽植。适生区为黄土母质的山地、丘陵、沙地，不适宜排水不良的低湿地、重盐碱地、多石的山地；土层50cm以上、坡度≤25°。

'浑然厚壳'一年生枝条绿具紫红、有毛

近似品种'中石9号'一年生枝条紫红色、无毛

中硕1号

(文冠果)

联系人：毕泉鑫
联系方式：18501995407　国家：中国

申请日：2017年12月27日
申请号：20180034
品种权号：20190317
授权日：2019年12月31日
授权公告号：国家林业和草原局公告（2019年第31号）
授权公告日：2019年12月31日
品种权人：中国林业科学研究院林业研究所
培育人：于海燕、毕泉鑫、王利兵、范思琪、赵阳、于丹

品种特征特性：'中硕1号'是文冠果种植物，来自野外调查发现，果实大小为极大等级，叶片大小为大叶片等级，枝条密度中等，果实棱柱形。在2013年8月，利用芽接方法嫁接了10株，陆续观察了4年；并在2015年8月，从上述10株上采集接穗，采用同样的嫁接方式嫁接了20株。通过嫁接繁殖，无性系群体内形态特征、生长特性表现一致，个体之间没有明显差异。通过多次嫁接繁殖，不同年龄的无性系子代，其形态特征和生长特性表现与母株相同，性状遗传稳定。此品种适合在我国北方栽植。适生区为黄土母质的山地、丘陵、沙地，不适宜排水不良的低湿地、重盐碱地、多石的山地；土层50cm以上、坡度≤25°。

中良1号

(文冠果)

联系人：毕泉鑫
联系方式：18501995407　国家：中国

申请日：2017年12月27日
申请号：20180035
品种权号：20190318
授权日：2019年12月31日
授权公告号：国家林业和草原局公告（2019年第31号）
授权公告日：2019年12月31日
品种权人：中国林业科学研究院林业研究所
培育人：毕泉鑫、王利兵、于海燕、范思琪、赵阳、于丹

品种特征特性：'中良1号'是文冠果种植物，来自野外调查发现，果实中等，当年生枝条无被毛，叶片平展，果实扁球形，种子平均单粒重极大。在2013年8月，利用芽接方法嫁接了10株，陆续观察了4年；并在2015年8月，从上述10株上采集接穗，采用同样的嫁接方式嫁接了20株。通过嫁接繁殖，无性系群体内形态特征、生长特性表现一致，个体之间没有明显差异。通过多次嫁接繁殖，不同年龄的无性系子代，其形态特征和生长特性表现与母株相同，性状遗传稳定。此品种适合在我国北方栽植。适生区为黄土母质的山地、丘陵、沙地，不适宜排水不良的低湿地、重盐碱地、多石的山地；土层50cm以上、坡度≤25°。

天使之吻

（文冠果）

联系人：毕泉鑫
联系方式：18501995407 国家：中国

申请日：2017年12月27日
申请号：20180037
品种权号：20190319
授权日：2019年12月31日
授权公告号：国家林业和草原局公告（2019年第31号）
授权公告日：2019年12月31日
品种权人：中国林业科学研究院林业研究所
培育人：于海燕、毕泉鑫、王利兵、范思琪、赵阳、于丹

品种特征特性：'天使之吻'是文冠果种植物，来自野外调查发现，种皮部分发育不良，平均不良率约为50%，但种皮没有裂开现象，叶片平展，果实为棱柱形。在2013年8月，利用芽接方法嫁接了10株，陆续观察了4年；并在2015年8月，从上述10株上采集接穗，采用同样的嫁接方式嫁接了20株。通过嫁接繁殖，无性系群体内形态特征、生长特性表现一致，个体之间没有明显差异。通过多次嫁接繁殖，不同年龄的无性系子代，其形态特征和生长特性表现与母株相同，性状遗传稳定。此品种适合在我国北方栽植。适生区为黄土母质的山地、丘陵、沙地，不适宜排水不良的低湿地、重盐碱地、多石的山地；土层50cm以上、坡度≤25°。

豆蔻年华

(野牡丹属)

联系人:周仁超
联系方式:13650710729 国家:中国

申请日: 2018年1月8日
申请号: 20180076
品种权号: 20190320
授权日: 2019年12月31日
授权公告号: 国家林业和草原局公告(2019年第31号)
授权公告日: 2019年12月31日
品种权人: 中山大学、广州市绿化公司
培育人: 周仁超、吴伟、黄颂谊、沈海岑、陈峥

品种特征特性: 常绿灌木,株高可达2.0m。老茎圆柱形,幼枝四棱形,幼枝黄绿色,被贴伏的白色鳞片。叶片坚纸质,卵状披针形,两面被糙伏毛。聚伞花序顶生,有花3~5朵,苞片卵状披针形,密被鳞片状糙伏毛;花瓣广倒卵形,淡紫色,6~7枚。雄蕊二型,长短雄蕊各6~7枚,均为黄色。蒴果杯状球形,成熟时横裂。花期6~8月,果期8~10月。通过扦插繁殖三代发现其性状保持一致、稳定。

该品种喜欢温暖湿润的气候和酸性土壤,适宜在热带亚热带地区种植,在我国的广东、广西、海南、福建、台湾、云南等低海拔地带均可种植。开放的环境或林缘均适合其生长。

'豆蔻年华'(左)与对照品种'超群'(右)的花枝

桃园结义

(山茶属)

联系人：谢雨慧
联系方式：020-85189353　国家：中国

申请日：2018年1月17日
申请号：20180100
品种权号：20190321
授权日：2019年12月31日
授权公告号：国家林业和草原局公告（2019年第31号）
授权公告日：2019年12月31日
品种权人：棕榈生态城镇发展股份有限公司、广州棕科园艺开发有限公司、肇庆棕榈谷花园有限公司
培育人：钟乃盛、叶土生、高继银、严丹峰、刘信凯、黎艳玲、叶琦君、黄万坚

品种特征特性：以杜鹃红山茶为母本，'夏日广场'为父本，利用杂交育种技术，获得的目标新品种。

花芽腋生和顶生，萼片黄绿或绿色，卵形，覆瓦状排列。花单色，花瓣内侧主色的颜色红色，半重瓣型，中型花，花径7.5～10.0cm。花瓣皱褶无或弱，厚度中，顶端微凹，边缘全缘，倒卵形，瓣脉有呈现，雄蕊数量中，碟型排列，基部连生，柱头3深裂，雌蕊低，子房无茸毛。叶片稠密度中，近螺旋状排列，上斜，大小中，质地中，厚度中，倒卵形，中光泽，叶面颜色深绿，横截面平坦，无斑点脉显现程度弱，叶背无茸毛，叶缘全缘，叶基楔形，叶尖渐尖，叶柄短。嫩芽黄绿，顶芽单生，嫩枝黄褐色。常绿灌木，植株直立，生长旺盛。年开花次数多次，花期中、晚或很晚，花期长，广东地区始花期5月，盛花期7～10月，末花期至翌年3月，浙江、陕西地区整体花期晚25～35天。

华东、华南、西南地区可栽培，夏季可无遮阴正常生长开花，冬季在浙江、陕西有遮顶的环境中可正常生长开花。

红天香云

（山茶属）

联系人：谢雨慧
联系方式：020-85189353　国家：中国

申请日：2018年1月17日
申请号：20180101
品种权号：20190322
授权日：2019年12月31日
授权公告号：国家林业和草原局公告（2019年第31号）
授权公告日：2019年12月31日
品种权人：棕榈生态城镇发展股份有限公司、广州棕科园艺开发有限公司
培育人：钟乃盛、黎艳玲、宋遇文、叶琦君、高继银、严丹峰、刘信凯

品种特征特性：'红天香云'是茶花品种'红屋积香'上发现的芽变枝条。

花芽腋生和顶生，萼片黄绿或绿色，卵形，覆瓦状排列。花复色，花瓣内侧主色的颜色红色，均匀布满白色斑块，半重瓣型或牡丹花重瓣型，中或大型花，花径8.013cm，花瓣厚度中，皱褶无或弱，顶端微凹，边缘全缘，倒卵形，瓣脉有呈现，花药瓣化，雄蕊数量多，簇生型排列，基部连生，花丝瓣化，雌蕊低，柱头2或3深裂，子房无茸毛。花具淡清香味。叶片稠密度中，近螺旋状排列，上斜，叶片厚度中，质地中，大小中，椭圆形，叶脉显现程度中，中光泽，叶面颜色深绿有黄色斑点，叶背无茸毛，横截面平坦，叶缘细齿状，叶基楔形，叶尖渐尖，叶柄短。顶芽单生，嫩芽黄绿，嫩枝黄绿色。常绿灌木，植株直立，生长旺盛。年开花次数多次，花期中、晚或很晚，花期长，广东地区始花6月，盛花期9~11月，末花期至翌年3月，浙江、陕西地区整体花期晚25~35天。

华东、华南、西南地区可栽培，夏季可无遮阴正常生长开花，冬季在浙江、陕西有遮顶的环境中可正常生长开花。

大红灯笼

（山茶属）

联系人：谢雨慧
联系方式：020-85189353　国家：中国

申请日：2018年1月17日
申请号：20180102
品种权号：20190323
授权日：2019年12月31日
授权公告号：国家林业和草原局公告（2019年第31号）
授权公告日：2019年12月31日
品种权人：棕榈生态城镇发展股份有限公司、广州棕科园艺开发有限公司、肇庆棕榈谷花园有限公司
培育人：赵强民、叶琦君、高继银、严丹峰、刘信凯、钟乃盛、陈娜娟、周明顺

品种特征特性：以'媚丽'为母本，杜鹃红山茶为父本，利用杂交育种技术，获得的目标新品种。

花芽腋生和顶生，萼片黄绿或绿色，卵形，覆瓦状排列。花单色，花瓣内侧主色的颜色红色，半重瓣型、托桂重瓣型或牡丹花重瓣型、中或大型花，花径8～13cm，花瓣厚度中，皱褶无或弱，顶端微凹，边缘全缘，倒卵形，瓣脉无现嫩浙江、陕西地区整体花期晚25～35天。

华东、华南、西南地区可栽培，夏季可无遮阴正常生长开花，冬季在浙江、陕西有遮顶的环境中可正常生长开花。

粉浪迎秋

（山茶属）

联系人：谢雨慧
联系方式：020-85189353　国家：中国

申请日：2018年1月17日
申请号：20180103
品种权号：20190324
授权日：2019年12月31日
授权公告号：国家林业和草原局公告（2019年第31号）
授权公告日：2019年12月31日
品种权人：棕榈生态城镇发展股份有限公司、广州棕科园艺开发有限公司
培育人：赵强民、严丹峰、刘信凯、赵珊珊、钟乃盛、叶土生、叶琦君、高继银

品种特征特性：以杜鹃红山茶为母本，'夏日台阁'为父本，利用杂交育种技术，获得的目标新品种。

花芽腋生和顶生，萼片黄绿或绿色，覆瓦状排列。花复色，花瓣内侧主色的颜色粉红，冬季花色较深，均匀布满白色斑点和条纹，玫瑰重瓣型或完全重瓣型，中到大型花，花径7.0～11.0cm，花瓣多枚，呈5～10轮排列，花瓣褶皱无或弱，顶端微凹，边缘全缘，倒卵形，偶有散生雄蕊。叶片稠密度中，近螺旋状排列，上斜，叶片厚度中，质地中，大小中，椭圆形，中光泽，叶面颜色深绿，叶缘全缘，叶基楔形，叶尖渐尖，叶柄短。常绿灌木，植株直立，生长旺盛。年开花次数多次，花期晚到很晚，花期长，广东地区始花期4月，盛花期9～11月，末花期至12月，浙江、陕西地区整体花期晚25～35天。

华东、华南、西南地区可栽培，夏季可无遮阴正常生长开花，冬季在浙江、陕西有遮顶的环境中可正常生长开花。

川滇箐

（花椒属）

联系人：罗建勋
联系方式：13668178375　国家：中国

申请日：2018年1月24日
申请号：20180116
品种权号：20190325
授权日：2019年12月31日
授权公告号：国家林业和草原局公告（2019年第31号）
授权公告日：2019年12月31日
品种权人：四川省林业科学研究院、雷波县小平特色农产品开发有限公司
培育人：罗建勋、吴小平、王准、刘芙蓉、宋鹏、杨马进

品种特征特性：'川滇箐'树势强，树姿开张，树干和主枝为灰绿色，具垫状皮刺和白色凸起的皮孔；一年生枝灰褐色，皮孔为白色圆形或长圆形，呈不规则分布；叶片为奇数羽状复叶，叶轴具宽翅，幼树的小叶数以7～9枚为主，叶片披针形，边缘疏浅齿，小叶正面和背面的叶脉均具针状刺，叶正面的刺基部呈红褐色，背面的刺基部淡红色；成年树小叶数为3～7枚，少有9枚，叶片椭圆形、全缘，叶脉无刺。花为聚伞圆锥花序，多腋生，少有顶生；果实为蓇葖果，果序长度为5.53～8.34cm，果序宽度3.39～6.65cm，单个果序果实数量为39～94粒，结果习性为单生。单个果实直径为4.8mm，鲜果千粒重79.8g，干果壳千粒重20.75g，籽粒千粒重12.5g。果实完全成熟期果色为暗红色。丰产稳产性好，品质优良，遗传性状稳定。

该品种在四川金沙江干热河谷地区于3月上旬萌芽，3月中旬至3月下旬为盛花期，果实商品采收期为7月上旬至7月中旬，果色为青绿色。

该品种耐干旱贫瘠，适应性强，适宜在四川省西南地区海拔600～2200m的干热河谷地区或盆地丘陵地区栽植。

'川滇箐'花椒树体，树势强，树姿强健，树冠呈圆锥形

瑞克格3047A（RUICG3047A）

（蔷薇属）

联系人：汉克·德·格罗特
联系方式：+31 206436516　国家：荷兰

申请日：2018年1月25日
申请号：20180119
品种权号：20190326
授权日：2019年12月31日
授权公告号：国家林业和草原局公告（2019年第31号）
授权公告日：2019年12月31日
品种权人：迪瑞特知识产权公司（De Ruiter Intellectual Property B.V.）
培育人：汉克·德·格罗特（H.C.A. de Groot）

品种特征特性：'瑞克格3047A'（RUICG3047A）是以'瑞艺4325'（RUIY 4325）为母本，以'英特罗格'（INTERTROGOL）为父本进行杂交，经过扦插苗的不断选育后而得到的具有优良商品性状的白色系切花月季品种。

'瑞克格3047A'植株高度为矮到中；嫩枝有花青素着色，着色程度为中；皮刺数量为少到中、颜色为偏绿色；叶片大小为极大，第一次开花之时叶片颜色为浅到中绿；叶片上表面光泽为弱到中，小叶片叶缘波状曲线为弱，顶端小叶形状为卵形；小叶叶基部形状为圆形、叶尖部形状为尖；花瓣数量为多，花色系为白色系；花径为小；花形状为星形；花侧视上部为平凸、下部为平；花香为无；萼片伸展范围为弱；随着开放，花瓣会一片接一片反卷；花瓣形状为倒卵形、缺刻程度为极弱到弱、花瓣边缘反卷程度为强到极强、波状为弱、长度为极短、宽度为极窄；花瓣内侧主要颜色为1种，均匀，主要颜色是白色RHS155C；外部雄蕊花丝主要颜色为淡黄色。

'瑞克格3047A'适宜在温室条件下栽培生产。适于温室内光照充足的环境条件，冬季采用拟光灯延长光照时间；突出的特点是适合在高海拔地区种植和繁殖，优秀性状保持稳定。

瑞克夫3005A（RUICF3005A）

（蔷薇属）

联系人：汉克·德·格罗特
联系方式：+31 206436516　国家：荷兰

申请日：2018年1月25日
申请号：20180120
品种权号：20190327
授权日：2019年12月31日
授权公告号：国家林业和草原局公告（2019年第31号）
授权公告日：2019年12月31日
品种权人：迪瑞特知识产权公司（De Ruiter Intellectual Property B.V.）
培育人：汉克·德·格罗特（H.C.A. de Groot）

品种特征特性：'瑞克夫3005A'（RUICF3005A）是以编号c-00-0354-001为母本，以'莱克瑞芙'（LEXAR EV）为父本进行杂交，经过扦插苗的不断选育后而得到的具有优良商品性状的红色系切花月季品种。

'瑞克夫3005A'植株高度为矮；嫩枝无花青素着色；皮刺数量为中到多、颜色为偏紫色；叶片大小为中，第一次开花之时叶片颜色为浅绿；叶片上表面光泽为弱；小叶片叶缘波状曲线为弱；顶端小叶形状为卵形；小叶叶基部形状为圆形、叶尖部形状为尖；花瓣数量为中到多；花色系为红紫色系；花径为小到中；花形状为圆形；花侧视上部为平、下部为凸；花香为无；萼片伸展范围为弱；花瓣形状为倒心形、缺刻程度为极弱到弱、花瓣边缘反卷程度为弱到中、波状为弱、长度为短、宽度为极窄到窄；花瓣内侧主要颜色为1种，均匀，主要颜色是红紫色RHS67C；花瓣内侧有斑点、斑点大小为极大、颜色为白色；外部雄蕊花丝主要颜色为黄色。

'瑞克夫3005A'适宜在温室条件下栽培生产。适于温室内光照充足的环境条件，冬季采用拟光灯延长光照时间；突出的特点是适合在高海拔地区种植和繁殖，优秀性状保持稳定。

红景

（杜鹃花属）

联系人：方永根
联系方式：13806783670　国家：中国

申请日：2018年2月7日
申请号：20180136
品种权号：20190328
授权日：2019年12月31日
授权公告号：国家林业和草原局公告（2019年第31号）
授权公告日：2019年12月31日
品种权人：金华市永根杜鹃花培育有限公司
培育人：方永根

品种特征特性： 该品种生长习性为常绿灌木状，分枝均匀，树形开张，长势旺盛。新梢淡紫色，长黄绿色伏毛，成熟枝转灰褐色，老枝干灰褐色。新叶淡绿色，正反面长黄绿色伏毛，成熟叶转深绿色，部分伏毛脱落，成熟叶椭圆形，叶面内凹，叶顶端有凸尖，有光泽，纸质叶。叶柄长0.3cm左右，叶长2.5cm左右，叶宽1.5cm左右。始花期金华为3月底，顶生花苞单开2～3朵，花型为单瓣漏斗型，花冠裂片占总花长的2/3，花冠颜色为红紫色，色卡值N57B，无花饰。花柱和雄蕊颜色为红紫色，雄蕊数5枚，成熟花粉囊颜色为褐色，花径4cm左右，小型花，花梗绿色，长度0.4cm左右，花萼淡绿色5裂。该品种已连续7年见花，性状稳定，无性繁育后代之间及与母株之间性状一致并稳定，种苗宜采用无性繁育，以保持该品种特性的稳定一致。

该品种适宜冬季最低温度-8℃以上区域种植，在全光照或半阴处生长匀正常，耐晒、耐高温，最适宜生长的温度为夜间15～20℃，白天22～30℃，温差大空气湿度高对生长有利。

吉祥红

(杜鹃花属)

联系人：方永根
联系方式：13806783670　国家：中国

申请日：2018年2月7日
申请号：20180137
品种权号：20190329
授权日：2019年12月31日
授权公告号：国家林业和草原局公告（2019年第31号）
授权公告日：2019年12月31日
品种权人：金华市永根杜鹃花培育有限公司
培育人：方永根

品种特征特性：该品种生长习性为常绿灌木状，分枝均匀，树形开张，长势旺盛。新梢红紫色，长黄绿色伏毛，成熟枝转灰褐色，老枝干灰褐色。新叶淡绿色，正反面长黄绿色伏毛，成熟叶转深绿色，部分伏毛脱落，成熟叶椭圆形，叶面内凹，叶顶端有凸尖，有光泽，纸质叶。叶柄长0.3cm左右，叶长2.5cm左右，叶宽1.5cm左右。

始花期金华为3月底，顶生花苞单开2~3朵，花型为双套瓣阔漏斗型，花萼瓣化，花冠外轮裂片占总花长的1/2，内裂片占总花长的1/2，花冠颜色为红紫色，色卡值N57A，无花饰。花柱和雄蕊颜色为红紫色，雄蕊数5枚，成熟花粉囊颜色为褐色，花径5cm左右，中型花，花梗绿色，长度0.4cm左右，花萼淡绿色5裂。

该品种已连续7年见花，性状稳定，无性繁育后代之间及与母株之间性状一致并稳定，种苗宜采用无性繁育，以保持该品种特性的稳定一致。

该品种适宜冬季最低温度-8℃以上区域种植，在全光照或半阴处生长匀正常，耐晒、耐高温，最适宜生长的温度为夜间15~20℃，白天22~30℃，温差大空气湿度高对生长有利。

洋洋

(杜鹃花属)

联系人:方永根
联系方式:13806783670 国家:中国

申请日:2018年2月7日
申请号:20180139
品种权号:20190330
授权日:2019年12月31日
授权公告号:国家林业和草原局公告(2019年第31号)
授权公告日:2019年12月31日
品种权人:金华市永根杜鹃花培育有限公司
培育人:方永根、祝泽刚

品种特征特性:该品种生长习性为常绿灌木状,分枝均匀,树形开张,长势旺盛。枝干粗壮,新梢淡紫色,长黄绿色伏毛,成熟枝转灰褐色,老枝干灰褐色。新叶淡绿色,正反面长黄绿色伏毛,成熟叶转深绿色,部分伏毛脱落,成熟叶长椭圆形,叶面内凹,有光泽,纸质叶。叶柄长0.5cm左右,叶长3.5cm左右,叶宽1.5cm左右。

始花期金花为4月上旬,顶生花苞单开2~3朵,花型为重瓣漏斗型,花冠外轮裂片占总花长的2/3,内裂片占总花长的1/2,花冠颜色为红色,色卡值为N44A,内有紫褐花饰。花柱颜色为红色,雄蕊全部瓣化,花径6cm左右,中花,花梗浅红紫色,花梗长1.5cm左右,花萼绿色5裂。该品种已连续6年见花,性状稳定,无性繁育后代之间及与母株之间性状一致并稳定,种苗宜采用无性繁育,以保持该品种特性的稳定一致。

该品种适宜冬季最低温度−6℃以上区域种植,在全光照或半阴处生长匀正常,耐晒、耐高温,最适宜生长的温度为夜间15~20℃,白天22~30℃,温差大空气湿度高对生长有利。

紫魁

（杜鹃花属）

联系人：方永根
联系方式：13806783670　国家：中国

申请日：2018年2月7日
申请号：20180140
品种权号：20190331
授权日：2019年12月31日
授权公告号：国家林业和草原局公告（2019年第31号）
授权公告日：2019年12月31日
品种权人：金华市永根杜鹃花培育有限公司
培育人：方永根、方新高

品种特征特性：该品种生长习性常绿灌木状，分枝均匀，树形开张，长势非常旺盛。枝干粗壮，新梢黄褐色，长黄绿色伏毛，成熟枝转灰褐色，老枝干灰褐色。新叶淡绿色，正反面长黄绿色伏毛，成熟叶转深绿色，部分伏毛脱落，成熟叶倒椭圆形，叶面内凹，有光泽，纸质叶。叶柄长0.3cm左右，叶长3～5cm，叶宽1.5～2.5cm。

始花期金华为4月初，顶生花苞单开2朵，花型为重瓣阔漏斗型，花冠外轮裂片占总花长的2/3，内裂片占总花长的1/3，花冠颜色为紫色，色卡值N85C，内有紫褐花饰。花柱颜色为浅紫色，雄蕊全部瓣化，花径9cm左右，特大花，花梗绿色，长度1cm左右，花萼浅绿色5裂。该品种已连续6年见花，性状稳定，无性繁育后代之间及与母株之间性状一致并稳定，种苗宜采用无性繁育，以保持该品种特性的稳定一致。

该品种适宜冬季最低温度−8℃以上区域种植，在全光照或半阴处生长匀正常，耐晒、耐高温，最适宜生长的温度为夜间15～20℃，白天22～30℃，温差大空气湿度高对生长有利。

银边瑞紫

(杜鹃花属)

联系人：方永根
联系方式：13806783670　国家：中国

申请日：2018年2月7日
申请号：20180142
品种权号：20190332
授权日：2019年12月31日
授权公告号：国家林业和草原局公告（2019年第31号）
授权公告日：2019年12月31日
品种权人：金华市永根杜鹃花培育有限公司
培育人：方永根

品种特征特性：该品种生长习性为常绿灌木状，分枝均匀，树形开张，长势旺盛。新梢绿色，长黄绿色伏毛，成熟枝转灰褐色，老枝干灰褐色。新叶绿色，叶边缘白色，正反面长黄绿色伏毛，成熟叶转深绿色，叶边缘白色，部分伏毛脱落，成熟叶披针形，叶面梢内凹，有光泽，纸质叶。叶柄长0.3cm左右，叶长1.8cm左右，叶宽0.8cm左右。

始花期金华为4月中旬，有二次花，顶生花苞单开2朵，花型为重瓣阔漏斗型，花冠外轮裂片占总花长的3/4，内裂片占总花长的1/2，花冠颜色为红紫色，色卡值N74C，内无花饰。花柱颜色为红紫色，雄蕊瓣化，花径5cm左右，大花，花梗绿色，长度1cm左右，花萼黄绿色5裂。

该品种已连续8年见花，性状稳定，无性繁育后代之间及与母株之间性状一致并稳定，种苗宜采用无性繁育，以保持该品种特性的稳定一致。

该品种适宜冬季最低温度-10℃以上区域种植，在全光照或半阴处生长匀正常，耐晒、耐高温，最适宜生长的温度为夜间15～20℃，白天22～30℃，温差大空气湿度高对生长有利。

紫玲珑

（紫薇属）

联系人：王肖雄
联系方式：18268638639 国家：中国

申请日：2018年2月8日
申请号：20180146
品种权号：20190333
授权日：2019年12月31日
授权公告号：国家林业和草原局公告（2019年第31号）
授权公告日：2019年12月31日
品种权人：宁波林丰种业科技有限公司
培育人：王肖雄

品种特征特性： 本品种为落叶矮灌木，小枝四棱。叶片椭圆形，嫩叶绿色，成熟叶片灰紫色（RHSN92A），长2.0~3.5cm，宽0.6~1.5cm。顶生花序，花萼长6~9mm，外面平滑无棱，花瓣长1.0~1.5cm，宽0.9~1.2cm，花瓣卷曲且边缘褶皱，粉紫色（RHSN66A）花瓣数6，雄蕊36~42枚，外面6枚着生于花萼上，比其余雄蕊长；子房3~6室，无毛。花期7月初至10月初，开花早，花期长。蒴果球形，长0.6~1.1cm，室背开裂；种子有翅，长约5mm，成熟时褐色，果期9~11月。适合于孤植、丛植，可培植为花篱及制作盆景和桩景。

本品种抗逆性强，适应性广，适合我国中部、南部、西南部、东部等广大地区生长栽培。种植应选择土层深厚、土壤肥沃、排水良好的背风向阳处。

'紫玲珑'的花

'紫玲珑'植株

红玛瑙

(接骨木属)

联系人：沈植国
联系方式：13838345984　国家：中国

申请日： 2018年2月8日
申请号： 20180147
品种权号： 20190334
授权日： 2019年12月31日
授权公告号： 国家林业和草原局公告（2019年第31号）
授权公告日： 2019年12月31日
品种权人： 河南省林业科学研究院
培育人： 沈植国、丁鑫、陈尚凤、张秋娟、程建明、汤正辉、王留超、王文战、郭磊、祝亚军、郭庆华、沈希辉

品种特征特性： 落叶灌木，树皮暗灰色，具明显的椭圆形皮孔，具发达的髓，髓部褐色。羽状复叶，小叶2~3对。圆锥形聚伞花序顶生，白色至淡黄色。果实圆形或近圆形。花期4~5月，果熟期6月，果实直径3~4mm。该品种易成花，易坐果，成熟期一致，成熟果亮红色，结果母枝节处结果枝数量2~6个，丰产。

'红玛瑙'与对照品种'红丰'的性状差异如下表：

品种	果实大小	主枝伸展姿态	顶生小叶叶缘锯齿深度
'红玛瑙'	小	直立	浅
'红丰'	中	斜上伸展	中

适宜种植于我国的东北、华北、华中、华东、西北至甘肃、西南至云南，海拔1600m以下的区域。

黑珍珠

（接骨木属）

联系人：沈植国
联系方式：13838345984　国家：中国

申请日：2018年2月8日
申请号：20180148
品种权号：20190335
授权日：2019年12月31日
授权公告号：国家林业和草原局公告（2019年第31号）
授权公告日：2019年12月31日
品种权人：河南省林业科学研究院
培育人：沈植国、丁鑫、陈尚凤、程建明、汤正辉、陈迪新、郭磊、王文战、祝亚军、夏鹏云、王留超、沈希辉

品种特征特性：落叶灌木，树皮暗灰色，具明显的椭圆形皮孔，具发达的髓，髓部褐色。羽状复叶，小叶2～3对。圆锥形聚伞花序顶生，白色至淡黄色。果实圆形或近圆形。花期4～5月，果熟期6月，果实直径4～5mm。该品种易成花，易坐果，成熟期一致，成熟果紫黑色，较丰产。

'黑珍珠'与对照品种'盐丹'的性状差异如下表：

品种	果序轴颜色	当年生枝夏季颜色	果实颜色
'黑珍珠'	紫红	绿褐，部分节间浅紫色	紫黑（N186B）
'盐丹'	浅紫	绿色	黑

适宜种植于我国的东北、华北、华中、华东、西北至甘肃，西南至云南，海拔1600m以下的区域。

美赐
(悬钩子属)

联系人：付顺华
联系方式：13588238232　国家：中国

申请日：2018年2月9日
申请号：20180151
品种权号：20190336
授权日：2019年12月31日
授权公告号：国家林业和草原局公告（2019年第31号）
授权公告日：2019年12月31日
品种权人：浙江农林大学、浦江县俊果研究所
培育人：杨小军、付顺华

品种特征特性： 由引种过程中偶然发现的野生掌叶覆盆子变异类型经过无性根蘖扩繁而来，已形成多个单株的无性系株系，休眠茎基部以上、枝条无皮刺性状稳定，特征明显。系谱清楚，培育过程完整。经初步观察测定，该品种休眠茎基部以上、枝条无皮刺分布，表型明显与目前生产上应用的近缘品种树莓类不同，也完全不同现有引种的掌叶覆盆子植株。二年生茎始花期早，也与普通掌叶覆盆子差异明显。其主要品种特征在于其休眠茎基部以上的茎杆部分及枝条、叶片均无皮刺存在，明显区别于目前生长的掌叶覆盆子，品种特异性明显。现有品种植株1000多株，休眠茎基部以上、枝条上均无皮刺分布，表现完全一致，性状表现非常稳定。适宜栽种区域同掌叶覆盆子分布区，主要可在浙江、江西、安徽、湖南、福建、江苏、广西等地种植，环境要求不太苛刻，适宜疏松透气、水分适中、中性与酸性的土壤，耐贫瘠，喜光，忌暴晒。栽培技术同野生掌叶覆盆子引种。

根源1号

（柽柳属）

联系人：张夫寅
联系方式：18560673321　国家：中国

申请日：2018年2月10日
申请号：20180152
品种权号：20190337
授权日：2019年12月31日
授权公告号：国家林业和草原局公告（2019年第31号）
授权公告日：2019年12月31日
品种权人：青岛根源生态农业有限公司
培育人：张夫寅、窦京海、张长君

品种特征特性： 中小型乔木，主干通直，顶端优势强，生长量大。大树树干有皲裂，老枝栗红色，嫩枝下垂。2~3年主干萌蘖较少，紫褐色；皮孔横向排列不呈环状；营养枝叶纤细，无毛被，小叶基部抱茎，长卵形，夏季鲜绿色，秋季黄色。夏秋季开花，花量中等，花絮长度中等；总状花序开花后枝条前端将继续生长。花瓣浅粉色，裂片先端圆或微凹。效果圆锥形，宿存，种子可育。

'根源1号'与近似品种'乔程1号'性状差异如下表：

品种	分枝密度	花量
'根源1号'	中	中
'乔程1号'	密	少

'根源1号'柽柳抗逆性极强，适生范围广，在普通柽柳生长区域都可栽植。

'根源1号'花序

中大二号红豆杉

(红豆杉属)

联系人：李志良
联系方式：13923031383　国家：中国

申请日：2018年2月11日
申请号：20180153
品种权号：20190338
授权日：2019年12月31日
授权公告号：国家林业和草原局公告（2019年第31号）
授权公告日：2019年12月31日
品种权人：梅州市中大南药发展有限公司
培育人：李志良、杨中艺、黄巧明、古练权、李贵华、梁伟东、何春桃、何伟强

品种特征特性：该品种为多年生的常绿乔木，植株冠形倒卵形，枝条伸展方向半开张，树皮薄片状开裂，当年生枝黄绿色，当年生枝春梢长度很长，一年生枝黄褐色，叶片密度中等，叶基扭转成二列排列，叶片厚度中等，条形呈镰状；叶片长度与宽度中等，上表面颜色绿色，叶片叶尖急尖，叶基两侧不对称，叶缘平展，背面绿色边带宽，上面中脉微隆起，下面气孔带颜色黄绿色，下面中脉带颜色中等绿色，无叶背乳状点。'中大二号'具有生长量高的特征，其中当年生枝春梢长度很长，为6~26cm，高于相似品种'中大一号'红豆杉当年生枝春梢长度（4~16cm）；'中大二号'叶片下面气孔带颜色为黄绿色，'中大一号'红豆杉气孔带颜色为灰绿色；'中大二号'叶片上表面颜色黄绿色，'中大一号'红豆杉叶片上表面颜色深绿色。'中大二号'10-DABIII含量（0.7%）数倍高于对照品种'中大一号'红豆杉（0.30%）；紫杉醇含量（0.013%）数倍低于'中大一号'红豆杉（0.073%）。

'中大二号'红豆杉适应性强，适合于在长江以南地区种植，喜排水良好的中性或微酸性土壤；在适当遮阴和肥水条件下长势较好。

绚丽和山

（乌桕属）

联系人：李因刚
联系方式：0571-87798027　国家：中国

申请日：2018年2月28日
申请号：20180155
品种权号：20190339
授权日：2019年12月31日
授权公告号：国家林业和草原局公告（2019年第31号）
授权公告日：2019年12月31日
品种权人：浙江省林业科学研究院、浙江森禾集团股份有限公司
培育人：李因刚、柳新红、郑勇平、陈岗、沈鑫、石从广

品种特征特性： 该品种株形为倒卵圆形，主干树皮灰色。侧枝生长势中等，枝条不下垂；一年生枝灰色，皮孔密度中等，当年生嫩枝黄绿色；夏梢中部20cm间叶片数量中等。叶片为菱形，纸质，大小中等，长宽比约为1；叶尖长渐尖，叶片基部为楔形；叶柄长度中等；秋季叶片一般在11月1日前后进入变色期，叶表面颜色由绿色变为灰红色（181A）；落叶期较晚，一般在11月20日之后，观赏期25日左右。

本品种适宜种植的区域为长江中下游平原与浙北北亚热带湿润区，包括湖北、安徽、江苏等3省的南部，湖南、江西、浙江等3省的北部及上海全境。

红紫佳人

（乌桕属）

联系人：李因刚
联系方式：0571-87798027　国家：中国

申请日：2018年2月28日
申请号：20180157
品种权号：20190340
授权日：2019年12月31日
授权公告号：国家林业和草原局公告（2019年第31号）
授权公告日：2019年12月31日
品种权人：浙江省林业科学研究院、浙江森禾集团股份有限公司、浙江物产长乐实业有限公司
培育人：李因刚、柳新红、郑勇平、王春、徐永勤、沈凤强、蒋冬月

品种特征特性：该品种株形为圆头形，主干树皮灰色。侧枝生长势中等，一年生枝皮孔密度中等；一年生枝灰色，当年生嫩枝黄绿色；夏梢中部20cm间叶片数量多。叶片为菱形，纸质，大小中等，长宽比约为1；叶尖长渐尖，叶片基部为楔形；叶柄长度中等；秋季叶片一般在10月25日前进入变色期，叶表面颜色由绿色变为紫色后再变为红色（46A）直至落叶；落叶期较晚，一般在11月20日之后，观赏期为30日左右。

本品种适宜种植的区域为长江中下游平原与浙北北亚热带湿润区，包括湖北、安徽、江苏等3省的南部，湖南、江西、浙江等3省的北部及上海全境。

'红紫佳人'的秋季叶片上表面颜色先变为紫色再变为红色（RHS：46A）

晚霞

(沙棘属)

联系人：单金友
联系方式：0455-4620669　国家：中国

申请日：2018年2月28日
申请号：20180158
品种权号：20190341
授权日：2019年12月31日
授权公告号：国家林业和草原局公告（2019年第31号）
授权公告日：2019年12月31日
品种权人：黑龙江省农业科学院浆果研究所
培育人：单金友、丁健、吴雨蹊、唐克、阮成江、王肖洋、杨光、关莹、付鸿博

品种特征特性：'晚霞'是以大果、少刺的国外沙棘品种'乌兰格木'的子代品系HS-22为母本，以树体高大、抗逆性强、抗干缩病的中国沙棘亚种雄株HF-88-05为父本，杂交选育而来，主要表现在生长势强，抗逆性强，株高299cm、冠幅249cm，果实成熟期在10月中旬，呈橙红色，纵径0.9cm，横径0.85cm，球形，可溶性固形物13%。抗寒性、抗病虫能力与对照品种'深秋红'相当。定植第三年开始结果，果实密集，丰产，冬季不落果，在北方可实现冬采。2009—2017年连续9年测定树高、冠幅、果实大小、熟期等性状；2011年，剪取高稳产树穗条，进行扦插繁殖，其中20株定植于浆果研究所沙棘种质资源圃中；2013年，从上述20株上剪取穗条，采用同样的扦插方法进行繁殖，其中10株也定植于浆果研究所沙棘种质资源圃中。通过多次扦插繁殖，不同年龄的无性系子代，其形态特征和生长特性表现与母株相同，性状遗传稳定。此品种适宜在我国三北地区栽植。适生区为我国北方沙棘分布区，适宜生长在风沙土、壤土、砂壤土的丘陵和山地，不适宜生长在排水不良的湿地。

晚黄
（沙棘属）

联系人：单金友
联系方式：0455-4620669　国家：中国

申请日：2018年2月28日
申请号：20180159
品种权号：20190342
授权日：2019年12月31日
授权公告号：国家林业和草原局公告（2019年第31号）
授权公告日：2019年12月31日
品种权人：黑龙江省农业科学院浆果研究所
培育人：单金友、丁健、吴雨蹊、唐克、阮成江、王肖洋、杨光、关莹、付鸿博

品种特征特性：'晚黄'是以来源于中国河北'丰宁雄'为父本，以来源于俄罗斯利萨文科园艺研究所的'丘伊斯克'为母本，杂交选育而来，主要表现在生长势强，抗逆性强，株高325cm、冠幅263cm，果实成熟期在10月上旬，果实呈黄色，纵径1.12cm，横径0.84cm，圆柱形，可溶性固形物11%。定植第三年开始结果，果实密集，丰产，冬季不落果，在北方可实现冬采。2009—2017年连续9年测定树高、冠幅、果实大小、产量、熟期等性状；2011年，剪取高稳产树穗条，进行扦插繁殖，其中20株定植于浆果研究所沙棘种质资源圃中；2013年，从上述20株上剪取穗条，采用同样的扦插方法进行繁殖，其中10株也定植于浆果研究所沙棘种质资源圃中。通过多次扦插繁殖，不同年龄的无性系子代，其形态特征和生长特性表现与母株相同，性状遗传稳定。此品种适宜在我国三北地区栽植。适生区为我国北方沙棘分布区，适宜生长在风沙土、壤土、砂壤土的丘陵和山地，不适宜生长在排水不良的湿地。

瑞克拉1320A（RUICL1320A）

（蔷薇属）

联系人：汉克·德·格罗特
联系方式：+31 206436516   国家：荷兰

申请日：2018年3月2日
申请号：20180162
品种权号：20190343
授权日：2019年12月31日
授权公告号：国家林业和草原局公告（2019年第31号）
授权公告日：2019年12月31日
品种权人：迪瑞特知识产权公司（De Ruiter Intellectual Property B.V.）
培育人：汉克·德·格罗特（H.C.A. de Groot）

品种特征特性：'瑞克拉1320A'（RUICL1320A）是以'坦06464'（TAN06464）为母本，以坦'06451'（TAN06451）为父本进行杂交，经过扦插苗的不断选育后而得到的具有优良商品性状的紫混合色系切花月季品种。

'瑞克拉1320A'（RUICL1320A）植株高度为中；嫩枝有花青素着色，着色程度为强；皮刺数量为中、颜色为偏红色；叶片大小为中，第一次开花之时叶片颜色为中到深绿；叶片上表面光泽为强；小叶片叶缘波状曲线为中；顶端小叶形状为卵形；小叶叶基部形状为圆形、叶尖部形状为尖；花瓣数量为中到多；花色系为紫混合色系；花径为中；花形状为星形；花侧视上部为平凸、下部为凸；花香为无；萼片伸展范围为弱到中；随着开放，花瓣会一片接一片反卷；花瓣形状为倒椭圆形、缺刻程度为无或极弱、花瓣边缘反卷程度为极强、波状为强、长度为中到长、宽度为中到长；花瓣内侧主要颜色为1种，均匀，主要颜色是RHS77D至RHS84C、内侧无斑点；外部雄蕊花丝主要颜色为淡黄色。

'瑞克拉1320A'适宜在温室条件下栽培生产。适于温室内光照充足的环境条件，冬季采用拟光灯延长光照时间；突出的特点是适合在高海拔地区种植和繁殖，优秀性状保持稳定。

瑞克恩1075A（RUICN1075A）

（蔷薇属）

联系人：汉克·德·格罗特
联系方式：+31 206436516 国家：荷兰

申请日：2018年3月2日
申请号：20180163
品种权号：20190344
授权日：2019年12月31日
授权公告号：国家林业和草原局公告（2019年第31号）
授权公告日：2019年12月31日
品种权人：迪瑞特知识产权公司（De Ruiter Intellectual Property B.V.）
培育人：汉克·德·格罗特（H.C.A. de Groot）

品种特征特性：'瑞克恩1075A'（RUICN1075A）是以'瑞克3081A'（RUICC3081A）为母本，以'瑞克吉0539A'（RUICJ0539A）为父本进行杂交，经过扦插苗的不断选育后而得到的具有优良商品性状的橙色系切花月季品种。

'瑞克恩1075A'属于切花月季；植株高度为矮到中；嫩枝有花青素着色，着色程度为弱到中；皮刺数量为中、颜色为偏紫色；叶片大小为中到大，第一次开花之时叶片颜色为中绿；叶片上表面光泽为中；小叶片叶缘波状曲线为极弱到弱；顶端小叶形状为中椭圆形；小叶叶基部形状为钝形、叶尖部形状为尖；花瓣数量为多；花色系为橙色系；花径为小；花形状为不规则圆形；花侧视上部为平凸、下部为平凸；花香为无；萼片伸展范围为极弱到弱；随着开放，花瓣不会一片接一片反卷；花瓣形状为倒椭圆形、缺刻程度为弱、花瓣边缘反卷程度为弱、波状为弱、长度为极短、宽度为极窄；花瓣内侧主要颜色为1种，均匀，主要颜色是橙色RHS25A、内侧有斑点、斑点大小为极大、颜色为橙黄色；外部雄蕊花丝主要颜色为黄色。

'瑞克恩1075A'适宜在温室条件下栽培生产。适于温室内光照充足的环境条件，冬季采用拟光灯延长光照时间；突出的特点是适合在高海拔地区种植和繁殖，优秀性状保持稳定。

高油1号

（沙棘属）

联系人：丁健
联系方式：13500732901　国家：中国

申请日：2018年3月3日
申请号：20180164
品种权号：20190345
授权日：2019年12月31日
授权公告号：国家林业和草原局公告（2019年第31号）
授权公告日：2019年12月31日
品种权人：大连民族大学
培育人：丁健、单金友、吴雨蹊、唐克、阮成江、王肖洋、杨光、关莹、付鸿博

品种特征特性： '高油1号'是以来源于俄罗斯利萨文科园艺研究所的'丘伊斯克'为母本，来源于中国河北'丰宁雄'为父本杂交选育而来。

'高油1号'树势强，树干深褐色，少刺；叶片互生，窄披针形，叶面绿色，叶背灰色，具褐色鳞片。特异性主要表现在植株高大，果实熟期中等，橙红色，种子含油率为13.65%，干果肉含油率为38.56%；果皮上褐色鳞片较多，皮厚，百粒重中。2009—2017年连续9年测定树高、冠幅、果实大小、产量、熟期等性状；2011年，剪取高稳产树穗条，进行扦插繁殖，其中20株定植于浆果研究所沙棘种质资源圃中；2013年，从上述20株上剪取穗条，采用同样的扦插方法进行繁殖，其中10株也定植于浆果研究所沙棘种质资源圃中，2013—2017年连续5年测定种子和果肉含油率。通过多次扦插繁殖，不同年龄的无性系子代，其形态特征和果实特性（含油率、果实大小等）与母株基本一致，性状遗传稳定。此品种适宜在我国三北地区栽植。适生区为我国北方沙棘分布区，适宜生长在风沙土、壤土、砂壤土的丘陵和山地，不适宜生长在排水不良的湿地。

朝阳

(沙棘属)

联系人：阮成江
联系方式：13842851137　国家：中国

申请日：2018年3月3日
申请号：20180165
品种权号：20190346
授权日：2019年12月31日
授权公告号：国家林业和草原局公告（2019年第31号）
授权公告日：2019年12月31日
品种权人：大连民族大学
培育人：阮成江、丁健、单金友、吴雨蹊、唐克、王肖洋、杨光、关莹、付鸿博

品种特征特性：'朝阳'是以国外沙棘品种'阿尔泰新闻'为母本，中国沙棘雄株'HZ-87-12'为父本，杂交选育而来。为蒙古沙棘亚种和中国沙棘亚种的杂交种，具有生长势强且果实晚熟的特点，其植株高大，结果枝长且呈下垂状。果实熟期较晚，呈橙黄色，球形，汁液多，百果重中等，可溶性固形物9%，而且'朝阳'植株具有抗逆性强、高稳产的特性。定植第三年开始结果，果实密集，而且具有抗逆性强、高稳产的特性。2009—2017年连续9年测定树高、冠幅、果实大小、熟期等性状；2011年，剪取高稳产树穗条，进行扦插繁殖，其中20株定植于浆果研究所沙棘种质资源圃中；2013年，从上述20株上剪取穗条，采用同样的扦插方法进行繁殖，其中10株也定植于浆果研究所沙棘种质资源圃中。通过多次扦插繁殖，不同年龄的无性系子代，其形态特征和生长特性表现与母株相同，性状遗传稳定。此品种适宜在我国三北地区栽植。适生区为我国北方沙棘分布区，适宜生长在风沙土、壤土、砂壤土的丘陵和山地，不适宜生长在排水不良的湿地。

民玉2号

（山茶属）

联系人：阮成江
联系方式：13842851137　国家：中国

申请日：2018年3月27日
申请号：20180184
品种权号：20190347
授权日：2019年12月31日
授权公告号：国家林业和草原局公告（2019年第31号）
授权公告日：2019年12月31日
品种权人：大连民族大学
培育人：阮成江、刘四黑、杜维

品种特征特性：'民玉2号'是野外调查发现而得，主要表现在生长势好、高产、稳产，属'寒露子'物候型品种。其生长势强，果脐凸出，果实呈球形，叶为椭圆形，顶芽生长方式为簇生，不存在大小年结实现象，抗油茶炭疽病和褐斑病，果实纵径2.57cm、横径2.69cm，种仁含油率为56.2%，种子含油率为36.7%。通过多次嫁接繁殖，不同年龄的无性系子代，其形态特征和生长特性及果实特征与母株相同，关键是种子含油率和种仁含油率与母株基本一致，性状遗传稳定。

此品种适合在我国南方栽植。适生区为我国南方油茶分布区，适宜生长在土壤为红壤、黄壤和红黄壤的山地丘陵区，不适宜生长在排水不良的低湿地、重盐碱地，土层50cm以上。

民玉3号

(杨属)

联系人：王晓铎
联系方式：13844271985　国家：中国

申请日：2018年3月29日
申请号：20180185
品种权号：20190348
授权日：2019年12月31日
授权公告号：国家林业和草原局公告（2019年第31号）
授权公告日：2019年12月31日
品种权人：大连民族大学
培育人：阮成江、刘四黑、杜维

品种特征特性：'民玉3号'是野外调查发现而得，主要表现在生长势好、高产、稳产，属'寒露子'物候型品种。其生长势强，叶为椭圆形，枝条平展，不存在大小年结实现象，产量具有高产、稳产特性，抗油茶炭疽病，果实为绿色卵球形，果脐凸出，果实纵径2.11cm、横径2.29cm，种仁含油率为57.2%，种子含油率为368%。通过嫁接繁殖，无性系群体内形态特征、生长特性表现一致，个体之间没有明显差异。通过多次嫁接繁殖，不同年龄的无性系子代，其形态特征和生长特性及果实特征与母株相同，关键是种子含油率和种仁含油率与母株基本一致，性状遗传稳定。

此品种适合在我国南方栽植。适生区为我国南方油茶分布区，适宜生长在土壤为红壤、黄壤和红黄壤的山地丘陵区，不适宜生长在排水不良的低湿地、重盐碱地，土层50cm以上。

'民玉3号'的果实和花芽情况

初晴

（紫薇属）

联系人：王金凤
联系方式：0571-87798072/18268067782　国家：中国

申请日：2018年4月2日
申请号：20180206
品种权号：20190349
授权日：2019年12月31日
授权公告号：国家林业和草原局公告（2019年第31号）
授权公告日：2019年12月31日
品种权人：浙江省林业科学研究院
培育人：陈卓梅、周琦、王金凤、沈鸿明、夏淑芳、杨华

品种特征特性：'初晴'是千屈菜科紫薇属双子叶植物，是品种权人通过选择育种发现的一株自然杂交紫薇优株，经过4年的生物学观察和扦插繁殖，认为这是一遗传稳定的优良株系，目前已培育成为拥有自主产权的新品种。

'初晴'为灌木，3年生株高2.5m，胸径3.8cm，冠幅1.9m。干皮黄白色，剥落；枝条直立，小枝4棱，红褐色，明显具翅，微被柔毛；叶片长8.90～9.96cm，宽4.20～4.70cm，椭圆形，尾部渐尖，叶背稍被柔毛，绿色；花芽圆锥形，红中带绿，缝合线凸起明显，有附属物，顶端凸起明显；花萼明显具棱；花径为2.70～2.95cm，花浅粉红（65C），花瓣边缘褶皱，瓣爪颜色同花色（65C）。果实椭圆形，长0.95～1.15cm，宽0.75～0.82cm，花期7～9月。

适宜在浙江、湖南、湖北、江西、安徽、江苏等华中及华东地区种植。

晨露
（紫薇）

联系人：王金凤
联系方式：0571-87798072/18268067782　国家：中国

申请日：2018年4月2日
申请号：20180207
品种权号：20190350
授权日：2019年12月31日
授权公告号：国家林业和草原局公告（2019年第31号）
授权公告日：2019年12月31日
品种权人：浙江省林业科学研究院
培育人：陈卓梅、王金凤、周琦、何云芳、柳新红、夏淑芳

品种特征特性：'晨露'是千屈菜科紫薇属双子叶植物，是品种权人通过选择育种发现的一株自然杂交紫薇优株，经过4年的生物学观察和扦插繁殖，认为这是一遗传稳定的优良株系，目前已培育成为拥有自主产权的新品种。

'晨露'为灌木，3年生株高1.5m，胸径2.8cm，冠幅0.9m。干皮黄白色，剥落；枝条半直立，小枝4棱，明显具翅，微被柔毛；叶片长6.30~8.51cm，宽3.09~4.11cm，椭圆形，尾部渐尖，叶背稍被柔毛，绿色；花芽圆锥形，幼时绿色，成熟后转为红中带绿，缝合线凸起明显，顶端凸起明显；花萼明显具棱，花萼内侧颜色红色；花径为3.39~4.29cm，花浅紫罗兰色（75D），花瓣边缘褶皱，瓣爪颜色同花色（75D）。果实椭圆形，长1.05~1.13cm，宽0.82~0.88cm，花期7~9月。

适宜在浙江、湖南、湖北、江西、安徽、江苏等华中及华东地区种植。

霓虹
(紫薇)

联系人：王金凤
联系方式：0571-87798072/18268067782 国家：中国

申请日：2018年4月2日
申请号：20180208
品种权号：20190351
授权日：2019年12月31日
授权公告号：国家林业和草原局公告（2019年第31号）
授权公告日：2019年12月31日
品种权人：浙江省林业科学研究院
培育人：王金凤、陈卓梅、周琦、沈鸿明、夏淑芳、杨华

品种特征特性：'霓虹'是千屈菜科紫薇属双子叶植物，是品种权人通过选择育种发现的一株自然杂交紫薇优株，经过4年的生物学观察和扦插繁殖，认为这是一遗传稳定的优良株系，目前已培育成为拥有自主产权的新品种。

'霓虹'为灌木，3年生株高1.6m，胸径3.1cm，冠幅1.5m。干皮黄白色，剥落；枝条半直立，小枝四棱，红褐色，明显具翅，微被柔毛；叶片长7.15～9.11cm，宽3.57～4.80cm，椭圆形，尾部渐尖，叶背稍被柔毛，绿色；花芽圆锥形，红中带绿，缝合线凸起明显，有附属物，顶端凸起明显；花萼明显具棱；花径为2.90～3.91cm，花紫红色（72D），花瓣边缘褶皱，瓣爪白色（NN155A）。果实椭圆形，长0.90～1.25cm，宽0.82～0.92cm，花期7～9月。

适宜在浙江、湖南、湖北、江西、安徽、江苏等华中及华东地区种植。

皂福2号

（皂荚属）

联系人：李建军
联系方式：13837391977　国家：中国

申请日：2018年4月8日
申请号：20180209
品种权号：20190352
授权日：2019年12月31日
授权公告号：国家林业和草原局公告（2019年第31号）
授权公告日：2019年12月31日
品种权人：河南师范大学、山东泰瑞药业有限公司
培育人：李建军、张光田、尚星晨、崔世昌、马静潇、叶承霖、李因东

品种特征特性：'皂福2号'植株健壮，主干明显且通直，树体生长旺盛，叶为一回偶数羽状复叶，偶见奇数，小叶叶片较大、长圆形，当年生枝上的小叶叶片长度为3.5～8.3cm、宽度为1.9～4.3cm、小叶4～10对；刺；荚果肥硕，长24cm，宽3.54cm，厚1.15cm，重45g，出籽率为27.13%，千粒重为985.5g。皂角药用代表成分总皂苷28.04%，刺囊酸为0.69%。

适宜在临沂、博爱、卫辉辖区内大面积推广，也可推广到四川、贵州等地。

具有广泛的适应性，性喜光而稍耐阴，对土壤要求不严，在石灰质及盐碱甚至黏土或砂土均能正常生长。

'皂福2号'

汾核1号

（核桃属）

联系人：李建
联系方式：18035837591　国家：中国

申请日：2018年4月12日
申请号：20180212
品种权号：20190353
授权日：2019年12月31日
授权公告号：国家林业和草原局公告（2019年第31号）
授权公告日：2019年12月31日
品种权人：山西省农业科学院经济作物研究所
培育人：李建、史根生、郝华正、冀中锐、何文垚、张树振、王捷、刘辉、贺洪鑫

品种特征特性：株高为矮，树姿为开张，树冠形状为半球形，成枝力为弱；树干颜色灰，二次枝为无，侧生小叶形状为椭圆形，小叶数为少，叶缘全缘，顶生小叶大，侧生小叶背面腺毛无，混合芽纵切面形状圆形，雌雄花异熟性雌先型，雌花始花树龄中，雌花花期中，雄花花期中，花期数1，雌花数量1~2，花柱头颜色浅黄，连续结果能力强，果实成熟期中，成熟时总苞开裂，结实性强，结实状态双生，果面茸毛少，总苞单宁含量多，坚果沿缝合线纵切面圆形，垂直于缝合线纵切面扁圆形，横切面形状圆形，基部形状方形，顶部形状方形，顶尖凸出程度平，脊数2，脊凸出程度平，脊宽度宽，脊旁凹槽深度深，核壳表面沟纹深度平，核壳表面刻窝少，核壳颜色黄，核壳完整度完整，单果重为重，大于15g，隔膜厚度薄，内褶壁特点退化，核仁皮色浅黄，出仁率为高，55%，取仁难易为极易，核壳厚度为薄壳，1.10mm，隔膜质地为膜质，核仁粗蛋白含量为中，核仁粗脂肪含量为高。

适宜山西省西南部吕梁、临汾、运城等地市海拔600~1100m的平川或丘陵地区栽培。

泰富

（柿）

联系人：艾呈祥
联系方式：13854801565　国家：中国

申请日：2018年5月17日
申请号：20180224
品种权号：20190354
授权日：2019年12月31日
授权公告号：国家林业和草原局公告（2019年第31号）
授权公告日：2019年12月31日
品种权人：山东省果树研究所
培育人：艾呈祥、王洁、余贤美、孙山

品种特征特性：'泰富'树势较强，树冠圆锥形。一年生枝条黄褐色，皮目小而密。冬芽呈三角形。叶片长纺锤形、边缘卷曲，叶色浓绿。全株仅有雌花。果实近卵形，平均单果重80.98g，最大果重89.2g以上，果实横断面近圆形，纵径5.99cm，横径5.06cm，果实大小较整齐。果皮橙黄色，偶有锈斑（呈线状），果实无纵沟、无缢痕，果顶无十字沟，花柱遗迹呈针尖状。柿蒂呈方圆形、微凹，萼片扁心形、上竖微斜，萼片基部稍联合、不重叠。髓较小，心室8个，种子4～6枚，平均单粒重0.83g，心室断面呈条形。适应范围广、抗逆性强、耐瘠薄、较抗寒，在我国柿主产区均可正常生长，在山东泰安10月下旬到11月上旬果实成熟，结果性好。

'泰富'

近似品种'山富士'

绿桐2号

（泡桐属）

联系人：李昆龙
联系方式：18777156111　国家：中国

申请日：2018年5月25日
申请号：20180247
品种权号：20190355
授权日：2019年12月31日
授权公告号：国家林业和草原局公告（2019年第31号）
授权公告日：2019年12月31日
品种权人：李昆龙、黄宝灵、唐朝晖
培育人：李昆龙、黄宝灵、唐朝晖、李远涛、陈振飞

品种特征特性：落叶乔木，树冠稍窄，树干通直圆满，能自然连续接干。树皮泥黄色，皮孔凸出而密集，纵向裂纹整齐。叶对生，长卵状心形，大小中等，深绿色。圆锥花序中等长，花蕾棒槌状倒卵形，花冠白色。果大，卵圆状近似桃形，果皮厚度中等。

'绿桐2号'与近似品种比较性状差异如下表：

品种	树皮裂纹	花花序枝长	蒴果形状	蒴果大小
'绿桐1号'	细小	长	卵圆形或椭圆状卵圆形	小
'绿桐2号'	浅裂	中	长圆状椭圆形	大

'绿桐2号'原产广西南端的上思县，海拔约300m，目前仅在广西南宁引种栽培。据此推断，该品种适宜种植于广西中南部及其以南的低山丘陵地区。

'绿桐2号'（左）与'绿桐1号'（右）花序及花蕾性状对比图

绿桐3号

（泡桐属）

联系人：李昆龙
联系方式：18777156111　国家：中国

申请日：2018年5月25日
申请号：20180248
品种权号：20190356
授权日：2019年12月31日
授权公告号：国家林业和草原局公告（2019年第31号）
授权公告日：2019年12月31日
品种权人：李昆龙、黄宝灵、唐朝晖
培育人：李昆龙、黄宝灵、唐朝晖、李远涛、陈振飞

品种特征特性：乔木，落叶时间较晚，在广西南宁至立春前才落叶。树冠较宽，树干通直圆满，自然连续接干好，极速生，2年生的林木平均胸径达21cm。树皮黄褐色。叶对生，长卵状心形，大小中等。花序较窄而短，花蕾排列紧凑，倒卵状近圆形，色浅。花冠乳白色。果粗大，矩圆状椭圆形，果皮厚度中等。

'绿桐3号'与近似品种比较性状差异如下表：

品种	皮孔分布	花序枝长	蒴果形状	蒴果大小
'绿桐1号'	稀	长	卵圆形或椭圆状卵圆形	小
'绿桐3号'	中	短	矩圆状椭圆形	大

'绿桐3号'原产广西西北的田林县，海拔约800m，耐寒。目前仅在广西南宁引种栽培。据此推断，该品种适宜种植于华南至中南地区的山地丘陵地区。

'绿桐3号'（左）与'绿桐1号'（右）花序及花蕾性状对比图

绿桐4号

（泡桐属）

联系人：李昆龙
联系方式：18777156111　国家：中国

申请日：2018年5月25日
申请号：20180249
品种权号：20190357
授权日：2019年12月31日
授权公告号：国家林业和草原局公告（2019年第31号）
授权公告日：2019年12月31日
品种权人：李昆龙、黄宝灵、唐朝晖
培育人：李昆龙、黄宝灵、唐朝晖、李远涛、陈振飞

品种特征特性：乔木，在广西南宁整个冬季不落叶，树冠宽，树干通直圆满，自然连续接干好，速生。树皮黄褐色。叶对生，长卵状心形，大小中等。花序中等长，冬季带叶，花蕾棒槌状倒卵形，花冠白色。蒴果瘦长，中等大小，近梭形，果皮厚度中等。

'绿桐4号'与近似品种比较性状差异如下表：

品种	冬季落叶	花序枝长	蒴果形状	蒴果大小
'绿桐1号'	是	长	卵圆形或椭圆状卵圆形	小
'绿桐4号'	否	中	纺锤形	中

'绿桐4号'原产广西北部的南丹县，海拔约600m，目前仅在广西南宁引种栽培。据此推断，该品种适宜种植于华南至中南地区的山地丘陵地区。

'绿桐4号'（左）与'绿桐1号'（右）花序及花蕾性状对比图

西雄1号杨

(杨属)

联系人：黄秦军
联系方式：13621032220　国家：中国

申请日：2018年5月25日
申请号：20180252
品种权号：20190358
授权日：2019年12月31日
授权公告号：国家林业和草原局公告（2019年第31号）
授权公告日：2019年12月31日
品种权人：中国林业科学研究院林业研究所
培育人：苏晓华、樊军锋、黄秦军、高建社、周永学、丁昌俊

品种特征特性：'西雄1号杨'属欧美杨。母本'丹红杨'为美洲黑杨种内聚合杂种，父本'美杨'为欧洲黑杨。该无性系既继承了母本美洲黑杨'丹红杨'速生、抗虫等遗传特点，同时又具有父本欧洲黑杨'美杨'抗逆、抗病、窄冠等优点。'西雄1号杨'是中国林业科学研究院林业研究所针对我国西北地区短轮伐期优良纸浆树种缺乏而精心设计杂交组合，按生态育种原则多阶段选育成的品种，该品种速生、耐寒、抗病虫、雄性、不飞絮，将成为我国西北地区环保型杨树优良工业用材新品种。该品种在年平均气温6~13℃，年降水量500~800mm，无霜期240天左右的渭河平原雨养区生长良好，造林成活率高，未见冻害和蛀干害虫，无叶部病害。在陕西杨凌6年生'西雄1号杨'胸径最高达21.40cm（胸径平均18.26cm），超过'108杨'（胸径平均16.84cm）8.43%，体现了优良速生特性和抗病虫性及强的立地适应能力。适合作为各种工业原料，包括纸浆、胶合板等。

'西雄1号杨'树中上部形态

'107杨'树中上部形态

西雄2号杨

（杨属）

联系人：黄秦军
联系方式：13621032220　国家：中国

申请日： 2018年5月25日
申请号： 20180253
品种权号： 20190359
授权日： 2019年12月31日
授权公告号： 国家林业和草原局公告（2019年第31号）
授权公告日： 2019年12月31日
品种权人： 中国林业科学研究院林业研究所
培育人： 苏晓华、樊军锋、黄秦军、高建社、周永学

品种特征特性： '西雄2号杨'雄株，属美洲黑杨。

'西雄2号杨'是中国林业科学研究院林业研究所针对我国西北地区短轮伐期优良纸浆树种缺乏而精心设计杂交组合，按生态育种原则多阶段选育成的品种。该品种在年平均气温6～13℃，年降水量500～800mm，无霜期240天左右的渭河平原雨养区生长良好，造林成活率高，无冻害，未见蛀干害虫和叶部病害，在陕西杨凌6年生'西雄2号杨'胸径18.50cm，树高19.0m，体现了优良速生特性和抗病虫性及强的立地适应能力，且不飞絮，适合于多种用途的人工速丰林建设、四旁绿化造林等，必将成为我国西北地区环保型杨树优良纸浆等工业用材新品种。

'西雄2号杨'树中上部形态

'陕林3号杨'树中上部形态

西雄3号杨

（杨属）

联系人：黄秦军
联系方式：13621032220　国家：中国

申请日：2018年5月25日
申请号：20180254
品种权号：20190360
授权日：2019年12月31日
授权公告号：国家林业和草原局公告（2019年第31号）
授权公告日：2019年12月31日
品种权人：中国林业科学研究院林业研究所
培育人：苏晓华、樊军锋、黄秦军、高建社、周永学

品种特征特性：'西雄3号杨'是中国林业科学研究院林业研究所针对我国西北地区短轮伐期优良纸浆树种缺乏而精心设计杂交组合，按生态育种原则多阶段选育成的品种。该品种在年平均气温6~13℃，年降水量500~800mm，无霜期240天左右的渭河平原雨养区生长良好，造林成活率高，无冻害，未见蛀干害虫和叶部病害，在陕西杨凌6年生'西雄3号杨'胸径最高达21.0cm，树高20.60m，体现了优良速生特性和抗病虫性及强的立地适应能力，且不飞絮，适合于多种用途的人工速丰林建设、四旁绿化造林等，必将成为我国西北地区环保型杨树优良工业用材新品种。

'西雄3号杨'　树中上部形态

'陕林3号杨'　树中上部形态

云卷云舒

（苹果属）

联系人：张往祥

联系方式：025-85427686/13151081062　国家：中国

申请日：2018年6月5日
申请号：20180294
品种权号：20190361
授权日：2019年12月31日
授权公告号：国家林业和草原局公告（2019年第31号）
授权公告日：2019年12月31日
品种权人：南京林业大学、扬州小苹果园艺有限公司
培育人：张往祥、饶辉、周婷、谢寅峰、彭治、徐立安、汪贵斌、曹福亮

品种特征特性：'云卷云舒'以花量大而密集、花色红紫易褪色、重瓣性强、花深杯型、形似菊花等为主要观赏特性。植株树势中，树形开张，枝条棕红色。伞形花序，花苞色紫，花重瓣（15~18枚），压平后直径中（4.0~4.5cm），花瓣椭圆形，排列方式重叠，脉纹突出。花瓣正面边缘颜色为红紫色（64B），中心和基部颜色均为白色（NN155C），背面颜色为红紫色（60C）。开展叶片绿色，叶长中（.8~6.8cm），叶宽中（3.0~3.5cm），长宽比中（约19），叶柄中（2.4~32cm），无叶耳。叶缘锯齿状，叶面光泽弱，绿色中，有花青素着色。始花期中（4月6日左右）。

该品种喜光照充足，以地势平坦、土层深厚、疏松、肥沃、排水良好的砂壤土生长最佳，主要繁殖方法为嫁接繁殖，适宜在内蒙古中部以南至福建中部以北地区种植。

'云卷云舒'花苞

'云卷云舒'花瓣

千层金

（苹果属）

联系人：张往祥
联系方式：025-85427686/13151081062　国家：中国

申请日：2018年6月5日
申请号：20180295
品种权号：20190362
授权日：2019年12月31日
授权公告号：国家林业和草原局公告（2019年第31号）
授权公告日：2019年12月31日
品种权人：南京林业大学
培育人：张往祥、周婷、范俊俊、彭冶、谢寅峰、徐立安、汪贵斌、曹福亮

品种特征特性：'千层金'以树形开张、果量大、果色金黄、光泽度强、果形娇小等为主要观赏特性。植株树势中，树形开张，枝条棕红色。伞形花序，花苞粉色，花单瓣，压平后直径小（2.7～3.3cm），花浅杯型，花瓣椭圆形，排列方式相连，脉纹突出。花瓣正面边缘、正面中心、正面底色和背面颜色均为白（NN155D）。开展叶片绿色，长宽比中（约为2），叶柄短（1.4～1.8cm），无叶耳。叶缘锯齿状，叶面光泽中，叶面绿色中，无花青素着色，叶片长度长（8～9cm），宽度中（3.6～4.8cm）。着果量多，果实小（纵径0.85～0.95cm；横径0.95～1.05cm），果形球形，无果尊，果梗长度中（2.8～3.5cm），无果粉，色泽度强，主色黄，果肉色黄，挂果期长。始花期中（4月9号左右）。

该品种喜光照充足，以地势平坦、土层深厚、疏松、肥沃、排水良好的砂壤土生长最佳，主要繁殖方法为嫁接繁殖，适宜在内蒙古中部以南至福建中部以北地区种植。

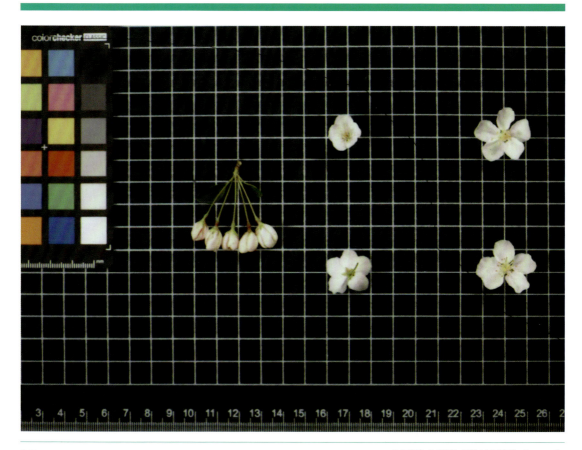

卷珠帘

（苹果属）

联系人：张往祥
联系方式：025-85427686/13151081062　国家：中国

申请日：2018年6月5日
申请号：20180296
品种权号：20190363
授权日：2019年12月31日
授权公告号：国家林业和草原局公告（2019年第31号）
授权公告日：2019年12月31日
品种权人：南京林业大学、扬州小苹果园艺有限公司
培育人：张往祥、周婷、彭冶、张龙、谢寅峰、徐立安、汪贵斌、曹福亮

品种特征特性：'卷珠帘'以花苞浅粉、形态饱满、极似珍珠、盛花亮白、着花密度高（轴状分布）、花瓣圆、深杯花型等为主要观赏特性。植株树势强，树形开张，枝条棕绿色。伞形花序，花苞浅粉色，花单瓣，压平后直径中（3.8~4.2cm），花形深杯，花瓣圆形，排列方式重叠，脉纹突出。花瓣正面边缘、中心、基部和背面颜色均为白色（NN155D）。开展叶片绿色，长度中（7.5~8.5cm），宽度中（3.0~4.5cm），长宽比中（约为2），叶柄中（2.2~2.6cm）无叶耳。叶缘锯齿状，叶面光泽中，叶面绿色中，无花青素着色。始花期中（4月6日左右）。着果量少，果实小（0.9~1.3cm），梨形，果萼无，果梗长度长（3.5~4.0cm），无果粉，光泽度弱，主色浅红，果肉色浅黄，挂果期中。

该品种喜光照充足，以地势平坦、土层深厚、疏松、肥沃、排水良好的砂壤土生长最佳，主要繁殖方法为嫁接繁殖，适宜在内蒙古中部以南至福建中部以北地区种植。

忆红莲

（苹果属）

联系人：张往祥

联系方式：025-85427686/13151081062　国家：中国

申请日：2018年6月5日
申请号：20180297
品种权号：20190364
授权日：2019年12月31日
授权公告号：国家林业和草原局公告（2019年第31号）
授权公告日：2019年12月31日
品种权人：南京林业大学、扬州小苹果园艺有限公司
培育人：张往祥、李利娟、范俊俊、彭冶、谢寅峰、徐立安、汪贵斌、曹福亮

品种特征特性：'忆红莲'以树形下垂、花色红紫、重瓣性强、花浅杯型、瓣形规整、形似莲花等为主要观赏特性。植株树势中，树形下垂型，枝条棕红色。伞形花序，花苞红色，花朵重瓣性强（15放左右）：压平后直径中，花瓣椭圆形，排列方式重叠，脉纹突出花瓣正面边缘颜色为红色（N66C）、正面中心颜色为红色（N66B）、正面基部颜色为白色（NN155C），背面颜色为红紫色（67C）。开展叶片绿色，叶长中（6.2~7.0cm），宽中（3.3~4.1cm），长宽比中（约1.8）叶柄长中（1.9~2.7cm），无叶耳。叶缘锯齿状，叶面光泽弱，绿色中，有花青素着色，花青素着色程度弱。始花期中（4月6日左右）。

该品种喜光照充足，以地势平坦、土层深厚、疏松、肥沃、排水良好的砂壤生长最佳，主要繁殖方法为嫁接繁殖，适宜在内蒙古中部以南至福建中部以北地区种植。

依人

(苹果属)

联系人：张往祥
联系方式：025-85427686/13151081062　国家：中国

申请日：2018年6月5日
申请号：20180298
品种权号：20190365
授权日：2019年12月31日
授权公告号：国家林业和草原局公告（2019年第31号）
授权公告日：2019年12月31日
品种权人：南京林业大学、扬州小苹果园艺有限公司
培育人：张往祥、江皓、范俊俊、徐立安、谢寅峰、彭治、汪贵斌、曹福亮

品种特征特性：'依人'以树形开张、花型浅杯型、五角星状、压平后直径小、花瓣窄椭圆形分离、花色亮红紫色（63A）、花药金黄、花梗较长等为主要观赏特性。植株树势中，树形开张，枝条棕红色。伞形花序，花苞红色，花单瓣，压平后直径小（3.7～4.3cm），花瓣窄椭圆形，排列方式分离，脉纹突出。花瓣正面边缘红紫（60D），花瓣正面中心红紫（63A），花瓣正面基部红紫（61C），背面颜色红紫（63A），开展叶片红绿色，长度中（7.0～8.4cm），宽度中（3.8～4.6cm），叶柄中（2.1～3.1cm）无叶耳。叶缘圆锯齿状，叶面绿色中，光泽中，花青素着色弱。始花期早（4月2日左右）

该品种喜光照充足，以地势平坦、土层深厚、疏松、肥沃、排水良好的砂壤土生长最佳，主要繁殖方法为嫁接繁殖，适宜在内蒙古中部以南至福建中部以北地区种植。

烟雨江南

(苹果属)

联系人：张往祥
联系方式：025-85427686/13151081062　国家：中国

申请日：2018年6月6日
申请号：20180299
品种权号：20190366
授权日：2019年12月31日
授权公告号：国家林业和草原局公告（2019年第31号）
授权公告日：2019年12月31日
品种权人：南京林业大学、扬州小苹果园艺有限公司
培育人：张往祥、范俊俊、张全全、徐立安、谢寅峰、彭冶、汪贵斌、曹福亮

品种特征特性：'烟雨江南'以树形开张饱满、花径小、花型深杯型、花瓣浅紫色、始花期早等为主要观赏特性。植株树势中，树形开张，枝条深红色。伞形花序，花苞紫色，花单瓣，压平后直径小（2.5~2.9cm），花瓣卵形，排列方式重叠，脉纹突出。花瓣正面边缘红紫（73D），花瓣中心颜色红紫（69D），花瓣基部颜色白（N155B），花瓣背面颜色红紫（62D）开展叶片红绿色，叶片长度短（5~6cm），宽度中（3.4~3.8cm），长宽比中（1.5），叶柄短（1.1~1.5cm），无叶耳。叶缘锯齿状，叶面绿色中，光泽强，花青素着色中。始花期早（4月1号左右）。

该品种喜光照充足，以地势平坦、土层深厚、疏松、肥沃、排水良好的砂壤土生长最佳，主要繁殖方法为嫁接繁殖，适宜在内蒙古中部以南至福建中部以北地区种植。

'烟雨江南'树形

'烟雨江南'花瓣背面颜色

红珊瑚

（苹果属）

联系人：张往祥
联系方式：025-85427686/13151081062　国家：中国

申请日：2018年6月5日
申请号：20180300
品种权号：20190367
授权日：2019年12月31日
授权公告号：国家林业和草原局公告（2019年第31号）
授权公告日：2019年12月31日
品种权人：南京林业大学
培育人：张往祥、范俊俊、周婷、彭冶、谢寅峰、徐立安、汪贵斌、曹福亮

品种特征特性：'红珊瑚'以果量大、果色橘红、光泽度强、果形娇小等为主要观赏特性。植株树势中，树形开张，枝条棕红色。伞形花序，花苞浅粉色，花单瓣，压平后直径中（3.3～3.9cm），花型浅杯型，花瓣圆形，排列方式相连，脉纹突出。花瓣正面边缘、正面中心、正面底色和背面颜色均为白（NN155D）。开展叶片绿色，长宽比中（1.8），叶柄长中（2.3～2.9cm），无叶耳。叶缘锯齿状，叶面光泽中，叶面绿色中，有花青素着色，花青素着色程度弱，叶片长度中（8.9～10.3cm），宽度中（5.0～5.8cm）。着果量多，果实小（纵径0.9～1.1cm；横径1.1～1.3cm），果形球形，无果萼，果梗长（4.0～5.0cm），无果粉，果实色泽度强，主色橘红，果肉黄色，挂果期长。始花期中（4月6号左右）。

该品种喜光照充足，以地势平坦、土层深厚、疏松、肥沃、排水良好的砂壤土生长最佳，主要繁殖方法为嫁接繁殖，适宜在内蒙古中部以南至福建中部以北地区种植。

黄果桐

（山桐子属）

联系人：罗建勋
联系方式：13668178375　国家：中国

申请日：2018年6月11日
申请号：20180312
品种权号：20190368
授权日：2019年12月31日
授权公告号：国家林业和草原局公告（2019年第31号）
授权公告日：2019年12月31日
品种权人：四川省林业科学研究院、四川佛欣林业科技有限公司
培育人：罗建勋、王准、刘芙蓉、刘建康、杨马进

品种特征特性：'黄果桐'树势强，树冠呈圆锥状塔形，枝条轮生，树皮灰白色，有皮孔；叶柄长6～12cm，圆柱状，下部有2～4个紫色、扁平的腺体，基部稍膨大；叶片上面深绿色，光滑无毛，下面有白粉，沿脉有疏柔毛，叶大，卵状心形，长8～13cm，宽6～9cm，先端渐尖，基部呈心形，边缘有粗锯齿。圆锥花序下垂，花单性，黄绿色，有芳香，直径约10mm。果穗长27～38cm，果穗宽9.5～11.5cm，每串果穗71.44～104.45g，具144～251粒果实；浆果成熟期呈黄色，圆形，果实横径8.11～9.41mm，纵径8.43～9.21mm，鲜果百粒重38.4～44.6g。

该品种在四川盆周地区于3月中旬萌芽，3月下旬展叶，4月中下旬至5月中旬开花，果实9～10月成熟，11月中下旬落叶。'黄果桐'山桐子浆果成熟时呈黄色、丰产稳产性好，可作为特色经济林树种；病虫害少，适应性强，适宜在四川盆地及盆周海拔300～1500m的地区栽培。

'黄果桐'山桐子树姿开张，树势强健，枝叶繁茂

'黄果桐'山桐子果实成熟期呈黄色，产量高

瑞驰3004A（RUICH3004A）

（蔷薇属）

联系人：汉克·德·格罗特（H.C.A. de Groot）
联系方式：+31 206436516　国家：荷兰

申请日：2018年6月13日
申请号：20180324
品种权号：20190369
授权日：2019年12月31日
授权公告号：国家林业和草原局公告（2019年第31号）
授权公告日：2019年12月31日
品种权人：迪瑞特知识产权公司（De Ruiter Intellectual Property B.V.）
培育人：汉克·德·格罗特（H.C.A. de Groot）

品种特征特性：'瑞驰3004A'（RUICH3004A）是以不知名实生苗与'英特车金'（INTERTROGOLD）的杂交后代为母本，以'莱克斯拉'（LEXRAHA）为父本，进行杂交，经过扦插苗的不断选育后而得到的具有优良商品性状的橙黄色系切花月季品种。

　　'瑞驰3004A'植株直立向上，矮丛型；高度80～120cm；皮刺斜直刺，刺呈红色；叶上表面绿色呈度为中等，光泽也为中等，叶边缘波状无或很弱；顶端小叶形状为卵圆形，基部呈钝形，叶尖锐尖；有侧花枝，侧花枝上着单花3～5朵；花色橙色，花径6～8cm，花俯视形状呈不规则圆形，花瓣数30～42枚，花瓣呈倒卵形，花瓣主色RHS20A；花萼延伸呈度中等；花瓣有基部色斑，基部色斑颜色为黄色，色斑区域较大；雄蕊花色为黄色。

　　'瑞驰3004A'适宜在温室条件下栽培生产。适于温室内光照充足的环境条件，冬季采用拟光灯延长光照时间；突出的特点是适合在高海拔地区种植和繁殖，优秀性状保持稳定。

'瑞驰3004A'与近似品种'金色波浪花'俯视形状比较图片

紫岫
（紫薇）

联系人：王金凤
联系方式：0571-87798072/18268067782　国家：中国

申请日：2018年6月21日
申请号：20180327
品种权号：20190370
授权日：2019年12月31日
授权公告号：国家林业和草原局公告（2019年第31号）
授权公告日：2019年12月31日
品种权人：浙江省林业科学研究院
培育人：王金凤、周琦、陈卓梅、柳新红、何云芳、夏淑芳

品种特征特性：'紫岫'是品种权人通过选择育种发现的一株自然杂交紫薇优株，经过4年的生物学观察和扦插繁殖，认为这是一遗传稳定的优良株系，目前已培育成为拥有自主产权的新品种。

'紫岫'为灌木，3年生株高1.8m，胸径2.8cm，冠幅1.1m。干皮黄白色，剥落；枝条半直立，小枝四棱，明显具翅，微被柔毛；叶片长6.10～7.75cm，宽3.40～4.70cm，椭圆形，尾部渐尖，叶背稍被柔毛，绿色；花芽圆锥形，幼时绿色，成熟后转为绿中带红，缝合线凸起明显，顶端凸起明显；花萼明显具棱；花径为2.89～3.46cm，花紫红色（N74C），花瓣边缘褶皱，瓣爪颜色同花色。果实椭圆形，长0.93～1.10cm，宽0.82～0.95cm，花期7～9月。

适宜在浙江、湖南、湖北、江西、安徽、江苏等华中及华东地区种植。

红宝石伊甸园

（蔷薇属）

联系人：姜正之
联系方式：18914989686　国家：中国

申请日：2018年6月27日
申请号：20180330
品种权号：20190371
授权日：2019年12月31日
授权公告号：国家林业和草原局公告（2019年第31号）
授权公告日：2019年12月31日
品种权人：苏州市华冠园创园艺科技有限公司
培育人：姜正之

品种特征特性：'红宝石伊甸园'为横向型藤本，嫩枝花青苷显色程度中等，皮刺平直刺，数量少至中等，均匀分布在枝条上；5~7片小叶，小叶浅绿色，叶上表面光泽程度中等，顶端小叶椭圆形，基部圆形，叶尖渐尖，叶缘锯齿状；复伞房状花序，花萼边缘延伸程度弱至中等，杯状花型，花俯视形状为圆形，花色粉红色，由中心向边缘颜色一致，花朵直径小；植株生长旺盛，抗病性强。

适宜在亚热带和温带保护地栽培。可通过嫁接、扦插等进行无性繁殖。生育期均衡供应水肥。

近似品种'藤本小伊甸园'　　　　　　　　　　'红宝石伊甸园'

罗衣

(蔷薇属)

联系人:姜正之
联系方式:18914989686 国家:中国

申请日:2018年6月27日
申请号:20180331
品种权号:20190372
授权日:2019年12月31日
授权公告号:国家林业和草原局公告(2019年第31号)
授权公告日:2019年12月31日
品种权人:苏州市华冠园创园艺科技有限公司
培育人:姜正之

品种特征特性:2010年4月在辽宁省沈阳市沈北新区新城子基地,采用灌木月季'遗产'与杂交茶香月季'蓝丝带'杂交。

'罗衣'为开张形灌木,刚萌发的短枝为水红色,后逐步变为浅绿色,植株皮刺为弯刺,淡粉色,刺较少或无刺;5~7小叶,小叶浅绿色,椭圆形,顶端小叶基部圆形,叶尖渐尖,叶缘锯齿状;花单生于茎顶,萼片延伸程度弱,波形瓣杯状大花型,花俯视形状为圆形,花粉紫色,外层花瓣颜色较浅,向花心方向逐步变深,花瓣大,呈圆形,花径10~12cm;植株生长旺盛,抗病性中等。

适宜在亚热带和温带保护地栽培。可通过嫁接、扦插等进行无性繁殖。生育期均衡供应水肥。

'罗衣'   近似品种'粉色伊芙伯爵'

鲁黑1号

（杨属）

联系人：秦光华
联系方式：13791060960　国家：中国

申请日：2018年6月29日
申请号：20180337
品种权号：20190373
授权日：2019年12月31日
授权公告号：国家林业和草原局公告（2019年第31号）
授权公告日：2019年12月31日
品种权人：山东省林业科学研究院
培育人：秦光华、于振旭、宋玉民、乔玉玲、董玉峰、刘盛芳

品种特征特性：'鲁黑1号'母本为'I-69杨'，父本为欧洲黑杨。

树干通直，树皮不开裂。苗木侧枝数量无或极少，侧枝分枝角度中等水平，近平伸。皮孔圆形，分布不规则。叶芽紫红色，长卵形，先端形状急尖。叶片具裂片，叶基微心形，先端渐尖。

'鲁黑1号'与对照品种'I-107'性状差异如下表：

品种	叶片上表面茸毛分布	叶基形状	幼叶上表面颜色
'鲁黑1号'	无	微心形	绿
'I-107'	仅叶脉	截形	红

通过扦插进行无性繁殖，无性系群体内形态特征、生长特性表现一致，个体之间没有明显差异。

通过多年扦插繁殖，不同年龄的无性系子代，其形态特征和生长特性表现与母株相同，没有出现分化现象。

该品种易生根，育苗和造林成活率高，适应性强。

'鲁黑1号'3年生树干形态

'鲁黑1号'幼叶上表面颜色

'对照I-107'幼叶上表面颜色

鲁黑2号
(杨属)

联系人：秦光华
联系方式：13791060960　国家：中国

申请日：2018年6月29日
申请号：20180338
品种权号：20190374
授权日：2019年12月31日
授权公告号：国家林业和草原局公告（2019年第31号）
授权公告日：2019年12月31日
品种权人：山东省林业科学研究院
培育人：秦光华、于振旭、宋玉民、乔玉玲、董玉峰、刘盛芳

品种特征特性：'鲁黑2号'母本为'I-72杨'，父本为'中菏1号杨'。

树干直，树皮不开裂。苗木侧枝数量中等，侧枝分枝角度中等水平，向上倾斜。皮孔短线性。叶芽贴生，褐色，卵形，先端形状钝。成年树叶柄茸毛无或极少，叶基截形，先端渐尖。

'鲁黑2号'与对照品种'鲁林1号'性状差异如下表：

品种	叶基形状	叶基部腺体数量	萌芽出现绿尖的时间
'鲁黑2号'	截形	大于2	早
'鲁林1号'	微心形	2	早至中

通过扦插进行无性繁殖，无性系群体内形态特征、生长特性表现一致，个体之间没有明显差异。

通过多年扦插繁殖，不同年龄的无性系子代，其形态特征和生长特性表现与母株相同，没有出现分化现象。

该品种易生根，育苗和造林成活率高，适应性强。

'鲁黑2号'3年生树干形态

'鲁黑2号'1年生苗木顶芽和侧芽

金凤
(卫矛属)

联系人：杨新社
联系方式：13399295695　国家：中国

申请日：2018年6月29日
申请号：20180341
品种权号：20190375
授权日：2019年12月31日
授权公告号：国家林业和草原局公告（2019年第31号）
授权公告日：2019年12月31日
品种权人：袁平立、杨新社
培育人：袁平立、杨新社

品种特征特性：'金凤'叶黄嵌绿色，叶边缘淡黄，中部绿。一叶两色，黄、绿相间，春、夏、秋不变色，夏季不泛绿，三季景色似金玉锦绣，艳丽美观。幼枝黄绿色，冬季枝变红色，观叶观枝，四季景观。根系发达，生长快。萌芽力和分蘖力强，耐修剪。抗逆性强。对立地条件要求不严，适宜各种土壤种植。为北方寒冷地区增加了卫矛属观叶观枝四季景观彩叶树种。

'金凤'卫矛属落叶乔木，高4～6m。树皮灰色，当年枝圆形。幼枝黄绿色，冬季红色；叶对生，纸质，叶卵形，叶长5.5～8cm。宽3.5～5.8cm，先端渐尖，基部近圆形，叶黄嵌绿色，新梢叶淡黄色，叶边缘淡黄，中部绿色，夏季不泛绿，三季不变色。叶柄长1～1.5cm。

适宜在丝绵木栽植地区−35℃以上40℃以下、西北、华北及干旱寒冷地区种植。

'金凤'成熟叶边淡黄色，中心绿色，枝浅黄绿色

鑫叶栾

（栾树属）

联系人：樊英利
联系方式：13373381979　国家：中国

申请日：2018年7月24日
申请号：20180450
品种权号：20190376
授权日：2019年12月31日
授权公告号：国家林业和草原局公告（2019年第31号）
授权公告日：2019年12月31日
品种权人：樊英利
培育人：樊英利

品种特征特性：'鑫叶栾'为落叶乔木，树皮灰褐色，多分枝，奇数羽状复叶，互生或对生，小叶13~15枚，有不规则粗齿或羽状深裂，花期6~7月，黄色，顶生圆锥花序，果实为蒴果，三角状卵形，8~9月成熟，成熟时黄褐色，种子圆形黑色。'鑫叶栾'叶片一年三季均为黄绿色，色泽稳定，并且其枝叶繁茂，树形优美，具有较高的观赏价值。

'鑫叶栾'与其他相似品种特征差异如下表：

相似品种名称	相似品种特征	'鑫叶栾'特征
'黄冠栾'	成熟叶颜色一致：否	是
	幼叶颜色：黄、黄绿	橙红
'锦叶栾'	春季新叶颜色：黄	黄绿
	幼叶焦黄程度：中	弱
	小叶叶柄：有	无

'鑫叶栾'主要以嫁接繁殖为主。该品种适应性强，抗病虫害，定植移栽易成活。适宜种植在有栾树分布的中国北部及中部。

'鑫叶栾'和'黄冠栾'成熟叶对比

朝霞1号

（桦木属）

联系人：刘桂丰
联系方式：0451-82192218　国家：中国

申请日：2018年7月25日
申请号：20180451
品种权号：20190377
授权日：2019年12月31日
授权公告号：国家林业和草原局公告（2019年第31号）
授权公告日：2019年12月31日
品种权人：东北林业大学
培育人：刘桂丰、姜静、韦睿、李慧玉、陈肃、黄海娇、江慧欣

品种特征特性：'朝霞1号'为乔木，树冠伞形，侧枝下垂，主干树皮灰白色，呈层状剥裂，枝条红褐色。叶片单叶互生、纸质、宽卵形。夏季叶片颜色为黄绿色，秋季为金黄色，叶尖为尾尖，叶基截形，叶缘为重锯齿、浅裂，果序单生、下垂，坚果为卵形。

与相似品种'朝霞2号'的区别：'朝霞1号'叶缘浅裂、叶尖为尾尖，叶基截形。

主要适宜在黑龙江省南部、吉林省、辽宁省等中东部水肥条件较好的地区种植，主要用于城市园林绿化，不适宜盐碱严重地区种植。

'朝霞1号'（右）与相似品种'朝霞2号'（左）叶片

朝霞2号

（桦木属）

联系人：刘桂丰
联系方式：0451-82192218　国家：中国

申请日：2018年7月25日
申请号：20180452
品种权号：20190378
授权日：2019年12月31日
授权公告号：国家林业和草原局公告（2019年第31号）
授权公告日：2019年12月31日
品种权人：东北林业大学
培育人：刘桂丰、姜静、江慧欣、陈肃、李慧玉、黄海娇

品种特征特性：'朝霞2号'为乔木，植株生长习性为开展，主干树皮灰白色，呈层状剥裂，枝条红褐色。叶片纸质、宽卵形，夏季叶片为黄绿色，秋季为金黄色，叶尖为渐尖，叶基心形，叶缘为钝齿、无叶裂，叶片上下表面均有茸毛分布，一级侧脉7～8个。

与相似品种'朝霞1号'区别：'朝霞2号'叶片无裂、叶尖为渐尖，叶基心形。

主要适宜在黑龙江省、吉林省、辽宁省等中东部水肥条件较好的地区种植，主要用于城市园林绿化，不适宜盐碱严重地区种植。

'朝霞2号'（右）与对照品种'朝霞1号'（左）叶片

紫霞1号

(桦木属)

联系人：刘桂丰
联系方式：0451-82192218　国家：中国

申请日：2018年7月25日
申请号：20180453
品种权号：20190379
授权日：2019年12月31日
授权公告号：国家林业和草原局公告（2019年第31号）
授权公告日：2019年12月31日
品种权人：东北林业大学
培育人：刘桂丰、李长海、姜静、李慧玉、陈肃、黄海娇、姜晶

品种特征特性：'紫霞1号'为乔木，冠形为圆锥形，植株生长习性为下弯，主干树皮为灰白色。呈层状剥裂，枝条红褐色，叶片纸质，为三角状卵形，夏季顶梢新叶上表面为深灰红褐色（BROWN GROUP 200A）。顶梢新叶下表面为灰紫色（PURPLE GROUP N77A），秋季叶片为紫红色，叶尖为渐尖，叶基截形，叶缘为重锯齿、无裂。果序单生、下垂，坚果为矩圆形。

与'紫雨桦'的区别：'紫霞1号'植株生长习性为下弯，枝条红褐色。

与'紫霞2号'的区别：叶片春季颜色为暗紫色。顶梢新叶上表面夏季颜色为深灰红褐色（BROWN GROUP 200A）。

主要适宜在黑龙江省南部、吉林省、辽宁省等中东部水肥条件较好的地区种植。主要用于城市园林绿化，不适宜盐碱严重地区种植。

'紫霞1号'

相似品种'紫雨桦'

紫霞2号

(桦木属)

联系人：刘桂丰
联系方式：0451-82192218　国家：中国

申请日：2018年7月25日
申请号：20180454
品种权号：20190380
授权日：2019年12月31日
授权公告号：国家林业和草原局公告（2019年第31号）
授权公告日：2019年12月31日
品种权人：东北林业大学
培育人：刘桂丰、李长海、姜静、李慧玉、陈肃、黄海娇、姜晶

品种特征特性：'紫霞2号'为乔木，植株生长习性为开展，冠形为卵球形，主干树皮灰白色，枝条红褐色，叶片单叶互生。纸质，三角状卵形，春季叶片为紫色，夏季顶梢新叶上表面为浅紫色（BROWN GROUP200B），顶梢新叶下表面为灰紫色（PURPLE GROUP N77A），秋季叶片为浅紫色。叶尖为渐尖。叶基截形，叶缘为重锯齿、无裂。果序单生，下垂，坚果为矩圆形。

与紫雨桦的区别：'紫霞2号'的植株生长习性为开展，枝条红褐色。

与'紫霞1号'的区别：春季叶片为紫色，夏季顶梢新叶上表面为灰红棕色（BROWN GROUP200B）。

主要适宜在黑龙江省南部、吉林省、辽宁省等中东部水肥条件较好的地区种植，主要用于城市园林绿化，不适宜盐碱严重地区种植。

'紫霞2号'

相似品种'紫雨桦'

蓝冠
（越橘属）

联系人：魏海蓉
联系方式：18660866298/0538-8266605　国家：中国

申请日：2018年8月15日
申请号：20180471
品种权号：20190381
授权日：2019年12月31日
授权公告号：国家林业和草原局公告（2019年第31号）
授权公告日：2019年12月31日
品种权人：山东省果树研究所
培育人：刘庆忠、魏海蓉、王甲威、宗晓娟、谭钺、朱东姿、陈新、徐丽、张力思

品种特征特性：该品种是从兔眼蓝莓品种'灿烂'的实生种子苗中选出。丰产稳产，品质优良，对气候、土壤适应性广，抗逆性强。

'蓝冠'多年生灌木，树姿直立，株形紧凑，生长势强。多年生枝灰棕色，有纵裂；1年生枝向阳面红色；新梢淡绿色。叶片深绿色，长椭圆形，叶片长6.37cm，宽2.69cm，叶形指数2.38；叶片边缘全缘无锯齿，叶背面光滑无茸毛。花冠圆柱形，有棱脊。果实扁圆形，果皮深蓝色，萼洼中大而浅，果粉量中等。果个大，最大单果重3.98g，平均单果重2.57g。果肉淡红色，可溶性固形物含量15.03%，风味甜，无种子感，品质优良。一般年份，在山东泰安6月下旬成熟，比'蓝丰'晚熟10天。栽植第3年平均株产2.0kg，折合产量660kg/666.7m²。与普通兔眼蓝莓相比，该品种果实种子小而少，口感细腻，风味香甜，可采摘期长，适合用于发展都市农业自采果园。

适宜在我国兔眼蓝莓和高灌蓝莓产区种植。对土壤条件要求比较严格，应选择土壤疏松、湿润、有机质含量高、pH4～5.5透气性良好的砂壤土区域建园。

'蓝冠'

近似品种'灿烂'

蓝珠

(越橘属)

联系人:魏海蓉
联系方式:18660866298/0538-8266605　国家:中国

申请日:2018年8月15日
申请号:20180472
品种权号:20190382
授权日:2019年12月31日
授权公告号:国家林业和草原局公告(2019年第31号)
授权公告日:2019年12月31日
品种权人:山东省果树研究所
培育人:刘庆忠、魏海蓉、谭钺、王甲威、宗晓娟、朱东姿、陈新、徐丽、张力思

品种特征特性: 该品种是从高灌蓝莓品种'蓝丰'的实生种子苗中选出。丰产稳产、果个大、品质优良,是一个综合经济性状优良的高灌蓝莓品种。

'蓝珠'多年生灌木,树姿开张,生长势中庸。多年生枝棕黄色,有纵裂;1年生枝向阳面红色;新梢黄绿色。叶片绿色,长椭圆形,叶片长8.5cm,宽3.6cm,叶形指数2.32;叶片边缘有细小锯齿,叶背面光滑无茸毛。花冠坛形,有棱脊。果实扁圆形,果皮蓝黑色,果肉浅绿色,果粉多。果个大,最大单果重3.57g,平均单果重2.84g。可溶性固形物含量13.8%,酸甜可口。一般年份,在山东泰安6月下旬成熟,果实发育期60天左右,比'蓝丰'晚熟10天。栽植第3年平均株产1.8kg,折合产量594kg/666.7m²。该品种是一个品质优良的北高灌蓝莓中晚熟品种。

适宜在我国高灌蓝莓产区种植。对土壤条件要求比较严格,应选择土壤疏松、湿润、有机质含量高、pH4.5~5.5透气性良好的砂壤土区域建园。

'蓝珠'

近似品种'蓝丰'

蓝月
(越橘属)

联系人:魏海蓉
联系方式:18660866298/0538-8266605　国家:中国

申请日:2018年8月15日
申请号:20180473
品种权号:20190383
授权日:2019年12月31日
授权公告号:国家林业和草原局公告(2019年第31号)
授权公告日:2019年12月31日
品种权人:山东省果树研究所
培育人:刘庆忠、魏海蓉、王甲威、谭钺、朱东姿、宗晓娟、陈新、徐丽、张力思

品种特征特性: 该品种是从兔眼蓝莓品种'灿烂'的实生种子苗中选出,生长势强、果个大、品质优、抗性强。

多年生灌木,树高1.5～2m。树势强健,树姿直立。基部主干灰白色,有浅纵裂,1年生枝绿色,向阳面微红,新梢浅绿色。叶片绿色,椭圆形,长6.8cm、宽3cm,叶型指数约2.27;叶片边缘有细小锯齿;叶背面光滑无茸毛。总状花序,花冠为坛状,乳白色,有棱脊。果实扁圆形,果皮蓝黑色,果肉淡红色,果粉中等。果个大,最大单果重3.09g,平均单果重2.41g。可溶性固形物含量13.3%,酸甜可口。一般年份,在山东泰安6月下旬成熟,果实发育期65天左右。早实丰产,栽植第3年平均株产2.1kg,折合产量693kg/666.7m^2。

适宜在我国高灌蓝莓和兔眼蓝莓产区种植。对土壤条件要求比较严格,应选择土壤疏松、湿润、有机质含量高、pH4.5～5.5透气性良好的砂壤土区域建园。

'蓝月'

近似品种'灿烂'

蓝玲

（越橘属）

联系人：魏海蓉
联系方式：18660866298/0538-8266605　　国家：中国

申请日：2018年8月15日
申请号：20180474
品种权号：20190384
授权日：2019年12月31日
授权公告号：国家林业和草原局公告（2019年第31号）
授权公告日：2019年12月31日
品种权人：山东省果树研究所
培育人：刘庆忠、魏海蓉、朱东姿、谭钺、王甲威、宗晓娟、陈新、徐丽、张力思

品种特征特性：该品种是从高灌蓝莓品种'伯克利'的实生种子苗中选出。果个特大、果实深蓝色、香气浓郁、酸甜可口，外观和内在品质俱佳。

多年生灌木，树势强，树姿开张。多年生枝条棕黄色，有浅纵裂。一年生枝向阳面红褐色；新梢黄绿色。叶片椭圆形，叶片边缘光滑无锯齿。幼叶黄绿色，成熟叶绿色。叶片背面光滑无茸毛。叶片长7.1cm、宽3.8cm，叶形指数为1.89。总状花序，花冠为坛状，雄蕊8～10个。果实特大，最大单果重6.47g，平均单果重3.02g。扁圆形，蓝黑色。萼片直立至半直立，外翻，萼洼深。可溶性固形物含量11.8%，酸甜可口。一般年份，在山东泰安6月中旬成熟，果实发育期60天左右，与'蓝丰'同期成熟。产量中等，栽植第3年平均株产1.7kg，折合产量561kg/666.7m²。

适宜在我国高灌蓝莓产区种植。对土壤条件要求比较严格，应选择土壤疏松、湿润、有机质含量高、pH4.5～5.5透气性良好的砂壤土区域建园。

'蓝玲'

近似品种'伯克利'

锦绣紫

（木槿属）

联系人：石小庆
联系方式：18180745530　国家：中国

申请日：2018年8月15日
申请号：20180475
品种权号：20190385
授权日：2019年12月31日
授权公告号：国家林业和草原局公告（2019年第31号）
授权公告日：2019年12月31日
品种权人：成都市植物园
培育人：周安华、刘川华、朱章顺、李方文、高远平、刘晓莉、石小庆、杨苑钊、陈钢、杨昌文

品种特征特性： '锦绣紫'树势强，树冠半直立，树皮灰褐色，嫩枝绿色具毛，树皮有皮孔。叶片幼叶心形，成熟叶掌状，叶正面呈深绿色，主脉5条，背面沿脉有疏柔毛；叶厚纸质，常浅3～5裂，裂片三角形，具钝尖，叶片基部通常心形，叶边缘具锯齿；叶片长12～17cm，叶片宽10～15cm，叶柄长6～12cm；花生于枝端叶腋间，单枝花朵数6以上，花梗长5～8cm，中部具节；小苞片数量8～11，披针形；萼片呈长三角形，基部相连，呈五角形排列；花瓣紧凑，重瓣，花瓣数常40～100，花色紫红色，花冠直径9～12cm，半球形，外层至内层颜色由稍浅逐渐加深，花瓣大小由外向内依次减小；花常具5～7个花蕊，雄蕊基部与雌蕊合生，部分雄蕊瓣化，花药多数，皆无花粉；花柱数常5～6，具紫红色柱头，疏被毛。

该品种在四川盆地及盆周地区3月中旬萌芽，3月下旬展叶，花期两轮，分别为5月底至6月底和9月上旬至10月中旬，11月中下旬落叶。'锦绣紫'木芙蓉花大色艳，病虫害少，适应性强，可作为特色园林观赏树种在四川盆地及盆周海拔200～1000m的地区栽培。

中林7号
（梓树属）

联系人：麻文俊
联系方式：18600386560　国家：中国

申请日：2018年8月23日
申请号：20180478
品种权号：20190386
授权日：2019年12月31日
授权公告号：国家林业和草原局公告（2019年第31号）
授权公告日：2019年12月31日
品种权人：中国林业科学研究院林业研究所、南阳市林业科学研究院
培育人：麻文俊、王军辉、翟文继、杨桂娟、王秋霞、王平

品种特征特性：该品种为落叶高大乔木，主干通直；侧枝分枝角>45°；圆锥花序，花冠淡红色，内面具有2黄色条纹及暗紫色斑点；花期4月下旬至5月中旬；果线形，种子梭形，两端有毛。苗期干性强；叶片全缘、卵形，叶基心形，叶尖长尾尖；叶痕倒心形。特异性主要表现为自然整枝能力强、主干通直，分枝角大、小枝开展、树冠呈阔卵形。

该品种适宜栽植区域包括：①北亚热带区，包括江苏、安徽、湖北、河南信阳，年降水量为800mm以上，适宜于海拔500m以下；②暖温带东部区，包括河南、山东、河北、北京，年降水量为600mm以上，适宜于海拔1200m以下；③暖温带西部区，包括陕西关中地区、甘肃东南部、山西南部，年降水量为600mm以上，适宜于海拔1800m以下。

中林8号

（梓树属）

联系人：麻文俊
联系方式：18600386560　国家：中国

申请日：2018年8月23日
申请号：20180479
品种权号：20190387
授权日：2019年12月31日
授权公告号：国家林业和草原局公告（2019年第31号）
授权公告日：2019年12月31日
品种权人：南阳市林业科学研究院、中国林业科学研究院林业研究所
培育人：王秋霞、翟文继、王军辉、沈元勤、麻文俊、杨桂娟、易飞

品种特征特性： 该品种为落叶高大乔木；顶生伞房状总状花序，花冠浅红色，内面具有2黄色条纹及暗紫色斑点；花期4月下旬至5月中旬；果线形，种子梭形，两端有毛。苗期干性较强；叶片全缘、阔卵形，叶基心形，叶尖尾尖。特异性主要表现为大树树皮颜色为亮银色，树冠呈阔卵形，节间距缩短，叶痕大而凸起；苗期节间距缩短，皮孔极密，叶痕大而凸起，叶尖尾尖。

该品种适宜栽植区域包括：①北亚热带区，包括江苏、安徽、湖北、河南信阳，年降水量为800mm以上，适宜于海拔500m以下；②暖温带东部区，包括河南、山东、河北、北京，年降水量为600mm以上，适宜于海拔1200m以下；③暖温带西部区，包括陕西关中地区、甘肃东南部、山西南部，年降水量为600mm以上，适宜于海拔1800m以下。

'中林8号'树皮

'洛楸1号'树皮

中林9号
（梓树属）

联系人：麻文俊
联系方式：18600386560 国家：中国

申请日：2018年8月23日
申请号：20180480
品种权号：20190388
授权日：2019年12月31日
授权公告号：国家林业和草原局公告（2019年第31号）
授权公告日：2019年12月31日
品种权人：中国林业科学研究院林业研究所、南阳市林业科学研究院
培育人：麻文俊、王军辉、翟文继、杨桂娟、王秋霞、王平

品种特征特性：该品种为落叶高大乔木；顶生伞房状总状花序，花冠浅红色，内面具有2黄色条纹及暗紫色斑点；花期4月下旬至5月中旬；蒴果线形，种子梭形，两端有毛。苗期干性较强；叶片全缘、卵形，叶基浅心形，叶尖渐尖。特异性主要表现为大树落叶期晚，抗寒性强；苗期叶尖尾尖。

该品种适宜栽植区域包括：①北亚热带区，包括江苏、安徽、湖北、河南信阳，年降水量为800mm以上，适宜于海拔500m以下；②暖温带东部区，包括河南、山东、河北、北京，年降水量为600m以上，适宜于海拔1200m以下；③暖温带西部区，包括陕西关中地区、甘肃东南部、山西南部，年降水量为600mm以上，适宜于海拔1800m以下。

'中林9号'和普通楸树落叶对比

百日华彩

(木槿属)

联系人:石小庆
联系方式:18180745530　国家:中国

申请日:2018年8月23日
申请号:20180481
品种权号:20190389
授权日:2019年12月31日
授权公告号:国家林业和草原局公告(2019年第31号)
授权公告日:2019年12月31日
品种权人:成都市植物园
培育人:周安华、刘川华、朱章顺、李方文、高远平、刘晓莉、石小庆、杨苑钊、王莹、杨昌文

品种特征特性:'百日华彩'树势强,树冠开张,树皮灰褐色,嫩枝绿色具毛,树皮有皮孔。叶柄长6~12cm,圆柱状,基部具2披针形托叶,常早落;叶片掌状,纸质,长8~19cm,宽10~15cm,常浅3~5裂,裂片三角形;叶片基部通常心形;叶边缘具锯齿;主脉5条,叶正面呈中绿色,密被柔毛,背面沿脉有疏柔毛;花生于枝端叶腋间,单枝花朵数9~15,花梗长8~18cm,近花冠处具节;小苞片数量7~11,线形;萼片长三角形,基部相连,呈五角形排列;花冠半球形,直径10~15cm,重瓣,花瓣数常65~150,花初开时为粉红色,后期颜色逐渐变深;花瓣多层,大小不一,覆瓦状排列,靠近花心的花瓣较小且褶皱,呈不规则扭曲,花瓣表面被毛,基部具心眼区,背面花脉明显;雄蕊基部与雌蕊合生,雄蕊显著瓣化,花药多数,皆无花粉,不结实;花柱数常5,柱头呈紫黑色,疏被毛;花期较长,6月中旬至10月中旬不间断开花。

该品种在四川盆地及盆周地区3月中旬萌芽,3月下旬展叶,6月中旬至10月中旬开花,花期可达100余天,11月中下旬落叶。"百日华彩"木芙蓉花大色艳,开花时间长,花姿优美,可作为特色园林观赏树种。

夏红

（枫香属）

联系人：杨少宗
联系方式：15372058197　国家：中国

申请日：2018年8月29日
申请号：20180508
品种权号：20190390
授权日：2019年12月31日
授权公告号：国家林业和草原局公告（2019年第31号）
授权公告日：2019年12月31日
品种权人：浙江省林业科学研究院
培育人：杨少宗、柳新红、林昌礼、程亚平、张大伟、沈鑫

品种特征特性：与对照普通枫香相比，'夏红'树皮青灰色，嫩枝、叶柄、叶脉紫红色。阔卵形，掌状3裂居多，长10～15cm，宽8～12cm；中裂片狭卵形，先端钝圆或尾尖，侧裂片多与中裂片夹角呈锐角；基部平截或浅心形；托叶短，离生或与叶柄基部稍合生，顶端弯曲。

经扦插、嫁接繁殖的后代性状具一致性；经多代无性繁殖后，叶色等性状在各代均表现稳定，母本优良性状完整体现，具稳定性。

在枫香自然分布区域均可种植，适宜栽培区为秦岭-淮河以南各地。

'夏红'植株形态、叶形叶色

普通枫香植株形态、叶形叶色

云林紫枫

（枫香属）

联系人：林昌礼
联系方式：18905783662/13906783445　国家：中国

申请日：2018年8月29日
申请号：20180510
品种权号：20190391
授权日：2019年12月31日
授权公告号：国家林业和草原局公告（2019年第31号）
授权公告日：2019年12月31日
品种权人：云和县农业综合开发有限公司
培育人：林昌礼、张大伟、杨少宗、柳新红、葛永金、朱伟清

品种特征特性：与对照品种'福禄紫枫1号'相比，'云林紫枫'的木质部及髓心淡紫色。叶掌状3~5裂，叶片稍小，叶背光亮；中裂片狭卵形，先端钝圆或尾尖，侧裂片平展或与中裂片夹角呈锐角；基部平截或心形；托叶较短，与叶柄基部合生，直伸，紫红色。

经扦插、嫁接繁殖后的后代性状与母本性状表现一致，具一致性；经多代无性繁殖后，叶色等性状在各代均表现稳定，母本优良性状完整体现，具稳定性。

在枫香自然分布区域均可种植，适宜栽培区为秦岭-淮河以南各地。

'云林紫枫'叶形叶色

'福禄紫枫1号'叶形叶色

侠女

(越橘属)

联系人：徐国辉
联系方式：15998686252　国家：中国

申请日：2018年9月3日
申请号：20180558
品种权号：20190392
授权日：2019年12月31日
授权公告号：国家林业和草原局公告（2019年第31号）
授权公告日：2019年12月31日
品种权人：大连森茂现代农业有限公司
培育人：王贺新、徐国辉

品种特征特性：北高丛蓝莓，树体半开形，树势强；叶片呈卵形，平均叶面积9.80cm²，叶形指数1.59，绿色，叶片边缘为锯齿状；新生结果枝平均长度11.33cm，单枝结果数10个；果穗密度大（密），果实呈扁圆形，果实萼片类型平展，果粉厚且质地均匀，浅蓝色（101-B），果蒂痕小而干，果实硬度大（3.44），平均单果大小为1.41cm×1.73cm，最大果重为3.15g，平均单果重为2.54g，可溶性固形物含量Brix%为10.85，酸度中。自然状态下始熟期为6月下旬左右，早熟种。该品种果实甜酸，质地脆，皮厚汁多，风味好有香味，丰产性好，适宜作为鲜食品种。

相思蓝

（越橘属）

联系人：徐国辉
联系方式：15998686252　国家：中国

申请日：2018年9月4日
申请号：20180567
品种权号：20190393
授权日：2019年12月31日
授权公告号：国家林业和草原局公告（2019年第31号）
授权公告日：2019年12月31日
品种权人：大连普世蓝农业科技有限公司
培育人：王一舒、陈英敏、赵丽娜

品种特征特性：北高丛蓝莓，树体半开形，树势强；叶片呈长椭圆形，平均叶面积10.42cm²，叶形指数2.01，绿色，叶片边缘为锯齿状；新生结果枝平均长度11.34cm，单枝结果数14个；果穗密度中，果实呈扁圆形，果实萼片类型内卷，果粉厚且质地均匀，浅蓝色（101-C），果蒂痕小而湿，果实硬度大（3.33），平均单果大小为1.47cm×1.62cm，最大果重为2.33g，平均单果重为2.06g，可溶性固形物含量Brix%为11.93，酸度中。自然状态下始熟期为7月上旬左右，中熟种。该品种果实甜，细腻皮厚，风味好淡香，丰产性好，适宜作为鲜食品种。

晚香

（越橘属）

联系人：徐国辉
联系方式：15998686252　国家：中国

申请日：2018年9月4日
申请号：20180569
品种权号：20190394
授权日：2019年12月31日
授权公告号：国家林业和草原局公告（2019年第31号）
授权公告日：2019年12月31日
品种权人：大连普世蓝农业科技有限公司
培育人：徐国辉、陈英敏、王一舒

品种特征特性：北高丛蓝莓，树体开张形，树势中；叶片呈椭圆形，平均叶面积8.84cm²，叶形指数1.85，绿色，叶片边缘为全缘状；新生结果枝平均长度11cm，单枝结果数5个；果穗密度大（密），果实呈扁圆形，果实萼片类型平展，果粉厚且质地均匀，浅蓝色（102-B），果蒂痕中而干，果实硬度中（2.87），平均单果大小为1.46cm×1.73cm，最大果重为2.83g，平均单果重为2.12g，可溶性固形物含量Brix%为10.47，酸度中。自然状态下始熟期为6月下旬左右，早熟种。该品种果实淡甜，细腻皮厚，风味好淡香，丰产性好，适宜作为鲜食品种。

紫彩

（紫薇）

联系人：王晓明
联系方式：13974938264　国家：中国

申请日：2018年9月4日
申请号：20180596
品种权号：20190395
授权日：2019年12月31日
授权公告号：国家林业和草原局公告（2019年第31号）
授权公告日：2019年12月31日
品种权人：湖南省林业科学院、长沙湘莹园林科技有限公司
培育人：王晓明、曾慧杰、乔中全、李永欣、蔡能、王湘莹、陈艺、刘思思

品种特征特性：'紫彩'是人以'Ebony Embers'为父本，'紫精灵'为母本，杂交后经选育而成的紫薇新品种。

乔木状，植株生长习性半直立，干皮褐色、脱落；小枝四棱明显，柔毛密度低，翅短；叶片椭圆形，叶背柔毛密度低，叶缘无起伏，新叶棕色（RHS N200A），成熟叶片灰紫色（RHS N186A），叶长4.3~5.9cm、宽2.5~3.4cm；圆锥花序；花芽圆柱形，深紫红色（RHS 59A），长0.83~0.90cm、宽0.72~0.80cm、缝合线凸起中，顶端凸起；花萼微具棱，没有密被柔毛，长0.90~1.10cm；花色深紫红（RHS61A），花径3.4~3.6cm，花瓣边缘褶皱，瓣爪长0.50~0.60cm，瓣爪颜色为深紫红（RHS 61A）；花期6~10月；蒴果椭圆形，长0.89~1.03cm，宽0.84~0.97cm，成熟时深褐色，果期10~11月。

'紫彩'紫薇适应性较强，较耐旱，在我国湖南、广东、广西、河南、湖北、四川等地及以南地区均可种植。其对土壤要求不严，但种植在肥沃、深厚、疏松的土壤中生长更健壮；喜光，略耐阴，忌涝，适宜在温暖湿润的气候条件下生长。

紫梦
（紫薇）

联系人：王晓明
联系方式：13974938264/0731-85313036　国家：中国

申请日：2018年9月4日
申请号：20180597
品种权号：20190396
授权日：2019年12月31日
授权公告号：国家林业和草原局公告（2019年第31号）
授权公告日：2019年12月31日
品种权人：湖南省林业科学院、长沙湘莹园林科技有限公司
培育人：王晓明、乔中全、曾慧杰、蔡能、李永欣、王湘莹、刘思思、陈艺

品种特征特性：'紫梦'是以'Ebony Embers'为父本，'紫精灵'为母本，杂交后经选育而成的紫薇新品种。

乔木状，植株生长习性半直立，干皮褐色、脱落；小枝四棱明显，柔毛密度高，翅短；叶片椭圆形，叶背柔毛密度中，叶缘起伏，成熟叶片灰绿色（RHS NN137B），叶长4.4～5.7cm、宽2.5～3.4cm；圆锥花序；花芽圆锥形，颜色绿和红，长0.75～0.99cm，宽0.69～0.85cm，缝合线凸起中，顶端凸起；花萼棱明显，没有密被柔毛，长1.08～1.23cm；花色强紫（RHS N78A），花径3.6～4.5cm，花瓣边缘褶皱，瓣爪长0.65～0.74cm，瓣爪颜色为强紫红（RHS71C）；花期6～10月；蒴果圆形，长0.92～1.07cm，宽0.82～0.92cm，成熟时深褐色，果期10～11月。

'紫梦'紫薇适应性较强，较耐旱，在我国湖南、广东、广西、河南、湖北、四川等地及以南地区均可种植。其对土壤要求不严，但种植在肥沃、深厚、疏松的土壤中生长更健壮；喜光，略耐阴，忌涝，适宜在温暖湿润的气候条件下生长。

紫琦

（紫薇）

联系人：王晓明
联系方式：13974938264/0731-85313036　　国家：中国

申请日：2018年9月4日
申请号：20180599
品种权号：20190397
授权日：2019年12月31日
授权公告号：国家林业和草原局公告（2019年第31号）
授权公告日：2019年12月31日
品种权人：湖南省林业科学院、长沙湘莹园林科技有限公司
培育人：王湘莹、蔡能、王晓明、乔中全、曾慧杰、李永欣、刘思思、陈艺

品种特征特性：'紫琦'是以60Co-γ射线辐射诱变'Ebony Flame'紫薇种子而选育出的紫薇新品种。

乔木状，植株生长习性半直立，干皮深褐色、脱落；小枝四棱明显，柔毛密度高，翅短；叶片椭圆形，叶背柔毛密度中，叶缘无起伏，成熟叶片灰紫色（RHS N186A），叶长5.0~6.1cm、宽2.7~3.6cm；圆锥花序；花芽圆柱形，颜色深紫红（RHS 59A），长0.77~0.85cm、宽0.66~0.73cm、缝合线凸起中，顶端凸起；花萼微具棱，没有密被柔毛，长0.99~1.08cm；花色为中度紫红（RHS 64A），花径3.0~3.9cm，花瓣边缘褶皱，瓣爪长0.73~0.87cm，瓣爪颜色为强紫红（RHS 64B）；花期6~10月；蒴果圆形，长0.86~1.01cm，宽0.81~0.95cm，成熟时深褐色，果期10~11月。

'紫琦'适应性较强，较耐旱，在我国湖南、广东、广西、河南、湖北、四川等地及以南地区均可种植。其对土壤要求不严，但种植在肥沃、深厚、疏松的土壤中生长更健壮；喜光，略耐阴，忌涝，适宜在温暖湿润的气候条件下生长。

紫妍

(紫薇)

联系人：王晓明
联系方式：13974938264/0731-85313036　国家：中国

申请日：2018年9月4日
申请号：20180600
品种权号：20190398
授权日：2019年12月31日
授权公告号：国家林业和草原局公告（2019年第31号）
授权公告日：2019年12月31日
品种权人：湖南省林业科学院、长沙湘莹园林科技有限公司
培育人：蔡能、王晓明、曾慧杰、李永欣、乔中全、陈艺、王湘莹、刘思思

品种特征特性：'紫妍'是以'Ebony Embers'为父本，'Catawba'为母本，杂交后经选育而成的紫薇新品种。

乔木状，植株半直立，干皮褐色、脱落；小枝四棱明显，柔毛密度中等，翅短、波状；叶片椭圆形，叶背柔毛密度中等，叶缘无起伏，新叶紫红色（RHS N187B），成熟叶暗灰黄褐色（RHS N200A），叶片中等大小，长5.4～7.1cm，宽3.3～4.1cm；圆锥花序；花芽圆锥形，长0.87～0.95cm、宽0.79～0.87cm，颜色为绿和红，缝合线中度凸起，顶端凸起；花萼长0.99～1.18cm，花萼棱明显，没有密被柔毛；花色艳紫红（RHS67B），花径3.0～3.9cm，花瓣边缘褶皱，瓣爪长0.55～0.65cm，瓣爪颜色为深紫粉（RHS67C）；花期6～10月；蒴果椭圆形，长1.11～1.20cm，宽0.95～1.10cm，成熟时深褐色，果期10～11月。

'紫妍'适应性较强，较耐旱，在我国湖南、广东、广西、河南、湖北、四川等地及以南地区均可种植。其对土壤要求不严，但种植在肥沃、深厚、疏松的土壤中生长更健壮；喜光，略耐阴，忌涝，适宜在温暖湿润的气候条件下生长。

紫婉

（紫薇）

联系人：王晓明

联系方式：13974938264/0731-85313036　国家：中国

申请日：2018年9月4日
申请号：20180601
品种权号：20190399
授权日：2019年12月31日
授权公告号：国家林业和草原局公告（2019年第31号）
授权公告日：2019年12月31日
品种权人：湖南省林业科学院、长沙湘莹园林科技有限公司
培育人：乔中全、王晓明、蔡能、曾慧杰、李永欣、刘思思、王湘莹、陈艺

品种特征特性：'紫婉'是以'Ebony Embers'为父本，'Catawba'为母本，杂交后经选育而成的紫薇新品种。

乔木状，植株生长习性半直立；干皮褐色，脱落；小枝四棱明显，柔毛密度中，翅短；叶片椭圆形，叶背柔毛密度中，叶缘无起伏，新叶橄榄绿色（RHS147A），成熟叶灰紫色（RHSN200A），叶长4.70～6.00cm、宽2.65～3.20cm；圆锥花序；花芽圆锥形，颜色为红和绿，缝合线凸起中，无附属物，顶端有凸起，花芽长0.81～0.90cm、宽0.75～0.86cm；花萼棱明显，没有密被柔毛，长1.00～1.10cm；花色强紫（RHS N80A），花径3.65～4.15cm，花瓣边缘褶皱，瓣爪颜色强紫红（RHS 72A）、瓣爪长0.55～0.65cm；花期6～10月；蒴果椭圆形，长1.07～1.22cm，宽0.88～0.97cm，成熟时深褐色，果期10～11月。

'紫婉'适应性较强，较耐旱，在我国湖南、广东、广西、河南、湖北、四川等地及以南地区均可种植。其对土壤要求不严，但种植在肥沃、深厚、疏松的土壤中生长更健壮；喜光，略耐阴，忌涝，适宜在温暖湿润的气候条件下生长。

紫湘
(紫薇)

联系人：王晓明
联系方式：13974938264/0731-85313036　国家：中国

申请日：2018年9月4日
申请号：20180602
品种权号：20190400
授权日：2019年12月31日
授权公告号：国家林业和草原局公告（2019年第31号）
授权公告日：2019年12月31日
品种权人：湖南省林业科学院、长沙湘莹园林科技有限公司
培育人：陈艺、王晓明、李永欣、乔中全、蔡能、曾慧杰、刘思思、王湘莹

品种特征特性：'紫湘'是以'Ebony Embers'为父本，'Catawba'为母本，杂交后经选育而成的紫薇新品种。

乔木状，植株生长习性半直立，干皮褐色、脱落；小枝四棱明显，柔毛密度中等，翅短；叶片椭圆形，叶背柔毛密度中等，叶缘无起伏，新叶中度黄绿色（RHS138A），成熟叶片灰橄榄绿色（RHS NN137A），叶长5.80～7.85cm，宽3.10～4.40cm；圆锥花序；花芽圆锥形，颜色为红色，长0.86～0.95cm、宽0.76～0.90cm，缝合线凸起弱，顶端凸起明显；花萼微具棱，没有密被柔毛，长1.05～1.20cm；花色强紫红（RHS72A），花径4.20～5.10cm，花瓣边缘褶皱，瓣爪长0.75～0.90cm，瓣爪颜色中紫红（RHS59C）；花期6～10月；蒴果椭圆形，长1.21～1.26cm，宽1.03～1.11cm，成熟时深褐色，果期10～11月。

'紫湘'适应性较强，较耐旱，在我国湖南、广东、广西、河南、湖北、四川等地及以南地区均可种植。其对土壤要求不严，但种植在肥沃、深厚、疏松的土壤中生长更健壮；喜光，略耐阴，忌涝，适宜在温暖湿润的气候条件下生长。

紫秀

（紫薇）

联系人：王晓明

联系方式：13974938264/0731-85313036　国家：中国

申请日：2018年9月4日
申请号：20180603
品种权号：20190401
授权日：2019年12月31日
授权公告号：国家林业和草原局公告（2019年第31号）
授权公告日：2019年12月31日
品种权人：湖南省林业科学院、长沙湘莹园林科技有限公司
培育人：王晓明、乔中全、蔡能、曾慧杰、李永欣、王湘莹、陈艺、刘思思

品种特征特性：'紫秀'是从紫薇的实生苗中选育出的紫薇新品种。

乔木状，植株生长习性半直立，干皮褐色；小枝四棱明显，柔毛密度高，翅长；叶片椭圆形，叶背密被柔毛程度高，叶缘无起伏，新叶绿色，成熟叶片深绿色，叶长4.8～8.3cm、宽3.2～4.8cm；圆锥花序；花芽圆锥形，颜色为红色（RHS59A），长0.78～0.89cm、宽0.73～0.82cm，缝合线凸起强，顶端有凸起，无附属物；花萼微具棱，密被柔毛，长0.85～1.04cm；花色鲜红紫（RHS64A），花径3.6～4.0cm，花瓣边缘褶皱，瓣爪长0.74～0.90cm，瓣爪颜色与花色相同；花期6～10月；蒴果圆形，长0.83～1.02cm，宽0.71～0.98cm，成熟时深褐色，果期10～11月。

'紫秀'适应性较强，较耐旱，在我国湖南、广东、广西、河南、湖北、四川等地及以南地区均可种植。其对土壤要求不严，但种植在肥沃、深厚、疏松的土壤中生长更健壮；喜光，略耐阴，忌涝，适宜在温暖湿润的气候条件下生长。

风铃

（越橘属）

联系人：徐国辉
联系方式：15998686252　国家：中国

申请日：2018年9月13日
申请号：20180613
品种权号：20190402
授权日：2019年12月31日
授权公告号：国家林业和草原局公告（2019年第31号）
授权公告日：2019年12月31日
品种权人：大连大学、大连森茂现代农业有限公司
培育人：徐国辉、魏炳康、彭恒辰、王贺新、娄鑫、闫东玲、张明军

品种特征特性： 该品种是从蓝莓品种'蓝片'（Bluechip）的播种实生苗中筛选而来。北高丛蓝莓，树体半开形，树势强；叶片呈长椭圆形，平均叶面积17.56cm^2，叶形指数1.96，深绿色，叶片边缘为全缘状；新生结果枝平均长度14.67cm，单枝结果数13个；果穗密度中，果实呈扁圆形，果实萼片类型反卷，果粉薄且质地不均匀，深蓝色（103-C），果蒂痕小而湿，果实硬度大（3.4），平均单果大小为1.5cm×1.78cm，最大果重为3.3g，平均单果重为1.19g，可溶性固形物含量Brix%为9.63，酸度高。自然状态下始熟期为6月下旬左右，早熟种。该品种果实甜酸，质地细腻，风味好淡香，丰产性中，适宜作为鲜食品种。

海棠莓

(越橘属)

联系人：徐国辉
联系方式：15998686252　国家：中国

申请日：2018年9月13日
申请号：20180614
品种权号：20190403
授权日：2019年12月31日
授权公告号：国家林业和草原局公告（2019年第31号）
授权公告日：2019年12月31日
品种权人：大连大学、大连森茂现代农业有限公司
培育人：王贺新、雷蕾、彭恒辰、闫东玲、娄鑫、张明军、魏炳康

品种特征特性：该品种是从蓝莓品种'北陆'（Northland）的播种实生苗中筛选而来。北高丛蓝莓，树体直立型，树势中；叶片呈椭圆形，平均叶面积6.73cm^2，叶形指数1.80，深绿色，叶片边缘为全缘状；新生结果枝平均长度16cm，单枝结果数3个；果穗密度大（密），果实呈扁圆形，果实萼片类型内卷，果粉中且质地不均匀，深蓝色（103-C），果蒂痕大而干，果实硬度大（3），平均单果大小为1.45cm×1.73cm，最大果重为2.51g，平均单果重为217g，可溶性固形物含量Brix%为10.3，酸度中。自然状态下始熟期为6月下旬左右，早熟种。该品种果实甜酸，细腻汁多，风味好，丰产性好，适宜作为鲜食品种。

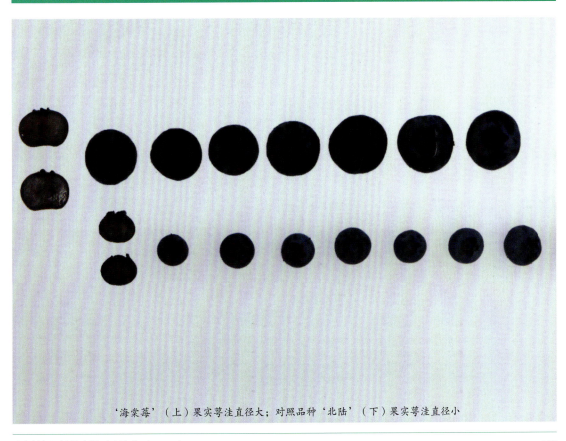

'海棠莓'（上）果实萼洼直径大；对照品种'北陆'（下）果实萼洼直径小

云香

(越橘属)

联系人：徐国辉
联系方式：15998686252　国家：中国

申请日：2018年9月13日
申请号：20180615
品种权号：20190404
授权日：2019年12月31日
授权公告号：国家林业和草原局公告（2019年第31号）
授权公告日：2019年12月31日
品种权人：大连大学、大连森茂现代农业有限公司
培育人：徐国辉、张明军、雷蕾、娄鑫、彭恒辰、闫东玲、魏炳康、王贺新

品种特征特性：该品种是从蓝莓品种'莱格西'（Legacy）的播种实生苗中筛选而来。北高丛蓝莓，树体半开形，树势弱；叶片呈披针形，平均叶面积$6.53cm^2$，叶形指数2.39，深绿色，叶片边缘为全缘状；新生结果枝平均长13.67cm，单枝结果数15个；果穗密度中，果实呈扁圆形，果粉中且质地不均匀，中蓝色（102-B），果蒂痕中而干，果实硬度中（2.67），平均单果大小为1.27cm×1.64cm，最大果重为2.18g，平均单果重为2.08g，可溶性固形物含量Brix%为14.33，酸度极低。自然状态下始熟期为6月下旬左右，早熟种。该品种果实甜，质地面且皮厚，风味好有香味，丰产性好，适宜作为鲜食品种。

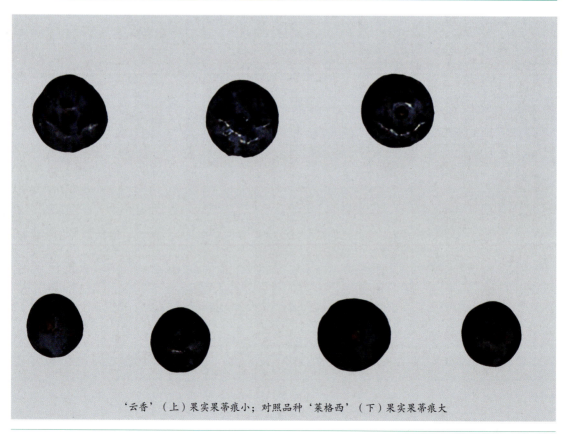

'云香'（上）果实果蒂痕小；对照品种'莱格西'（下）果实果蒂痕大

虞美蓝

(越橘属)

联系人:徐国辉
联系方式:15998686252 国家:中国

申请日:2018年10月20日
申请号:20180684
品种权号:20190405
授权日:2019年12月31日
授权公告号:国家林业和草原局公告(2019年第31号)
授权公告日:2019年12月31日
品种权人:大连普世蓝农业科技有限公司
培育人:陈英敏、徐国辉、王一舒

品种特征特性:该品种是从蓝莓品种'蓝鸟'(Bluejay)的播种实生苗中筛选而来。

北高丛蓝莓,树体半开形,树势强;叶片呈椭圆形,平均叶面积$5.51cm^2$,叶形指数1.85,绿色,叶片边缘为全缘状;新生结果枝平均长度9.33cm,单枝结果数11个;果穗密,果实呈扁圆形,果粉中且质地不均匀,中蓝色(102B),果蒂痕小而干,果实硬度中(2.8),平均单果大小为1.49cm×1.72cm,最大果重为244g,平均单果重为2.16g,可溶性固形物含量Brix%为8.77,酸度高。自然状态下始熟期为7月上旬左右,早至中熟种。该品种果实甜,细腻皮厚汁多,风味好有香味,丰产性好,适宜作为加工品种。

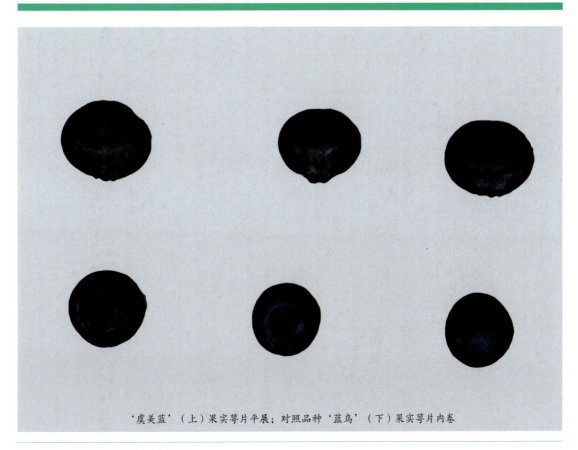

'虞美蓝'(上)果实萼片平展;对照品种'蓝鸟'(下)果实萼片内卷

海蓝

（越橘属）

联系人：徐国辉
联系方式：15998686252　国家：中国

申请日：2018年10月20日
申请号：20180685
品种权号：20190406
授权日：2019年12月31日
授权公告号：国家林业和草原局公告（2019年第31号）
授权公告日：2019年12月31日
品种权人：大连普世蓝农业科技有限公司
培育人：王一舒、陈英敏、徐国辉

品种特征特性： 该品种是从蓝莓品种'北陆'（Northland）的播种实生苗中筛选而来。

北高丛蓝莓，树体半开形，树势强；叶片呈椭圆形，平均叶面积8.91cm^2，叶形指数1.69，绿色，叶片边缘为锯齿状；新生结果枝平均长度10.33cm，单枝结果数11个；果穗密度中等，果实呈扁圆形，萼洼深，果粉厚且质地均匀，浅蓝色（101-D），果蒂痕大而湿，果实硬度大（3.2），平均单果大小为1.39cm×1.59cm，最大果重为3.22g，平均单果重为2.52g，可溶性固形物含量Brix%为9，酸度高。自然状态下始熟期为7月上旬左右，早至中熟种。该品种果实甜，细腻皮厚汁多，风味好，丰产性好，适宜作为鲜食品种。

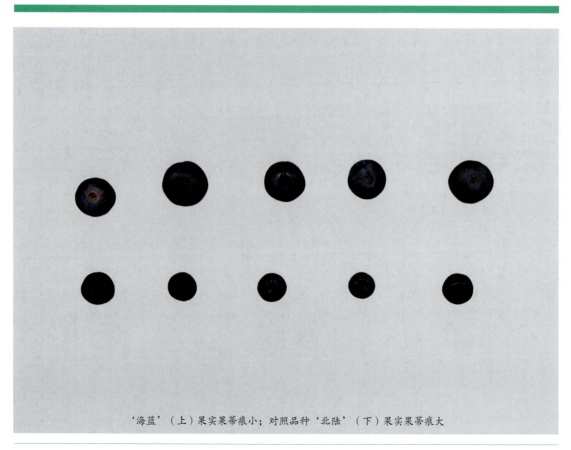

'海蓝'（上）果实果蒂痕小；对照品种'北陆'（下）果实果蒂痕大

北斗星

（越橘属）

联系人：徐国辉
联系方式：15998686252　国家：中国

申请日：2018年10月20日
申请号：20180687
品种权号：20190407
授权日：2019年12月31日
授权公告号：国家林业和草原局公告（2019年第31号）
授权公告日：2019年12月31日
品种权人：大连森茂现代农业有限公司
培育人：王贺新、徐国辉、赵丽娜

品种特征特性： 该品种是从蓝莓品种'北陆'（Northland）的播种实生苗中筛选而来。

北高丛蓝莓，树体开张形，树势强；叶片呈卵形，平均叶面积11.92cm^2，叶形指数1.57，绿色，叶片边缘为锯齿状；新生结果枝平均长度15.33cm，单枝结果数21个；果穗密度中等，果实呈扁圆形，萼洼直径大，果粉中且质地不均匀，深蓝色（93-A），果蒂痕小而湿，果实硬度大（3.68），平均单果大小为1.42cm×1.61cm，最大果重为2.6g，平均单果重为2.04g，可溶性固形物含量Brix%为15，酸度极低。自然状态下始熟期为6月下旬左右，早熟种。该品种果实甜，脆且皮厚，风味好，淡香，丰产性好，耐储性一流，适宜作为鲜食或加工品种。

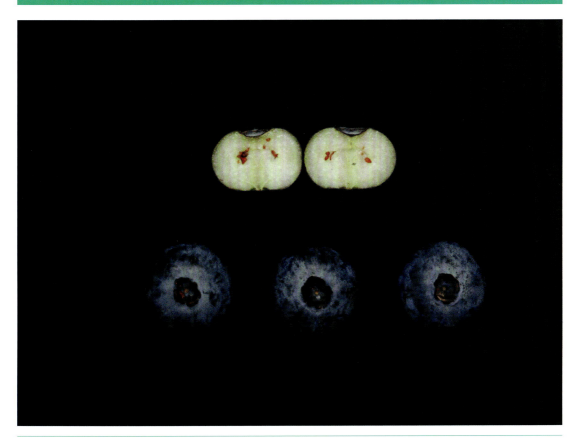

丰可来

（越橘属）

联系人：徐国辉
联系方式：15998686252　国家：中国

申请日：2018年10月20日
申请号：20180693
品种权号：20190408
授权日：2019年12月31日
授权公告号：国家林业和草原局公告（2019年第31号）
授权公告日：2019年12月31日
品种权人：大连森茂现代农业有限公司
培育人：王贺新、徐国辉

品种特征特性：该品种是从蓝莓品种'日出'（Sunrise）的播种实生苗中筛选而来。

北高丛蓝莓，树体半开形，树势强；叶片呈椭圆形，平均叶面积12.01cm^2，叶形指数1.93，绿色，叶片边缘为锯齿状；新生结果枝平均长度10.67cm，单枝结果数12个；果穗密度中等，果实呈扁圆形，萼片着生姿势直立，果粉中且质地均匀，中蓝色（102-B），果蒂痕小而湿，果实硬度中（2.77），平均单果大小为1.57cm×1.78cm，最大果重为2.57g，平均单果重为2.34g，可溶性固形物含量Brix%为10.5，酸度中。自然状态下始熟期为6月下旬左右，早熟种。该品种果实甜，细腻汁多，风味好，有香味，丰产性好，适宜作为鲜食品种。

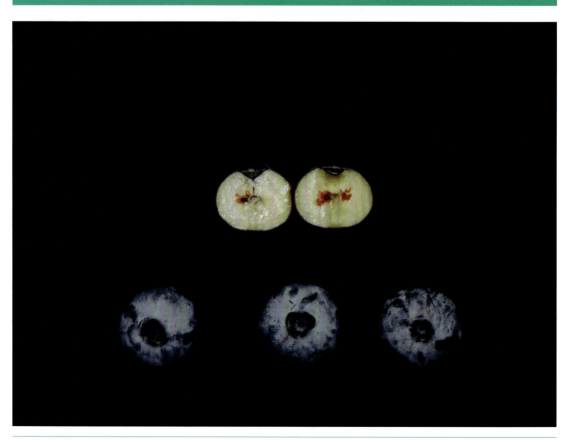

晨雪
（越橘属）

联系人：徐国辉
联系方式：15998686252　国家：中国

申请日：2018年10月20日
申请号：20180695
品种权号：20190409
授权日：2019年12月31日
授权公告号：国家林业和草原局公告（2019年第31号）
授权公告日：2019年12月31日
品种权人：大连森茂现代农业有限公司
培育人：王贺新、徐国辉

品种特征特性：该品种是从蓝莓品种'大粒蓝金'（Big gold）的播种实生苗中筛选而来。

北高丛蓝莓，树体半开形，树势中；叶片呈长椭圆形，平均叶面积9.54cm^2，叶形指数2.03，绿色，叶片边缘为锯齿状；新生结果枝平均长度10.67cm，单枝结果数5个；果穗密，果实呈扁圆形，萼片着生姿势半直立，果粉厚且质地均匀，浅蓝色（101B），果蒂痕中而微湿，果实硬度大（3.6），平均单果大小为1.55cm×1.72cm，最大果重为3.49g，平均单果重为2.31g，可溶性固形物含量Brix%为187，酸度中。自然状态下始熟期为7月上旬左右，早至中熟种。该品种果实甜，细腻皮厚，风味好，有香味，丰产性好，始熟期一致，可以成串剪，适宜作为鲜食品种。

初心

(越橘属)

联系人:徐国辉
联系方式:15998686252　国家:中国

申请日:2018年10月20日
申请号:20180702
品种权号:20190410
授权日:2019年12月31日
授权公告号:国家林业和草原局公告(2019年第31号)
授权公告日:2019年12月31日
品种权人:大连森茂现代农业有限公司
培育人:王贺新、徐国辉

品种特征特性: 该品种是从蓝莓品种'钱德勒'(Chandler)的播种实生苗中筛选而来。

北高丛蓝莓,树体开张形,树势强;叶片呈椭圆形,平均叶面积14.78cm^2,叶形指数1.89,深绿色,叶片边缘为全缘状;新生结果枝平均长度12.33cm,单枝结果数11个;果穗密,果实呈扁圆形,萼片类型内卷,萼片着生姿势直立至半直立,果粉中且质地均匀,中蓝色(102-B),果蒂痕中而微湿,果实硬度大(3.1),平均单果大小为1.62cm×2.15cm,最大果重为4.65g,平均单果重为4.19g,可溶性固形物含量Brix%为11.57,酸度中。自然状态下始熟期为7月上旬左右,早至中熟种。该品种果实甜,细腻汁多,风味好,丰产性中,适宜作为鲜食品种。

蓝闺蜜

（越橘属）

联系人：王亮生
联系方式：18600288638　国家：中国

申请日：2018年10月22日
申请号：20180703
品种权号：20190411
授权日：2019年12月31日
授权公告号：国家林业和草原局公告（2019年第31号）
授权公告日：2019年12月31日
品种权人：中国科学院植物研究所
培育人：王亮生、王丽金、冯成庸、李冰、李珊珊

品种特征特性： 该品种是从蓝莓品种'北陆'（Norhland）的播种实生苗中筛选而来。

半高丛蓝莓，树体半开形，树势强；叶片呈椭圆形，平均叶面积10.34cm^2，叶形指数1.85，浅绿色，叶片边缘为锯齿状；新生结果枝平均长度17.77cm，单枝结果数11个，果穗密，果实呈扁圆形，萼片类型内卷，果粉厚且质地均匀，浅蓝色（101-B），果蒂痕中而湿，果实硬度中（2.97），平均单果大小为1.29cm×1.48cm，最大果重为1.96g，平均单果重为1.91g，可溶性固形物含量Brix%为11.33，酸度中。自然状态下始熟期为6月下旬左右，早熟种。该品种果实甜，细腻汁多且种子多，风味好淡香，丰产性好，适宜作为加工品种。

金如意

(山楂属)

联系人：聂宗省
联系方式：13220612020　国家：中国

申请日：2018年10月26日
申请号：20180707
品种权号：20190412
授权日：2019年12月31日
授权公告号：国家林业和草原局公告（2019年第31号）
授权公告日：2019年12月31日
品种权人：聂宗省、刘海敏
培育人：聂宗省、刘海敏

品种特征特性：'金如意'为乔木，树姿直立，冠形卵圆，株高中，1年生枝长度长，粗度粗，节间长度中，颜色灰白色；2年生枝颜色灰白色，枝刺无，枝条生长类型通直，叶片长度中，宽度中，长宽比（叶形指数）中，叶片形状卵形，叶片裂刻中裂，颜色深绿色，幼叶颜色黄绿，光泽强，叶片正面茸毛无，叶片背面茸毛无，叶缘锯齿细锐，叶基形状楔形，叶柄长度中，托叶形状阔镰刀形，花序类型复伞房花序，每花序花朵数中，花型单瓣，花瓣相对位置分离，花径中，花瓣形状圆形，花瓣颜色白色，花药颜色紫红色，花蕾中心孔无，花梗茸毛无，花梗长度短，每花序坐果数中，苞片宿存，果实横径中，纵径中，纵横比（果形指数）中，果实大小中，形状扁圆，果皮颜色黄色，果点大小为小，果点多少为多、果点颜色黄褐，果面有光泽，表面纹理光滑或少粗糙，果实梗基形状一侧瘤起，梗洼形状为广浅，萼洼开，萼筒形状为漏斗形，萼片形状三角形，萼片姿态开张平展，风味酸甜，果肉质地面，果肉颜色黄，种核长度中、宽度中、横纵比中、数量多、木质化程度坚硬；盛花期早，果实成熟期早。

'野生黄山楂'　　　　　　　　'金如意'

宫矮台一号（MKR1）

（柿）

联系人：大森直树
联系方式：086-955-3681　国家：日本

申请日：2018年11月2日
申请号：20180714
品种权号：20190413
授权日：2019年12月31日
授权公告号：国家林业和草原局公请（2019年第31号）
授权公告日：2019年12月31日
品种权人：株式会社 山阳农园
培育人：铁村 琢哉

品种特征特性：'宫矮台一号'（MKR1）果树长势弱，果树皮孔形状圆形，（不完整圆形），枝条呈灰褐色，叶子呈椭圆形，叶身宽度中，叶子先端呈尖锐状，雌花花冠小，果实小，柿蒂宽度中，果实纵沟深度无或极浅，果柄较长，果柄粗度中，种子大小中等，开花期早，成熟期很晚。

近似品种'西条'果树长势强，果树皮孔形状呈椭圆形（细长叶型椭圆），枝条呈褐色，叶子呈蛋形，叶身宽度窄，叶子先端呈尖状，雌花花冠大小中，果实中等，柿蒂宽度窄。果实顶部条纹明晰度中，果柄长度中，果柄细，种子大，开花期中，成熟期中。

在柿子可以栽培的地区都可以栽培。

'西条'　　　　　　　　　'宫矮台一号'（MKR1）

中林10号

（梓树属）

联系人：麻文俊
联系方式：18600386560　国家：中国

申请日：2018年11月30日
申请号：20180802
品种权号：20190414
授权日：2019年12月31日
授权公告号：国家林业和草原局公告（2019年第31号）
授权公告日：2019年12月31日
品种权人：中国林业科学研究院林业研究所、洛阳农林科学院、贵州省林业科学研究院
培育人：麻文俊、王军辉、赵鲲、张明刚、杨桂娟、焦云德、姚淑均

品种特征特性：'中林10号'为楸树和滇楸的杂交种。
　　'中林10号'为落叶乔木，主干通直；叶片卵形，先端渐尖，叶基心形，叶片正面深绿色，叶片背面浅绿色；苗期树干光滑，无裂纹；成枝能力强，每年抽梢2次以上，节间距显著缩短；树冠为卵形。
　　该品种适宜栽植区域包括：①北亚热带区，包括江苏、安徽、湖北、河南信阳，年降水量为800mm以上，适宜于海拔500m以下；②暖温带东部区，包括河南、山东、河北、北京，年降水量为600mm以上，适宜于海拔1200m以下；③暖温带西部区，包括陕西关中地区、甘肃东南部、山西南部，年降水量为600mm以上，适宜于海拔1800m以下。

'中林10号'

近似品种'洛楸1号'

醉金
(醉鱼草属)

联系人：杨彦青
联系方式：13832279822　国家：中国

申请日：2018年11月30日
申请号：20180803
品种权号：20190415
授权日：2019年12月31日
授权公告号：国家林业和草原局公告（2019年第31号）
授权公告日：2019年12月31日
品种权人：杨彦青
培育人：杨彦青

品种特征特性：落叶灌木，高1.5～2.5m。枝条长、斜生，多分枝。小枝四棱形，黄绿色，老枝褐色。单叶对生，具柄，柄上密被茸毛；叶片椭圆形或披针形，径5～25cm，边缘具有细齿，嫩叶金黄、成熟叶黄绿色。穗状聚伞花序顶生，长10～40cm；倾斜一侧。花冠细长管状，微弯曲，紫色，先端四裂，裂片卵圆形；果长圆形，种子细小，褐色。花期6～9月，果期9～11月，'醉金1号'在醉鱼草自然分布区域内均能生长。

雾灵紫肉

（山楂属）

联系人：耿金川
联系方式：13503143395　国家：中华人民共和国

申请日：2018年12月1日
申请号：20180804
品种权号：20190416
授权日：2019年12月31日
授权公告号：国家林业和草原局公告（2019年第31号）
授权公告日：2019年12月31日
品种权人：耿金川
培育人：耿金川、赵玉亮、陆凤勤、金铁娟、毕振良、夏文作、马桂梅、高剑利、崔红莉、吴小仿、马玉海、张春博、白亮、王静、王浩、张翼新

品种特征特性：'雾灵紫肉'是从实生山楂中选育所得，经选择培育成的果肉紫色无性系。1990年发现。1994年通过采其硬枝材料经无性嫁接高接换头繁殖。2011—2018年观察比对，'雾灵紫肉'树势强健，幼树树姿较直立，树形自然圆头形，新梢生长旺盛，年生长量达72.35cm，萌芽力低，成枝力强。果实中大，扁圆形或扁圆球形，平均单果重7.41g，最大单果重9.1g，果面光滑，有蜡质，果面红紫色，果肉紫红色，致密而细硬，可食率81.2%，风味甜酸，果实极耐贮藏，普通土窖可贮至翌年6月中旬，贮藏期240天以上。果枝连续结果3~5年，序平均坐果12.3个，丰产、稳产性强；果实适宜鲜食、加工和切片。10月中旬成熟。

其品种性状与当地主栽品种'燕瓤红'相比特异性突出，一致性无差异，稳定性无变异。抗旱、抗寒、抗病。适应我国淮河以北山楂产区栽植。

'雾灵紫肉'山楂果肉紫红色（上）与本地主栽品种'燕瓤红'山楂果肉粉色（下）对比

先达1号
（榛属）

联系人：陈喜忠
联系方式：0411-86515158　国家：中国

申请日：2018年12月3日
申请号：20180805
品种权号：20190417
授权日：2019年12月31日
授权公告号：国家林业和草原局公告（2019年第31号）
授权公告日：2019年12月31日
品种权人：辽宁省经济林研究所
培育人：王道明、梁维坚、郑金利、解明、李志军、张悦、马瑞峰

品种特征特性：该品种树势中庸健壮，树姿半开张，萌蘖数量少而弱，树冠自然圆头形。一年生枝条灰褐色，颜色较深。叶片两侧向背面轻微卷曲，越冬前脱落。雄花序粗大、数量多，越冬能力极强。坚果扁圆形，果肩宽，果基尖，果面棕褐色，光洁，茸毛少，有条纹。坚果中大，平均单果重2.3g，大果2.9g，仁饱满，出仁率48%，熟榛仁脱皮好，味极香，成熟期比对照品种'达维'早5~7天。

适宜在无霜期≥120天，≥10℃的年活动积温2600℃以上，年降水量≥500mm，生长季日照时数≥1200h的地区种植。园地选址要求背风向阳、光照良好、坡度≤25°的坡地或平地，坡地土层厚度≥30cm，平地土层厚度≥50cm，pH6.0~8.0，土壤质地为黏壤土、壤土，地下水位埋深≥4m，排水良好。

'先达1号'与对照品种'达维'的坚果外观特征比较

紫婵
（紫薇属）

联系人：奚如春
联系方式：13711150636　国家：中国

申请日：2018年12月14日
申请号：20180898
品种权号：20190418
授权日：2019年12月31日
授权公告号：国家林业和草原局公告（2019年第31号）
授权公告日：2019年12月31日
品种权人：华南农业大学
培育人：奚如春、邓小梅

品种特征特性：该品种为半直立小乔木状；树皮灰褐色平滑，树干黄白色；枝干多扭曲，小枝四棱不明显，无毛；叶革质，互生或有时对生，叶片深绿，卵状椭圆形，中等大小，长6~15cm，宽3~7cm，叶全缘，两面均无柔毛；顶生圆锥花序；花萼棱明显，花萼数6，长6~11mm，密被柔毛；花径大，6~8cm，花瓣数6，长1.5~3.5cm，紫红色（RHS N80A）；雄蕊多数，达50~200；花柱长2~3cm。花期5~10月，败育，不结果。

适宜于华南大部分地区栽植，习性喜温暖湿润的气候环境，适应能力强，但不耐寒。喜光耐高温耐烈日但不耐荫蔽。喜疏松排水良好的酸性土壤缓坡地，红壤也能生长。可在各类园林绿地中种植，也可用于街道绿化和盆栽观赏。可用扦插、嫁接和组织培养方式进行繁殖。

'紫婵'顶生圆锥花序紧凑，对照品种顶生圆锥花序较开展

饲构2号

（构属）

联系人：翟晓巧
联系方式：0371-63391935　国家：中国

申请日：2018年12月18日
申请号：20180906
品种权号：20190419
授权日：2019年12月31日
授权公告号：国家林业和草原局公告（2019年第31号）
授权公告日：2019年12月31日
品种权人：河南省林业科学研究院
培育人：王念、翟晓巧、任媛媛、王文君、何威、张秋娟

品种特征特性：'饲构2号'为落叶乔木。河南省林业科学研究院构树课题组在许昌市鄢陵县陈化店镇武庄村构树试验基地发现一株生长健壮、叶片较大、树皮棕红色的构树植株。2012年春剪取该植株上的枝条进行扦插繁殖，当年7月进行了苗木移栽，后经管护，苗木生长健壮，表现出较好的特性，树皮棕红色、易剥离，叶片大且厚、多单浅裂、上表面近平滑，下表面密被刚毛。经过连续3年的叶片粗蛋白质含量追踪检测：'饲构2号'母树叶片粗蛋白质含量达到23%以上。且通过几年生长观察树皮颜色、叶片形态表现一致。利用该树上枝条为插穗，通过扦插繁殖方法，现已繁殖有3年生、2年生和1年生扦插苗木数百株，并在鄢陵、桐柏、荥阳等地营建'饲构2号'试验林，在3个试验点均生长表现良好，特异性和稳定性一致。该无性系植株健壮，树体生长较旺盛，适应性强，对土壤和气候条件的要求不严，耐干旱、贫瘠、抗污染，具有广泛的适应性。

'饲构2号'当年生枝条

对照品种'饲构1号'当年生枝条

夜舞娘

(紫薇)

联系人：朱王微
联系方式：18267381243 国家：中国

申请日：2018年12月20日
申请号：20190060
品种权号：20190420
授权日：2019年12月31日
授权公告号：国家林业和草原局公告（2019年第31号）
授权公告日：2019年12月31日
品种权人：浙江东海岸园艺有限公司、浙江鸿翔园林绿化工程有限公司
培育人：沈鸿明、沈劲余、顾其祥、李盼盼、陈卓梅、王金凤、汤成佳、朱雪娟

品种特征特性：'夜舞娘'是通过选择育种发现的红色紫薇优良单株，经过3年的性状观察和扦插繁殖，认为这是一遗传稳定的优良株系。

'夜舞娘'为小灌木，分枝半直立，干皮褐色，剥落；小枝红色，四棱明显，翅短。叶片长椭圆形，长2.9～4.1cm，宽1.2～2.0cm，叶脉4～5对，叶片绿色，正面（RHSN137B），背面（RHS137C）；花蕾长0.9cm，宽0.6cm，梨形，红色，顶端无凸起，缝合线凸起弱，表面无附属物；花期7月下旬至8月下旬，花序长7～10cm，宽5～7cm，着花数16～17；花萼长1.0～1.1cm，宽1.2～1.3cm，外面紫红色，裂片6，微具棱；花径3.8～4.3cm，花红色（RHS53D），无香味，花瓣长1.6～1.7cm，宽1.2～1.3cm，花瓣边缘褶皱明显，瓣爪紫红色，长0.6～0.7cm，长雄蕊6，长2.0～2.1cm，短雄蕊30～32，长1.2cm，雌蕊长1.9～2.0cm，花柱紫红色，柱头绿色，子房圆形，光滑，黄白色（RHS4C）。

篱红田园

（紫薇）

联系人：朱王微

联系方式：18267381243　国家：中国

申请日：2018年12月20日
申请号：20190063
品种权号：20190421
授权日：2019年12月31日
授权公告号：国家林业和草原局公告（2019年第31号）
授权公告日：2019年12月31日
品种权人：浙江东海岸园艺有限公司、浙江鸿翔园林绿化工程有限公司
培育人：陈云文、沈鸿明、顾其祥、沈劲余、薛桂芳、顾敏洁、孙陈伟、李盼盼

品种特征特性：'篱红田园'是通过选择育种发现的紫薇优良单株，经过3年的性状观察和扦插繁殖，认为这是一遗传稳定的优良株系。

'篱红田园'为小灌木，半直立，2年生苗株高30cm，冠幅40cm；干皮褐色，小枝红色，四棱明显，具短翅，被柔毛；叶片长4.00～5.00cm，宽1.10～2.30cm，倒卵形，新叶叶被红绿色，成熟叶绿色（RHS Green 137A）；花萼长0.70～0.80cm，宽0.80cm，花萼微具棱；花径2.70～3.00cm，花紫红色（RHS Red Purple67D），花瓣长0.90～1.00cm，宽0.90～1.10cm，瓣爪长0.50～0.70cm，紫红色（RHS Red Purple 68B）。花期6～10月，果实圆形，长0.72～0.80cm，宽0.70～0.73cm，果期10～11月。适宜在江苏、安徽、河南、湖北、四川等地及以南地区种植。

红粉田园

（紫薇）

联系人：朱王微
联系方式：18267381243　国家：中国

申请日：2018年12月20日
申请号：20190067
品种权号：20190422
授权日：2019年12月31日
授权公告号：国家林业和草原局公告（2019年第31号）
授权公告日：2019年12月31日
品种权人：浙江东海岸园艺有限公司、浙江森城种业有限公司
培育人：沈劲余、沈鸿明、陈卓梅、王金凤、薛桂芳、朱王微、张晓杰、李盼盼

品种特征特性：'红粉田园'是通过选择育种发现的紫薇优良单株，经过3年的性状观察和扦插繁殖，认为这是一遗传稳定的优良株系。

'红粉田园'为小灌木，半直立，2年生苗株高30cm，冠幅40cm；干皮褐色，小枝褐色，四棱明显，具短翅，被柔毛；叶片长4.30～4.50cm，宽2.40～2.50cm，长椭圆形，新叶叶被红绿色，成熟叶绿色（RHSGreen137C）：花萼长0.80～0.90cm，宽0.9～1.0cm，花萼微具棱；花径3.30～3.40cm，花紫红色（RHS Red Purple 67B），花瓣长1.30～1.40cm，宽0.90～1.10cm，瓣爪长0.50～0.70cm，紫红色（RHS Red Purple 67B）。花期6～10月，果实圆形，长0.72～0.80cm，宽0.70～0.73cm，果期10～11月。

舞女

(紫薇)

联系人：朱王微
联系方式：18267381243　国家：中国

申请日：2018年12月20日
申请号：20190068
品种权号：20190423
授权日：2019年12月31日
授权公告号：国家林业和草原局公告（2019年第31号）
授权公告日：2019年12月31日
品种权人：浙江东海岸园艺有限公司、浙江森城种业有限公司
培育人：沈鸿明、沈劲余、顾其祥、朱王微、陈云文、李盼盼、张晓杰、薛桂芳

品种特征特性：'舞女'是通过选择育种发现的红色紫薇优良单株，经过2年的性状观察和扦插繁殖，认为这是一遗传稳定的优良株系。

'舞女'为小灌木，分枝开展下垂，干皮褐色，剥落；小枝红色，四棱明显，翅短；叶片长椭圆形，长1.6～1.8cm，宽0.5～0.6cm，叶脉3对，叶片正面绿色（RHS 137B），背面浅绿色（RHS 137C）；花蕾长0.7～0.8cm，宽0.6cm，椭球形，红色，顶端无凸起，缝合线凸起弱，表面无附属物；花期7月下旬至8月下旬，花序长4.0～4.8cm，宽3.2～3.5cm，着花数10～15；花萼长0.8～0.9cm，宽0.6～0.7cm，外面紫红色，裂片5～6，棱条明显；花径3.0～3.2cm，花紫红色（RHS 63B），无香味，花瓣长1.3～1.4cm，宽1.0cm，花瓣边缘褶皱明显，瓣爪紫红色，长0.6cm，长雄蕊5～6，长1.3～1.4cm，短雄蕊18～20，长0.9～1.0cm，雌蕊长1.4～1.5cm，花柱紫红色，柱头绿色，子房圆形，光滑，黄白色（RHS 4C）。

初恋香
(紫薇)

联系人:张晓杰
联系方式:15990383191　国家:中国

申请日:2018年12月20日
申请号:20190070
品种权号:20190424
授权日:2019年12月31日
授权公告号:国家林业和草原局公告(2019年第31号)
授权公告日:2019年12月31日
品种权人:浙江鸿翔园林绿化工程有限公司、浙江东海岸园艺有限公司
培育人:沈鸿明、沈劲余、朱王微、张晓杰、李盼盼、薛桂芳、施海飞、谢骏

品种特征特性:'初恋香'是通过选择育种发现的紫薇优良单株,经过3年的性状观察和扦插繁殖,认为这是一遗传稳定的优良株系。

'初恋香'为小灌木,半直立,2年生苗株高30cm,冠幅40cm;干皮褐色,小枝黄白色,四棱明显,具短翅,微被柔毛;叶片长2.80～3.00cm,宽0.90～1.30cm,长椭圆形,新叶叶被红绿色,成熟叶绿色(RHS Green 137A);花萼长1.00～1.20cm,宽0.35～0.40cm,花萼具棱;花径3.90～4.00cm,花紫红色(RHS Red Purple63A),花瓣长1.10～1.30cm,宽1.30～1.50cm,瓣爪长0.70～0.90cm,浅紫红色(RHS Red Purple 63B)。花期6～10月,果实圆形,长0.72～0.80cm,宽0.70～0.73cm,果期10～11月。

红孔雀

(紫薇)

联系人：张晓杰
联系方式：15990383191　国家：中国

申请日：2018年12月20日
申请号：20190071
品种权号：20190425
授权日：2019年12月31日
授权公告号：国家林业和草原局公告（2019年第31号）
授权公告日：2019年12月31日
品种权人：浙江鸿翔园林绿化工程有限公司、浙江东海岸园艺有限公司
培育人：沈劲余、沈鸿明、张晓杰、种高军、薛桂芳、李盼盼、朱王微、费也君

品种特征特性：'红孔雀'是通过选择育种发现的红色紫薇优良单株，经过3年的性状观察和扦插繁殖，认为这是一遗传稳定的优良株系。

'红孔雀'为小灌木，分枝直立，干皮褐色，剥落；小枝红带绿色，四棱明显，翅长；叶片长椭圆形，长2.5～2.6cm，宽1.3cm，叶脉4～5对，叶片正面绿色（RHS137B），背面浅绿色（RHS137D）；花蕾长0.6cm，宽0.6cm，圆锥形，绿和红色，顶端无凸起，缝合线凸起强，表面无附属物；花期7月下旬至8月下旬，花序长3～5cm，宽3～4cm，着花数16～26；花萼长0.7～0.8cm，宽1.1～1.2cm，外面红带绿色，裂片6，棱条明显；花径3.3～3.5cm，花红色（RHS 63A），无香味，花瓣长1.5～1.6cm，宽1.1～1.2cm，花瓣边缘褶皱明显，瓣爪紫红色，长0.5～0.6cm，长雄蕊6，长1.5～1.6cm，短雄蕊30～34，长1.2～1.3cm，雌蕊长1.5～1.6cm，花柱紫红色，柱头绿色，子房圆形，光滑，黄白色（RHS4C）。

英红田园

(紫薇)

联系人：张晓杰
联系方式：15990383191　国家：中国

申请日：2018年12月20日
申请号：20190072
品种权号：20190426
授权日：2019年12月31日
授权公告号：国家林业和草原局公告（2019年第31号）
授权公告日：2019年12月31日
品种权人：浙江鸿翔园林绿化工程有限公司、浙江森城种业有限公司
培育人：沈劲余、沈鸿明、朱王微、李盼盼、薛桂芳、张晓杰、顾敏洁、汤成佳

品种特征特性：'英红田园'是通过选择育种发现的紫薇优良单株，经过3年的性状观察和扦插繁殖，认为这是一遗传稳定的优良株系。

'英红田园'为小灌木，半直立，2年生苗株高30cm，冠幅40cm；干皮褐色，小枝红色，四棱明显，具短翅，微被柔毛；叶片长3.30～5.30cm，宽2.20～2.80cm，长椭圆形，新叶叶被红绿色，成熟叶绿色（RHS Green 137A）；花萼长0.60～0.70cm，宽0.20～0.30cm，花萼微具棱；花径3.30～4.70cm，花紫红色（RHS Red Purple 67A），花瓣长0.80～0.90cm，宽0.70～1.00cm，瓣爪长0.60～0.80cm，紫红色（RHS Red Purple 67A）。花期6～10月，果实圆形，长0.72～0.80cm，宽0.70～0.73cm，果期10～11月。适宜在江苏、安徽、河南、湖北、四川等地及以南地区种植。

舞精灵

(紫薇)

联系人：张晓杰
联系方式：15990383191　国家：中国

申请日：2018年12月20日
申请号：20190073
品种权号：20190427
授权日：2019年12月31日
授权公告号：国家林业和草原局公告（2019年第31号）
授权公告日：2019年12月31日
品种权人：浙江鸿翔园林绿化工程有限公司、浙江森城种业有限公司
培育人：沈劲余、沈鸿明、汤成佳、张晓杰、朱王微、李盼盼、顾敏洁、沈文超

品种特征特性：'舞精灵'是通过选择育种发现的红色紫薇优良单株，经过2年的性状观察和扦插繁殖，认为这是一遗传稳定的优良株系。

'舞精灵'为小灌木，分枝半直立，干皮褐色，剥落；小枝红色，四棱明显，翅短；叶片长椭圆形，长2.9～4.1cm，宽1.2～2.0cm，叶脉4～5对，叶片绿色，正面（RHS N137B），背面（RHS 137C）；花蕾长0.9cm，宽0.6cm，梨形，红色，顶端无凸起，缝合线凸起弱，表面无附属物；花期7月下旬至8月下旬，花序长7～10cm，宽5～7cm，着花数16～17；花萼长1.0～1.1cm，宽1.2～1.3cm，外面紫红色，裂片6，微具棱；花径3.8～4.3cm，花红色（RHS 53D），无香味，花瓣长1.6～1.7cm，宽1.2～1.3cm，花瓣边缘褶皱明显，瓣爪紫红色，长0.6～0.7cm，长雄蕊6，长2.0～2.1cm，短雄蕊30～32，长1.2cm，雌蕊长1.9～2.0cm，花柱紫红色，柱头绿色，子房圆形，光滑，黄白色（RHS 4C）。

舞贵妃

(紫薇)

联系人:李盼盼
联系方式:15251086025 国家:中国

申请日:2018年12月20日
申请号:20190075
品种权号:20190428
授权日:2019年12月31日
授权公告号:国家林业和草原局公告(2019年第31号)
授权公告日:2019年12月31日
品种权人:浙江森城种业有限公司、浙江鸿翔园林绿化工程有限公司
培育人:沈劲余、沈鸿明、王金凤、张晓杰、朱王微、李盼盼、薛桂芳、顾敏洁

品种特征特性:'舞贵妃'是通过选择育种发现的红色紫薇优良单株,经过3年的性状观察和扦插繁殖,认为这是一遗传稳定的优良株系。

'舞贵妃'为小灌木,分枝半直立,干皮褐色,剥落;小枝红色,四棱明显,翅短;叶片长椭圆形,长3.5~4.4cm,宽1.8~2.1cm,叶脉4对,叶片正面绿色(RHS N137A),背面浅绿色(RHS 138A);花蕾长0.6~0.7cm,宽0.6~0.8cm,梨形,红带绿色,顶端有凸起,缝合线凸起中等,表面无附属物;花期7月下旬至8月下旬,花序长12~15cm,宽12~18cm,着花数40~98;花萼长0.8~0.9cm,宽0.9cm,外面红带绿色,裂片6,微具棱;花径3.8~4.0cm,花红色(RHS 64B),无香味,花瓣长1.6~1.7cm,宽1.2~1.3cm,花瓣边缘褶皱明显,瓣爪紫红色,长0.6~0.7cm,长雄蕊6,长2.1cm,短雄蕊35,长1.2~1.3cm,雌蕊长1.9~2.0cm,花柱红色,柱头绿色,子房圆形,光滑,黄白色(RHS 4C)。

晚秋
(紫薇)

联系人：李盼盼
联系方式：15251086025　国家：中国

申请日：2018年12月20日
申请号：20190078
品种权号：20190429
授权日：2019年12月31日
授权公告号：国家林业和草原局公告（2019年第31号）
授权公告日：2019年12月31日
品种权人：浙江森城种业有限公司、浙江鸿翔园林绿化工程有限公司
培育人：沈鸿明、薛桂芳、朱王微、张晓杰、顾敏洁、李庄华、张成燕、顾翠花

品种特征特性：'晚秋'是通过选择育种发现的紫薇优良单株，经过3年的性状观察和扦插繁殖，认为这是一遗传稳定的优良株系。

'晚秋'为小灌木，半直立，2年生苗株高30cm，冠幅40cm；干皮褐色，小枝红色，四棱明显，具短翅，微被柔毛；叶片长3.30～4.70cm，宽2.20～2.60cm，椭圆形，新叶叶被红绿色，成熟叶深绿色（RHS Green 137A）；花萼长0.70～0.80cm，宽0.30cm，花萼微具棱；花径2.30～2.70cm，花紫红色（RHS Red Purple 67A），花瓣长0.60～0.80cm，宽0.50～1.00cm，瓣爪长0.40～0.50cm，紫红色（RHS Red Purple 67C）。花期6～10月，果实圆形，长0.72～0.80cm，宽0.70～0.73cm，果期10～11月。适宜在江苏、安徽、河南、湖北、四川等地及以南地区种植。

舞娘
（紫薇）

联系人：李盼盼
联系方式：15251086025　国家：中国

申请日：2018年12月20日
申请号：20190080
品种权号：20190430
授权日：2019年12月31日
授权公告号：国家林业和草原局公告（2019年第31号）
授权公告日：2019年12月31日
品种权人：浙江森城种业有限公司、浙江东海岸园艺有限公司
培育人：沈劲余、沈鸿明、陈云文、朱王微、陈卓梅、张晓杰、李盼盼、费也君

品种特征特性：'舞娘'是通过选择育种发现的红色紫薇优良单株，经过3年的性状观察和扦插繁殖，认为这是一遗传稳定的优良株系。

　　'舞娘'为小灌木，分枝半直立，干皮褐色，剥落；小枝红色，四棱明显，翅短；叶片长椭圆形，长3.2~3.3cm，宽1.4~1.6cm，叶脉5对，叶片绿色，正面（RHS 137B），背面（RHS 137C）；花蕾长0.7cm，宽0.6~0.7cm，球形，红色，顶端无凸起，缝合线凸起中等，表面无附属物；花期7月下旬至8月下旬，花序长11~12cm，宽8~9cm，着花数36~58；花萼长1.0~1.1cm，宽0.9~1.0cm，外面紫红色，裂片6，微具棱；花径3.6~3.7cm，花红色（RHS 53B），无香味，花瓣长1.6~1.7cm，宽1.2~1.3cm，花瓣边缘褶皱明显，瓣爪紫红色，长0.6cm，长雄蕊6，长1.2~1.3cm，短雄蕊36~40，长0.6~0.7cm，雌蕊长1.5~1.6cm，花柱红色，柱头绿色，子房圆形，光滑，黄白色（RHS 4C）。

夏日飞雪

（紫薇）

联系人：李盼盼
联系方式：15251086025　国家：中国

申请日：2018年12月20日
申请号：20190081
品种权号：20190431
授权日：2019年12月31日
授权公告号：国家林业和草原局公告（2019年第31号）
授权公告日：2019年12月31日
品种权人：浙江森城种业有限公司、浙江东海岸园艺有限公司
培育人：沈劲余、沈鸿明、陈卓梅、王金凤、薛桂芳、张晓杰、李盼盼、朱王微

品种特征特性：'夏日飞雪'是通过选择育种发现的紫薇优良单株，经过3年的性状观察和扦插繁殖，认为这是一遗传稳定的优良株系。

'夏日飞雪'为小灌木，分枝开展，干皮褐色，剥落；小枝红色，四棱明显，翅短；叶片长椭圆形，长5.8～6.0cm，宽2.7～3.0cm，叶脉4～8对，叶片绿色，正面（RHS 137B），背面（RHS 146B）；花蕾长0.6～0.7cm，宽0.6～0.7cm，圆柱形，绿色，顶端无凸起，缝合线凸起强，表面无附属物；花期7月下旬至8月下旬，花序长10～13cm，宽7～12cm，着花数24～42；花萼长0.8～0.9cm，宽1.0～1.1cm，外面浅绿色，裂片6，微具棱；花径3.7～4.1cm，花白色（RHS N155A）无香味，花瓣长1.9～2.0cm，宽1.3～1.4cm，花瓣边缘褶皱明显，瓣爪紫红色，长0.7～0.8cm，长雄蕊6，长1.6～1.7cm，短雄蕊34～35，长1.1～1.2cm，雌蕊长2.2～2.3cm，花柱红色，柱头绿色，子房圆形，光滑，黄白色（RHS 4C）。

昭贵妃

(紫薇)

联系人：李盼盼
联系方式：15251086025　国家：中国

申请日：2018年12月20日
申请号：20190082
品种权号：20190432
授权日：2019年12月31日
授权公告号：国家林业和草原局公告（2019年第31号）
授权公告日：2019年12月31日
品种权人：浙江森城种业有限公司、浙江东海岸园艺有限公司
培育人：沈劲余、沈鸿明、李盼盼、薛桂芳、张晓杰、朱王微、朱雪娟、孙陈伟

品种特征特性：'昭贵妃'是通过选择育种发现的红色紫薇优良单株，经过3年的性状观察和扦插繁殖，认为这是一遗传稳定的优良株系。

'昭贵妃'为小灌木，分枝直立，干皮褐色，剥落；小枝红色，四棱明显，翅短；叶片椭圆形，长4～4.5cm，宽1.9cm，叶脉4对，叶片正面绿色（RHS N137A），背面浅绿色（RHS N137D）；花蕾长0.8cm，宽0.7～0.8cm，球形，红色，顶端有凸起，缝合线凸起弱，表面无附属物；花期7月下旬至8月下旬，花序长7～14cm，宽6～11cm，着花数24～60；花萼长1.0～1.1cm，宽1.5～1.6cm，外面紫红色，裂片6，微具棱；花径4.2～4.3cm，花红色（RHS 53B），无香味，花瓣长1.7～1.9cm，宽1.4～1.6cm，花瓣边缘褶皱明显，瓣爪紫红色，长0.7～0.9cm，长雄蕊6，长2.2～2.3cm，短雄蕊42～48，长1.3cm，雌蕊长1.6～1.7cm，花柱紫红色，柱头绿色，子房圆形，光滑，黄白色（RHS 4C）。

雪贵妃

（紫薇）

联系人：李盼盼
联系方式：15251086025　国家：中国

申请日：2018年12月20日
申请号：20190084
品种权号：20190433
授权日：2019年12月31日
授权公告号：国家林业和草原局公告（2019年第31号）
授权公告日：2019年12月31日
品种权人：浙江森城种业有限公司、浙江东海岸园艺有限公司
培育人：沈鸿明、沈劲余、种高军、费也君、李盼盼、朱王微、张晓杰、薛桂芳

品种特征特性：'雪贵妃'是通过选择育种发现的紫薇优良单株，经过3年的性状观察和扦插繁殖，认为这是一遗传稳定的优良株系。

'雪贵妃'为小灌木，半直立，2年生苗株高30cm，冠幅40cm；干皮褐色，小枝红色，四棱明显，具短翅，被柔毛；叶片长4.20～5.40cm，宽2.40～2.60cm，长椭圆形，新叶叶被红绿色，成熟叶黄绿色（RHS Yellow Green 146A）花萼长0.75～0.80cm，宽0.60～0.70cm，花萼微具棱；花径2.80～3.00cm，花白色，花瓣长0.80～1.10cm，宽0.70～1.00cm，瓣爪长0.60cm，紫红色（RHS Red Purple N57D）。花期6～10月，果实圆形，长0.72～0.80cm，宽0.70～0.73cm，果期10～11月。适宜在江苏、安徽、河南、湖北、四川等地及以南地区种植。

黛贵妃

(紫薇)

联系人:李盼盼
联系方式:15251086025 国家:中国

申请日:2018年12月20日
申请号:20190085
品种权号:20190434
授权日:2019年12月31日
授权公告号:国家林业和草原局公告(2019年第31号)
授权公告日:2019年12月31日
品种权人:浙江森城种业有限公司、浙江东海岸园艺有限公司
培育人:沈劲余、沈鸿明、李盼盼、朱王微、张晓杰、费也君、朱雪娟、顾敏洁

品种特征特性:'黛贵妃'是通过选择育种发现的紫薇优良单株,经过2年的性状观察和扦插繁殖,认为这是一遗传稳定的优良株系。

'黛贵妃'为小灌木,半直立,2年生苗株高30cm,冠幅40cm;干皮褐色,小枝红色,四棱明显,具短翅,微被柔毛;叶片长1.8~4cm,宽1.1~2.7cm,椭圆和倒卵形,新叶紫红色,成熟叶深绿色(RHS Green 137B);0.90~1.00cm,宽1.10~1.50cm,具明显棱;花径3.50~4.2cm,花复色,主色为紫红色(RHS Red Purple N66B),复色为白色(RHS White NN155);花瓣长0.80~1.00cm,宽1.10~1.50cm,瓣爪长0.70~1.10cm,颜色同花色。花期6~10月,果实圆形,长0.72~0.80cm,宽0.70~0.73cm,果期10~11月。适宜在江苏、安徽、河南、湖北、四川等地及以南地区种植。

米叶紫欣

（紫薇）

联系人：李盼盼
联系方式：15251086025　国家：中国

申请日：2018年12月20日
申请号：20190086
品种权号：20190435
授权日：2019年12月31日
授权公告号：国家林业和草原局公告（2019年第31号）
授权公告日：2019年12月31日
品种权人：浙江森城种业有限公司、浙江东海岸园艺有限公司
培育人：沈劲余、沈鸿明、陈云文、张晓杰、顾其祥、李盼盼、朱王微、薛桂芳

品种特征特性：'米叶紫欣'是通过选择育种发现的紫薇优良单株，经过3年的性状观察和扦插繁殖，认为这是一遗传稳定的优良株系。

'米叶紫欣'为小灌木，分枝开展，干皮褐色，剥落；小枝红色，四棱不明显，无翅；叶片长椭圆形，长1.4～1.5cm，宽0.6～0.7cm，叶脉2～3对，叶片绿色，正面（RHS 139A），背面（RHS 137B）；花蕾长0.4～0.5cm，宽0.4～0.5cm，球形，红色，顶端无凸起，缝合线凸起弱，表面无附属物；花序长3～4cm，宽2～3cm，着花数16～26；花萼长0.5～0.6cm，宽0.6～0.7cm，外面红带绿色，裂片4～6，无棱条；花径2.4～2.5cm，花紫红色（RHS 72B），无香味，花瓣长1.1～1.2cm，宽0.6～0.7cm，花瓣边缘褶皱明显，瓣爪红色，长0.4cm，长雄蕊4～6，长1.2～1.3cm，短雄蕊24～25，长0.7～0.8cm，雌蕊长1.2～1.3cm，花柱粉红色，柱头黄白色，子房圆形，光滑，黄白色（RHS 4C）；花期6～10月，果实圆形，长0.72～0.80cm，宽0.70～0.73cm，果期10～11月。

蟠枣

(枣)

联系人:李根才
联系方式:0991-4500918/13999844666　国家:中国

申请日:2018年12月20日
申请号:20190087
品种权号:20190436
授权日:2019年12月31日
授权公告号:国家林业和草原局公告(2019年第31号)
授权公告日:2019年12月31日
品种权人:新疆维吾尔自治区红枣协会、师俊贤
培育人:李根才、师俊贤

品种特征特性:'蟠枣'疑似鼠李科枣属的自然实生后代,父母本不详。2012年6月在山西运城市永济市枣生产园中发现一株疑似自然萌出的实生苗,开花坐果异常,即进行标记培养,连续观察3年,其性状表现稳定,于2015年在山西和新疆高接,进行品种对比观察,对比园砂质壤土,土壤肥力中等,常规枣园管理,经过连续4年调查,选育出本品种。

福临门
(决明属)

联系人：李斌
联系方式：15311236206　国家：中国

申请日：2018年12月23日
申请号：20190093
品种权号：20190437
授权日：2019年12月31日
授权公告号：国家林业和草原局公告（2019年第31号）
授权公告日：2019年12月31日
品种权人：中国林业科学研究院林业研究所
培育人：李斌、郑勇奇、林富荣、郭文英、郑世楷、于淑兰

品种特征特性： 直立灌木，多分枝，无毛。叶长7～12cm，有小叶通常5对；叶柄长2.5～4cm；小叶椭圆形，叶缘金边明显。总状花序生于枝条顶端的叶腋间，常集成伞房花序状，花鲜黄色，直径约2cm；雄蕊10枚，7枚能育，3枚退化而无花药，能育雄蕊中有3枚特大，高出于花瓣，4枚较小，短于花瓣。荚果圆柱状，膜质，直或微曲，长10～17cm，直径0.4～0.6cm，缝线狭窄。花期9～12月，花量大；果期10月至翌年1月。

'福临门'与相似品种比较性状差异如下表：

品种	花量	小叶对	叶缘金边
'福临门'	大	5	明显
'秋风爽'	中	4	不明显
'丽人行'	小	3	无

'福临门'耐一定干旱，根系发达，适宜微酸、中性至微碱性土壤，秋冬季开化，花色鲜艳，金黄，花期长，适合列植、片植、丛植和盆植，耐修剪，可以矮化，室内摆放，具有较高的观赏性。

左：'秋风爽'，中：'福临门'，右：'丽人行'

秦宝一号

（木通属）

联系人：李斌
联系方式：15311236206 国家：中国

申请日：2018年12月23日
申请号：20190094
品种权号：20190438
授权日：2019年12月31日
授权公告号：国家林业和草原局公告（2019年第31号）
授权公告日：2019年12月31日
品种权人：中国林业科学研究院林业研究所、西安市果业技术推广中心、西安八月蜜野生果木研究所
培育人：李斌、郭晓成、杨选正、郑勇奇、杨莉、林富荣、何海军

品种特征特性： 木质藤本，多分枝，无毛，落叶或半常绿。小叶3片，卵形，叶缘明显波状锯齿。花单性，总状花序，雌雄同株同序，雌花着生于花序基部，雄花着生于花序上部，雌花较大，紫色，雄花较小，润气候。花期3月；果期9月。耐寒性较强。

'秦宝一号'与相似品种比较性状差异如下表：

品种	叶形	叶缘	果皮颜色	果形	果颈	开始成熟期
'秦宝一号'	卵形	波状锯齿	粉色	肾形	不明显	9月上中旬
'澧滨天凤'	长卵形	全缘	紫色	长圆形	明显	9月中下旬
'炎欢1号'	长卵形	全缘	紫色	肾形	不明显	9月中下旬

'秦宝一号'适应性强，适生范围广，在黄河及长江流域各地均可露地栽植，在北方冬季温度不低于-15℃的地区也适合种植。根系发达，适宜微酸、中性至微磁性土壤，在陕西3月开花，花色鲜艳，紫红色，果实成熟期9月，适合进行棚架栽植，建立优质丰产木通果园，也可以进行景观栽植，长廊、房前屋后均可栽植，也可以在大棚进行高产化露植，建立大棚木通园。耐修剪，可以矮化，室内摆放具有较高的观赏性。

中泰3号

（皂荚属）

联系人：李斌
联系方式：15311236206　　国家：中国

申请日：2018年12月23日
申请号：20190095
品种权号：20190439
授权日：2019年12月31日
授权公告号：国家林业和草原局公告（2019年第31号）
授权公告日：2019年12月31日
品种权人：中国林业科学研究院林业研究所、山东泰瑞药业有限公司
培育人：李斌、郑勇奇、林富荣、郭文英、张光田、张明昊

品种特征特性：分枝茂密，羽状复叶，叶片泛黄绿色，叶脉凸起明显，椭圆形，顶端钝圆或凹陷。结实量大，果荚弯曲镰刀形，背脊宽厚（1.7cm），另一面超薄（0.4cm）。种子呈不规则椭圆形，偶有挤压平面，千粒重0.8kg。大树干灰白泛绿色，小树干绿色泛黄色。枝条叶间曲度较其他荚皂小，枝条直立向上，不低垂。枝干皂刺少，主干光滑，枝条较直，向上生长，冠形美观，景观效果出众。

'中泰3号'与相似品种'皂福2号'比较性状差异如下表：

品种	小叶形态	荚果形态	荚果宽度	种子形态	种子颜色
'中泰3号'	卵形	微弯	中	卵圆形	亮棕色
'皂福2号'	长卵形	平直	宽	长椭圆形	红褐色

'中泰3号'耐一定干旱，根系发达，适宜微酸、中性至微碱性土壤，皂刺少，产果量大，具有较高的观赏性。

'中泰3号'

'中泰3号'枝条与叶片

附 表

序号	品种权号	品种名称	属(种)	品种权人	培育人	申请号	申请日	授权日
1	20190001	王妃	蔷薇属	云南锦苑花卉产业股份有限公司	倪功、曹荣根、田连通、白云评、乔丽婷、阳明祥	20120198	2012-12-1	2019-7-24
2	20190002	晨曦	润楠属	浙江森禾集团股份有限公司	郑勇平、王春、余成龙	20140194	2014-10-30	2019-7-24
3	20190003	绿羽	润楠属	浙江森禾集团股份有限公司	郑勇平、刘丹丹、陈慧芳	20140195	2014-10-30	2019-7-24
4	20190004	热恋	蔷薇属	云南锦苑花卉产业股份有限公司	倪功、曹荣根、田连通、白云评、乔丽婷、何琼、阳明祥	20140234	2014-12-6	2019-7-24
5	20190005	锦艳	蔷薇属	云南锦苑花卉产业股份有限公司	倪功、曹荣根、田连通、白云评、乔丽婷、何琼、阳明祥	20140236	2014-12-6	2019-7-24
6	20190006	岭南元宝	山茶属	棕榈生态城镇发展股份有限公司、广东省农业科学院环境园艺研究所、肇庆棕榈谷花园有限公司	高继银、孙映波、周明顺、于波、陈娜娟、黄丽丽、黎艳玲、张佩霞	20150054	2015-3-27	2019-7-24
7	20190007	莱克思娜(Lexydnac)	蔷薇属	荷兰多盟集团公司(Dummen Group B.V. Holland)	西尔万·坎斯特拉(Silvan Kamstra)	20150060	2015-3-30	2019-7-24
8	20190008	玫弗莱明戈(MEIFLEMINGUE)	蔷薇属	法国玫兰国际有限公司(MEILLAND INTERNATIONAL.S.A)	阿兰·安东尼·玫兰(Alain Antoine MEILLAND)	20150137	2015-8-4	2019-7-24
9	20190009	德瑞斯黑六(DrisBlackSix)	悬钩子属	德瑞斯克公司(Driscoll's, Inc.)	加文·R.西尔斯(Gavin R. Sills)、安德烈M.加彭(Andrea M. Pabon)、史蒂芬·B.莫伊尔(Stephen B.Moyles)	20150140	2015-8-4	2019-7-24
10	20190010	奥斯莱维缇(AUSLEVITY)	蔷薇属	大卫·奥斯汀月季公司(David Austin Roses Limited)	大卫·奥斯汀(David Austin)	20150149	2015-8-18	2019-7-24
11	20190011	德瑞斯红八(DrisRaspEight)	悬钩子属	德瑞斯克公司(Driscoll's, Inc.)	布莱恩·K.汉密尔顿(Brian K. Hamilton)、马提亚·维腾(Matthias Vitten)、玛塔·K.巴蒂斯塔(Marta C. Baptista)	20150161	2015-8-28	2019-7-24
12	20190012	德瑞斯黑十三(DrisBlack Thirteen)	悬钩子属	德瑞斯克公司(Driscoll's, Inc.)	加文·R.西尔斯(Gavin R. Sills)、安德烈·M.加彭(Andrea M. Pabon)、马克·柯露莎(Mark Crusha)	20150162	2015-8-28	2019-7-24
13	20190013	艾维驰09(EVERCHI09)	蔷薇属	丹麦永恒玫瑰公司(ROSES FOREVER ApS)	哈雷·艾克路德(Harley Eskelund)	20150203	2015-10-12	2019-7-24
14	20190014	艾维驰14(EVERCHI14)	蔷薇属	丹麦永恒玫瑰公司(ROSES FOREVER ApS)	哈雷·艾克路德(Harley Eskelund)	20150206	2015-10-12	2019-7-24
15	20190015	瑞普赫0102a(Ruiph0102a)	蔷薇属	迪瑞特知识产权公司(De Ruiter Intellectual Property B.V.)	汉克·德·格罗特(H.C.A. de Groot)	20150222	2015-10-14	2019-7-24
16	20190016	斯普皮利(SPEPENNY)	蔷薇属	荷兰斯普克国际月季育种公司(Spek Rose Breeding International B.V.)	艾瑞克·罗纳德·斯普克(Erik Ronald Spek)	20160027	2016-2-1	2019-7-24
17	20190017	坦01642(Tan01642)	蔷薇属	德国坦涛月季育种公司(Rosen Tantau KG, Germany)	克里斯汀安·埃维尔斯(Christian Evers)	20160028	2016-2-1	2019-7-24
18	20190018	坦06418(Tan06418)	蔷薇属	德国坦涛月季育种公司(Rosen Tantau KG, Germany)	克里斯汀安·埃维尔斯(Christian Evers)	20160029	2016-2-1	2019-7-24
19	20190019	坦07413(Tan07413)	蔷薇属	德国坦涛月季育种公司(Rosen Tantau KG, Germany)	克里斯汀安·埃维尔斯(Christian Evers)	20160030	2016-2-1	2019-7-24

序号	品种权号	品种名称	属（种）	品种权人	培育人	申请号	申请日	授权日
20	20190020	坦 08888（Tan08888）	蔷薇属	德国坦涛月季育种公司 (Rosen Tantau KG, Germany)	克里斯汀安·埃维尔斯（Christian Evers）	20160031	2016-2-1	2019-7-24
21	20190021	坦 09112（Tan09112）	蔷薇属	德国坦涛月季育种公司 (Rosen Tantau KG, Germany)	克里斯汀安·埃维尔斯（Christian Evers）	20160032	2016-2-1	2019-7-24
22	20190022	坦 10031（Tan10031）	蔷薇属	德国坦涛月季育种公司 (Rosen Tantau KG, Germany)	克里斯汀安·埃维尔斯（Christian Evers）	20160033	2016-2-1	2019-7-24
23	20190023	宝普 058（POULPAR058）	蔷薇属	丹麦宝森玫瑰有限公司 (Poulsen Roser A/S)	芒斯·奈格特·奥乐森（Mogens N. Olesen）	20160053	2016-2-16	2019-7-24
24	20190024	宝缇 019（POULTY019）	蔷薇属	丹麦宝森玫瑰有限公司 (Poulsen Roser A/S)	芒斯·奈格特·奥乐森（Mogens N. Olesen）	20160055	2016-2-16	2019-7-24
25	20190025	金玉满堂	紫金牛属	福建农林大学、福建省武平县盛金花场	刘梓富、彭东辉、廖柏林、罗盛金、兰思仁、吴沙沙、翟俊文、谢亮秀	20160096	2016-5-1	2019-7-24
26	20190026	福株	紫金牛属	福建农林大学、福建省武平县盛金花场	兰思仁、刘梓富、彭东辉、廖柏林、罗盛金、吴沙沙、翟俊文、谢亮秀	20160097	2016-5-1	2019-7-24
27	20190027	竹叶富贵	紫金牛属	福建农林大学、福建省武平县盛金花场	王星乎、刘梓富、廖柏林、罗盛金、兰思仁、彭东辉、翟俊文、吴沙沙	20160098	2016-5-1	2019-7-24
28	20190028	瑞姆克 0037（RUIMCO0037）	蔷薇属	迪瑞特知识产权公司（De Ruiter Intellectual Property B.V.)	汉克·德·格罗特 (H.C.A. de Groot)	20160121	2016-6-20	2019-7-24
29	20190029	瑞驰 2700H（RUICH2700H）	蔷薇属	迪瑞特知识产权公司（De Ruiter Intellectual Property B.V.)	汉克·德·格罗特 (H.C.A. de Groot)	20160123	2016-6-20	2019-7-24
30	20190030	艾维驰 102（EVERCH102）	蔷薇属	丹麦永恒月季公司（ROSES FOREVER ApS, Denmark）	洛萨·艾斯克伦德（Rosa Eskelund）	20160177	2016-7-21	2019-7-24
31	20190031	艾维驰 134（EVERCH134）	蔷薇属	丹麦永恒月季公司（ROSES FOREVER ApS, Denmark）	洛萨·艾斯克伦德（Rosa Eskelund）	20160181	2016-7-24	2019-7-24
32	20190032	艾维驰 129（EVERCH129）	蔷薇属	丹麦永恒月季公司（ROSES FOREVER ApS, Denmark）	洛萨·艾斯克伦德（Rosa Eskelund）	20160183	2016-7-24	2019-7-24
33	20190033	妙玉	蔷薇属	山东农业大学	赵兰勇、于晓艳、徐宗大、邢树堂、赵明远	20160185	2016-7-25	2019-7-24
34	20190034	粉蕴	含笑属	中南林业科技大学、广州市绿化公司	胡希军、金晓玲、邢文、张旻恒、孙凌霄、罗峰、金海湘、黄颂谊、丰盈、张哲、刘彩贤	20160203	2016-8-3	2019-7-24
35	20190035	玫卡德瑞（MEICAUDRY）	蔷薇属	法国玫兰国际有限公司（MEILLAND INTERNATIONAL S.A）	阿兰·安东尼·玫兰（Alain Antoine MEILLAND）	20160204	2016-8-9	2019-7-24
36	20190036	玫丽沃妮（MEILIVOINE）	蔷薇属	法国玫兰国际有限公司（MEILLAND INTERNATIONAL S.A）	阿兰·安东尼·玫兰（Alain Antoine MEILLAND）	20160205	2016-8-9	2019-7-24
37	20190037	热嘉 3 号	金合欢属	中国林业科学研究院热带林业研究所、嘉汉林业（河源）有限公司	曾炳山、裘珍飞、陈考科、陈祖旭、范春节、康汉华、刘英、李湘阳、罗锐	20160232	2016-9-3	2019-7-24
38	20190038	热嘉 13 号	金合欢属	中国林业科学研究院热带林业研究所、嘉汉林业（河源）有限公司	曾炳山、裘珍飞、陈考科、陈祖旭、范春节、康汉华、刘英、李湘阳、罗锐	20160233	2016-9-3	2019-7-24
39	20190039	热嘉 14 号	金合欢属	中国林业科学研究院热带林业研究所、嘉汉林业（河源）有限公司	曾炳山、裘珍飞、陈考科、陈祖旭、范春节、康汉华、刘英、李湘阳、罗锐	20160234	2016-9-3	2019-7-24
40	20190040	热嘉 17 号	金合欢属	中国林业科学研究院热带林业研究所、嘉汉林业（河源）有限公司	曾炳山、裘珍飞、陈考科、陈祖旭、范春节、康汉华、刘英、李湘阳、罗锐	20160235	2016-9-3	2019-7-24

序号	品种权号	品种名称	属（种）	品种权人	培育人	申请号	申请日	授权日
41	20190041	热嘉18号	金合欢属	中国林业科学研究院热带林业研究所、嘉汉林业（河源）有限公司	曾炳山、裘珍飞、陈考科、陈祖旭、范春节、康汉华、刘英、李湘阳、罗锐	20160236	2016-9-3	2019-7-24
42	20190042	玫勒德文（MEILEO DEVIN）	蔷薇属	法国玫兰国际有限公司（MEILAND INTERNATIONAL S.A）	阿兰·安东尼·玫兰（Alain Antoine MEILLAND）	20160276	2016-10-11	2019-7-24
43	20190043	西吕41710（SCH41710）	蔷薇属	荷兰彼得·西吕厄斯控股公司（Piet Schreurs Holding B.V）	P.N.J.西吕厄斯（Petrus Nicolaas Johannes Schreurs）	20160282	2016-10-12	2019-7-24
44	20190044	西吕71560（SCH71560）	蔷薇属	荷兰彼得·西吕厄斯控股公司（Piet Schreurs Holding B.V）	P.N.J.西吕厄斯（Petrus Nicolaas Johannes Schreurs）	20160285	2016-10-12	2019-7-24
45	20190045	小璇	木兰属	棕桐生态城镇发展股份有限公司、陕西省西安植物园	王亚玲、赵珊珊、赵强民、吴建军、王晶、严丹峰、叶卫	20160298	2016-11-4	2019-7-24
46	20190046	桂昌	木兰属	棕桐生态城镇发展股份有限公司、陕西省西安植物园	王亚玲、吴建军、赵珊珊、王晶、严丹峰、赵强民、叶卫	20160299	2016-11-4	2019-7-24
47	20190047	紫韵	木兰属	陕西省西安植物园、棕桐生态城镇发展股份有限公司	王亚玲、马延康、叶卫、刘立成、樊璐、吴建军、赵强民、赵珊珊、王晶	20160301	2016-11-4	2019-7-24
48	20190048	紫辰	木兰属	陕西省西安植物园、棕桐生态城镇发展股份有限公司	王亚玲、叶卫、刘立成、樊璐、吴建军、赵强民、赵珊珊、王晶	20160302	2016-11-4	2019-7-24
49	20190049	廷栋	木兰属	陕西省西安植物园、棕桐生态城镇发展股份有限公司	王亚玲、樊璐、叶卫、刘立成、吴建军、赵强民、赵珊珊、王晶	20160303	2016-11-4	2019-7-24
50	20190050	甬之梅	杜鹃花属	浙江万里学院、宁波北仑亿润花卉有限公司	谢晓鸿、吴月燕、沃科军、沃绵康	20160304	2016-11-4	2019-7-24
51	20190051	甬尚雪	杜鹃花属	浙江万里学院、宁波北仑亿润花卉有限公司	谢晓鸿、吴月燕、沃科军、沃绵康	20160305	2016-11-4	2019-7-24
52	20190052	甬尚玫	杜鹃花属	浙江万里学院、宁波北仑亿润花卉有限公司	吴月燕、谢晓鸿、沃科军、沃绵康	20160306	2016-11-4	2019-7-24
53	20190053	莱克苏4（LEXU4）	蔷薇属	荷兰多盟集团公司（Dummen Group B.V. Holland）	斯儿万·卡姆斯特拉（Silvan Kamstra）	20160312	2016-11-6	2019-7-24
54	20190054	西吕51045（SCH51045）	蔷薇属	荷兰彼得·西吕厄斯控股公司（Piet Schreurs Holding B.V）	P.N.J.西吕厄斯（Petrus Nicolaas Johannes Schreurs）	20160388	2016-12-2	2019-7-24
55	20190055	莱克斯艾克来拉（LEXECN ERALC）	蔷薇属	荷兰多盟集团公司（Dummen Group B.V. Holland）	斯儿万·卡姆斯特拉（Silvan Kamstra）	20170020	2016-12-16	2019-7-24
56	20190056	瑞可吉2004A（RUICJ2004A）	蔷薇属	迪瑞特知识产权公司（De Ruiter Intellectual Property B.V.）	汉克·德·格罗特（H.C.A. de Groot）	20170051	2017-1-10	2019-7-24
57	20190057	冰星	蔷薇属	云南省农业科学院花卉研究所	邱显钦、王其刚、唐开学、陈敏、塞洪英、李淑斌、张颢、周宁宁	20170076	2017-1-16	2019-7-24
58	20190058	玫诺普鲁斯（MEINOPLIUS）	蔷薇属	法国玫兰国际有限公司（MEILAND INTERNATIONAL S.A）	阿兰·安东尼·玫兰（Alain Antoine MEILLAND）	20170098	2017-2-8	2019-7-24
59	20190059	玉帘银丝	桂花	杭州市园林绿化股份有限公司、浙江理工大学	吴光洪、胡绍庆、沈柏春、陈徐平、邱帅、郭娟、魏建芬	20170123	2017-3-2	2019-7-24
60	20190060	串银球	桂花	杭州市园林绿化股份有限公司、浙江理工大学	沈柏春、胡绍庆、陈徐平、魏建芬、卢山、杨浩	20170124	2017-3-2	2019-7-24
61	20190061	彩云香水1号	蔷薇属	云南省农业科学院花卉研究所	王其刚、唐开学、张颢、李淑斌、陈敏、晏慧君、张婷、邱显钦、周宁宁、塞洪英	20170142	2017-3-1	2019-7-24

序号	品种权号	品种名称	属（种）	品种权人	培育人	申请号	申请日	授权日
62	20190062	妍夏	文冠果	北京林业大学、胜利油田胜大生态林场（东营市试验林场）	敖妍、马履一、刘金凤、贾黎明、苏淑钗、张行杰、朱照明	20170148	2017-4-5	2019-7-24
63	20190063	妍希	文冠果	北京林业大学、胜利油田胜大生态林场（东营市试验林场）	敖妍、马履一、刘金凤、贾黎明、苏淑钗、张行杰、朱照明	20170149	2017-4-5	2019-7-24
64	20190064	秾苑国色	芍药属	中国农业科学院蔬菜花卉研究所	张秀新、薛璟祺、王顺利、薛玉前、朱富勇、房桂霞	20170154	2017-4-6	2019-7-24
65	20190065	秾苑新秀	芍药属	中国农业科学院蔬菜花卉研究所	张秀新、薛璟祺、王顺利、吴蕊、张萍、薛玉前	20170155	2017-4-6	2019-7-24
66	20190066	秾苑骄阳	芍药属	中国农业科学院蔬菜花卉研究所	张秀新、王顺利、薛璟祺、张萍、吴蕊	20170156	2017-4-6	2019-7-24
67	20190067	秾璟晓月	芍药属	中国农业科学院蔬菜花卉研究所	张秀新、薛璟祺、王顺利、朱富勇、任秀霞	20170157	2017-4-6	2019-7-24
68	20190068	秾苑彩凤	芍药属	中国农业科学院蔬菜花卉研究所	张秀新、薛璟祺、王顺利、任秀霞、杨若雯	20170158	2017-4-6	2019-7-24
69	20190069	秾苑英姿	芍药属	中国农业科学院蔬菜花卉研究所	张秀新、王顺利、薛璟祺、薛玉前、吴蕊、张萍	20170159	2017-4-6	2019-7-24
70	20190070	瑞维7285A（RUIVI7285A）	蔷薇属	迪瑞特知识产权公司（De Ruiter Intellectual Property B.V.）	汉克·德·格罗特（H.C.A. de Groot）	20170178	2017-4-12	2019-7-24
71	20190071	瑞维2230A（RUIVI2230A）	蔷薇属	迪瑞特知识产权公司（De Ruiter Intellectual Property B.V.）	汉克·德·格罗特（H.C.A. de Groot）	20170179	2017-4-12	2019-7-24
72	20190072	玫斯缇莉（MEISTILEY）	蔷薇属	法国玫兰国际有限公司（MEILLAND INTERNATIONAL.S.A）	阿兰·安东尼·玫兰（Alain Antoine MEILLAND）	20170180	2017-4-12	2019-7-24
73	20190073	淑女槐	槐属	王化堂	王化堂	20170237	2017-5-15	2019-7-24
74	20190074	宁农杞7号	枸杞属	宁夏农林科学院枸杞工程技术研究所	焦恩宁、秦垦、戴国礼、曹有龙、石志刚、何军、李彦龙、李云翔、闫亚美、黄婷、张波、周旋、何昕儒、米佳	20170424	2017-8-3	2019-7-24
75	20190075	彩虹	栾树属	江苏省林业科学研究院	吕运舟、黄利斌、董筱昀、梁珍海、孙海楠	20170297	2017-6-6	2019-7-24
76	20190076	橙之梦	苹果属（除水果外）	南京林业大学	张往祥、周婷、彭冶、范俊俊、时可心、浦静、杨㭿凡、曹福亮	20170310	2017-6-12	2019-7-24
77	20190077	粉红霓裳	苹果属（除水果外）	南京林业大学	张往祥、范俊俊、周婷、李千惠、姜文龙、张丹丹、徐立安、曹福亮	20170311	2017-6-12	2019-7-24
78	20190078	羊脂玉	苹果属（除水果外）	南京林业大学	仲磊、周道建、张往祥、谢寅峰、储吴樾、沈星诚、陈永霞、曹福亮	20170312	2017-6-12	2019-7-24
79	20190079	云想容	苹果属（除水果外）	南京林业大学	张往祥、周婷、范俊俊、时可心、沈星诚、穆茜、彭冶、曹福亮	20170313	2017-6-12	2019-7-24
80	20190080	洛可可女士	苹果属（除水果外）	南京林业大学	张往祥、浦静、武启飞、王希、时可心、赵聪、张晶、曹福亮	20170314	2017-6-12	2019-7-24
81	20190081	紫蝶儿	苹果属（除水果外）	南京林业大学	张往祥、张晶、王希、储吴樾、武启飞、浦静、赵聪、曹福亮	20170316	2017-6-12	2019-7-24
82	20190082	玫梵璐塔（MEIVOLUPTA）	蔷薇属	法国玫兰国际有限公司（MEILLAND INTERNATIONAL.S.A）	阿兰·安东尼·玫兰（Alain Antoine MEILLAND）	20170328	2017-6-21	2019-7-24
83	20190083	蒙冠1号	文冠果	赤峰市林业科学研究院、内蒙古文冠庄园农业科技发展有限公司	段磊、乌志颜、杨素芝、张丽、李显玉、冯昭辉、白玉茹、苗迎春、郭庆、李晓宇	20170334	2017-6-27	2019-7-24
84	20190084	蒙冠2号	文冠果	赤峰市林业科学研究院、内蒙古文冠庄园农业科技发展有限公司	张丽、乌志颜、杨素芝、段磊、李显玉、郭庆、阿拉坦图雅、韩立华、杨旭亮、于海蛟	20170335	2017-6-27	2019-7-24

序号	品种权号	品种名称	属(种)	品种权人	培育人	申请号	申请日	授权日
85	20190085	蒙冠3号	文冠果	赤峰市林业科学研究院、内蒙古文冠庄园农业科技发展有限公司	杨素芝、乌志颜、段磊、张丽、李显玉、郭庆、韩立华、陆昕、冯绍辉	20170336	2017-6-27	2019-7-24
86	20190086	金太阳	卫矛属	淄博市川林彩叶卫矛新品种研究所、威海市园林建设集团有限公司、山东农业大学	翟慎学、梁中贵、王华田	20170337	2017-6-29	2019-7-24
87	20190087	金公主1号	文冠果	北京林业大学、辽宁思路文冠果业科技开发有限公司、北京思路文冠果科技开发有限公司	王青、向秋虹、王馨蕊、李国军、刘会军、汪舟、王俊杰、周祎鸣、关文彬	20170339	2017-6-30	2019-7-24
88	20190088	金帝5号	文冠果	北京林业大学、辽宁思路文冠果业科技开发有限公司、北京思路文冠果科技开发有限公司	王青、向秋虹、王馨蕊、汪舟、于震、周祎鸣、王俊杰、关文彬	20170340	2017-6-30	2019-7-24
89	20190089	金公主3号	文冠果	内蒙古文冠庄园农业科技发展有限公司、北京林业大学、赤峰市林业科学研究院	郭庆、郭强、段利明、李国军、王俊杰、周祎鸣、向秋虹、王馨蕊、乌志颜、段磊、李显玉、杨素芝、关文彬	20170341	2017-6-30	2019-7-24
90	20190090	金公主7号	文冠果	北京林业大学、赤峰市林业科学研究院、北京思路文冠果科技开发有限公司	向秋虹、王青、王馨蕊、王俊杰、于震、周祎鸣、乌志颜、段磊、李显玉、杨素芝、关文彬	20170345	2017-6-30	2019-7-24
91	20190091	京仲1号	杜仲	北京林业大学	康向阳、李赟、高鹏、张平冬、宋连君、李金忠、程武	20170353	2017-7-11	2019-7-24
92	20190092	京仲2号	杜仲	北京林业大学	康向阳、李赟、高鹏、王君、宋连君、李金忠、程武	20170354	2017-7-11	2019-7-24
93	20190093	京仲3号	杜仲	北京林业大学	康向阳、李赟、高鹏、张平冬、宋连君、李金忠	20170355	2017-7-11	2019-7-24
94	20190094	京仲4号	杜仲	北京林业大学	康向阳、李赟、高鹏、王君、宋连君、李金忠	20170356	2017-7-11	2019-7-24
95	20190095	德瑞斯蓝十二（DrisBlue Twelve）	越橘属	德瑞斯克公司(Driscoll's, Inc.)	布赖恩·K.卡斯特（Brian K. CASTER）、珍妮弗·K.伊佐（Jennifer K.IZZO）、阿伦·德雷珀（Arlen DRAPER）、乔治·罗德里格斯·阿卡沙（Jorge Rodriguez ALCAZAR）	20170371	2017-7-14	2019-7-24
96	20190096	德瑞斯红五（DrisRaspFive）	悬钩子属	德瑞斯克公司(Driscoll's, Inc.)	布莱恩·K.汉密尔顿（Brian K. HAMILTON）、玛塔·巴皮蒂斯塔（Marta C. BAPTISTA）、卡洛斯·D.费尔（Carlos D. FEAR）	20170373	2017-7-14	2019-7-24
97	20190097	冀榆3号	榆属	河北省林业科学研究院	王玉忠、张全锋、刘勇男、王连洲、郑聪慧、张曼、张焕荣、黄印冉、胡海珍	20170377	2017-7-14	2019-7-24
98	20190098	奥斯米克斯如（AUSMIXTURE）	蔷薇属	英国大卫·奥斯汀月季公司(David Austin Roses Limited)	大卫·奥斯汀（David J.C. Austin）	20170398	2017-7-21	2019-7-24
99	20190099	奥斯威尔（AUSWHIRL）	蔷薇属	英国大卫·奥斯汀月季公司(David Austin Roses Limited)	大卫·奥斯汀（David J.C. Austin）	20170399	2017-7-21	2019-7-24
100	20190100	德瑞斯黑十二（DrisBlack Twelve）	悬钩子属	德瑞斯克公司(Driscoll's, Inc.)	加文·R.西尔斯（Gavin R. SILLS）、安德烈·M.加彭（Andrea M.PABON）、马克·克苏哈（Mark CRUSHA）	20170419	2017-7-28	2019-7-24
101	20190101	宁农杞6号	枸杞属	宁夏农林科学院枸杞工程技术研究所	焦恩宁、秦垦、戴国礼、曹有龙、石志刚、何军、李彦龙、李云翔、闫亚美、黄婷、张波、周旋、何昕儒、米佳	20170423	2017-8-3	2019-7-24
102	20190102	惜春	李属（除水果外）	福建丹樱生态农业发展有限公司、南京林业大学	王珉、伊贤贵、林荣光、王贤荣、叶某鑫、李蒙、林玮捷、段一凡、陈林、朱淑霞	20170430	2017-8-5	2019-7-24

序号	品种权号	品种名称	属（种）	品种权人	培育人	申请号	申请日	授权日
103	20190103	甬之雪	杜鹃花属	宁波北仑亿润花卉有限公司	沃科军、沃绵康	20170476	2017-9-3	2019-7-24
104	20190104	甬之韵	杜鹃花属	宁波北仑亿润花卉有限公司	沃绵康、沃科军	20170479	2017-9-3	2019-7-24
105	20190105	甬绵百合	杜鹃花属	宁波北仑亿润花卉有限公司	沃绵康、沃科军	20170481	2017-9-3	2019-7-24
106	20190106	甬绿神	杜鹃花属	宁波北仑亿润花卉有限公司	沃绵康、沃科军	20170482	2017-9-3	2019-7-24
107	20190107	盐抗柳1号	柳属	山东省林业科学研究院	秦光华、于振旭、宋玉民、乔玉玲、彭琳	20170501	2017-9-12	2019-7-24
108	20190108	黄皮柳1号	柳属	山东省林业科学研究院	秦光华、于振旭、宋玉民、乔玉玲、彭琳	20170502	2017-9-12	2019-7-24
109	20190109	蛇矛柳1号	柳属	山东省林业科学研究院	秦光华、于振旭、宋玉民、乔玉玲、彭琳	20170503	2017-9-12	2019-7-24
110	20190110	桐林碧波	卫矛属	河南桐林雨露园林绿化工程有限公司	朱孟杰	20170531	2017-9-28	2019-7-24
111	20190111	西吕71680（SCH71680）	蔷薇属	荷兰彼得·西吕厄斯控股公司（Piet Schreurs Holding B.V.）	P.N.J.西吕厄斯（Petrus Nicolaas Johannes Schreurs）	20170533	2017-9-30	2019-7-24
112	20190112	素季	蔷薇属	云南省农业科学院花卉研究所	王其刚、张颢、唐开学、邱显钦、陈敏、晏慧君、张婷、蹇洪英、李淑斌、周宁宁	20170544	2017-10-23	2019-7-24
113	20190113	瑞克拉1865A（RUICL1865A）	蔷薇属	迪瑞特知识产权公司（De Ruiter Intellectual Property B.V.）	汉克·德·格罗特（H.C.A. de Groot）	20170569	2017-11-3	2019-7-24
114	20190114	瑞克拉1309C（RUICL1309C）	蔷薇属	迪瑞特知识产权公司（De Ruiter Intellectual Property B.V.）	汉克·德·格罗特（H.C.A. de Groot）	20170570	2017-11-3	2019-7-24
115	20190115	桂月昌华	山茶属	棕榈生态城镇发展股份有限公司、肇庆棕榈谷花园有限公司、广州棕科园艺开发有限公司	吴桂昌、赵强民、陈炽争、严丹峰、钟乃盛、高继银、刘信凯、周明顺	20170579	2017-11-13	2019-7-24
116	20190116	夏日台阁	山茶属	棕榈生态城镇发展股份有限公司、佛山市林业科学研究所、广州棕科园艺开发有限公司	严丹峰、柯欢、刘信凯、钟乃盛、赵鸿杰、高继银、赵珊珊、叶土生	20170580	2017-11-13	2019-7-24
117	20190117	夏梦岳婷	山茶属	棕榈生态城镇发展股份有限公司、广州棕科园艺开发有限公司、肇庆棕榈谷花园有限公司	赵珊珊、高继银、赵强民、严丹峰、叶琦君、钟乃盛、岳婷、周明顺	20170581	2017-11-13	2019-7-24
118	20190118	瑰丽迎夏	山茶属	棕榈生态城镇发展股份有限公司、佛山市林业科学研究所、肇庆棕榈谷花园有限公司	刘信凯、柯欢、钟乃盛、黎艳玲、赵鸿杰、高继银、周明顺、谢雨慧	20170582	2017-11-13	2019-7-24
119	20190119	园林之骄	山茶属	棕榈生态城镇发展股份有限公司、广州棕科园艺开发有限公司、肇庆棕榈谷花园有限公司	钟乃盛、叶土生、赵强民、刘信凯、谢雨慧、严丹峰、周明顺、陈娜娟	20170583	2017-11-13	2019-7-24
120	20190120	瑞克拉1101A（RUICL1101A）	蔷薇属	迪瑞特知识产权公司（De Ruiter Intellectual Property B.V.）	汉克·德·格罗特（H.C.A. de Groot）	20170584	2017-11-14	2019-7-24
121	20190121	可爱冰淇淋	蔷薇属	北京市园林科学研究院	冯慧、吉乃喆、周燕、巢阳、王茂良、李纳新、丛日晨、卜燕华、华莹	20170586	2017-11-14	2019-7-24
122	20190122	永福金彩	桂花	福建新发现农业发展有限公司	陈日才、蔡志勇、吴启民、吴其超、王聪成、王一、詹正钿、陈朝暖、陈小芳、陈菁菁	20180007	2017-12-20	2019-7-24

序号	品种权号	品种名称	属（种）	品种权人	培育人	申请号	申请日	授权日
123	20190123	闽农桂冠	桂花	福建新发现农业发展有限公司	陈日才、陈江海、吴启民、王聪成、詹正钿、陈朝暖、陈小芳、陈菁菁	20180008	2017-12-20	2019-7-24
124	20190124	永福粉彩	桂花	福建新发现农业发展有限公司	陈日才、蔡志勇、吴启民、王聪成、詹正钿、陈朝暖、陈小芳、陈菁菁	20180009	2017-12-20	2019-7-24
125	20190125	闽彩10号	桂花	漳州新发现农业发展有限公司	陈日才、吴启民、王聪成、詹正钿、陈朝暖、陈小芳、陈菁菁	20180010	2017-12-20	2019-7-24
126	20190126	闽彩12号	桂花	漳州新发现农业发展有限公司	陈日才、吴启民、王聪成、詹正钿、陈朝暖、陈小芳、陈菁菁	20180011	2017-12-20	2019-7-24
127	20190127	闽彩13号	桂花	漳州新发现农业发展有限公司	陈日才、吴启民、王聪成、詹正钿、陈朝暖、陈小芳、陈菁菁	20180012	2017-12-20	2019-7-24
128	20190128	闽彩25号	桂花	漳州新发现农业发展有限公司	陈日才、吴启民、王聪成、詹正钿、陈朝暖、陈小芳、陈菁菁	20180015	2017-12-20	2019-7-24
129	20190129	闽彩28号	桂花	漳州新发现农业发展有限公司	陈日才、赖文胜、吴启民、王聪成、詹正钿、陈朝暖、陈小芳、陈菁菁	20180017	2017-12-20	2019-7-24
130	20190130	润丰春锦	榆属	河北润丰林业科技有限公司、辛集市美人榆农副产品有限公司	刘易超、陈丽英、樊彦聪、黄晓旭、黄印朋、冯树香、闫淑芳	20180048	2017-12-29	2019-7-24
131	20190131	傲雪	忍冬属	北京农业职业学院	石进朝、郑志勇、陈兰芬、缪珊、邹原东、李彦侠	20180051	2017-12-29	2019-7-24
132	20190132	棕林仙子	山茶属	棕榈生态城镇发展股份有限公司、广州棕科园艺开发有限公司	高继银、严丹峰、刘信凯、钟乃盛、李州、陈炽争、唐春艳	20180094	2018-1-17	2019-7-24
133	20190133	秋风送霞	山茶属	棕榈生态城镇发展股份有限公司、肇庆棕榈谷花园有限公司、广州棕科园艺开发有限公司	刘信凯、钟乃盛、陈炽争、周明顺、李州、高继银、严丹峰、陈娜娟	20180095	2018-1-17	2019-7-24
134	20190134	怀金拖紫	山茶属	棕榈生态城镇发展股份有限公司、肇庆棕榈谷花园有限公司、广州棕科园艺开发有限公司	赵强民、刘信凯、钟乃盛、黎艳玲、叶琦君、高继银、严丹峰、周明顺	20180096	2018-1-17	2019-7-24
135	20190135	四季秀美	山茶属	棕榈生态城镇发展股份有限公司、广州棕科园艺开发有限公司、肇庆棕榈谷花园有限公司	赵强民、高继银、周明顺、刘信凯、叶土生、赵珊珊、钟乃盛、叶琦君	20180097	2018-1-17	2019-7-24
136	20190136	帅哥领带	山茶属	棕榈生态城镇发展股份有限公司、广东省农业科学院环境园艺研究所、肇庆棕榈谷花园有限公司	刘信凯、孙映波、周明顺、于波、黄丽丽、叶琦君、张佩霞、高继银	20180098	2018-1-17	2019-7-24
137	20190137	曲院风荷	山茶属	棕榈生态城镇发展股份有限公司、广州棕科园艺开发有限公司	钟乃盛、叶土生、赵强民、叶琦君、高继银、严丹峰、刘信凯、陈炽争	20180099	2018-1-17	2019-7-24
138	20190138	小店佳粉	木兰属	中国农业大学、南召县林业局、上海市园林科学规划研究院	刘青林、贺蕤、吕永钧、王伟、田彦、周虎、王庆民、余洲、徐功元、张浪、张冬梅、谷珂、仝炎、朱涵琦、孙永幸	20180105	2018-1-19	2019-7-24
139	20190139	冬红	卫矛属	淄博市川林彩叶卫矛新品种研究所、威海市园林建设集团有限公司、王华田	翟慎学、梁中贵、王华田、孟诗原、韦业、王延平	20180108	2018-1-20	2019-7-24
140	20190140	华盖	卫矛属	淄博市川林彩叶卫矛新品种研究所、威海市园林建设集团有限公司、王华田	翟慎学、梁中贵、王华田、孟诗原、韦业、王延平	20180110	2018-1-20	2019-7-24
141	20190141	霞光	卫矛属	淄博市川林彩叶卫矛新品种研究所、威海市园林建设集团有限公司、王华田	翟慎学、梁中贵、王华田、孟诗原、韦业、王延平	20180112	2018-1-20	2019-7-24

序号	品种权号	品种名称	属（种）	品种权人	培育人	申请号	申请日	授权日
142	20190142	香雪	栀子属	嵊州市栀香花木有限公司	张军、胡绍庆、张冬芬、钱亚南、施玲玲、吕超鹏	20180113	2018-1-29	2019-7-24
143	20190143	百日春	杜鹃花属	金华市永根杜鹃花培育有限公司	方永根	20180131	2018-2-7	2019-7-24
144	20190144	春之恋	杜鹃花属	金华市永根杜鹃花培育有限公司	方永根	20180132	2018-2-7	2019-7-24
145	20190145	春之语	杜鹃花属	金华市永根杜鹃花培育有限公司	方永根、方新高	20180133	2018-2-7	2019-7-24
146	20190146	丹玉	杜鹃花属	金华市永根杜鹃花培育有限公司	方永根、方新高	20180134	2018-2-7	2019-7-24
147	20190147	富春	杜鹃花属	金华市永根杜鹃花培育有限公司	方永根	20180135	2018-2-7	2019-7-24
148	20190148	乔柽1号	柽柳属	中国林业科学研究院	胡学军、张华新、武海雯、杨秀艳、朱建峰、王计平、蔚奴平、刘正祥、陈军华、邓丞	20180143	2018-2-7	2019-7-24
149	20190149	抱朴1号	朴属	江苏省林业科学研究院	董筱昀、黄利斌	20180186	2018-3-29	2019-7-24
150	20190150	华农游龙	悬铃木属	华中农业大学、济宁天缘花木种业有限公司	包满珠、刘国锋、张佳琪、李卫东	20180213	2018-4-25	2019-7-24
151	20190151	华农云龙	悬铃木属	华中农业大学	包满珠、刘国锋、张佳琪	20180214	2018-4-25	2019-7-24
152	20190152	华农白龙	悬铃木属	华中农业大学	包满珠、刘国锋、张佳琪	20180215	2018-4-25	2019-7-24
153	20190153	元春	李属	南京林业大学、黄山职业技术学院、安徽润一生态建设有限公司	王贤荣、伊贤贵、李蒙、王华辰、汪小飞、赵昌恒、段一凡、陈林	20180221	2018-5-9	2019-7-24
154	20190154	胭脂绯	李属	福建龙岩乔森农业发展有限公司、南京林业大学	钟文峰、伊贤贵、王贤荣、段一凡、陈林、李雪霞、马雪红、朱弘、朱淑霞、李蒙	20180223	2018-5-16	2019-7-24
155	20190155	出色	卫矛属	徐培钊	徐培钊、徐浩桂、冯献宾、詹伟、王法波	20180234	2018-5-22	2019-7-24
156	20190156	富丽	卫矛属	徐培钊	徐培钊、徐浩桂、詹伟	20180235	2018-5-22	2019-7-24
157	20190157	金秀	卫矛属	徐培钊	徐培钊、徐浩桂、冯献宾、詹伟	20180236	2018-5-22	2019-7-24
158	20190158	出彩	卫矛属	徐培钊	徐培钊、徐浩桂、冯献宾、詹伟	20180237	2018-5-22	2019-7-24
159	20190159	玉映	杜鹃花属	杭州植物园（杭州市园林科学研究院）	朱春艳、余金良、王恩、邱新军、周绍荣、陈霞	20180263	2018-5-31	2019-7-24
160	20190160	映紫	杜鹃花属	杭州植物园（杭州市园林科学研究院）	朱春艳、余金良、张帆、邱新军、周绍荣、陈霞	20180264	2018-5-31	2019-7-24
161	20190161	金玉	木兰属	江苏省中国科学院植物研究所	蔡小龙、陈红、陆小清、李云龙、王传永、张凡、周艳威	20180266	2018-6-1	2019-7-24
162	20190162	中杨1号	杨属	河南吉德智慧农林有限公司	张继锋、邓华平、潘文	20180267	2018-6-1	2019-7-24
163	20190163	吉德3号杨	杨属	柘城县吉德智慧农林有限公司	张继锋	20180268	2018-6-1	2019-7-24
164	20190164	星源花歌	山茶属	上海市园林科学规划研究院、上海星源农业实验场	张冬梅、张浪、周和达、尹丽娟、罗玉兰、有祥亮、蔡军林、张斌、陈香波	20180284	2018-6-3	2019-7-24
165	20190165	星源晚秋	山茶属	上海市园林科学规划研究院、上海星源农业实验场	张浪、张冬梅、周和达、尹丽娟、罗玉兰、有祥亮、蔡军林、张斌、陈香波	20180285	2018-6-3	2019-7-24
166	20190166	星源红霞	山茶属	上海市园林科学规划研究院、上海星源农业实验场	周和达、张冬梅、张浪、尹丽娟、蔡军林、罗玉兰、有祥亮、张斌、陈香波	20180286	2018-6-3	2019-7-24
167	20190167	涟漪	苹果属	南京林业大学、扬州小苹果园艺有限公司	张往祥、周婷、张龙、徐立安、谢寅峰、彭冶、汪贵斌、曹福亮	20180287	2018-6-5	2019-7-24
168	20190168	棱镜	苹果属	南京林业大学、扬州小苹果园艺有限公司	张往祥、周婷、彭冶、张全全、徐立安、谢寅峰、汪贵斌、曹福亮	20180288	2018-6-4	2019-7-24

序号	品种权号	品种名称	属（种）	品种权人	培育人	申请号	申请日	授权日
169	20190169	琉璃盏	苹果属	南京林业大学、扬州小苹果园艺有限公司	张往祥、胡晓璇、周婷、谢寅峰、彭冶、徐立安、汪贵斌、曹福亮	20180289	2018-6-5	2019-7-24
170	20190170	红与黑	苹果属	南京林业大学、扬州小苹果园艺有限公司	张往祥、张龙、周婷、谢寅峰、彭冶、徐立安、汪贵斌、曹福亮	20180290	2018-6-5	2019-7-24
171	20190171	影红秀	苹果属	南京林业大学、扬州小苹果园艺有限公司	张往祥、张全全、范俊俊、谢寅峰、彭冶、徐立安、汪贵斌、曹福亮	20180291	2018-6-5	2019-7-24
172	20190172	疏红妆	苹果属	南京林业大学、扬州小苹果园艺有限公司	张往祥、范俊俊、江皓、徐立安、彭冶、谢寅峰、汪贵斌、曹福亮	20180292	2018-6-5	2019-7-24
173	20190173	白羽扇	苹果属	南京林业大学、扬州小苹果园艺有限公司	张往祥、范俊俊、彭冶、江皓、徐立安、谢寅峰、汪贵斌、曹福亮	20180293	2018-6-5	2019-7-24
174	20190174	雪缘	瑞香属	德兴市荣兴苗木有限责任公司	王樟富、周建荣、余建国、方腾	20180301	2018-6-7	2019-7-24
175	20190175	罗彩1号	桂花	罗方亮、浙江理工大学	罗方亮、胡绍庆、冯园园、黄均华	20180303	2018-6-9	2019-7-24
176	20190176	罗彩2号	桂花	罗方亮、浙江理工大学	罗方亮、胡绍庆、冯园园、黄均华	20180304	2018-6-9	2019-7-24
177	20190177	罗彩16号	桂花	罗方亮、浙江理工大学	罗方亮、胡绍庆、冯园园、黄均华	20180305	2018-6-9	2019-7-24
178	20190178	罗彩17号	桂花	罗方亮、浙江理工大学	罗方亮、胡绍庆、冯园园、黄均华	20180306	2018-6-9	2019-7-24
179	20190179	罗彩18号	桂花	罗方亮、浙江理工大学	罗方亮、胡绍庆、冯园园、黄均华	20180307	2018-6-9	2019-7-24
180	20190180	罗彩19号	桂花	罗方亮、浙江理工大学	罗方亮、胡绍庆、冯园园、黄均华	20180308	2018-6-9	2019-7-24
181	20190181	丽紫	蚊母树属	丽水市林业科学研究院	洪震、戴海英、练发良、王军峰、吴荣、何小勇、曹建春	20180316	2018-6-12	2019-7-24
182	20190182	丽玫	蚊母树属	丽水市林业科学研究院	练发良、何小勇、洪震、郑俞、陈艳、曹建春	20180317	2018-6-12	2019-7-24
183	20190183	丽金	蚊母树属	丽水市林业科学研究院	练发良、王军峰、雷珍、戴海英、邵康平、陈志伟、高樟贵	20180319	2018-6-12	2019-7-24
184	20190184	紫胭	蚊母树属	浙江森禾集团股份有限公司、杭州京可园林有限公司	郑勇平、王春、周正宝、余成龙、陈岗	20180328	2018-6-23	2019-7-24
185	20190185	娇黄	蚊母树属	浙江森禾集团股份有限公司、杭州京可园林有限公司	周正宝、王越、刘丹丹、尹庆平、项美淑	20180329	2018-6-23	2019-7-24
186	20190186	京黄	白蜡树属	北京市园林科学研究院	王永格、王茂良、丛日晨、舒健骅、李子敬、孙宏彦	20180344	2018-6-30	2019-7-24
187	20190187	京绿	白蜡树属	北京市园林科学研究院	丛日晨、王永格、王茂良、常卫民、任春生、赵爽、赵润邯	20180345	2018-6-30	2019-7-24
188	20190188	星火	杜鹃花属	江苏省农业科学院	苏家乐、刘晓青、何丽斯、肖政、李畅、邓衍明、孙晓波、齐香玉	20180388	2018-7-10	2019-7-24
189	20190189	闭月	杜鹃花属	江苏省农业科学院	刘晓青、李畅、苏家乐、肖政、何丽斯、贾新平、孙晓波、陈尚平	20180389	2018-7-10	2019-7-24
190	20190190	蝶海	杜鹃花属	江苏省农业科学院	何丽斯、刘晓青、李畅、苏家乐、肖政、陈尚平、周惠民、项立平	20180390	2018-7-10	2019-7-24
191	20190191	名贵红	李属	南京林业大学、丁明贵	丁明贵、伊贤贵、赵瑞英、王贤荣、李文华、李蒙、段一凡、陈林、李雪霞、朱淑霞、马雪红、徐晓芃	20180404	2018-7-11	2019-7-24
192	20190192	龙韵	李属	滁州中樱生态农业科技有限公司、南京林业大学	王宇、伊贤贵、司家朋、王贤荣、李蒙、段一凡、陈林、李雪霞、马雪红、朱淑霞、朱弘	20180406	2018-7-11	2019-7-24

序号	品种权号	品种名称	属（种）	品种权人	培育人	申请号	申请日	授权日
193	20190193	大棠芳玫	苹果属	青岛市农业科学研究院	沙广利、张蕊芬、葛红娟、孙吉禄、孙红涛、马荣群	20180429	2018-7-16	2019-7-24
194	20190194	锦绣红	苹果属	青岛市农业科学研究院	沙广利、葛红娟、黄粤、邵永春、张翠玲、孙红涛、傅景敏	20180431	2018-7-16	2019-7-24
195	20190195	白富美	苹果属	青岛市农业科学研究院	沙广利、马荣群、赵爱鸿、王芝云、王桂莲、邵永春、黄粤	20180432	2018-7-16	2019-7-24
196	20190196	大棠婷靓	苹果属	青岛市农业科学研究院	沙广利、黄粤、万述伟、张蕊芬、赵爱鸿、王桂莲、傅景敏	20180433	2018-7-16	2019-7-24
197	20190197	向麟	苹果属	昌邑海棠苗木专业合作社、昌邑市林木种苗站	王立辉、明建芹、郭光智、姚兴海、朱升祥、张兴涛、李姗、齐伟婧、王玉彬	20180438	2018-7-19	2019-7-24
198	20190198	矮魁	苹果属	昌邑海棠苗木专业合作社、昌邑市林木种苗站	姚兴海、齐伟婧、张兴涛、王忠华、朱升祥、明建芹、王慧、王立辉	20180439	2018-7-19	2019-7-24
199	20190199	粉伴	苹果属	昌邑海棠苗木专业合作社、昌邑市林木种苗站	朱升祥、姚兴海、李姗、郭光智、黄海、冯瑞廷、齐伟婧、王立辉、明建芹	20180440	2018-7-19	2019-7-24
200	20190200	科植3号	忍冬属	中国科学院植物研究所	唐宇丹、白红彤、法丹丹、邢全、李霞、安玉来、孙雪琪、李慧、尤洪伟、石雷	20180455	2018-7-30	2019-7-24
201	20190201	科植6号	槭属	中国科学院植物研究所	白红彤、唐宇丹、李霞、安玉来、李慧、孙雪琪、姚涓、法丹丹、尤洪伟、石雷	20180456	2018-7-30	2019-7-24
202	20190202	科植9号	槭属	中国科学院植物研究所	唐宇丹、白红彤、孙雪琪、邢全、李霞、李慧、安玉来、法丹丹、尤洪伟、石雷	20180457	2018-7-30	2019-7-24
203	20190203	科植18号	槭属	中国科学院植物研究所	白红彤、唐宇丹、李霞、邢全、孙雪琪、安玉来、姚涓、法丹丹、尤洪伟、石雷	20180458	2018-7-30	2019-7-24
204	20190204	龙橡3号	栎属	苏州泷泮生物科技有限公司	陈洪锋、万晗啸、卞学飞	20180487	2018-8-27	2019-7-24
205	20190205	龙橡7号	栎属	苏州泷泮生物科技有限公司、殷波	陈洪锋、万晗啸、卞学飞	20180491	2018-8-27	2019-7-24
206	20190206	龙橡8号	栎属	苏州泷泮生物科技有限公司	陈洪锋、万晗啸、卞学飞	20180492	2018-8-27	2019-7-24
207	20190207	龙橡10号	栎属	苏州泷泮生物科技有限公司	陈洪锋、万晗啸、卞学飞	20180494	2018-8-27	2019-7-24
208	20190208	赣彤1号	樟属	江西省科学院生物资源研究所	余发新、钟永达、吴照祥、李彦强、刘立盘、杨爱红、刘淑娟、刘腾云、周华、孙小艳、肖亮、周燕玲、胡森	20180501	2018-8-28	2019-7-24
209	20190209	赣彤2号	樟属	江西省科学院生物资源研究所	余发新、钟永达、吴照祥、李彦强、刘立盘、刘腾云、杨爱红、刘淑娟、周华、孙小艳、肖亮、周燕玲、胡森	20180502	2018-8-28	2019-7-24
210	20190210	千纸飞鹤	木兰属	上海市园林科学规划研究院、南召县林业局	张浪、张冬梅、田彦、周虎、尹丽娟、徐功元、王庆民、田文晓、有祥亮、张哲、余洲、朱涵琦、臧明杰、刘耀	20180504	2018-8-29	2019-7-24
211	20190211	丹霞似火	木兰属	上海市园林科学规划研究院、南召县林业局	方明洋、张冬梅、张浪、田彦、尹丽娟、周虎、罗玉兰、王庆民、徐功元、田文晓、毛俊宽、杨谦、王建勋、王鹏飞、王磊	20180505	2018-8-29	2019-7-24
212	20190212	红玉映天	木兰属	上海市园林科学规划研究院、南召县林业局	张浪、张冬梅、田彦、尹丽娟、周虎、徐功元、有祥亮、靳三恒、田文晓、王庆民、张哲、仝炎、辛华、张宏、孙永幸	20180506	2018-8-29	2019-7-24
213	20190213	二月增春	木兰属	上海市园林科学规划研究院、南召县林业局	张冬梅、吕永钧、田彦、张浪、尹丽娟、周虎、徐功元、田文晓、王庆民、余洲、罗玉兰、石大强、王良、申洁梅、谷珂	20180507	2018-8-29	2019-7-24

序号	品种权号	品种名称	属(种)	品种权人	培育人	申请号	申请日	授权日
214	20190214	蒙树3号杨	杨属	内蒙古和盛生态科技研究院有限公司	朱之悌、赵泉胜、林惠斌、李天权、康向阳、铁英、田菊	20180302	2018-6-9	2019-7-24
215	20190215	霞光	蔷薇属	云南锦苑花卉产业股份有限公司	倪功、曹荣根、田连通、白云评、乔丽婷、阳明祥	20120196	2012-12-1	2019-12-31
216	20190216	怀念	蔷薇属	云南锦苑花卉产业股份有限公司	倪功、曹荣根、田连通、白云评、乔丽婷、阳明祥	20120209	2012-12-1	2019-12-31
217	20190217	鹅黄蜜	蔷薇属	云南鑫海汇花业有限公司	唐开学、朱芷汐、周宁宇、蹇洪英、朱应雄、沐海涛、晏慧君、邱显钦、李淑斌、张应红、王其刚	20140013	2014-1-7	2019-12-31
218	20190218	丽云	蔷薇属	云南锦苑花卉产业股份有限公司	倪功、曹荣根、田连通、白云评、乔丽婷、何琼、阳明祥	20140238	2014-12-6	2019-12-31
219	20190219	云鲜1号	箭竹属	西南林业大学	王曙光、普晓兰、丁雨龙	20150115	2015-6-18	2019-12-31
220	20190220	德瑞斯黑五(DrisBlackFive)	悬钩子属	德瑞斯克公司(Driscolls, Inc.)	加文·R. 西尔斯(Gavin R. Sills)、何塞·穆里洛·罗德里格兹·梅萨(Jose Maurilio Rodriguez Mesa)、乔治·罗德里格斯·阿卡沙(Jorge Rodriguez Alcazar)、安德烈M. 加彭(Andrea M. Pabon)	20150139	2015-8-4	2019-12-31
221	20190221	奥斯维泽(AUSWEATHER)	蔷薇属	大卫·奥斯汀月季公司(David Austin Roses Limited)	大卫·奥斯汀(David Austin)	20150151	2015-8-18	2019-12-31
222	20190222	德瑞斯黑七(DrisBlack Seven)	悬钩子属	德瑞斯克公司(Driscolls, Inc.)	加文·R. 西尔斯(Gavin R. Sills)、何塞·穆里洛·罗德里格兹·梅萨(José Maurilio Rodríguez Mesa)、乔治·罗德里格斯·阿卡沙(Jorge Rodriguez Alcazar)	20150160	2015-8-28	2019-12-31
223	20190223	艾维驰11(EVER CHI11)	蔷薇属	丹麦永恒玫瑰公司(ROSES FOREVER ApS)	哈雷·艾克路德(Harley Eskelund)	20150204	2015-10-12	2019-12-31
224	20190224	艾维驰15(EVER CHI15)	蔷薇属	丹麦永恒玫瑰公司(ROSES FOREVER ApS)	哈雷·艾克路德(Harley Eskelund)	20150207	2015-10-12	2019-12-31
225	20190225	艾维驰24(EVER CHI24)	蔷薇属	丹麦永恒玫瑰公司(ROSES FOREVER ApS)	哈雷·艾克路德(Harley Eskelund)	20150214	2015-10-12	2019-12-31
226	20190226	艾维驰25(EVER CHI25)	蔷薇属	丹麦永恒玫瑰公司(ROSES FOREVER ApS)	哈雷·艾克路德(Harley Eskelund)	20150215	2015-10-12	2019-12-31
227	20190227	艾维驰28(EVER CHI28)	蔷薇属	丹麦永恒玫瑰公司(ROSES FOREVER ApS)	哈雷·艾克路德(Harley Eskelund)	20150217	2015-10-12	2019-12-31
228	20190228	瑞普德155B(RUIPD155B)	蔷薇属	迪瑞特知识产权公司(De Ruiter Intellectual Property B.V.)	汉克·德·格罗特(H.C.A. de Groot)	20150218	2015-10-14	2019-12-31
229	20190229	瑞普格0187A(RUIPG0187A)	蔷薇属	迪瑞特知识产权公司(De Ruiter Intellectual Property B.V.)	汉克·德·格罗特(H.C.A. de Groot)	20150221	2015-10-14	2019-12-31
230	20190230	红禧儿	苹果属(除水果外)	青岛市农业科学研究院	沙广利、马荣群、黄粤、葛红娟、张蕊芬、孙吉禄、王芝云、孙红涛	20160014	2016-1-5	2019-12-31
231	20190231	玫卡兰克(MEICALANQ)	蔷薇属	法国玫兰国际有限公司(MEILLAND INTERNATIONAL S.A)	阿兰·安东尼·玫兰(Alain Antoine MEILLAND)	20160080	2016-4-1	2019-12-31
232	20190232	玫赛皮尔(MEISSELPIER)	蔷薇属	法国玫兰国际有限公司(MEILLAND INTERNATIONAL S.A)	阿兰·安东尼·玫兰(Alain Antoine MEILLAND)	20160081	2016-4-1	2019-12-31

序号	品种权号	品种名称	属（种）	品种权人	培育人	申请号	申请日	授权日
233	20190233	莱克斯尼帕（LEXKNIPAVA）	蔷薇属	荷兰多盟集团公司（Dommen Group B.V. Holland）	斯儿万·卡姆斯特拉（Silvan Kamstra）	20160130	2016-6-20	2019-12-31
234	20190234	格兰斯莫塔（Gracimota）	蔷薇属	格兰迪花卉苗圃有限公司（Grandiflora Nurseries Pty. Ltd.）	斯科德斯（H.E. Schreuders）	20160144	2016-6-29	2019-12-31
235	20190235	艾维驰 136（EVERCH136）	蔷薇属	丹麦永恒月季公司（ROSES FOREVER ApS, Denmark）	洛萨．艾斯克伦德（Rosa Eskelund）	20160179	2016-7-24	2019-12-31
236	20190236	艾维驰 135（EVERCH135）	蔷薇属	丹麦永恒月季公司（ROSES FOREVER ApS, Denmark）	洛萨．艾斯克伦德（Rosa Eskelund）	20160180	2016-7-24	2019-12-31
237	20190237	玫蒙克尔（MEIMONKEUR）	蔷薇属	法国玫兰国际有限公司（MEILLAND INTERNATIONAL S.A）	阿兰·安东尼·玫兰（Alain Antoine MEILLAND）	20160207	2016-8-9	2019-12-31
238	20190238	艾维驰 110（EVERCH110）	蔷薇属	丹麦永恒月季公司（ROSES FOREVER ApS, Denmark）	洛萨．艾斯克伦德（Rosa Eskelund）	20160219	2016-8-27	2019-12-31
239	20190239	漫天霓裳	蔷薇属	北京林业大学	潘会堂、徐庭亮、张启翔、甄妮、罗乐、于超、谭炯锐、赵红霞、程堂仁、王佳	20160226	2016-9-4	2019-12-31
240	20190240	瑞可吉 0541A（RUICJ0541A）	蔷薇属	迪瑞特知识产权公司（De Ruiter Intellectual Property B.V.）	汉克·德·格罗特（H.C.A. de Groot）	20160246	2016-9-19	2019-12-31
241	20190241	西吕 50033（SCH50033）	蔷薇属	荷兰彼得·西吕厄斯控股公司(Piet Schreurs Holding B.V)	P.N.J. 西吕厄斯（Petrus Nicolaas Johannes Schreurs）	20160283	2016-10-12	2019-12-31
242	20190242	西吕 51165（SCH51165）	蔷薇属	荷兰彼得·西吕厄斯控股公司(Piet Schreurs Holding B.V)	P.N.J. 西吕厄斯（Petrus Nicolaas Johannes Schreurs）	20160284	2016-10-12	2019-12-31
243	20190243	蓝星	越桔属	通化禾韵现代农业股份有限公司、长春师范大学	殷秀岩、时东方、谭志强、隋明义、陈亮、孙增武、郎庆君、赵芝伟	20160292	2016-10-28	2019-12-31
244	20190244	红珊瑚	蔷薇属	中国农业大学	俞红强、游捷	20160315	2016-11-7	2019-12-31
245	20190245	晨曦	蔷薇属	中国农业大学	俞红强、游捷	20160316	2016-11-7	2019-12-31
246	20190246	绿满园	桂花	山东农业大学、金华市奔月桂花专业合作社	臧德奎、臧凤岐、鲍志贤、鲍健、鲍维、王延玲、马燕	20160340	2016-11-22	2019-12-31
247	20190247	葱郁	桂花	金华市奔月桂花专业合作社、山东农业大学	鲍志贤、鲍维、鲍健、方新高、臧德奎、马燕、王延玲	20160341	2016-11-22	2019-12-31
248	20190248	金灿	桂花	山东农业大学、金华市奔月桂花专业合作社	臧德奎、臧凤岐、鲍志贤、鲍健、鲍维、王延玲、马燕	20160342	2016-11-22	2019-12-31
249	20190249	西吕 70684（SCH70684）	蔷薇属	荷兰彼得·西吕厄斯控股公司(Piet Schreurs Holding B.V)	P.N.J. 西吕厄斯（Petrus Nicolaas Johannes Schreurs）	20160387	2016-12-2	2019-12-31
250	20190250	西吕纳音（SCHOLINE）	蔷薇属	荷兰彼得·西吕厄斯控股公司(Piet Schreurs Holding B.V)	P.N.J. 西吕厄斯（Petrus Nicolaas Johannes Schreurs）	20160389	2016-12-2	2019-12-31
251	20190251	西吕 73042（SCH73042）	蔷薇属	荷兰彼得·西吕厄斯控股公司(Piet Schreurs Holding B.V)	P.N.J. 西吕厄斯（Petrus Nicolaas Johannes Schreurs）	20170037	2017-1-4	2019-12-31
252	20190252	桃之夭夭	蔷薇属	云南省农业科学院花卉研究所	邱显钦、王其刚、张颢、唐开学、晏慧君、周宁宁、陈敏、蹇洪英	20170077	2017-1-16	2019-12-31
253	20190253	玫迪斯科（MEIDYSOUK）	蔷薇属	法国玫兰国际有限公司（MEILLAND INTERNATIONAL.S.A）	阿兰·安东尼·玫兰（Alain Antoine MEILLAND）	20170097	2017-2-8	2019-12-31
254	20190254	瑞克拉 1632B（RUICL1632B）	蔷薇属	迪瑞特知识产权公司（De Ruiter Intellectual Property B.V.）	汉克·德·格罗特（H.C.A. de Groot）	20170176	2017-4-12	2019-12-31

序号	品种权号	品种名称	属（种）	品种权人	培育人	申请号	申请日	授权日
255	20190255	瑞可1281A（RUIC1281A）	蔷薇属	迪瑞特知识产权公司（De Ruiter Intellectual Property B.V.）	汉克·德·格罗特(H.C.A. de Groot)	20170177	2017-4-12	2019-12-31
256	20190256	玫派珀瑞尔（MEIPEPORIA）	蔷薇属	法国玫兰国际有限公司（MEILLAND INTERNATIONAL S.A）	阿兰·安东尼·玫兰（Alain Antoine MEILLAND）	20170181	2017-4-12	2019-12-31
257	20190257	黄金甲	松属	张英华	张英华、高树鹏	20170183	2017-4-17	2019-12-31
258	20190258	科鲜0119（KORcut0119）	蔷薇属	科德斯月季育种公司(W.Kordes'Söhne Rosenschulen GmbH & Co KG)	威廉-亚历山大 科德斯(Wilhelm-Alexander Kordes)、蒂姆-赫尔曼 科德斯(Tim-Hermann Kordes)、约翰 文森特 科德斯(John Vincent Kordes)	20170209	2017-5-3	2019-12-31
259	20190259	金须	槐属	山东万路达毛栎文化产业发展有限公司、山东陌上源林生物科技有限公司、青岛市园林绿化工程质量安全监督站	罗杰、张帆、郑发、王西仲、秦娜、颜鲁、张伟、赵祥宝、王芳、李明花	20170238	2017-5-16	2019-12-31
260	20190260	高槐1号	槐属	雷茂端	雷茂端、雷迎波、郭豆萍、雷亚第	20170248	2017-5-17	2019-12-31
261	20190261	天丁1号	皂荚属	山东丫森苗木科技开发有限公司	王召伟、张玉华、张联中、刘金达、张振田	20170254	2017-5-19	2019-12-31
262	20190262	聊红椿	臭椿属	聊城大学	张秀省、高祥斌、邱艳昌	20170268	2017-5-26	2019-12-31
263	20190263	泰达粉钻	蔷薇属	天津泰达盐碱地绿化研究中心有限公司	王振宇、张清、田晓明、刘倩、于璐、慈华聪、王鹏山、张楚涵	20170273	2017-6-1	2019-12-31
264	20190264	紫遂	紫薇属	宁波永丰园林建设有限公司	王肖雄	20170283	2017-6-2	2019-12-31
265	20190265	紫裙	紫薇属	宁波永丰园林建设有限公司	王肖雄	20170284	2017-6-2	2019-12-31
266	20190266	紫夜	紫薇属	宁波永丰园林建设有限公司	王肖雄	20170285	2017-6-2	2019-12-31
267	20190267	英特赫克拉午（Intergek lawoom）	蔷薇属	英特普兰特公司（Interplant Roses B.V.）	A.J.H 范·多伊萨姆 (ir. A.J.H. van Doesum)	20170294	2017-6-5	2019-12-31
268	20190268	金凰	构属	河南名品彩叶苗木股份有限公司	王华明、魏奎娇、王爱清、王玉、郭连东、田原、杨晓明、仪楠、曹倩、任甸甸、邵明春	20170331	2017-6-23	2019-12-31
269	20190269	玫珀珂（MEIPIOKOU）	蔷薇属	法国玫兰国际有限公司（MEILLAND INTERNATIONAL S.A）	阿兰·安东尼·玫兰（Alain Antoine MEILLAND）	20170374	2017-7-14	2019-12-31
270	20190270	玫科瑞拉（MEIKERIRA）	蔷薇属	法国玫兰国际有限公司（MEILLAND INTERNATIONAL S.A）	阿兰·安东尼·玫兰（Alain Antoine MEILLAND）	20170375	2017-7-14	2019-12-31
271	20190271	青川1号	核桃属	青川县林业局	白杰健、向明亮、吴佐英、朱万青、赵荣、都卫东、扈双、赵柳、高正华、邓松翰	20170390	2017-7-19	2019-12-31
272	20190272	紫丰	接骨木属	山东省林业科学研究院	王开芳、吴德军、姚俊修、刘翠兰、任飞、李庆华、臧真荣、李善文、燕丽萍、王因花	20170408	2017-7-23	2019-12-31
273	20190273	红丰	接骨木属	山东省林业科学研究院	李善文、姚俊修、吴德军、燕丽萍、任飞、臧真荣、王因花、李庆华、刘翠兰、王开芳	20170409	2017-7-23	2019-12-31
274	20190274	柳叶红	接骨木属	山东省林业科学研究院	吴德军、姚俊修、李善文、任飞、李庆华、臧真荣、刘翠兰、王开芳、燕丽萍、王因花	20170412	2017-7-23	2019-12-31

序号	品种权号	品种名称	属（种）	品种权人	培育人	申请号	申请日	授权日
275	20190275	金幻	接骨木属	山东省林业科学研究院	姚俊修、吴德军、刘翠兰、李善文、任飞、李庆华、王开芳、燕丽萍、王因花、臧真荣	20170413	2017-7-23	2019-12-31
276	20190276	盐丹	接骨木属	山东省林业科学研究院	刘翠兰、姚俊修、吴德军、燕丽萍、王因花、任飞、李庆华、李善文、王开芳、臧真荣	20170414	2017-7-23	2019-12-31
277	20190277	圆屬	绣球属	杨玉勇	杨玉勇、罗乐	20170415	2017-7-24	2019-12-31
278	20190278	深蓝	绣球属	杨玉勇	杨玉勇、程堂仁、王佳	20170416	2017-7-24	2019-12-31
279	20190279	万紫千红	绣球属	杨玉勇	杨玉勇、潘会堂	20170417	2017-7-24	2019-12-31
280	20190280	花好月圆	蔷薇属	贵州省植物园	周洪英、周庆、吴洪娥、周艳、朱立、罗充、吴楠、董万鹏、赵敏、金晶	20170422	2017-7-28	2019-12-31
281	20190281	荷仙姑	蔷薇属	江苏省林业科学研究院	汪有良 蒋泽平	20170448	2017-8-28	2019-12-31
282	20190282	龙丰1号杨	杨属	黑龙江省森林与环境科学研究院	王福森、李树森、赵玉恒、杨自湘、李晶	20170453	2017-8-29	2019-12-31
283	20190283	龙丰2号杨	杨属	黑龙江省森林与环境科学研究院	王福森、李树森、赵玉恒、张剑斌、杨自湘	20170454	2017-8-29	2019-12-31
284	20190284	玫贝格姆（MEIBER GAMU）	蔷薇属	法国玫兰国际有限公司（MEILLAND INTERNATIONAL S.A）	阿兰·安东尼·玫兰（Alain Antoine MEILLAND）	20170494	2017-9-5	2019-12-31
285	20190285	秦秀	卫矛属	杨新社、杨瑞	杨新社、杨瑞	20170499	2017-9-7	2019-12-31
286	20190286	紫凤	卫矛属	杨新社、杨瑞	杨新社、杨瑞	20170500	2017-9-7	2019-12-31
287	20190287	东水1601号	白蜡树属	东北林业大学	詹亚光、曾凡锁、何利明、何之龙、张桂芹、李淑娟、赵兴堂、梁楠松、姚盛智、曹羊	20170512	2017-9-14	2019-12-31
288	20190288	锦袍	女贞属	王新留	王新留	20170530	2017-9-25	2019-12-31
289	20190289	西吕79012（SCH79012）	蔷薇属	荷兰彼得·西吕厄斯控股公司(Piet Schreurs Holding B.V)	P.N.J. 西吕厄斯（Petrus Nicolaas Johannes Schreurs）	20170534	2017-9-30	2019-12-31
290	20190290	丰园5号	杏	榆林市丰园果业科技有限公司	李迁恩、杜锡莹、杜燕群、杜少恩、陈堪鹏	20170535	2017-10-12	2019-12-31
291	20190291	丰园晚蜜	杏	榆林市丰园果业科技有限公司	李迁恩、杜锡莹、杜燕群、杜少恩、陈堪鹏	20170536	2017-10-12	2019-12-31
292	20190292	英特扎好品（Interzahopin）	蔷薇属	英特普兰特月季育种公司（Interplant Roses B.V.）	范·多伊萨姆（ir. A.J.H. van Doesum）	20170537	2017-10-17	2019-12-31
293	20190293	英特组诗达尔（Interzusydal）	蔷薇属	英特普兰特月季育种公司（Interplant Roses B.V.）	范·多伊萨姆（ir. A.J.H. van Doesum）	20170539	2017-10-17	2019-12-31
294	20190294	星语星愿	蔷薇属	云南省农业科学院花卉研究所	邱显钦、王其刚、唐开学、张颢、陈敏、晏慧君、周宁宁、李淑斌、蹇洪英、张婷	20170540	2017-10-23	2019-12-31
295	20190295	秦黑卜杨	杨属	西北农林科技大学	樊军锋、周永学、高建社、张锦梅、白小军、谢俊锋、马建权、周飞梅	20170556	2017-11-1	2019-12-31
296	20190296	秦黑青杨1号	杨属	西北农林科技大学	樊军锋、周永学、高建社、张锦梅、白小军、谢俊锋、马建权、周飞梅	20170557	2017-11-1	2019-12-31
297	20190297	秦黑杨2号	杨属	西北农林科技大学	樊军锋、高建社、周永学、苏晓华、白小军、谢俊锋、马建权、周飞梅	20170558	2017-11-1	2019-12-31
298	20190298	金硕杏	杏	张家口市农业科学院	王秀荣、吕丽霞、许建铭、刘颖慧、王维、王伟军、郝建宇、闫凤岐、张敏、崔金丽、楚燕杰、李克文	20170559	2017-11-1	2019-12-31
299	20190299	张仁一号	杏	张家口市农业科学院	王秀荣、吕丽霞、郝建宇、许建铭、王维、王伟军、刘颖慧、闫凤岐、许寅生、张宝英、楚燕杰、李克文	20170560	2017-11-1	2019-12-31

序号	品种权号	品种名称	属（种）	品种权人	培育人	申请号	申请日	授权日
300	20190300	粉色梦幻	蔷薇属	云南省农业科学院花卉研究所	宋杰、李树发、李世峰、王继华、乔丽婷、许凤、李绅崇	20170574	2017-11-9	2019-12-31
301	20190301	粉五月	蔷薇属	北京市园林科学研究院	冯慧、吉乃喆、周燕、巢阳、王茂良、李纳新、丛日晨、卜燕华、华莹	20170585	2017-11-14	2019-12-31
302	20190302	星语	蔷薇属	北京市园林科学研究院	冯慧、吉乃喆、周燕、巢阳、王茂良、李纳新、赵世伟、张西西、陈洪菲	20170588	2017-11-14	2019-12-31
303	20190303	新时代	蔷薇属	北京市园林科学研究院	冯慧、吉乃喆、周燕、巢阳、王茂良、李纳新、赵世伟、张西西、陈洪菲	20170589	2017-11-14	2019-12-31
304	20190304	鹤山榆	榆属	山东泓森林业有限公司	侯金波、陈培培、杨倩倩、张益利、董绍贵、刘振华、侯波	20170603	2017-11-24	2019-12-31
305	20190305	泓森榆	榆属	安徽泓森高科林业股份有限公司	侯金波、陈培培、杨倩倩、张益利、董绍贵、刘振华、石冠旗	20170604	2017-11-24	2019-12-31
306	20190306	泓森楝	楝属	安徽泓森高科林业股份有限公司	侯金波、杨倩倩、陈培培、杨柳君、张益利、董绍贵、石冠旗、刘振华	20170605	2017-11-24	2019-12-31
307	20190307	逍遥楝	楝属	蒙城县林达农业有限公司	郭琦	20170606	2017-11-24	2019-12-31
308	20190308	泓木楝	楝属	安徽泓森高科林业股份有限公司	侯金波、杨倩倩、陈培培、杨柳君、张益利、董绍贵、石冠旗、刘振华、石冠旗	20170607	2017-11-24	2019-12-31
309	20190309	红艳	杏	中国农业科学院郑州果树研究所	陈玉玲、夏乐晗、冯义彬、徐善坤、张粉先、于志强、王其海、回经涛、陈占营	20170609	2017-11-27	2019-12-31
310	20190310	玫硕	杏	中国农业科学院郑州果树研究所	陈玉玲、冯义彬、夏乐晗、苏衍修、徐善坤、朱更瑞、回经涛、彭沛杰	20170610	2017-11-27	2019-12-31
311	20190311	紫金楝	楝属	石家庄市农林科学研究院、石家庄市神州花卉研究所有限公司	白霄霞、李志斌、蒋淑磊、刘伟、李萍、李振勤、李坤、李昕、张骁骁、白晓	20170612	2017-11-27	2019-12-31
312	20190312	紫玉楝	楝属	石家庄市神州花卉研究所有限公司	李志斌、白霄霞、蒋淑磊、赵建成、李萍、李坤、李昕、刘伟、张骁骁、白晓	20170614	2017-11-27	2019-12-31
313	20190313	闽台桂魁	桂花	福建新发现农业发展有限公司	陈日才、陈江海、吴启民、王聪成、詹正铷、陈朝暖、陈小芳、陈菁菁	20180013	2017-12-20	2019-12-31
314	20190314	永福幻彩	桂花	福建新发现农业发展有限公司	陈日才、赖文胜、吴启民、王聪成、詹正铷、陈朝暖、陈小芳、陈菁菁、吴其超	20180014	2017-12-20	2019-12-31
315	20190315	永福绚彩	桂花	福建新发现农业发展有限公司	陈日才、赖文胜、吴启民、王聪成、詹正铷、陈朝暖、陈小芳、陈菁菁	20180016	2017-12-20	2019-12-31
316	20190316	浑然厚壳	文冠果	中国林业科学研究院林业研究所	毕泉鑫、王利兵、于海燕、范思琪、赵阳、于丹	20180030	2017-12-27	2019-12-31
317	20190317	中硕1号	文冠果	中国林业科学研究院林业研究所	于海燕、毕泉鑫、王利兵、范思琪、赵阳、于丹	20180034	2017-12-27	2019-12-31
318	20190318	中良1号	文冠果	中国林业科学研究院林业研究所	毕泉鑫、王利兵、于海燕、范思琪、赵阳、于丹	20180035	2017-12-27	2019-12-31
319	20190319	天使之吻	文冠果	中国林业科学研究院林业研究所	于海燕、毕泉鑫、王利兵、范思琪、赵阳、于丹	20180037	2017-12-27	2019-12-31
320	20190320	豆蔻年华	野牡丹属	中山大学、广州市绿化公司	周仁超、吴伟、黄颂谊、沈海岑、陈峥	20180076	2018-1-8	2019-12-31
321	20190321	桃园结义	山茶属	棕榈生态城镇发展股份有限公司、广州棕科园艺开发公司、肇庆棕榈谷花园有限公司	钟乃盛、叶生土、高继银、严丹峰、刘信凯、黎艳玲、叶琦君、黄万坚	20180100	2018-1-17	2019-12-31
322	20190322	红天香云	山茶属	棕榈生态城镇发展股份有限公司、广州棕科园艺开发有限公司	钟乃盛、黎艳玲、宋遇文、叶琦君、高继银、严丹峰、刘信凯	20180101	2018-1-17	2019-12-31

序号	品种权号	品种名称	属（种）	品种权人	培育人	申请号	申请日	授权日
323	20190323	大红灯笼	山茶属	棕榈生态城镇发展股份有限公司、广州棕科园艺开发有限公司、肇庆棕榈谷花园有限公司	赵强民、叶琦君、高继银、严丹峰、刘信凯、钟乃盛、陈娜娟、周明顺	20180102	2018-1-17	2019-12-31
324	20190324	粉浪迎秋	山茶属	棕榈生态城镇发展股份有限公司、广州棕科园艺开发有限公司	赵强民、严丹峰、刘信凯、赵珊珊、钟乃盛、叶土生、叶琦君、高继银	20180103	2018-1-17	2019-12-31
325	20190325	川滇箐	花椒属	四川省林业科学研究院、雷波县小平特色农产品开发有限公司	罗建勋、吴小平、王准、刘芙蓉、宋鹏、杨马进	20180116	2018-1-24	2019-12-31
326	20190326	瑞克格 3047A（RUICG3047A）	蔷薇属	迪瑞特知识产权公司（De Ruiter Intellectual Property B.V.）	汉克·德·格罗特（H.C.A. de Groot）	20180119	2018-1-25	2019-12-31
327	20190327	瑞克夫 3005A（RUICF3005A）	蔷薇属	迪瑞特知识产权公司（De Ruiter Intellectual Property B.V.）	汉克·德·格罗特（H.C.A. de Groot）	20180120	2018-1-25	2019-12-31
328	20190328	红景	杜鹃花属	金华市永根杜鹃花培育有限公司	方永根	20180136	2018-2-7	2019-12-31
329	20190329	吉祥红	杜鹃花属	金华市永根杜鹃花培育有限公司	方永根	20180137	2018-2-7	2019-12-31
330	20190330	洋洋	杜鹃花属	金华市永根杜鹃花培育有限公司	方永根、祝泽刚	20180139	2018-2-7	2019-12-31
331	20190331	紫魁	杜鹃花属	金华市永根杜鹃花培育有限公司	方永根、方新高	20180140	2018-2-7	2019-12-31
332	20190332	银边瑞紫	杜鹃花属	金华市永根杜鹃花培育有限公司	方永根	20180142	2018-2-7	2019-12-31
333	20190333	紫玲珑	紫薇属	宁波林丰种业科技有限公司	王肖雄	20180146	2018-2-8	2019-12-31
334	20190334	红玛瑙	接骨木属	河南省林业科学研究院	沈植国、丁鑫、陈尚凤、张秋娟、程建明、汤正辉、王留超、王文战、郭磊、祝亚军、郭庆华、沈希辉	20180147	2018-2-8	2019-12-31
335	20190335	黑珍珠	接骨木属	河南省林业科学研究院	沈植国、丁鑫、陈尚凤、程建明、汤正辉、陈迪新、郭磊、王文战、祝亚军、夏鹏云、王留超、沈希辉	20180148	2018-2-8	2019-12-31
336	20190336	美赐	悬钩子属	浙江农林大学、浦江县俊果研究所	杨小军、付顺华	20180151	2018-2-9	2019-12-31
337	20190337	根源1号	柽柳属	青岛根源生态农业有限公司	张夫寅、窦京海、张长君	20180152	2018-2-10	2019-12-31
338	20190338	中大二号红豆杉	红豆杉属	梅州市中大南药发展有限公司	李志良、杨中艺、黄巧明、古练权、李贵华、梁伟东、何春桃、何伟强	20180153	2018-2-11	2019-12-31
339	20190339	绚丽和山	乌桕属	浙江省林业科学研究院、浙江森禾集团股份有限公司	李因刚、柳新红、郑勇平、陈岗、沈鑫、石从广	20180155	2018-2-28	2019-12-31
340	20190340	红紫佳人	乌桕属	浙江省林业科学研究院、浙江森禾集团股份有限公司、浙江物产长乐实业有限公司	李因刚、柳新红、郑勇平、王春、徐永勤、沈凤强、蒋冬月	20180157	2018-2-28	2019-12-31
341	20190341	晚霞	沙棘属	黑龙江省农业科学院浆果研究所	单金友、丁健、吴雨蹊、唐克、阮成江、王肖洋、杨光、关莹、付鸿博	20180158	2018-2-28	2019-12-31
342	20190342	晚黄	沙棘属	黑龙江省农业科学院浆果研究所	单金友、丁健、吴雨蹊、唐克、阮成江、王肖洋、杨光、关莹、付鸿博	20180159	2018-2-28	2019-12-31
343	20190343	瑞克拉 1320A（RUICL1320A）	蔷薇属	迪瑞特知识产权公司（De Ruiter Intellectual Property B.V.）	汉克·德·格罗特（H.C.A. de Groot）	20180162	2018-3-2	2019-12-31
344	20190344	瑞克恩 1075A（RUICN1075A）	蔷薇属	迪瑞特知识产权公司（De Ruiter Intellectual Property B.V.）	汉克·德·格罗特（H.C.A. de Groot）	20180163	2018-3-2	2019-12-31

序号	品种权号	品种名称	属（种）	品种权人	培育人	申请号	申请日	授权日
345	20190345	高油1号	沙棘属	大连民族大学	丁健、单金友、吴雨蹊、唐克、阮成江、王肖洋、杨光、关莹、付鸿博	20180164	2018-3-3	2019-12-31
346	20190346	朝阳	沙棘属	大连民族大学	阮成江、丁健、单金友、吴雨蹊、唐克、王肖洋、杨光、关莹、付鸿博	20180165	2018-3-3	2019-12-31
347	20190347	民玉2号	山茶属	大连民族大学	阮成江、刘四黑、杜维	20180184	2018-3-27	2019-12-31
348	20190348	民玉3号	杨属	大连民族大学	阮成江、刘四黑、杜维	20180185	2018-3-29	2019-12-31
349	20190349	初晴	紫薇	浙江省林业科学研究院	陈卓梅、周琦、王金凤、沈鸿明、夏淑芳、杨华	20180206	2018-4-2	2019-12-31
350	20190350	晨露	紫薇	浙江省林业科学研究院	陈卓梅、王金凤、周琦、何云芳、柳新红、夏淑芳	20180207	2018-4-2	2019-12-31
351	20190351	霓虹	紫薇	浙江省林业科学研究院	王金凤、陈卓梅、周琦、沈鸿明、夏淑芳、杨华	20180208	2018-4-2	2019-12-31
352	20190352	皂福2号	皂荚属	河南师范大学、山东泰瑞药业有限公司	李建军、张光田、尚星晨、崔世昌、马静潇、叶承霖、李因东	20180209	2018-4-8	2019-12-31
353	20190353	汾核1号	核桃属	山西省农业科学院经济作物研究所	李建、史根生、郝华正、冀中锐、何文垚、张树振、王捷、刘辉、贺洪鑫	20180212	2018-4-12	2019-12-31
354	20190354	泰富	柿	山东省果树研究所	艾呈祥、王洁、余贤美、孙山	20180224	2018-5-17	2019-12-31
355	20190355	绿桐2号	泡桐属	李昆龙、黄宝灵、唐朝晖	李昆龙、黄宝灵、唐朝晖、李远涛、陈振飞	20180247	2018-5-25	2019-12-31
356	20190356	绿桐3号	泡桐属	李昆龙、黄宝灵、唐朝晖	李昆龙、黄宝灵、唐朝晖、李远涛、陈振飞	20180248	2018-5-25	2019-12-31
357	20190357	绿桐4号	泡桐属	李昆龙、黄宝灵、唐朝晖	李昆龙、黄宝灵、唐朝晖、李远涛、陈振飞	20180249	2018-5-25	2019-12-31
358	20190358	西雄1号杨	杨属	中国林业科学研究院林业研究所	苏晓华、樊军锋、黄秦军、高建社、周永学、丁昌俊	20180252	2018-5-25	2019-12-31
359	20190359	西雄2号杨	杨属	中国林业科学研究院林业研究所	苏晓华、樊军锋、黄秦军、高建社、周永学	20180253	2018-5-25	2019-12-31
360	20190360	西雄3号杨	杨属	中国林业科学研究院林业研究所	苏晓华、樊军锋、黄秦军、高建社、周永学	20180254	2018-5-25	2019-12-31
361	20190361	云卷云舒	苹果属	南京林业大学、扬州小苹果园艺有限公司	张往祥、饶辉、周婷、谢寅峰、彭冶、徐立安、汪贵斌、曹福亮	20180294	2018-6-5	2019-12-31
362	20190362	千层金	苹果属	南京林业大学	张往祥、周婷、范俊俊、彭冶、谢寅峰、徐立安、汪贵斌、曹福亮	20180295	2018-6-5	2019-12-31
363	20190363	卷珠帘	苹果属	南京林业大学、扬州小苹果园艺有限公司	张往祥、周婷、彭冶、张龙、谢寅峰、徐立安、汪贵斌、曹福亮	20180296	2018-6-5	2019-12-31
364	20190364	忆红莲	苹果属	南京林业大学、扬州小苹果园艺有限公司	张往祥、李利娟、范俊俊、彭冶、谢寅峰、徐立安、汪贵斌、曹福亮	20180297	2018-6-5	2019-12-31
365	20190365	依人	苹果属	南京林业大学、扬州小苹果园艺有限公司	张往祥、江皓、范俊俊、徐立安、谢寅峰、彭冶、汪贵斌、曹福亮	20180298	2018-6-5	2019-12-31
366	20190366	烟雨江南	苹果属	南京林业大学、扬州小苹果园艺有限公司	张往祥、范俊俊、张全全、徐立安、谢寅峰、彭冶、汪贵斌、曹福亮	20180299	2018-6-6	2019-12-31
367	20190367	红珊瑚	苹果属	南京林业大学	张往祥、范俊俊、周婷、彭冶、谢寅峰、徐立安、汪贵斌、曹福亮	20180300	2018-6-5	2019-12-31
368	20190368	黄果桐	山桐子属	四川省林业科学研究院、四川佛欣林业科技有限公司	罗建勋、王准、刘芙蓉、刘建康、杨马进	20180312	2018-6-11	2019-12-31
369	20190369	瑞驰3004A（RUICH3004A）	蔷薇属	迪瑞特知识产权公司（De Ruiter Intellectual Property B.V.）	汉克·德·格罗特（H.C.A. de Groot）	20180324	2018-6-13	2019-12-31
370	20190370	紫岫	紫薇	浙江省林业科学研究院	王金凤、周琦、陈卓梅、柳新红、何云芳、夏淑芳	20180327	2018-6-21	2019-12-31

序号	品种权号	品种名称	属（种）	品种权人	培育人	申请号	申请日	授权日
371	20190371	红宝石伊甸园	蔷薇属	苏州市华冠园创园艺科技有限公司	姜正之	20180330	2018-6-27	2019-12-31
372	20190372	罗衣	蔷薇属	苏州市华冠园创园艺科技有限公司	姜正之	20180331	2018-6-27	2019-12-31
373	20190373	鲁黑1号	杨属	山东省林业科学研究院	秦光华、于振旭、宋玉民、乔玉玲、董玉峰、刘盛芳	20180337	2018-6-29	2019-12-31
374	20190374	鲁黑2号	杨属	山东省林业科学研究院	秦光华、于振旭、宋玉民、乔玉玲、董玉峰、刘盛芳	20180338	2018-6-29	2019-12-31
375	20190375	金凤	卫矛属	袁平立、杨新社	袁平立、杨新社	20180341	2018-6-29	2019-12-31
376	20190376	鑫叶栾	栾树属	樊英利	樊英利	20180450	2018-7-24	2019-12-31
377	20190377	朝霞1号	桦木属	东北林业大学	刘桂丰、姜静、韦睿、李慧玉、陈肃、黄海娇、江慧欣	20180451	2018-7-25	2019-12-31
378	20190378	朝霞2号	桦木属	东北林业大学	刘桂丰、姜静、江慧欣、陈肃、李慧玉、黄海娇	20180452	2018-7-25	2019-12-31
379	20190379	紫霞1号	桦木属	东北林业大学	刘桂丰、李长海、姜静、李慧玉、陈肃、黄海娇、姜晶	20180453	2018-7-25	2019-12-31
380	20190380	紫霞2号	桦木属	东北林业大学	刘桂丰、李长海、姜静、李慧玉、陈肃、黄海娇、姜晶	20180454	2018-7-25	2019-12-31
381	20190381	蓝冠	越橘属	山东省果树研究所	刘庆忠、魏海蓉、王甲威、宗晓娟、谭钺、朱东姿、陈新、徐丽、张力思	20180471	2018-8-15	2019-12-31
382	20190382	蓝珠	越橘属	山东省果树研究所	刘庆忠、魏海蓉、谭钺、王甲威、宗晓娟、朱东姿、陈新、徐丽、张力思	20180472	2018-8-15	2019-12-31
383	20190383	蓝月	越橘属	山东省果树研究所	刘庆忠、魏海蓉、王甲威、谭钺、朱东姿、宗晓娟、陈新、徐丽、张力思	20180473	2018-8-15	2019-12-31
384	20190384	蓝玲	越橘属	山东省果树研究所	刘庆忠、魏海蓉、朱东姿、谭钺、王甲威、宗晓娟、陈新、徐丽、张力思	20180474	2018-8-15	2019-12-31
385	20190385	锦绣紫	木槿属	成都市植物园	周安华、刘川华、朱章顺、李方文、高远平、刘晓莉、石小庆、杨苑钊、陈钢、杨昌文	20180475	2018-8-15	2019-12-31
386	20190386	中林7号	梓树属	中国林业科学研究院林业研究所、南阳市林业科学研究院	麻文俊、王军辉、翟文继、杨桂娟、王秋霞、王平	20180478	2018-8-23	2019-12-31
387	20190387	中林8号	梓树属	南阳市林业科学研究院、中国林业科学研究院林业研究所	王秋霞、翟文继、王军辉、沈元勤、麻文俊、杨桂娟、易飞	20180479	2018-8-23	2019-12-31
388	20190388	中林9号	梓树属	中国林业科学研究院林业研究所、南阳市林业科学研究院	麻文俊、王军辉、翟文继、杨桂娟、王秋霞、王平	20180480	2018-8-23	2019-12-31
389	20190389	百日华彩	木槿属	成都市植物园	周安华、刘川华、朱章顺、李方文、高远平、刘晓莉、石小庆、杨苑钊、王莹、杨昌文	20180481	2018-8-23	2019-12-31
390	20190390	夏红	枫香属	浙江省林业科学研究院	杨少宗、柳新红、林昌礼、程亚平、张大伟、沈鑫	20180508	2018-8-29	2019-12-31
391	20190391	云林紫枫	枫香属	云和县农业综合开发有限公司	林昌礼、张大伟、杨少宗、柳新红、葛永金、朱伟清	20180510	2018-8-29	2019-12-31
392	20190392	侠女	越橘属	大连森茂现代农业有限公司	王贺新、徐国辉	20180558	2018-9-3	2019-12-31
393	20190393	相思蓝	越橘属	大连普世蓝农业科技有限公司	王一舒、陈英敏、赵丽娜	20180567	2018-9-4	2019-12-31
394	20190394	晚香	越橘属	大连普世蓝农业科技有限公司	徐国辉、陈英敏、王一舒	20180569	2018-9-4	2019-12-31
395	20190395	紫彩	紫薇	湖南省林业科学院、长沙湘莹园林科技有限公司	王晓明、曾慧杰、乔中全、李永欣、蔡能、王湘莹、陈艺、刘思思	20180596	2018-9-4	2019-12-31
396	20190396	紫梦	紫薇	湖南省林业科学院、长沙湘莹园林科技有限公司	王晓明、乔中全、曾慧杰、蔡能、李永欣、王湘莹、刘思思、陈艺	20180597	2018-9-4	2019-12-31

序号	品种权号	品种名称	属(种)	品种权人	培育人	申请号	申请日	授权日
397	20190397	紫琦	紫薇	湖南省林业科学院、长沙湘莹园林科技有限公司	王湘莹、蔡能、王晓明、乔中全、曾慧杰、李永欣、刘思思、陈艺	20180599	2018-9-4	2019-12-31
398	20190398	紫妍	紫薇	湖南省林业科学院、长沙湘莹园林科技有限公司	蔡能、王晓明、曾慧杰、李永欣、乔中全、陈艺、王湘莹、刘思思	20180600	2018-9-4	2019-12-31
399	20190399	紫婉	紫薇	湖南省林业科学院、长沙湘莹园林科技有限公司	乔中全、王晓明、蔡能、曾慧杰、李永欣、刘思思、王湘莹、陈艺	20180601	2018-9-4	2019-12-31
400	20190400	紫湘	紫薇	湖南省林业科学院、长沙湘莹园林科技有限公司	陈艺、王晓明、李永欣、乔中全、蔡能、曾慧杰、刘思思、王湘莹	20180602	2018-9-4	2019-12-31
401	20190401	紫秀	紫薇	湖南省林业科学院、长沙湘莹园林科技有限公司	王晓明、乔中全、蔡能、曾慧杰、李永欣、王湘莹、陈艺、刘思思	20180603	2018-9-4	2019-12-31
402	20190402	风铃	越橘属	大连大学、大连森茂现代农业有限公司	徐国辉、魏炳康、彭恒辰、王贺新、娄鑫、闫东玲、张明军	20180613	2018-9-13	2019-12-31
403	20190403	海棠莓	越橘属	大连大学、大连森茂现代农业有限公司	王贺新、雷蕾、彭恒辰、闫东玲、娄鑫、张明军、魏炳康	20180614	2018-9-13	2019-12-31
404	20190404	云香	越橘属	大连大学、大连森茂现代农业有限公司	徐国辉、张明军、雷蕾、娄鑫、彭恒辰、闫东玲、魏炳康、王贺新	20180615	2018-9-13	2019-12-31
405	20190405	虞美蓝	越橘属	大连普世蓝农业科技有限公司	陈英敏、徐国辉、王一舒	20180684	2018-10-20	2019-12-31
406	20190406	海蓝	越橘属	大连普世蓝农业科技有限公司	王一舒、陈英敏、徐国辉	20180685	2018-10-20	2019-12-31
407	20190407	北斗星	越橘属	大连森茂现代农业有限公司	王贺新、徐国辉、赵丽娜	20180687	2018-10-20	2019-12-31
408	20190408	丰可来	越橘属	大连森茂现代农业有限公司	王贺新、徐国辉	20180693	2018-10-20	2019-12-31
409	20190409	晨雪	越橘属	大连森茂现代农业有限公司	王贺新、徐国辉	20180695	2018-10-20	2019-12-31
410	20190410	初心	越橘属	大连森茂现代农业有限公司	王贺新、徐国辉	20180702	2018-10-20	2019-12-31
411	20190411	蓝闺蜜	越橘属	中国科学院植物研究所	王亮生、王丽金、冯成庸、李冰、李珊珊	20180703	2018-10-22	2019-12-31
412	20190412	金如意	山楂属	聂宗省、刘海敏	聂宗省、刘海敏	20180707	2018-10-26	2019-12-31
413	20190413	宫矮台一号(MKR1)	柿	株式会社 山阳农园	铁村 琢哉	20180714	2018-11-2	2019-12-31
414	20190414	中林10号	梓树属	中国林业科学研究院林业研究所、洛阳农林科学院、贵州省林业科学研究院	麻文俊、王军辉、赵鲲、张明刚、杨桂娟、焦云德、姚淑均	20180802	2018-11-30	2019-12-31
415	20190415	醉金	醉鱼草属	杨彦青	杨彦青	20180803	2018-11-30	2019-12-31
416	20190416	雾灵紫肉	山楂属	耿金川	耿金川、赵玉亮、陆凤勤、金铁娟、毕振良、夏文作、马桂梅、高剑利、崔红莉、吴小仿、马玉海、张春博、白亮、王静、王浩、张翼新	20180804	2018-12-1	2019-12-31
417	20190417	先达1号	榛属	辽宁省经济林研究所	王道明、梁维坚、郑金利、解明、李志军、张悦、马瑞峰	20180805	2018-12-3	2019-12-31
418	20190418	紫婵	紫薇属	华南农业大学	奚如春、邓小梅	20180898	2018-12-14	2019-12-31
419	20190419	饲构2号	构属	河南省林业科学研究院	王念、翟晓巧、任媛媛、王文君、何威、张秋娟	20180906	2018-12-18	2019-12-31
420	20190420	夜舞娘	紫薇	浙江东海岸园艺有限公司、浙江鸿翔园林绿化工程有限公司	沈鸿明、沈劲余、顾其祥、李盼盼、陈卓梅、王金凤、汤成佳、朱雪娟	20190060	2018-12-20	2019-12-31
421	20190421	篱红田园	紫薇	浙江东海岸园艺有限公司、浙江鸿翔园林绿化工程有限公司	陈云文、沈鸿明、顾其祥、沈劲余、薛桂芳、顾敏洁、孙陈伟、李盼盼	20190063	2018-12-20	2019-12-31

序号	品种权号	品种名称	属(种)	品种权人	培育人	申请号	申请日	授权日
422	20190422	红粉田园	紫薇	浙江东海岸园艺有限公司、浙江森城种业有限公司	沈劲余、沈鸿明、陈卓梅、王金凤、薛桂芳、朱王微、张晓杰、李盼盼	20190067	2018-12-20	2019-12-31
423	20190423	舞女	紫薇	浙江东海岸园艺有限公司、浙江森城种业有限公司	沈鸿明、沈劲余、顾其祥、朱王微、陈云文、李盼盼、张晓杰、薛桂芳	20190068	2018-12-20	2019-12-31
424	20190424	初恋香	紫薇	浙江鸿翔园林绿化工程有限公司、浙江东海岸园艺有限公司	沈鸿明、沈劲余、朱王微、张晓杰、李盼盼、薛桂芳、施海飞、谢骏	20190070	2018-12-20	2019-12-31
425	20190425	红孔雀	紫薇	浙江鸿翔园林绿化工程有限公司、浙江东海岸园艺有限公司	沈劲余、沈鸿明、张晓杰、种高军、薛桂芳、李盼盼、朱王微、费也君	20190071	2018-12-20	2019-12-31
426	20190426	英红田园	紫薇	浙江鸿翔园林绿化工程有限公司、浙江森城种业有限公司	沈劲余、沈鸿明、朱王微、李盼盼、薛桂芳、张晓杰、顾敏洁、汤成佳	20190072	2018-12-20	2019-12-31
427	20190427	舞精灵	紫薇	浙江鸿翔园林绿化工程有限公司、浙江森城种业有限公司	沈劲余、沈鸿明、汤成佳、张晓杰、朱王微、李盼盼、顾敏洁、沈文超	20190073	2018-12-20	2019-12-31
428	20190428	舞贵妃	紫薇	浙江森城种业有限公司、浙江鸿翔园林绿化工程有限公司	沈劲余、沈鸿明、王金凤、张晓杰、朱王微、李盼盼、薛桂芳、顾敏洁	20190075	2018-12-20	2019-12-31
429	20190429	晚秋	紫薇	浙江森城种业有限公司、浙江鸿翔园林绿化工程有限公司	沈鸿明、薛桂芳、朱王微、张晓杰、顾敏洁、李庄华、张成燕、顾翠花	20190078	2018-12-20	2019-12-31
430	20190430	舞娘	紫薇	浙江森城种业有限公司、浙江东海岸园艺有限公司	沈劲余、沈鸿明、陈云文、朱王微、陈卓梅、张晓杰、李盼盼、费也君	20190080	2018-12-20	2019-12-31
431	20190431	夏日飞雪	紫薇	浙江森城种业有限公司、浙江东海岸园艺有限公司	沈劲余、沈鸿明、陈卓梅、王金凤、薛桂芳、张晓杰、李盼盼、朱王微	20190081	2018-12-20	2019-12-31
432	20190432	昭贵妃	紫薇	浙江森城种业有限公司、浙江东海岸园艺有限公司	沈劲余、沈鸿明、李盼盼、薛桂芳、张晓杰、朱王微、朱雪娟、孙陈伟	20190082	2018-12-20	2019-12-31
433	20190433	雪贵妃	紫薇	浙江森城种业有限公司、浙江东海岸园艺有限公司	沈鸿明、沈劲余、种高军、费也君、李盼盼、朱王微、张晓杰、薛桂芳	20190084	2018-12-20	2019-12-31
434	20190434	黛贵妃	紫薇	浙江森城种业有限公司、浙江东海岸园艺有限公司	沈劲余、沈鸿明、李盼盼、朱王微、张晓杰、费也君、朱雪娟、顾敏洁	20190085	2018-12-20	2019-12-31
435	20190435	米叶紫欣	紫薇	浙江森城种业有限公司、浙江东海岸园艺有限公司	沈劲余、沈鸿明、陈云文、张晓杰、顾其祥、李盼盼、朱王微、薛桂芳	20190086	2018-12-20	2019-12-31
436	20190436	蟠枣	枣	新疆维吾尔自治区红枣协会、师俊贤	李根才、师俊贤	20190087	2018-12-20	2019-12-31
437	20190437	福临门	决明属	中国林业科学研究院林业研究所	李斌、郑勇奇、林富荣、郭文英、郑世楷、于淑兰	20190093	2018-12-23	2019-12-31
438	20190438	秦宝一号	木通属	中国林业科学研究院林业研究所、西安市果业技术推广中心、西安八月蜜野生果木研究所	李斌、郭晓成、杨选正、郑勇奇、杨莉、林富荣、何海军	20190094	2018-12-23	2019-12-31
439	20190439	中泰3号	皂荚属	中国林业科学研究院林业研究所、山东泰瑞药业有限公司	李斌、郑勇奇、林富荣、郭文英、张光田、张明昊	20190095	2018-12-23	2019-12-31

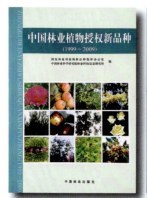

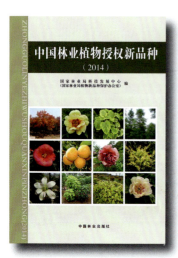
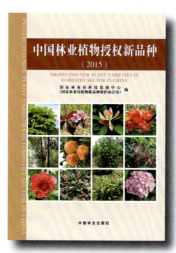

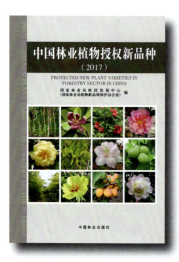
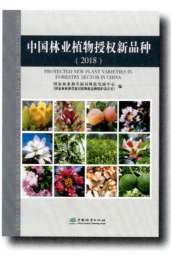